Nachrichtentechnik
Herausgegeben von H. Marko
Band 14

G. Söder · K. Tröndle

Digitale Übertragungssysteme

Theorie, Optimierung und Dimensionierung der Basisbandsysteme

Mit 113 Abbildungen

Springer-Verlag
Berlin Heidelberg New York Tokyo 1985

Dr.-Ing. GÜNTER SÖDER
Akademischer Rat, Lehrstuhl für Nachrichtentechnik
Technische Universität München

Dr.-Ing. KARLHEINZ TRÖNDLE
Professor, Institut für Nachrichtentechnik
Hochschule der Bundeswehr München

Dr.-Ing. HANS MARKO
Professor, Lehrstuhl für Nachrichtentechnik
Technische Universität München

CIP-Kurztitelaufnahme der Deutschen Bibliothek

Söder. Günter:
Digitale Übertragungssysteme: Theorie, Optimierung u. Dimensionierung d. Basisbandsysteme/
G. Söder; K. Tröndle.
Berlin; Heidelberg; New York; Tokyo: Springer, 1985.
(Nachrichtentechnik; Bd. 14)

NE: Tröndle, Karlheinz:; GT

ISBN-13: 978-3-540-13812-9   e-ISBN-13: 978-3-642-86424-7
DOI: 10.1007/ 978-3-642-86424-7

Zur Buchreihe „Nachrichtentechnik"

Die Nachrichten- oder Informationstechnik befindet sich seit vielen Jahrzehnten
in einer stetigen, oft sogar stürmisch verlaufenden Entwicklung, deren Ende derzeit
noch nicht abzusehen ist. Durch die Fortschritte der Technologie wurden ebenso wie
durch die Verbesserung der theoretischen Methoden nicht nur die vorhandenen Anwendungsgebiete ausgeweitet und den sich stets ändernden Erfordernissen angepaßt, sondern auch neue Anwendungsgebiete erschlossen.

Zu den klassischen Aufgaben der Nachrichtenübertragung und der Nachrichtenvermittlung sind die Nachrichtenverarbeitung und die Datenverarbeitung hinzugekommen,
die viele Gebiete des beruflichen und des privaten Lebens in zunehmendem Maße verändern. Die Bedürfnisse und Möglichkeiten der Raumfahrt haben gleichermaßen neue
Perspektiven eröffnet wie die verschiedenen Alternativen zur Realisierung breitbandiger Kommunikationsnetze. Neben die analoge ist die digitale Übertragungstechnik,
neben die klassische Text-, Sprach- und Bildübertragung ist die Datenübertragung
getreten. Die Nachrichtenvermittlung im Raumvielfach wurde durch die elektronische
zeitmultiplexe Vermittlungstechnik ergänzt. Satelliten- und Glasfasertechnik haben
zu neuen Übertragungsmedien geführt. Die Realisierung nachrichtentechnischer Schal-
tungen und Systeme ist durch den Einsatz von Elektronenrechnern sowie durch die digitale Schaltungstechnik erheblich verbessert und erweitert worden. Die rasche Entwicklung der Halbleitertechnologie zu immer höheren Integrationsgraden erschließt
neue Anwendungsgebiete besonders auf dem Gebiet der digitalen Technik.

Die Buchreihe "Nachrichtentechnik" trägt dieser Entwicklung Rechnung und bietet
eine zeitgemäße Darstellung der wichtigsten Themen der Nachrichtentechnik an. Die
einzelnen Bände werden von Fachleuten geschrieben, die auf den jeweiligen Gebieten
kompetent sind. Jedes Buch soll in ein bestimmtes Teilgebiet einführen, die wesentlichen heute bekannten Ergebnisse darstellen, und eine Brücke zur weiterführenden
Spezialliteratur bilden. Dadurch soll es sowohl dem Studierenden bei der Einarbei-
tung in die jeweilige Thematik als auch dem im Beruf stehenden Ingenieur oder Physiker als Grundlagen- oder Nachschlagewerk dienen. Die einzelnen Bände sind in sich
abgeschlossen, ergänzen einander jedoch innerhalb der Reihe. Damit ist eine gewisse
Überschneidung unvermeidlich, ja sogar erforderlich.

Die derzeitige Planung der Reihe umfaßt die mathematischen Grundlagen, die Baugruppen und Systeme sowie die Technik der Signalverarbeitung und der Signalübertragung. Eine Ergänzung bildet die Meßtechnik. Das folgende Schema zeigt den heutigen Stand der Reihe unter Einschluß der demnächst erscheinenden Bände.

Mathematische Grundlagen	Band 1 : Methoden der Systemtheorie (H. Marko)
	Band 4 : Numerische Berechnung linearer Netzwerke und Systeme (H. Kremer)
	Band 7 : Einführung in die Theorie linearer zeitdiskreter Systeme und Netzwerke (R. Lücker)
	Band 10: Grundlagen der Theorie statistischer Signale (E. Hänsler)
	Geplant: Übungen zur Systemtheorie
	Geplant: Mehrdimensionale Systemtheorie
	Geplant: Kanalcodierung
Baugruppen und Systeme	Band 3 : Bau hybrider Mikroschaltungen (E. Lüder)
	Band 8 : Nichtlineare Schaltung (R. Elsner)
	Geplant: Transistorverstärker
Signalverarbeitung	Band 5 : Prozeßrechentechnik (G. Färber)
	Band 12: Sprachverarbeitung und Sprachübertragung (K. Fellbaum)
	Band 13: Digitale Bildsignalverarbeitung (F. Wahl)
	Geplant: Analoge Bildsignalverarbeitung
Signalübertragung	Band 2 : Fernwirktechnik der Raumfahrt (P. Hartl)
	Band 6 : Nachrichtenübertragung über Satelliten (E. Herter, H. Rupp)
	Band 11: Bildkommunikation (H. Schönfelder)
	Band 14: Digitale Übertragungssysteme (G. Söder, K. Tröndle)
	Geplant: Lichtwellenleiter
Ergänzungen	Band 9 : Nachrichten-Meßtechnik (E. Schuon, H. Wolf)

Herausgeber und Verlag danken für alle Anregungen zur weiteren Ausgestaltung dieser Reihe. Die freundliche Aufnahme in der Fachwelt hat die Richtigkeit der Idee, das sich schnell entwickelnde Gebiet der Nachrichtentechnik oder Informationstechnik in einer Buchreihe darzustellen, bestätigt.

München, im Herbst 1984   H. Marko

Vorwort

Die bisher in deutscher Sprache erschienenen Lehrbücher über Probleme der digitalen Übertragungstechnik befassen sich vorwiegend mit der Datenübertragung und weniger mit der Digitalübertragung im Basisband. Das vorliegende Buch möchte diese Lücke schließen, und den Leser mit den heutigen Übertragungsverfahren für das Basisband vertraut machen.

Nach der Darstellung der theoretischen Grundlagen folgen die Optimierungsmethoden sowie die darauf aufbauende Systemdimensionierung. Durch zahlreiche Bilder und Beispiele sollen die zum Teil schwierigen Inhalte verdeutlicht und die Zusammenhänge und Wertebereiche der wichtigsten Größen aufgezeigt werden.

Dieses Buch wendet sich an Ingenieure und Physiker, die sich mit der Planung und der Entwicklung von digitalen Übertragungssystemen befassen. Es möchte diesem Leserkreis eine Hilfe bei der Lösung der verschiedenartigen theoretischen und praktischen Probleme sein. Durch seinen ausgeprägten Grundlagencharakter ist es aber auch als vorlesungsbegleitende Lektüre geeignet und soll den Studenten mit den Aufgaben und Betrachtungsweisen der digitalen Übertragungssysteme vertraut machen.

Die meisten der hier dargestellten Verfahren wurden in mehreren Forschungsprojekten an den Instituten für Nachrichtentechnik der Technischen Universität München und der Hochschule der Bundeswehr München untersucht, an denen die Autoren in den vergangenen Jahren mitgearbeitet haben. Dadurch stand ein beträchtliches Material zur Verfügung, aus dem die wesentlichen Ergebnisse herausgearbeitet werden konnten.

Dem Herausgeber dieser Reihe, Herrn Prof. Dr.-Ing. Hans Marko, sind wir für sein stetes Interesse und die weitreichende Förderung unserer gemeinsamen Arbeiten zu großem Dank verpflichtet. Er hat uns als unser Lehrer mit den Problemen der digitalen Übertragungstechnik vertraut gemacht und uns viele wertvolle Hinweise gegeben. Herzlicher Dank gilt auch allen unseren Kollegen, Mitarbeitern und Diplomanden, die durch ihre Forschungsarbeiten die Grundlage für dieses Buch mitgeschaffen haben. Besonders erwähnen wollen wir Herrn Dr.-Ing. Udo Peters, der bei der Abfassung der Kapitel 6 und 7.4 mitgewirkt hat, sowie Herrn Dr.Ing. Erich Lutz, der uns uns durch seine konstruktive Kritik viele wertvolle Anregungen gegeben hat. Außerdem möchten wir zu diesem Buch bemerken, daß wir die Forschungsergebnisse von Herrn Dr.-Ing. Hans Dirndorfer (Abschnitt 8.1), Herrn Dr.-Ing. Alfred Irber (Abschnitt

8.5) und Herrn Dr.-Ing. Michael Dippold (Kapitel 9) mitverwenden durften. Ihnen danken wir ebenso wie Herrn Dipl.-Ing. Klaus Graf und Herrn Dipl.-Ing. Martin Maier für das sorgfältige Korrekturlesen.

Schließlich ist es uns mehr als eine Pflicht, all denjenigen unseren ganz besonderen Dank auszusprechen, die an der äußeren Gestaltung des vorliegenden Buches mit großer Hingabe mitgewirkt haben: Frau Alida Kauschinger für das Schreiben der vielen Formeln, Frau Brigitte Berghofer und Frau Inge Kraus für das Schreiben des Textes, Herrn Hartl für das Zeichnen der Bilder, Herrn Dipl.-Ing. Anton Huber für das Anfertigen der Plotterbilder, sowie Frau Monika Stryczek, Frl. Sabine Schunk und Herrn Rainer Gebhart für das sorgfältige Redigieren des Manuskripts.

München, im Oktober 1984   Karlheinz Tröndle
                                                  Günter Söder

Inhaltsverzeichnis

1 Einleitung

Mit der Einführung der Telegrafie um die Mitte des 19. Jahrhunderts wurde schon sehr früh ein digitales Übertragungssystem geschaffen. Der rasch anwachsende Bedarf an Nachrichtenverbindungen zog die systematische Erforschung der physikalischen und technischen Möglichkeiten dieser Technik nach sich. Neue Übertragungsmedien sowie eine ständig fortschreitende Technologie bildeten die Grundlagen für die Entstehung von neuen Systemen und größeren Netzen und ermöglichten eine dynamische Weiterentwicklung der digitalen Nachrichtentechnik, die auch in unserer Zeit unverändert anhält. Die Einführung bzw. die Planung von neuen Diensten durch die Postverwaltungen (wie z.B. Bildschirmtext, Fernkopieren, Telebox, Magnetkartensysteme, Fernmeß- und Fernsteuerdienste) sowie die Automatisierungsbestrebungen in der modernen Bürotechnik, bei der die Speicherung, Verteilung und Verarbeitung von Informationen im Vordergrund steht, führten gerade in den letzten Jahren auch zu weitreichenden Überlegungen für eine Neuordnung der nachrichtentechnischen Einrichtungen und Systeme.

Die Postverwaltungen gehen dabei von der Schaffung eines digitalen, dienstintegrierten Nachrichtennetzes (ISDN=Integrated Services for Digital Networks) aus, das dem Teilnehmer weitgehende Freiheiten bei der Wahl der zu übertragenden Nachrichten einräumt. Neben der Übertragung von Sprachsignalen, Daten für die Kommunikation von Computersystemen sowie Festbildern und Texten für die Bürotechnik wird nun auch die Übertragung von bewegten Bildern in Betracht gezogen, wodurch sich die notwendigen Übertragungskapazitäten noch wesentlich erhöhen. Durch eine geeignete Organisation der zu übertragenden Nachrichten, z.B. in Paketen und durch die Anwendung der Multiplextechnik, soll für den Benutzer ein neuartiges Kommunikationsangebot geschaffen werden, das sich durch eine vielseitige Verwendung und eine flexible Handhabung auszeichnet. Die klassische Einteilung der Geräte und Systeme in Einrichtungen zur Signalaufbereitung, -übertragung und -vermittlung muß dabei in Frage gestellt werden, da die Realisierung dieser drei Aufgaben teilweise in einer Einheit vorgenommen werden kann. Durch die technologischen Fortschritte des vergangenen Jahrzehnts sind dabei auch sehr aufwendige und komplexe Methoden in den Bereich der Realisierbarkeit gerückt. Dies zeigt sich z. B. in der Entstehung von neuen digitalen Kommunikationssystemen und lokalen Netzen (LAN=Local Area Networks).

Das vorliegende Buch will den Leser in die theoretischen Grundlagen der digitalen Übertragungstechnik einführen und ihm die darauf aufbauende Optimierung und Dimensionierung vermitteln. Im Vordergrund steht dabei die digitale Basisbandübertragung, die auch die Grundlage für die modulierte Digitalsignalübertragung darstellt. Direkte Anwendung finden die Basisbandsysteme zum Beispiel bei der Übertragung über Koaxialkabel und symmetrische Leitungen, aber auch die Nachrichtenübertragung über Lichtwellenleiter (Glasfaser) kann bei Systembetrachtungen als äquivalente Basisbandübertragung angesehen werden.

Nach der Beschreibung der einzelnen Systemkomponenten und der Berechnung der Fehlerwahrscheinlichkeiten für binäre und mehrstufige Systeme werden die Übertragungscodes behandelt, deren Aufgabe es ist, das Quellensignal an den Übertragungskanal anzupassen und außerdem eine Überwachung der Leitungen und Systeme zu ermöglichen.

Die Eigenschaften von Systemen mit einem optimalen Empfänger (Viterbi-Detektor) bzw. einem Empfänger mit Quantisierter Rückkopplung werden eingehend diskutiert und die Grenzen der digitalen Übertragungstechnik dargelegt. Wegen ihrer guten Übertragungseigenschaften wird besonders auf die impulsinterferenzfreien Systeme (Nyquist-Systeme) näher eingegangen. Wie aus einigen neueren Arbeiten hervorgeht, kann durch die Verschmelzung von Codierung und Modulation ("Codulation") zu einer einzigen, an den jeweiligen Kanal angepaßten Einheit eine Verringerung der Fehlerwahrscheinlichkeit bzw. eine Realisierungsvereinfachung erreicht werden. Die Grundzüge einer entsprechenden Theorie zur gemeinsamen Optimierung von Codierung, Signalformung und Entzerrung wird dargelegt. Abschließend werden die optischen Übertragungssysteme behandelt, die sich aufgrund der signalabhängigen - und damit auch zeitabhängigen - Störungen von den elektrischen Systemen unterscheiden.

Am Anfang eines jeden Kapitels wird der Inhalt vorgestellt sowie die dafür geltenden Voraussetzungen angegeben. Die einzelnen Kapitel sind in sich weitgehend abgeschlossen, so daß der vorgebildete Leser auch einzelne Kapitel überspringen kann.

2 Komponenten eines digitalen Übertragungssystems

<u>Inhalt:</u> In diesem Kapitel werden die einzelnen Komponenten eines digitalen Übertragungssystems - Quelle, Sender, Übertragungskanal, Entzerrer, Detektor und Taktrückgewinnung - beschrieben und Modelle für ihr Signalübertragungsverhalten angegeben.

<u>Voraussetzungen:</u> Dabei werden ausschließlich Systeme mit stationären Störungen betrachtet, bei denen das digitale Signal unmoduliert übertragen wird ("Basisbandsysteme"). Die Besonderheiten der optischen Digitalsysteme werden in Kapitel 9 behandelt. Weiterhin wird vorausgesetzt, daß die digitale Quelle ergodisch sei und daß die Übertragung uncodiert erfolgt. Als Detektor wird ein optimaler gedächtnisloser Schwellwertentscheider eingesetzt.

2.1 Prinzip der digitalen Übertragung

Bild 2.1 zeigt das Blockschaltbild eines digitalen Übertragungssystems in seiner einfachsten Ausführung. Die digitale Quelle gibt als Nachricht die **Quellensymbolfolge** $\langle q_\nu \rangle$ ab, die physikalisch durch das Quellensignal q(t) dargestellt wird und zur räumlich entfernten Nachrichtensinke übertragen werden soll. Eine fehlerfreie Übertragung ist dann gegeben, wenn die **Sinkensymbolfolge** $\langle v_\nu \rangle$ mit der Quellensymbolfolge vollständig übereinstimmt, was nur bei einem idealen Übertragungskanal möglich ist. Bei den vorhandenen Kanälen sind wegen der linearen und nichtlinearen Verzerrungen sowie der eindringenden Störungen **Symbolfehler** ($v_\nu \neq q_\nu$) unvermeidbar. Die mittlere Wahrscheinlichkeit, mit der solche Symbolfehler auftreten, wird als die **mittlere Symbolfehlerwahrscheinlichkeit** bezeichnet. Diese Größe ist das wichtigste Kriterium für die Beurteilung von digitalen Übertragungssystemen und wird in Kapitel 3 berechnet.

Vorher wollen wir uns jedoch der Beschreibung des digitalen Übertragungssystems und seiner Signale zuwenden. Es besteht aus dem **Sender**, dem **Kanal** (Medium) und dem **Empfänger**, der den **Entzerrer**, den **Detektor** und die **Taktgewinnungseinrichtung** (TGE) beinhaltet.

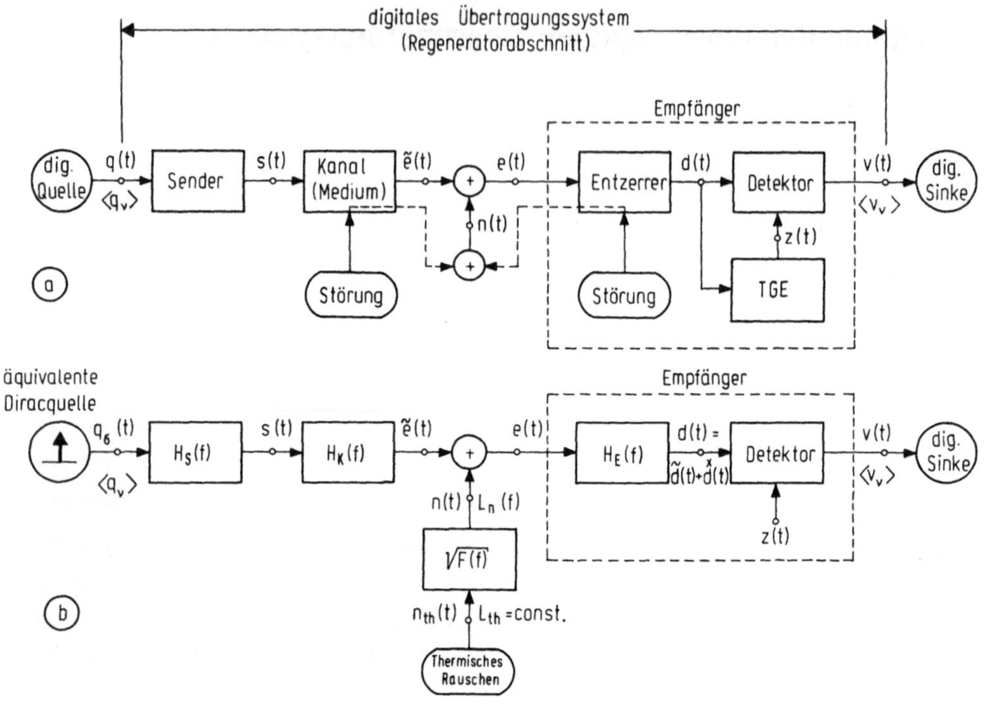

Bild 2.1:   Blockschaltbild (a) und Ersatzschaltbild (b) eines digitalen Basisband-
            Übertragungssystems.

     Bild 2.2 zeigt die Signalverläufe an den verschiedenen Punkten des Blockschalt-
bildes für ein typisches Beispiel. Das wert- und zeitdiskrete **Quellensignal** $q(t)$
kann nur die beiden Augenblickswerte 0V und 1V annehmen und repräsentiert die angegebene binäre Quellensymbolfolge $\langle q_\nu \rangle$, vgl. Bild 2.2a. Der Sender erzeugt daraus
entsprechend Bild 2.2b das **Sendesignal** $s(t)$ mit den Augenblickswerten $\pm 3V$.

     Bei der Übertragung über den Kanal wird dieses digitale Signal verzerrt und von
additiven Störungen überlagert. Das Ausgangssignal des Kanals ist das **Empfangssignal** $e(t)$, das sich aus dem Empfangsnutzsignal $\tilde{e}(t)$ und dem (Empfangs-)Störsignal
$n(t)$ zusammensetzt. Der Verlauf des Empfangssignals $e(t)$ in Bild 2.2c zeigt, daß
die Verzerrungen und Störungen des Kanals so stark sind, daß die gesendete Symbolfolge nicht mehr zu erkennen ist.

     Aufgabe des Entzerrers ist es, die Amplituden- und Phasenverzerrungen des Über-
tragungskanals soweit wie nötig und möglich zu beseitigen und gleichzeitig die
Störleistung vor dem Detektor zu begrenzen. Eine vollständige Entzerrung ist wegen
der notwendigen Störleistungsbegrenzung nicht möglich. Das Ausgangssignal des Entzerrers ist das **Detektionssignal** $d(t)$, vgl. Bild 2.2d. Es setzt sich aus dem
Detektionsnutzsignal $\tilde{d}(t)$ und dem Detektionsstörsignal $\overset{x}{d}(t)$ zusammen und läßt im
Gegensatz zum Empfangssignal die gesendete Nachricht in etwa wieder erkennen, was
auf die Entzerrung (Anhebung der höheren Frequenzen) zurückzuführen ist.

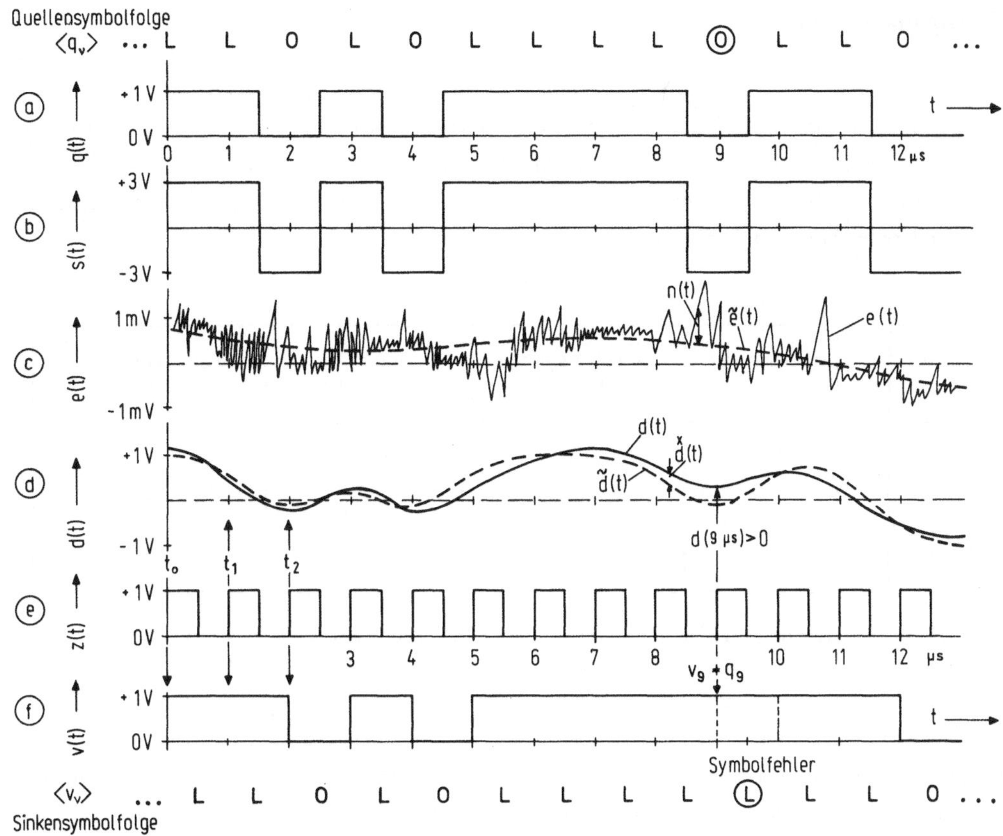

Bild 2.2: Signalverläufe bei digitaler Basisbandübertragung.

   Das Detektionssignal d(t) wird anschließend mit Hilfe des Detektors amplituden-
und zeitregeneriert. Dazu benötigt der Detektor Taktinformation, die ihm von der
Taktgewinnungseinrichtung in Form des **Taktsignals** z(t) zugeführt wird, siehe Bild
2.2e. Zu allen Detektionszeitpunkten t_ν, die in diesem Beispiel durch die positiven
Flanken des Taktsignals bestimmt sind, ermittelt der Detektor den Augenblickswert
des Detektionssignals. Je nachdem, ob dieser Wert kleiner oder größer als Null ist,
wird die Ausgangsspannung auf 0V bzw. +1V gesetzt und bis zum Eintreffen des nächsten Taktimpulses konstant gehalten, vgl. Bild 2.2f.

   Das Ausgangssignal des Detektors ist das **Sinkensignal** v(t), das analog zum
Quellensignal q(t) die Sinkensymbolfolge $\langle v_\nu \rangle$ repräsentiert. Solange die Verzerrungen und Störungen einen gewissen Grenzwert nicht überschreiten, ist $\langle v_\nu \rangle = \langle q_\nu \rangle$, und
das Sinkensignal v(t) ist bis auf eine schaltungsbedingte Laufzeit identisch mit
dem Quellensignal q(t). Zum Zeitpunkt t=9µs ist in diesem Beispiel ein Symbolfehler
zu erkennen: das Quellensymbol $q_9 = O$ wurde bei der Übertragung in das Sinkensymbol
$v_9 = L$ verfälscht. Die Ursache für diesen Symbolfehler ist das zu große Detektionssignal, das aufgrund der Verzerrungen und Störungen des Kanals über die Schwelle 0V
hinaus angehoben wurde.

2.2 Digitale Quelle

Im folgenden wird eine digitale Nachrichtenquelle betrachtet, die M verschiedene Symbole $q_1 \ldots q_M$ abgibt. M wird als der **Quellensymbolumfang** bzw. als die **Stufenzahl** der Quelle bezeichnet. $\{q_\mu\}$ sei der **Quellensymbolvorrat**, wobei die Laufvariable $\mu=1 \ldots M$ ist. Entsprechend der Stufenzahl M unterscheidet man zwischen **Binärquellen** (M=2) und **mehrstufigen Quellen** (M>2), vgl. Tabelle 2.1.

Quelle	Stufenzahl M	Quellensymbol- vorrat $\{q_\mu\}$	Amplitudenkoeffizienten $\{a_\mu\}$ unipolar	bipolar
binär	2	$\{0;L\}$	$\{0;1\}$	$\{-1;+1\}$
ternär	3	$\{"-";"o";"+"\}$	$\{0;1/2;1\}$	$\{-1;0;+1\}$
quaternär	4	$\{\ominus;"-";"+";\oplus\}$	$\{0;1/3;2/3;1\}$	$\{-1;-1/3;+1/3;+1\}$

Tab. 2.1:   Zusammenhang zwischen Quellensymbolen und Amplitudenkoeffizienten.

Die Gesamtheit der von der digitalen Quelle in äquidistanten Zeitabständen T abgegebenen Symbole ist die zeitliche **Quellensymbolfolge** $\langle q_\nu \rangle$, die die Nachricht der Quelle darstellt. Die Laufvariable ν kennzeichnet im folgenden immer eine zeitliche Folge $\langle\ \rangle$, wobei ν von $-\infty$ bis $+\infty$ läuft. Die Zeitdauer, die zur Übertragung eines Quellensymbols zur Verfügung steht, wird als die **Symboldauer** T bezeichnet. $1/T$ ist die **Symbolrate** mit der Dimension Baud=Symbole/Sekunde.

Zur Beschreibung der statistischen Eigenschaften der digitalen Quelle benutzen wir die **Symbolwahrscheinlichkeiten**

$$\text{Def.:} \qquad p_{\nu\mu} = P(q_\nu = q_\mu). \qquad\qquad\qquad (2\text{-}1)$$

$p_{\nu\mu}$ ist die Wahrscheinlichkeit, daß das ν-te Symbol der Folge $\langle q_\nu \rangle$ gleich dem μ-ten Symbol des Quellensymbolvorrates $\{q_\mu\}$ ist. Bestehen zwischen den aufeinanderfolgenden Symbolen der Folge statistische Bindungen, so ist das Auftreten des Symbols q_ν von den vorangegangenen Symbolen $q_{\nu-1}$, $q_{\nu-2}$, ... abhängig und dementsprechend hängt auch die Wahrscheinlichkeit $p_{\nu\mu}$ von ν ab.

Ist das Symbol $q_\nu = q_\mu$, so gilt für seinen **Informationsgehalt**:

$$\text{Def.:} \qquad I_\nu = \mathrm{ld}\,\frac{1}{p_{\nu\mu}}. \qquad \text{ld: Logarithmus zur Basis 2} \qquad (2\text{-}2)$$

Bei der numerischen Auswertung wird die Hinweiseinheit "bit" hinzugefügt. Je kleiner die Wahrscheinlichkeit ist, desto größer ist der Informationsgehalt des Sym-

bols. Tritt z.B. in einem vorgegebenen Text der Buchstabe "b" mit der Wahrscheinlichkeit 1/32 auf, so beträgt sein Informationsgehalt 5 bit.

Durch Mittelung über alle Symbole der unendlich langen Folge $\langle q_\nu \rangle$ erhält man die
Entropie der digitalen Quelle, vgl. [1.8]:

$$\text{Def.:}\qquad H_q = \overline{I_\nu} = \lim_{N\to\infty} \frac{1}{2N+1} \sum_{\nu=-N}^{N} I_\nu. \qquad\qquad \text{Einheit: bit} \qquad\qquad (2\text{-}3)$$

Die Entropie H_q entspricht somit dem mittleren Informationsgehalt eines Symbols.
Sind die Quellensymbole voneinander statistisch unabhängig, so sind die Symbolwahrscheinlichkeiten $p_{\nu\mu}$ unabhängig von ν. Mit den **statistisch unabhängigen Symbolwahrscheinlichkeiten**

$$\text{Def.:}\qquad p_{\nu\mu} = P(q_\nu = q_\mu) = p_\mu \qquad\qquad \text{für alle } \nu \qquad\qquad (2\text{-}4)$$

gilt in diesem Sonderfall für die Entropie:

$$H_q = \sum_{\mu=1}^{M} p_\mu \, \mathrm{ld}\, \frac{1}{p_\mu}. \qquad\qquad \text{Einheit: bit} \qquad\qquad (2\text{-}5)$$

Sind z.B. bei einer Binärquelle (M=2) mit statistisch unabhängigen Quellensymbolen
die Symbolwahrscheinlichkeiten $p_1=0,25$ und $p_2=1-p_1=0,75$, so besitzt die Entropie
den Wert $H_q=0,81$ bit.

H_q wird maximal, wenn die M Symbolwahrscheinlichkeiten $p_\mu=1/M$ gleich groß sind.
Der Maximalwert $H_{q,max}$ der Entropie ist der **Nachrichtengehalt** der Quelle:

$$\text{Def.:}\qquad H_{q,max} = \mathrm{ld}\, M. \qquad\qquad \text{Einheit: bit} \qquad\qquad (2\text{-}6)$$

Für M=2 beträgt $H_{q,max}=1$ bit. Bei einer redundanten Quelle ist die Entropie kleiner
als der Nachrichtengehalt. Zur quantitativen Erfassung der statistischen Abhängigkeiten definiert man die **relative Redundanz** der Quelle:

$$\text{Def.:}\qquad r_q = \frac{H_{q,max} - H_q}{H_{q,max}}. \qquad\quad 0 \leq r_q \leq 1 \qquad\qquad (2\text{-}7)$$

Eine digitale Quelle heißt **redundanzfrei** ($r_q=0$), wenn die Quellensymbole voneinander statistisch unabhängig sind und die M möglichen Quellensymbole mit der gleichen
Wahrscheinlichkeit $p_\mu=1/M$ auftreten.

Die Entropie H_q ist der mittlere Informationsgehalt eines Quellensymbols. Zur
Beurteilung von Nachrichtenübertragungssystemen ist jedoch auch die für die Über-
tragung eines Symbols benötigte Zeitdauer T von großer Bedeutung. Deshalb wird der
Informationsfluß

$$\text{Def.:}\qquad \phi = \frac{H_q}{T} \qquad\qquad \text{Einheit: bit/s} \qquad\qquad (2\text{-}8)$$

definiert, der angibt, welcher Informationsgehalt pro Zeiteinheit im Mittel übertragen wird. Analog gilt für den maximalen Informationsfluß, der **Nachrichtenfluß**
oder (äquivalente) **Bitrate** genannt wird:

$$\text{Def.:} \quad \boxed{R = \frac{H_{q,max}}{T} = \frac{\text{ld } M}{T}.} \qquad \text{Einheit: bit/s} \qquad (2\text{-}9)$$

Der Begriff "Nachrichtenfluß" stammt aus der Informationstheorie. Im folgenden wird
die in der Übertragungstechnik gebräuchlichere Bezeichnung "Bitrate" verwendet.

Bei einer redundanten Quelle ist der Informationsfluß ϕ um den Faktor $(1-r_q)$
kleiner als die Bitrate R, die unabhängig von r_q ist. Ist die Quelle binär
(ld M=1), so besitzen die Bitrate R mit der Dimension bit/s und die Symbolrate 1/T
mit der Dimension Baud den gleichen Zahlenwert. Bei einer mehrstufigen Quelle gibt
die Bitrate an, wieviele Symbole eine äquivalente binäre Nachrichtenquelle pro
Zeiteinheit abgeben muß, damit sie den gleichen Nachrichtengehalt wie die betrachtete M-stufige Quelle besitzt.

2.3 Sender

Der Sender hat die Aufgabe, aus der Quellensymbolfolge $\langle q_\nu \rangle$ bzw. aus dem Quellensignal q(t) ein Sendesignal zu erzeugen, das die Nachricht der Quelle vollständig beinhaltet und an die Eigenschaften des Übertragungskanals, die Störungen und
die technischen Empfangseinrichtungen angepaßt ist. Außerdem sorgt er für die Bereitstellung der notwendigen Sendeleistung.

2.3.1 Kenngrößen des Sendesignals

Jedes der M möglichen Quellensymbole q_μ (μ=1...M) wird durch einen **Sendeimpuls**
$a_\mu g_S(t)$ dargestellt, der sich von den anderen nur in der Impulsamplitude unterscheidet, während die Form $g_S(t)$ aller Sendeimpulse gleich ist. $g_S(t)$ wird als der
Sende-Grundimpuls bezeichnet, der abhängig von den spektralen Eigenschaften von
Kanal und Empfänger zu optimieren ist.

Die dimensionslosen **Amplitudenkoeffizienten** a_μ können prinzipiell beliebig, aber
eindeutig, den Quellensymbolen q_μ zugeordnet werden. Nach dem Wertebereich der a_μ
unterscheidet man zwischen **unipolaren** ($0 \leq a_\mu \leq 1$) und **bipolaren** ($-1 \leq a_\mu \leq +1$) Amplitudenkoeffizienten bzw. Sendesignalen. Im allgemeinen ist es zweckmäßig, die Abstände
zwischen benachbarten Amplituden gleich groß zu wählen. In diesem Fall gilt für die
möglichen Amplitudenkoeffizienten (μ=1...M):

$$a_\mu = \begin{cases} \dfrac{\mu-1}{M-1} & \text{unipolare Signale,} \\[2ex] \dfrac{2\mu-M-1}{M-1} & \text{bipolare Signale .} \end{cases} \qquad (2\text{-}10)$$

In Tabelle 2.1 sind die unipolaren und bipolaren Amplitudenkoeffizienten für die Stufenzahlen M=2, 3 und 4 angegeben.

Berücksichtigt man noch einen zeitunabhängigen **Grundanteil** s_0, der z.B. bei optischen Sendern notwendig ist, so kann für das Sendesignal geschrieben werden:

$$s(t) = s_0 + \sum_{\nu = -\infty}^{+\infty} a_\nu g_s(t-\nu T). \qquad (2\text{-}11)$$

<u>Beispiel:</u> Bild 2.3 zeigt ein unipolares Binärsignal (M=2) sowie ein bipolares Quaternärsignal (M=4), wobei ein $\cos^2$-förmiger Sende-Grundimpuls zugrunde liegt. In dieses Bild sind auch der Maximalwert s_{max} und der Minimalwert s_{min} des Sendesignals eingezeichnet. Als den **Aussteuerbereich** bezeichnet man die Differenz

Def.: $\Delta s = s_{max} - s_{min}.$ $\qquad\qquad\qquad\qquad$ (2-12)

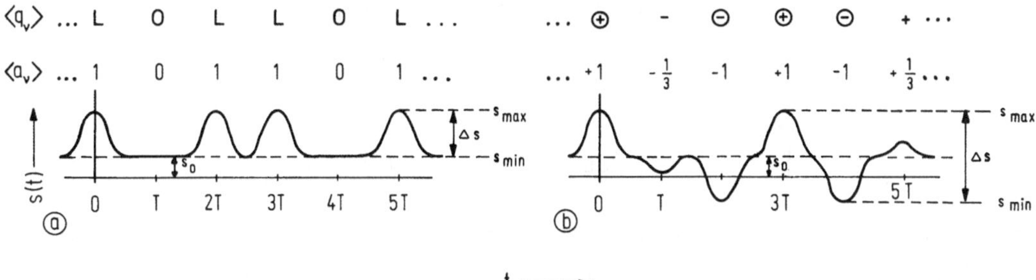

Bild 2.3: Quellensymbolfolge $\langle q_\nu \rangle$ und Sendesignal $s(t)$ bei $\cos^2$-förmigem Sende-Grundimpuls: (a) binär, unipolar   (b) quaternär, bipolar.

Der Aussteuerbereich des bipolaren Signals ist bei gleichem Sende-Grundimpuls doppelt so groß wie der des unipolaren Signals.

Zur Charakterisierung des Sende-Grundimpulses werden folgende Kenngrößen verwendet, vgl. Bild 2.4a:

(a) die **Sendeimpulsamplitude** $\hat{g}_s$ als der Maximalwert des Sende-Grundimpulses,

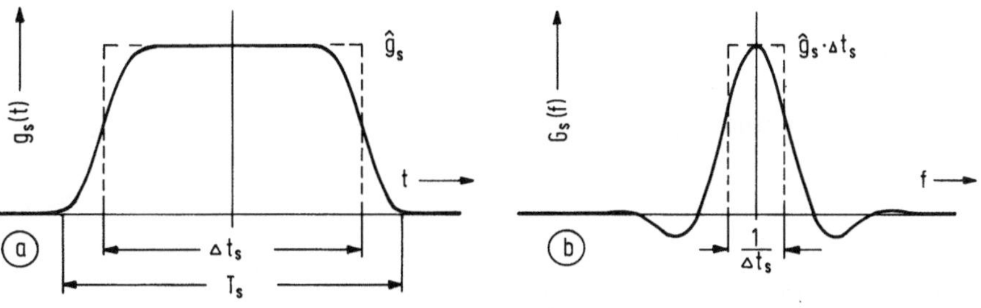

Bild 2.4: Sende-Grundimpuls mit cosinusförmiger Flanke (a) und dazugehöriges Spektrum (b).

(b) die **äquivalente Sendeimpulsdauer** Δt_S, die definiert ist als die Dauer eines Rechteckimpulses mit gleicher Amplitude und Fläche wie der Sende-Grundimpuls:

$$\text{Def.:} \qquad \Delta t_S = \frac{1}{\hat{g}_S} \int_{-\infty}^{+\infty} g_S(t)\, dt\,, \qquad\qquad\qquad (2\text{-}13)$$

(c) die **absolute Sendeimpulsdauer** T_S, die den Zeitbereich angibt, während dem der Sende-Grundimpuls von Null abweicht.

Es ist immer $\Delta t_S \leq T_S$, wobei das Gleichheitszeichen für den Sonderfall rechteckförmiger Sendeimpulse gilt. Weiterhin unterscheidet man die Sende-Grundimpulse nach RZ- und NRZ-Impulsen, vgl. Bild 2.6: Ein **RZ-Impuls** (return-to-zero) ist ein Impuls, bei dem die absolute Sendeimpulsdauer T_S kleiner als die Symboldauer T ist. Demgegenüber gilt für einen **NRZ-Impuls** (non-return-to-zero): $T_S \geq T$.

2.3.2 Ersatzschaltbild für den Sender (Sendeimpulsformer)

Das Spektrum des Sende-Grundimpulses ist die Fourier-Transformierte von $g_S(t)$, vgl. Bild 2.4b:

$$\text{Def.:} \qquad G_S(f) = \int_{-\infty}^{+\infty} g_S(t)e^{-j2\pi ft}dt\,. \qquad \text{kurz: } G_S(f)\!\bullet\!\!-\!\!-\!\!\circ\, g_S(t) \qquad (2\text{-}14)$$

Für die Systemoptimierung in den Kapiteln 7 bis 9 erweist es sich als zweckmäßig, den **Sender-Frequenzgang** als das normierte Sendeimpulsspektrum einzuführen:

$$\text{Def.:} \qquad H_S(f) = \frac{G_S(f)}{\hat{g}_S\, T}\,. \qquad\qquad\qquad\qquad (2\text{-}15)$$

Legt man an den Eingang des Sender-Frequenzgangs einen Diracimpuls $\hat{g}_S T\delta(t)$ an, so ist der Ausgangsimpuls $g_S(t)$ und sein Spektrum $G_S(f)$. $\delta(x)$ ist die Diracfunktion gemäß Tabelle A-1.

Ohne Einschränkung der Allgemeingültigkeit wird für das Folgende festgelegt, daß das Maximum des Sende-Grundimpulses zur Zeit t=0 auftritt, d.h. es ist $\hat{g}_S = g_S(0)$. Mit der aus der Systemtheorie bekannten Beziehung

$$g_S(0) = \int_{-\infty}^{+\infty} G_S(f)df$$

erhält man für den Sender-Frequenzgang die Bedingung:

$$T \int_{-\infty}^{+\infty} H_S(f)df = 1\,. \qquad\qquad\qquad\qquad (2\text{-}16)$$

Im Blockschaltbild von Bild 2.1 kann der Sender durch den Sender-Frequenzgang $H_S(f)$ ersetzt werden, wenn gleichzeitig statt der digitalen Quelle die äquivalente Diracquelle mit dem Ausgangssignal

$$q_\delta(t) = \sum_{\nu=-\infty}^{+\infty} a_\nu \hat{g}_S \, T \, \delta(t-\nu T) \tag{2-17}$$

verwendet wird. Das Sendesignal $s(t)$ ist in den beiden Darstellungen nach Bild 2.1a bzw. 2.1b identisch. Die zweite Darstellung bietet aber den Vorteil, daß der Sender durch das lineare Netzwerk $H_S(f)$ beschrieben werden kann, was im Blockschaltbild gemäß Bild 2.1a allgemein nicht möglich ist.

2.3.3 Spektrale Eigenschaften des Sendesignals

Da $s(t)$ ein stochastisches Signal darstellt, benutzt man zur Charakterisierung seiner spektralen Eigenschaften die **spektrale Leistungsdichte** $L_S(f)$, häufig auch kurz **Leistungsspektrum** genannt. Diese Größe kann aus der **Autokorrelationsfunktion (AKF)** des Sendesignals berechnet werden, für die gilt:

$$\text{Def.:} \quad l_S(\tau) = \lim_{T_0 \to \infty} \frac{1}{2T_0} \int_{-T_0}^{T_0} s(t)s(t+\tau)\,dt \,. \tag{2-18}$$

Die spektrale Leistungsdichte $L_S(f)$ ist nach dem Theorem von Wiener-Chintchine die Fourier-Transformierte der AKF:

$$L_S(f) = \int_{-\infty}^{+\infty} l_S(\tau)\, e^{-j2\pi f\tau}\, d\tau \,. \tag{2-19}$$

Bei diesen Definitionen ist ein ergodisches Sendesignal vorausgesetzt, so daß alle statistischen Eigenschaften des stochastischen Prozesses $\{s(t)\}$ durch eine einzige Musterfunktion $s(t)$ bestimmt sind. Diese Voraussetzung ist bei vielen Anwendungen im strengen Sinn nicht erfüllt. Die Signale dieser Beispiele können jedoch meist als zyklostationäre Prozesse betrachtet werden, für die die obige Definition der AKF ebenfalls gültig ist, vgl. [1.21].

Die AKF besitzt die Dimension einer auf den Einheitswiderstand normierten Leistung, z.B. V^2 oder A^2, und ist ein Maß für die lineare statistische Abhängigkeit der Augenblickswerte des leistungsbegrenzten Sendesignals $s(t)$. Dabei bildet man den zeitlichen Mittelwert aller Produkte von Signalwerten, die um die Zeitdifferenz τ auseinanderliegen. Setzt man in der Definition der AKF $\tau=0$, so erhält man die **mittlere Leistung** des Sendesignals:

$$\text{Def.:} \quad S_S = \lim_{T_0 \to \infty} \frac{1}{2T_0} \int_{-T_0}^{T_0} s^2(t)\,dt = l_S(0) = \int_{-\infty}^{+\infty} L_S(f)\,df \,. \tag{2-20}$$

Zur Berechnung der AKF wird die diskrete AKF $l_a(\lambda)$ der Amplitudenkoeffizienten sowie die Energie-AKF $l_{g_S}^\bullet(\tau)$ des Sende-Grundimpulses benötigt. Die **diskrete Autokorrelationsfunktion der Amplitudenkoeffizienten** ist dabei wie folgt definiert:

$$\text{Def.:} \quad l_a(\lambda) = \overline{a_\nu a_{\nu+\lambda}} = \lim_{N\to\infty} \frac{1}{2N+1} \sum_{\nu=-N}^{N} a_\nu a_{\nu+\lambda} . \tag{2-21}$$

$l_a(\lambda)$ ist dimensionslos und liefert eine Aussage über die linearen statistischen Bindungen der Amplitudenkoeffizienten a_ν und $a_{\nu+\lambda}$ bzw. der entsprechenden Quellensymbole q_ν und $q_{\nu+\lambda}$. Für statistisch unabhängige Quellensymbole (Amplitudenkoeffizienten) folgt aus dieser Definition mit dem linearen Mittelwert $\overline{a_\nu}$ und dem quadratischen Mittelwert $\overline{a_\nu^2}$:

$$l_a(\lambda) = \begin{cases} \overline{a_\nu^2} & \text{für } \lambda = 0, \\[2em] (\overline{a_\nu})^2 & \text{für } \lambda \neq 0. \end{cases} \tag{2-22}$$

Für die **Energie-AKF** des Sende-Grundimpulses $g_s(t)$ gilt:

$$\text{Def.:} \quad \overset{\bullet}{l}_{gs}(\tau) = \int_{-\infty}^{+\infty} g_s(t)\, g_s(t+\tau)\, dt . \tag{2-23}$$

$\overset{\bullet}{l}_{gs}(\tau)$ besitzt die Dimension einer normierten Energie, z.B. $V^2 s$ und kann aus dem **Energiespektrum**

$$\text{Def.:} \quad \overset{\bullet}{L}_{gs}(f) = |G_s(f)|^2 \tag{2-24}$$

berechnet werden. Der Punkt an den Symbolen für die Energie-AKF und das Energiespektrum soll den Unterschied zu den entsprechenden Größen der leistungsbegrenzten Signale hervorheben.

Analog zu Gl. 2-19 ist die Energie-AKF $\overset{\bullet}{l}_{gs}(\tau)$ die Fourier-Rücktransformierte des Energiespektrums:

$$\overset{\bullet}{l}_{gs}(\tau) = \int_{-\infty}^{+\infty} \overset{\bullet}{L}_{gs}(f) e^{j2\pi f\tau} df . \tag{2-25}$$

Bild 2.5 zeigt den Zusammenhang zwischen Impuls, (Amplituden-)Spektrum, Energie-AKF und Energiespektrum am Beispiel eines Rechteckimpulses.

Mit Gl. 2-11 und den Definitionen 2-18, 2-21 und 2-23 erhält man für die AKF des stochastischen Sendesignals $s(t)$, vgl. [1.12]:

$$\boxed{ l_s(\tau) = s_0^2 + 2\overline{a_\nu}\, s_0 \hat{g}_s\, \frac{\Delta t_s}{T} + \sum_{\lambda=-\infty}^{+\infty} \frac{1}{T}\, l_a(\lambda)\, \overset{\bullet}{l}_{gs}(\tau-\lambda T) . } \tag{2-26}$$

Ist der Sende-Grundanteil $s_0 = 0$, so ergeben die beiden ersten Terme den Wert 0 und es gilt:

$$\boxed{ l_s(\tau) = \sum_{\lambda=-\infty}^{+\infty} \frac{1}{T}\, l_a(\lambda)\, \overset{\bullet}{l}_{gs}(\tau-\lambda T) . } \tag{2-27}$$

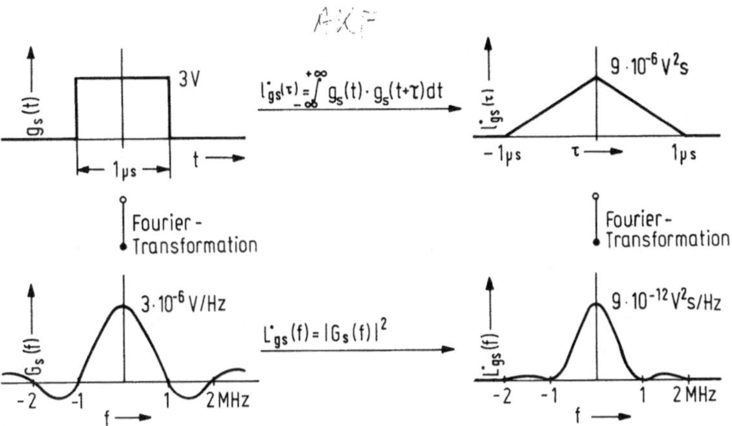

Bild 2.5:   Rechteckförmiger Sende-Grundimpuls sowie Spektrum, Energie-AKF und
            Energiespektrum ($\hat{g}_s$=3V; T_s=1µs).

Die AKF $l_s(\tau)$ des Sendesignals wird somit durch zwei Größen bestimmt, nämlich durch
den Sende-Grundimpuls, dessen Einfluß durch seine Energie-AKF $l_{gs}^{\bullet}(\tau)$ beschrieben
wird, und durch die statistische Abhängigkeit der gesendeten Symbolfolge, die durch
die diskrete AKF $l_a(\lambda)$ gekennzeichnet ist.

Durch Fourier-Transformation der Autokorrelationsfunktion $l_s(\tau)$ erhält man für
die spektrale Leistungsdichte unter der Voraussetzung s_0=0:

$$L_s(f) = \sum_{\lambda=-\infty}^{+\infty} \frac{1}{T} l_a(\lambda) \, |G_s(f)|^2 \cos(2\pi f\lambda T) \, . \tag{2-28}$$

Beweis: Mit dem Theorem von Wiener-Chintchine und Gl. 2-27 gilt:

$$\text{(a)} \qquad L_s(f) = \int_{-\infty}^{+\infty} \sum_{\lambda=-\infty}^{+\infty} \frac{1}{T} l_a(\lambda) l_{gs}^{\bullet}(\tau-\lambda T)e^{-j2\pi f\tau}d\tau \, .$$

Durch die Substitution $\tau'=\tau-\lambda T$ und Vertauschen von Integration und Summation folgt:

$$\text{(b)} \qquad L_s(f) = \sum_{\lambda=-\infty}^{+\infty} \frac{1}{T} l_a(\lambda)e^{-j2\pi f\lambda T} \int_{-\infty}^{+\infty} l_{gs}^{\bullet}(\tau')e^{-j2\pi f\tau'}d\tau' \, .$$

In dieser Gleichung ist das Integral gleich $|G_s(f)|^2$, vgl. Def. 2-24 und Gl. 2-25.
Berücksichtigt man außerdem die Symmetrie $l_a(-\lambda)=l_a(\lambda)$, so erhält man das Ergebnis
von Gl. 2-28.   w.z.b.w.

Definiert man nun die **"spektrale Leistungsdichte der Amplitudenkoeffizienten"**
als die Summe

$$\text{Def.:} \qquad L_a(f) = \sum_{\lambda=-\infty}^{+\infty} l_a(\lambda)e^{-j2\pi f\lambda T} = \sum_{\lambda=-\infty}^{+\infty} l_a(\lambda)\cos(2\pi f\lambda T) \, , \tag{2-29}$$

so kann für das Leistungsspektrum des Sendesignals geschrieben werden:

$$L_s(f) = \frac{1}{T} L_a(f) \, |G_s(f)|^2 .$$

Voraussetzung: (2-30)

$$s_o = 0$$

$L_s(f)$ kann demnach als Produkt zweier Funktionen dargestellt werden. $L_a(f)$ ist dimensionslos und beschreibt die spektrale Formung des Sendesignals durch die statistischen Bindungen der Quelle. Ist die Quelle redundanzfrei, so ist $L_a(f)$=const., d.h. frequenzunabhängig. $|G_s(f)|^2$ berücksichtigt die spektrale Formung durch den Sende-Grundimpuls $g_s(t)$. Je schmaler die Sendeimpulse sind, desto breiter ist das Leistungsspektrum $L_s(f)$.

2.3.4 Spektrale Eigenschaften redundanzfreier Sendesignale

Bei einer redundanzfreien Quelle ist die diskrete AKF der Amplitudenkoeffizienten durch den linearen und den quadratischen Mittelwert vollständig bestimmt, vgl. Gl. 2-22. Mit den möglichen Amplitudenkoeffizienten a_μ gemäß Gl. 2-10 erhält man für den linearen Mittelwert:

$$\overline{a_\nu} = \frac{1}{M} \sum_{\mu=1}^{M} a_\mu = \begin{cases} 1/2 & \text{für unipolare Signale,} \\[2mm] 0 & \text{für bipolare Signale .} \end{cases}$$

(2-31)

Analog gilt für den quadratischen Mittelwert:

$$\overline{a_\nu^2} = \frac{1}{M} \sum_{\mu=1}^{M} a_\mu^2 = \begin{cases} \dfrac{2M-1}{6(M-1)} & \text{für unipolare Signale,} \\[3mm] \dfrac{M+1}{3(M-1)} & \text{für bipolare Signale .} \end{cases}$$

(2-32)

Setzt man diese Werte in Gl. 2-26 bzw. Gl. 2-28 ein, so folgen daraus die Gleichungen von Tabelle 2.2.

	unipolar	bipolar
$l_s(\tau)$	$\dfrac{M+1}{12T(M-1)} \, \overset{\bullet}{l}_{gs}(\tau) + \dfrac{1}{4T} \displaystyle\sum_{\lambda=-\infty}^{+\infty} \overset{\bullet}{l}_{gs}(\tau-\lambda T)$	$\dfrac{M+1}{3T(M-1)} \, \overset{\bullet}{l}_{gs}(\tau)$
$L_s(f)$	$\dfrac{M+1}{12T(M-1)} \, |G_s(f)|^2 + \dfrac{1}{4T^2} \displaystyle\sum_{\lambda=-\infty}^{+\infty} |G_s(f)|^2 \delta(f-\lambda F)$	$\dfrac{M+1}{3T(M-1)} \, |G_s(f)|^2$
S_s	$\dfrac{2M-1}{6T(M-1)} \, \overset{\bullet}{l}_{gs}(0) + \dfrac{1}{2T} \displaystyle\sum_{\lambda=1}^{\infty} \overset{\bullet}{l}_{gs}(\lambda T)$	$\dfrac{M+1}{3T(M-1)} \, \overset{\bullet}{l}_{gs}(0)$

Tab. 2.2: AKF, Leistungsspektrum und mittlere Leistung eines redundanzfreien Sendesignals (s_o=0).

<u>Beispiel:</u> Für einen rechteckförmigen Sende-Grundimpuls der Dauer T_s ergibt sich eine dreieckförmige Energie-AKF, vgl. Def. 2-23 und Bild 2.5:

$$l_{gs}^{\bullet}(\tau) = \hat{g}_s^{\,2} T_s \, \wedge \left(\frac{\tau}{T_s}\right). \qquad \wedge (x) \text{ nach Tab.A-1} \qquad (2\text{-}33)$$

Somit erhält man für das Energiespektrum durch Anwendung von Gl. 2-25:

$$L_{gs}^{\bullet}(f) = |G_s(f)|^2 = \hat{g}_s^{\,2} T_s^{\,2} \, si^2(\pi f T_s). \qquad si(x) \text{ nach Tab.A-1} \qquad (2\text{-}34)$$

Bild 2.6 zeigt einen Ausschnitt aus dem Signalverlauf, die AKF und die spektrale Leistungsdichte für unipolare und bipolare redundanzfreie RZ- bzw. NRZ-Binärsignale. Das Leistungsspektrum des unipolaren RZ-Signals besitzt einen kontinuierlichen Anteil sowie diskrete Linien bei allen Vielfachen der Symbolrate 1/T, was für die Taktwiedergewinnung ausgenutzt werden kann. Die Gewichte der diskreten Linien sind proportional zum kontinuierlichen Anteil des Leistungsspektrums. Dagegen besitzt das Leistungsspektrum des unipolaren NRZ-Signals neben dem kontinuierlichen Anteil nur eine diskrete Linie bei der Frequenz f=0, also einen Gleichanteil.

Für ein bipolares redundanzfreies Rechtecksignal ergibt sich immer eine dreieckförmige AKF und ein kontinuierliches Leistungsspektrum endlicher Dichte. Diskrete Linien können hier nur durch nichtlineare Verfahren, z.B. durch Doppelweggleichrichtung erzeugt werden, vgl. Abschnitt 2.7.

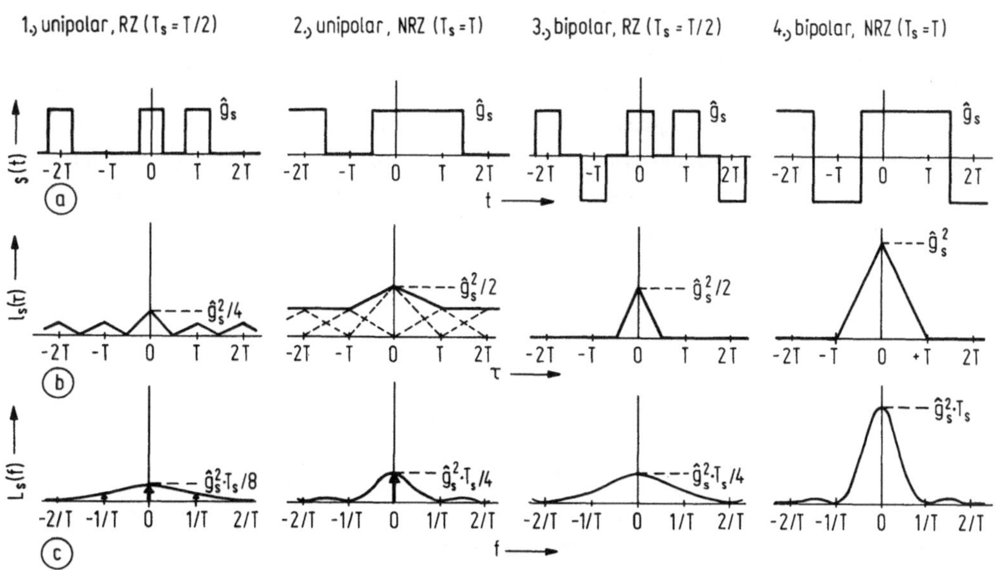

Bild 2.6: Signalverlauf (a), Autokorrelationsfunktion (b) und spektrale Leistungsdichte (c) rechteckförmiger redundanzfreier Sendesignale.

2.4 Übertragungskanal

Der Übertragungskanal umfaßt alle Einrichtungen, die zwischen dem Sender und dem Empfänger liegen. Sein Hauptbestandteil ist das Übertragungsmedium, das z.B. eine symmetrische Doppelleitung, ein Koaxialkabel, ein Lichtwellenleiter oder ein Funkfeld sein kann. Darüber hinaus beinhaltet der Übertragungskanal verschiedene Einrichtungen, die aus Betriebsgründen notwendig sind, z.B. die Stromversorgung, Blitzschutzeinrichtungen und eine Fehlerortung.

Im allgemeinsten Fall sind die Übertragungseigenschaften des Kanals zeit-, frequenz-, amplituden- und temperaturabhängig. Dadurch wird das Sendesignal bei der Übertragung über den Kanal verzerrt. Außerdem überlagern sich dem Nutzsignal additive Störungen, z.B. thermische Rauschstörungen, Impulsstörungen und Nebensprechstörungen, vgl. [2.2] bzw. [2.26].

2.4.1 Kanal-Frequenzgang und seine Kenngrößen

Es kann davon ausgegangen werden, daß die Verzerrungen im wesentlichen durch die Frequenzabhängigkeit des Übertragungskanals verursacht werden (lineare Verzerrungen), so daß seine Übertragungseigenschaften durch den **Kanal-Frequenzgang**

Def.:
$$H_K(f) = e^{-a_K(f)}\, e^{-jb_K(f)}$$
(2-35)

vollständig beschrieben werden. $a_K(f)$ ist das **Dämpfungsmaß** mit der Hinweiseinheit "Neper (Np)", $b_K(f)$ das **Phasenmaß**.

Viele Übertragungsmedien besitzen eine Tiefpaßcharakteristik, d.h. der Amplitudengang $|H_K(f)|$ nimmt mit steigender Frequenz ab, vgl. Bild 2.7a. Beinhaltet der Kanal aber zusätzliche Kopplungseinrichtungen, z.B. Übertrager und Impedanzwandler, so ist eine Gleichsignalübertragung nicht möglich. Diese Kanäle werden als **Bandpaßkanäle** bezeichnet, vgl. Bild 2.7c.

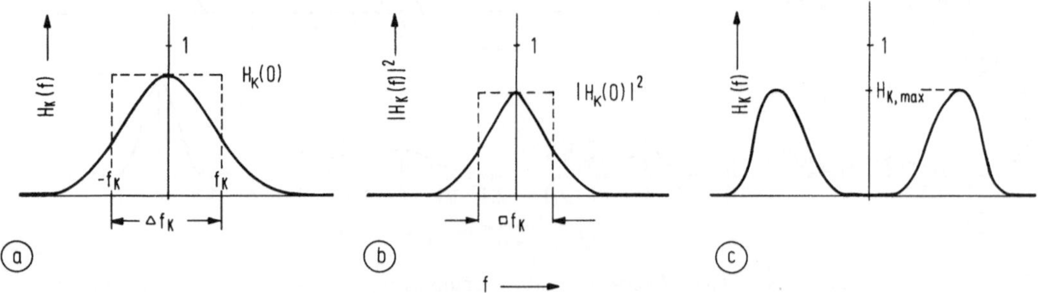

Bild 2.7: Frequenzgang (a) und Betragsquadrat (b) eines Tiefpaßkanals sowie Frequenzgang eines Bandpaßkanals (c).

In Abschnitt 8.1.4 wird gezeigt, daß bei Anwendung einer Gleichsignalwiedergewinnung beim Empfänger der störende Einfluß der unteren Bandbegrenzung vernachlässigt werden kann, so daß für das Folgende ein **Tiefpaßkanal** vorausgesetzt wird.

Eine wichtige Kenngröße der Tiefpaßkanäle ist der **Gleichsignalübertragungsfaktor** $H_K(0)$, der mit der **Gleichsignaldämpfung** a_o wie folgt zusammenhängt:

$$|H_K(0)| = e^{-a_o/Np} = 10^{-a_o/20 \text{ dB}} . \qquad (2\text{-}36)$$

Die Übertragungsbandbreite eines Tiefpaßkanals wird je nach Anwendung durch folgende Kenngrößen beschrieben:

(a) durch die **systemtheoretische Bandbreite**, vgl. Bild 2.7a:

$$\text{Def.:} \qquad \Delta f_K = \frac{1}{H_K(0)} \int_{-\infty}^{+\infty} H_K(f)df, \qquad (2\text{-}37)$$

(b) durch die **Kanal-Grenzfrequenz**, vgl. Bild 2.7a:

$$\text{Def.:} \qquad f_K = \frac{1}{2} \Delta f_K = \frac{1}{H_K(0)} \int_{0}^{+\infty} H_K(f)df, \qquad (2\text{-}38)$$

(c) durch die **(äquivalente) Rauschbandbreite**, vgl. Bild 2.7b:

$$\text{Def.:} \qquad \square f_K = \frac{1}{|H_K(0)|^2} \int_{-\infty}^{+\infty} |H_K(f)|^2 df. \qquad (2\text{-}39)$$

Bei Bandpaßsystemen ist in den Definitionen 2-37 bis 2-39 $H_K(0)$ durch einen geeigneten Bezugswert $H_K(f_o)$ zu ersetzen, z.B. durch den Maximalwert $H_{K,max}(f)$.

2.4.2 Impulsantwort und Empfangsnutzsignal

Die **Impulsantwort** $h_K(t)$ ist die Fourier-Rücktransformierte des Kanal-Frequenzgangs und besitzt die Einheit 1/s:

$$\text{Def.:} \qquad h_K(t) = \int_{-\infty}^{+\infty} H_K(f)e^{j2\pi ft}df . \qquad (2\text{-}40)$$

Wird an den Eingang des Kanals das Sendesignal s(t) angelegt, so gilt nach dem Faltungssatz für das Ausgangssignal ohne Berücksichtigung der Störungen (=Empfangsnutzsignal), vgl. [1.17]:

$$\tilde{e}(t) = s(t)*h_K(t) = \int_{-\infty}^{+\infty} s(\tau)h_K(t-\tau)d\tau . \qquad (2\text{-}41)$$

Der **Empfangs-Grundimpuls** $g_e(t)$ ist die Antwort des Übertragungskanals auf einen einzelnen Sende-Grundimpuls $g_s(t)$ an seinem Eingang und berechnet sich als das Faltungsprodukt

$$\text{Def.:} \qquad g_e(t) = g_s(t)*h_K(t) = \int_{-\infty}^{+\infty} g_s(\tau)h_K(t-\tau)d\tau \; . \qquad\qquad (2\text{-}42)$$

Mit Gl.2-11 erhält man somit für das Empfangsnutzsignal:

$$\tilde{e}(t) = H_K(0)s_0 + \sum_{\nu=-\infty}^{+\infty} a_\nu g_e(t-\nu T) \; . \qquad\qquad (2\text{-}43)$$

Zur Beschreibung der spektralen Eigenschaften des Empfangsnutzsignals wird meist
sein Leistungsspektrum benutzt, das aus dem Sende-Leistungsspektrum und dem Kanal-
Frequenzgang berechnet werden kann, vgl. [1.21] und Gl. 2-30:

$$L_{\tilde{e}}(f) = L_s(f)|H_K(f)|^2 = \frac{1}{T} L_a(f)|G_s(f)|^2 |H_K(f)|^2 \; . \qquad\qquad (2\text{-}44)$$

Der erste Teil dieser Gleichung gilt allgemein, der zweite Teil nur unter der Voraussetzung $s_0=0$. Die **Empfangsnutzleistung** berechnet sich analog zu Def. 2-20:

$$\text{Def.:} \qquad S_e = \overline{\tilde{e}^2(t)} = \int_{-\infty}^{+\infty} L_{\tilde{e}}(f)df = \frac{1}{T} \int_{-\infty}^{+\infty} L_a(f)|G_s(f)|^2 |H_K(f)|^2 df \; . \qquad (2\text{-}45)$$

Aus dieser Beziehung ist ersichtlich, daß die Empfangsnutzleistung S_e nicht nur vom
Kanal-Frequenzgang, sondern auch vom Sende-Grundimpuls $g_s(t)\circ\!\!-\!\!-\!\!\bullet G_s(f)$ und von der
Statistik der Quelle, d.h. von $L_a(f)$, abhängig ist.

2.4.3 Störungen auf dem Übertragungskanal

   Bei der Übertragung über den Kanal überlagern sich dem Nutzsignal additive
Störungen. Diese werden durch eine Vielzahl von Störquellen hervorgerufen, die
entlang der gesamten Übertragungsstrecke und des Empfängers verteilt sein können.
   Bei einem linearen Kanal ist es möglich, diese vielen Störquellen durch ·eine
einzige zu ersetzen, die das Störsignal n(t) abgibt und am Ausgang des Kanals
wirksam ist, vgl. Bild 2.1a. Dieser Punkt erscheint am geeignetsten für die Betrachtung der Störungen, da hier der Nutzsignalpegel am niedrigsten ist und sich
somit die Störungen am stärksten bemerkbar machen.
   Das Störsignal n(t) kann meist explizit nicht angegeben werden. Es muß daher
durch seine statistischen Kenngrößen, nämlich durch die **Wahrscheinlichkeitsdichtefunktion (WDF)** $f_n(n)$ und durch das **Störleistungsspektrum** $L_n(f)$ beschrieben werden.
Für die theoretische Untersuchung von Nachrichtensystemen kann häufig davon ausgegangen werden, daß die Störungen näherungsweise gaußverteilt sind. Für die WDF eines **Gauß'schen Störsignals** gilt mit der **Streuung (Standardabweichung)** σ_n:

$$\text{Def.:} \qquad \boxed{\; f_n(n) = \frac{1}{\sqrt{2\pi}\,\sigma_n} \; e^{-(n^2/2\sigma_n^2)} \; } \qquad\qquad (2\text{-}46)$$

Eine fundamentale und bei jedem Nachrichtensystem auftretende Störung ist das **thermische Rauschen**, da jeder Widerstand R_{th} mit der absoluten Temperatur Θ im Leerlauf ein Rauschsignal mit der frequenzunabhängigen Rauschleistungsdichte

$$L_{th,L} = 2\,k_B\,\Theta\,R_{th} = const. \qquad \text{für } |f| \le 6000 \text{ GHz} \tag{2-47}$$

abgibt (Boltzmann-Konstante $k_B = 1{,}38 \cdot 10^{-23}$ Ws/K). Da thermische Rauschstörungen alle Frequenzanteile gleichermaßen enthalten, spricht man hier von **"weißem Rauschen"**. Im folgenden wird von Widerstandsanpassung ausgegangen. Dadurch halbiert sich das wirksame Rauschsignal, so daß die hier wirksame **thermische Rauschleistungsdichte** nur ein Viertel ihres Leerlaufwertes beträgt:

$$L_{th} = \frac{1}{2}\,k_B\,\Theta\,R_{th} \qquad \text{für } |f| \le 6000 \text{ GHz}\,. \tag{2-48}$$

Bei Zimmertemperatur ($\Theta = 290$ K) erhält man hierfür näherungsweise den Wert

$$L_{th} \simeq 2\ 10^{-21}\ \frac{V^2}{Hz}\ \frac{R_{th}}{\Omega}\,. \tag{2-49}$$

Der Einfluß der übrigen Störquellen wird durch die **Spektralrauschzahl** $F(f) \ge 1$ berücksichtigt, so daß für das Leistungsspektrum des insgesamt wirksamen Störsignals $n(t)$ gilt, vgl. Bild 2.1b:

$$\boxed{L_n(f) = F(f)L_{th} = \frac{1}{2}\,F(f)k_B\,\Theta\,R_{th}\,.} \tag{2-50}$$

Rauscht auch der Eingangswiderstand des Empfängers, so ist $F(f) \ge 2$, vgl. [1.19]. Eventuell vorhandene Abweichungen von der vorausgesetzten Widerstandsanpassung können ebenfalls durch eine Erhöhung der Rauschzahl $F(f)$ berücksichtigt werden.

<u>Anmerkung</u>: Die physikalische Rauschleistungsdichte ist unabhängig von der Größe des betrachteten Widerstandes und beträgt im Leerlauf $2k_B\Theta$ mit der Dimension W/Hz. Bezieht man jedoch, wie in der Nachrichtentechnik üblich, das Rauschsignal auf den Widerstand R_{th}, so ergibt sich Gl. 2-47, wobei nun die Rauschleistungsdichte die Dimension V^2/Hz besitzt. Die Gleichungen 2-47 bis 2-50 können daher nur angewendet werden, wenn die betrachteten Signale Spannungen sind.

2.4.4 Koaxialkabelsysteme

Als Sonderfall betrachten wir nun ein Digitalsystem für **Koaxialkabel**. Wegen der guten Abschirmung dieser Kabel gegen äußere Störungen, z.B. Impulsstörungen und Nebensprechstörungen, ist hier das thermische Rauschen die dominante Störquelle, wobei das Störleistungsspektrum $L_n(f)$ als frequenzunabhängig angesetzt werden kann.

Für den Frequenzgang der Koaxialkabel gilt im interessierenden Frequenzbereich mit guter Näherung, vgl. z.B. [2.36]:

$$H_K(f) = e^{-\alpha_0 l}\ e^{-(\alpha_1 + j\beta_1)fl}\ e^{-(\alpha_2 + j\beta_2)\sqrt{f}l}\,. \tag{2-51}$$

Hierbei ist l die Länge des Koaxialkabels. α_0, α_1, α_2 bzw. β_1 und β_2 sind kabelspezifische, auf eine Länge von einem Kilometer bezogene **Dämpfungs- und Phasenkonstan-
ten,** die für die herkömmlichen Koaxialkabeltypen aus Tabelle 2.3 entnommen werden
können. Der von den Ohm'schen Verlusten herrührende Term

$$H_K(0) = e^{-a_0} = e^{-\alpha_0 l} \tag{2-52}$$

bewirkt lediglich eine frequenzunabhängige Dämpfung, jedoch keine Signalverzerrung.
Die Zahlenwerte von Tabelle 2.3 zeigen weiterhin, daß für ein Klein- bzw. Normalkoaxialkabel mit einer Länge bis zu einigen Kilometern $H_K(0) \approx 1$ ist. Der auf die
Querverluste zurückzuführende frequenzproportionale Dämpfungsanteil $\alpha_1 fl$ macht sich
gegenüber dem Anteil $\alpha_2\sqrt{f}\, l$ erst bei sehr hohen Frequenzen bemerkbar und wird im
folgenden ebenfalls vernachlässigt.

Kabeltyp	α_0 [Np/km]	α_1 [Np/kmMHz]	α_2 [Np/km$\sqrt{\text{MHz}}$]	β_1 [rad/kmMHz]	β_2 [rad/km$\sqrt{\text{MHz}}$]
Kleinkoaxialkabel 1,2/4,4 mm	0,00783 (0,068)	0,000443 (0,0039)	0,5984 (5,20)	22,18	0,5984
Normalkoaxialkabel 2,6/9,5 mm	0,00162 (0,014)	0,000435 (0,0038)	0,2722 (2,36)	21,78	0,2722

Tab. 2.3:   Kilometrische Dämpfungs- und Phasenkonstante.
            Anmerkung: Diese Werte können aus den geometrischen Abmessungen der Ka-
            bel berechnet werden und wurden von Wellhausen durch Messungen an ver-
            schiedenen Kabeln überprüft, vgl. [2.35]. Sie gelten für eine Temparatur
            von 20°C und für Frequenzen größer als 200kHz. Unterhalb dieser Frequenz
            stellen die Werte nur grobe Näherungen dar. Die Dämpfungskonstanten α_0,
            α_1 und α_2 sind in Np einzugeben. Die eingeklammerten Werte sind die ent-
            sprechenden dB-Werte.

Die frequenzproportionale Phase $\beta_1 fl$ hat nur eine Verzögerung des Signals um die
Laufzeit $\beta_1 l/2\pi$ zur Folge, jedoch keine Phasenverzerrung. Deshalb ist der Frequenzgang des Koaxialkabels im wesentlichen durch den Einfluß der Konstanten α_2 und β_2
(**Skineffekt**) bestimmt, und es gilt im interessierenden Frequenzbereich (Kleinkoaxialkabel: 200 kHz...250 MHz, Normalkoaxialkabel: 200 kHz...400 MHz) näherungsweise:

$$H_K(f) \simeq e^{-\alpha_2\sqrt{f}l - j\beta_2\sqrt{f}l} = e^{-\alpha_2 l\sqrt{2jf}} \quad . \tag{2-53}$$

Hierbei ist berücksichtigt, daß die Zahlenwerte für α_2 (in Np) und β_2 (in rad)
übereinstimmen, siehe Tabelle 2.3. Bild 2.8 zeigt, daß das Dämpfungsmaß $a_K(f)$ von
Klein- und Normalkoaxialkabel durch Gl. 2-53 ausreichend gut approximiert wird.

Zur Charakterisierung der Koaxialkabel wird häufig das Dämpfungsmaß bei der halben Bitrate benutzt, das im weiteren als die **charakteristische Kabeldämpfung** a_* bezeichnet wird:

Def.:
$$a_* = a_K(f=\tfrac{R}{2}) \simeq \alpha_2 l \sqrt{R/2} \; . \tag{2-54}$$

Somit lautet die Näherung für den Koaxialkabel-Frequenzgang:

$$H_K(f) \simeq e^{-a_*\sqrt{2f/R} \, - \, ja_*\sqrt{2f/R}} = e^{-2a_*\sqrt{jf/R}} \; . \tag{2-55}$$

Die Einführung der charakteristischen Kabeldämpfung a_* ermöglicht eine einheitliche Behandlung von Systemen mit unterschiedlichen Kabeln und verschiedenen Bitraten. In Bild 2.9 ist die charakteristische Kabeldämpfung a_* über der Bitrate R aufgetragen, Parameter ist die Kabellänge l. Die linke Skala gilt für das Normalkoaxialkabel 2,6/9,5 mm, die rechte Skala für das Kleinkoaxialkabel 1,2/4,4 mm.

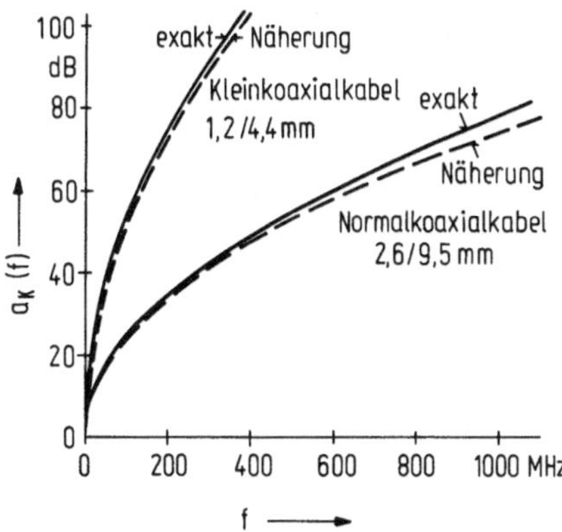

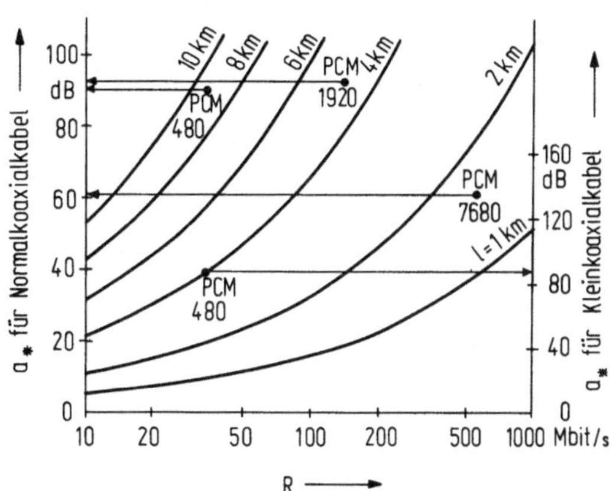

Bild 2.8:
Dämpfungsmaß $a_K(f)$ für das Kleinkoaxialkabel 1,2/4,4 mm und das Normalkoaxialkabel 2,6/9,5 mm, jeweils für die Kabellänge 1 km.

Bild 2.9:
Charakteristische Kabeldämpfung a_* in Abhängigkeit der Bitrate R.

Tabelle 2.4 gibt eine Übersicht über die vom CCITT vorgeschlagenen PCM-Systeme. Sie zeigt, daß die Systeme der Hierarchiestufen 3 bis 5 für eine charakteristische Kabeldämpfung von 60 bis 100 dB ausgelegt sind, vgl. Bild 2.9.

Die Impulsantwort des Koaxialkabels gewinnt man durch Fourier-Rücktransformation von Gl. 2-55:

$$h_K(t) = \frac{a_*}{\pi\sqrt{2Rt^3}} \exp(-\frac{a_*^2}{2\pi Rt}) \; . \tag{2-56}$$

Hierarchiestufe	Bitrate	Länge	Übertragungsmedium	a_*
3: PCM 480	34 Mbit/s 34 Mbit/s	9,30 km 4,00 km	Normalkoaxialkabel Kleinkoaxialkabel	90,5 dB 86,2 dB
4: PCM 1920	140 Mbit/s	4,65 km	Normalkoaxialkabel	91,8 dB
5: PCM 7680	560 Mbit/s	1,55 km	Normalkoaxialkabel	61,2 dB

Tab. 2.4: PCM-Systeme der Hierarchiestufen 3 bis 5.

Hierbei ist a_* in Np einzusetzen. Bei rechteckförmigem Sende-Grundimpuls erhält man daraus für den Empfangs-Grundimpuls:

$$g_e(t) = \hat{g}_s \, rec(t/T_s) * h_K(t) = 2\hat{g}_s \left[\phi \left(\frac{a_* T}{\sqrt{\pi(t-T_s/2)}} \right) - \phi \left(\frac{a_* T}{\sqrt{\pi(t+T_s/2)}} \right) \right] \cdot (2\text{-}57)$$

$\phi(x)$ bezeichnet das Gauß'sche Fehlerintegral entprechend Tabelle A-1. Für $a_* \geq 40$ dB ist $g_e(t) \approx T\, h_K(t)$. Bild 2.10 macht deutlich, daß der Empfangs-Grundimpuls mit zunehmender Kabeldämpfung immer kleiner und breiter wird. Das Impulsmaximum tritt zum Zeitpunkt $t = a_*^2/3\pi R$ auf und beträgt näherungsweise

$$\hat{g}_e \approx \frac{1,453\ RT}{a_*^2} \hat{g}_s \, . \qquad\qquad a_* \text{ in Np!} \qquad\qquad (2\text{-}58)$$

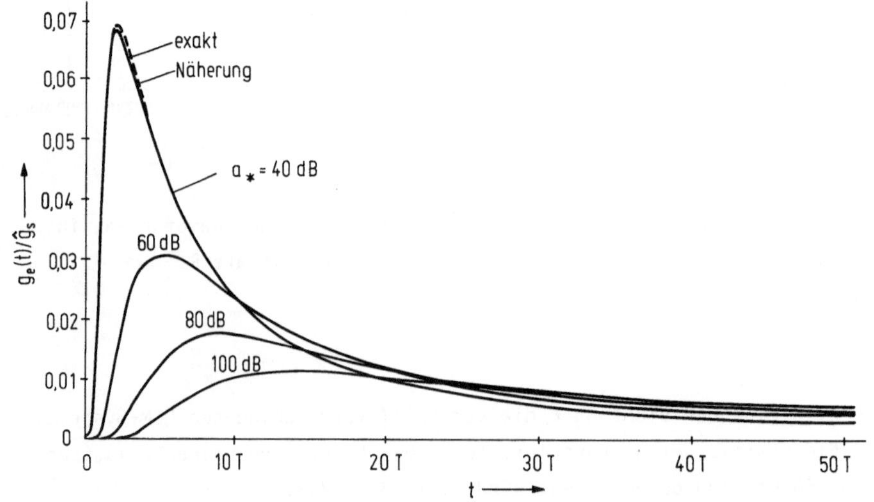

Bild 2.10: Rechteckantwort eines Koaxialkabels mit der charakteristischen Kabeldämpfung a_* ($T_s = T$).

2.5 Entzerrer (Empfangsfilter)

Das Empfangssignal e(t) ist für eine direkte Detektion ungeeignet, da es infolge der Kanaldämpfung sehr klein ist und große Verzerrungen aufweist, siehe Bild 2.2c. Darüberhinaus sind die Störungen des gesamten Frequenzbereichs wirksam. Aus diesen Gründen muß das Empfangssignal gefiltert und entzerrt werden. Der Entzerrer hat somit folgende Aufgaben:

(a) Verstärkung des Empfangssignals,

(b) Entzerrung des Empfangsnutzsignals (Verminderung der linearen Verzerrungen),

(c) Begrenzung der Störleistung.

Eine vollständige Entzerrung ist wegen der notwendigen Störleistungsbegrenzung allerdings nicht möglich.

Im folgenden wird von einem linearen Entzerrer ausgegangen, so daß er durch den **Entzerrer-Frequenzgang** $H_E(f)$●──○$h_E(t)$ vollständig beschrieben wird, vgl. Bild 2.1b. Als Entzerrer-Kenngrößen werden analog zum Übertragungskanal der **Gleichsignalübertragungsfaktor** $H_E(0)$ und die **äquivalente Rauschbandbreite** $\square f_E$ benutzt, vgl. Gl. 2-36 und Def. 2-39.

2.5.1 Einfluß des Entzerrers auf das Nutzsignal

Das Ausgangssignal des Entzerrers ist das **Detektionssignal** d(t), das sich analog zum Empfangssignal aus einem Nutzanteil $\overset{\curvearrowright}{d}(t)$ und einem Störanteil $\overset{\vee}{d}(t)$ zusammensetzt:

$$d(t) = \overset{\curvearrowright}{d}(t) + \overset{\vee}{d}(t). \tag{2-59}$$

Zunächst betrachten wir den Einfluß des Entzerrers auf das Nutzsignal. Zur Vereinfachung der Darstellung wird der **Impulsformer-Frequenzgang**

$$\text{Def.:} \qquad H_I(f) = H_K(f)H_E(f) \tag{2-60}$$

mit der dazugehörigen Impulsantwort $h_I(t)$○──●$H_I(f)$ definiert. $H_I(f)$ ist der Frequenzgang zwischen Sender und Entzerrerausgang, der die Verformung des Sendesignals bestimmt. Somit gilt für das Detektionsnutzsignal:

$$\tilde{d}(t) = \tilde{e}(t)*h_E(t) = s(t)*h_I(t). \tag{2-61}$$

Definiert man analog zu Def. 2-42 den **Detektions-Grundimpuls**

$$\text{Def.:} \qquad \boxed{g_d(t) = g_s(t)*h_I(t) = \int\limits_{-\infty}^{+\infty} G_s(f)H_I(f)e^{j2\pi ft}df} \tag{2-62}$$

als die Antwort des Impulsformers auf einen einzelnen Sende-Grundimpuls, so erhält man mit Gl. 2-11 und Gl. 2-61 für das Detektionsnutzsignal:

$$\overset{\curlyvee}{d}(t) = H_I(0)s_0 + \sum_{\nu=-\infty}^{+\infty} a_\nu g_d(t-\nu T).$$

$$(2\text{-}63)$$

Für das Leistungsspektrum des Detektionsnutzsignals folgt analog zu Gl. 2-44:

$$L_{\overset{\curlyvee}{d}}(f) = L_{\overset{\curlyvee}{e}}(f)|H_E(f)|^2 = L_s(f)|H_I(f)|^2.$$

$$(2\text{-}64)$$

Integriert man über $L_{\overset{\curlyvee}{d}}(f)$, so erhält man die **Detektionsnutzleistung** S_d. Beispielsweise ergibt sich für ein redundanzfreies bipolares Sendesignal, vgl. Tab. 2.2:

$$S_d = \frac{M+1}{3(M-1)} \frac{1}{T} \int_{-\infty}^{+\infty} |G_s(f)|^2 |H_I(f)|^2 df.$$

$$(2\text{-}65)$$

In Tab. A-3 im Anhang sind einige systemtheoretisch einfach beschreibbare Impulsformer zusammengestellt. Neben dem Frequenzgang $H_I(f)$ und der Impulsantwort $h_I(t)$ sind auch die **Sprungantwort**

$$\text{Def.:} \qquad c_I(t) = \Gamma(t) * h_I(t) = \int_{-\infty}^{t} h_I(\tau)d\tau$$

$$(2\text{-}66)$$

sowie die (einseitige) Grenzfrequenz f_I und die äquivalente Rauschbandbreite $\Box f_I$ des Impulsformers angegeben, die analog zu Def. 2-38 und Def. 2-39 vereinbart sind. Die Impulsformer 1 bis 8 sind durch einen einzigen Parameter, z.B. durch die Grenzfrequenz f_I, bestimmt. Beim Trapez-Tiefpaß (Zeile 9) und beim cos-roll-off-Tiefpaß (Zeile 10) ist neben der Grenzfrequenz auch die Steilheit des Flankenabfalls ein variierbarer Parameter. Zur quantitativen Erfassung der Flankensteilheit wird meist der **roll-off-Faktor** benutzt, der wie folgt definiert ist:

$$\text{Def.:} \qquad r_I = \frac{f_2 - f_1}{f_2 + f_1} \qquad (0 \leq r_I \leq 1).$$

$$(2\text{-}67)$$

Die Frequenzen f_1 und f_2 sind durch die Skizzen von Tabelle A-3 bestimmt.

2.5.2. Detektionsstörsignal und Störleistung

Der Störanteil $\overset{\times}{d}(t)$ des Detektionssignals entsteht aus dem Empfangsstörsignal $n(t)$ durch lineare Filterung mit dem Entzerrer-Frequenzgang $H_E(f)$. Somit gilt für die spektrale Leistungsdichte des Detektionsstörsignals mit Gl. 2-50 und Gl. 2-60:

$$L_{\overset{\times}{d}}(f) = L_n(f)|H_E(f)|^2 = L_n(f)\frac{|H_I(f)|^2}{|H_K(f)|^2}.$$

$$(2\text{-}68)$$

Daraus kann durch Integration die **Detektionsstörleistung** berechnet werden:

$$N_d = \int_{-\infty}^{+\infty} L_{\overset{\times}{d}}(f)df = \int_{-\infty}^{+\infty} L_n(f)|H_E(f)|^2 df.$$

$$(2\text{-}69)$$

Diese beiden Gleichungen machen deutlich, daß $|H_I(f)|$ ab einer bestimmten Frequenz

schneller abklingen muß als $|H_K(f)|$, da sich sonst eine unendlich große Detektions-
störleistung ergibt. Mit der **Spektralrauschzahl** F(f) gilt:

$$N_d = L_{th} \int_{-\infty}^{+\infty} F(f) |H_E(f)|^2 \, df \; . \tag{2-70}$$

N_d wird minimal, wenn die Spektralrauschzahl $F(f) = 1$ den kleinstmöglichen Wert besitzt. Der Quotient der Störleistungen am Entzerrer-Ausgang bei rauschendem bzw.
rauschfreiem Entzerrer bezeichnet man als die **Bandrauschzahl (mittlere Rauschzahl)**:

$$\text{Def.:} \quad F = \frac{N_d(F(f))}{N_d(F(f)=1)} = \frac{L_{th} \displaystyle\int_{-\infty}^{+\infty} F(f)|H_E(f)|^2 \, df}{L_{th} \displaystyle\int_{-\infty}^{+\infty} |H_E(f)|^2 \, df} \; . \tag{2-71}$$

Somit kann für die Detektionsstörleistung von Gl. 2-70 auch geschrieben werden:

$$N_d = F \, L_{th} \int_{-\infty}^{+\infty} |H_E(f)|^2 \, df = F \, L_{th} \Box f_E \, |H_E(0)|^2 \; , \tag{2-72}$$

wobei $\Box f_E$ die äquivalente Rauschbandbreite des tiefpaßartigen Entzerrers ist, vgl.
Def. 2-39. Der Quotient aus Nutz- und Störleistung nach Gl. 2-65 bzw. Gl. 2-72 wird
im weiteren als das **Detektions-Signalstörleistungsverhältnis** bezeichnet:

$$\rho_d = \frac{S_d}{N_d} \; . \tag{2-73}$$

Zur Berechnung der Fehlerwahrscheinlichkeit müssen neben der spektralen Vertei-
lung auch Angaben über die Wahrscheinlichkeitsdichtefunktion $f_{\overset{\times}{d}}(\overset{\times}{d})$ des Detektionsstörsignals gemacht werden. Ist das (Empfangs-)Störsignal n(t) gaußverteilt, so ist
auch das Detektionsstörsignal $\overset{\times}{d}(t)$ gaußverteilt und besitzt die WDF:

$$f_{\overset{\times}{d}}(\overset{\times}{d}) = \frac{1}{\sqrt{2\pi N_d}} \, e^{-\overset{\times}{d}^2/2N_d} \; . \tag{2-74}$$

2.5.3 Entzerrer mit gaußförmigem Impulsformer

Der Einfluß des Entzerrers auf das Nutz- und Störsignal wird nun an einem Beispiel verdeutlicht. Dazu wird vorausgesetzt, daß der Kanal-Frequenzgang $H_K(f)$ durch
einen Tiefpaß 1. Ordnung und der Impulsformer-Frequenzgang $H_I(f)$ durch einen Gauß-
Tiefpaß angenähert werden kann, vgl. Tabelle A-3 (Zeile 1 und Zeile 7). Mit Def. 2-
60 gilt somit für den Betrag des Entzerrer-Frequenzgangs:

$$|H_E(f)| = \frac{|H_I(f)|}{|H_K(f)|} = \sqrt{1 + \left(\frac{\pi f}{2f_K}\right)^2} \; e^{-\pi(f/2f_I)^2} \; . \tag{2-75}$$

f_K und f_I sind die Grenzfrequenzen von Kanal bzw. Impulsformer entsprechend Def. 2-38. In Bild 2.11a ist $|H_E(f)|$ aufgetragen. Je größer der Quotient f_I/f_K ist, desto stärker ist die Überhöhung des Entzerrer-Frequenzgangs und desto größer wird die Detektions-Störleistung. Für weißes Rauschen mit der Rauschzahl F erhält man:

$$N_d = \sqrt{2}f_I F\, L_{th} \left[1 + \frac{\pi^2 f_I^2}{4f_K^2} \right]. \qquad (2-76)$$

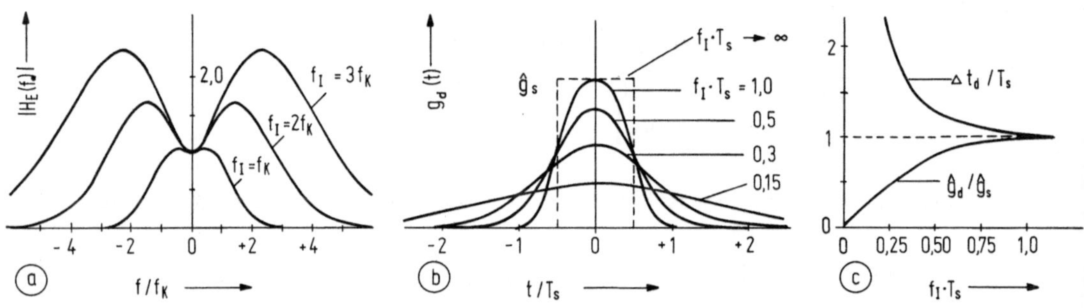

Bild 2.11:   (a) Entzerrer-Frequenzgang bei Tiefpaßkanal 1.Ordnung und gaußförmigem Impulsformer, (b) Detektions-Grundimpuls bei Rechteck-Sendeimpuls und gaußförmigem Impulsformer,   (c) Amplitude und äquivalente Impulsdauer des Detektions-Grundimpulses.

Der Detektions-Grundimpuls $g_d(t)$ ist unabhängig von der Kanal-Grenzfrequenz f_K und kann mit Def. 2-62 berechnet werden. Bei rechteckförmigen Sendeimpulsen der Amplitude $\hat{g}_s$ und der Breite T_s ist

$$g_d(t) = g_s(t)*h_I(t) = \hat{g}_s \mathrm{rec}(t/T_s)*2f_I\, e^{-\pi(2f_I t)^2}. \qquad (2-77)$$

Mit der Sprungantwort $c_I(t)$ des Gauß-Tiefpasses entsprechend Tabelle A-3 erhält man für den Detektions-Grundimpuls:

$$g_d(t) = c_I(t+\tfrac{T_s}{2}) - c_I(t-\tfrac{T_s}{2}) =$$

$$= \hat{g}_s \left[\phi(2\sqrt{2\pi}f_I(t+\tfrac{T_s}{2})) - \phi(2\sqrt{2\pi}f_I(t-\tfrac{T_s}{2})) \right]. \qquad (2-78)$$

Hierbei ist $\phi(x)$ das Gauß'sche Fehlerintegral. Die Bilder 2.11b und c machen deutlich, daß $g_d(t)$ mit kleiner werdendem $f_I T_s$ immer breiter und die Impulsamplitude

$$\hat{g}_d = g_d(0) = \hat{g}_s \left[2\phi(\sqrt{2\pi}f_I T_s) - 1 \right] \qquad (2-79)$$

immer kleiner wird.

2.6 Detektor

Der Digitalempfänger benötigt eine Einrichtung, die aus dem noch verzerrten und gestörten Detektionssignal d(t) ein Signal gewinnt, das die Nachricht der Quelle möglichst eindeutig wiedergibt. Diese Einrichtung zur Amplituden- und Zeitregenerierung bezeichnet man als den **Detektor**. Man unterscheidet zwischen Detektoren mit und ohne Gedächtnis. Ein gedächtnisloser Detektor benötigt zur Detektion eines Symbols nur einen Abtastwert des Detektionssignals. Dagegen werden bei einem Detektor mit Gedächtnis mehrere (benachbarte) Abtastwerte herangezogen, vgl. Kap. 5 und 6.

Die einfachste Ausführung eines Detektors ist der **gedächtnislose Schwellwertdetektor**. Er besteht aus einem Schwellwertentscheider zur Amplitudenregenerierung und einer Abtasteinrichtung zur Zeitregenerierung des Digitalsignals. Dazu benötigt der Detektor Information über den Zeittakt des gesendeten Digitalsignals, die ihm von der Taktgewinnungseinrichtung (TGE) in Form des Taktsignals z(t) zugeführt wird. Das Taktsignal bestimmt die **Detektionszeitpunkte** t_ν, zu denen der Detektor sein Eingangssignal d(t) detektiert. Im Beispiel von Bild 2.2 sind z.B. die Detektionszeitpunkte durch die ansteigenden Flanken des rechteckförmigen Taktsignals festgelegt. Im allgemeinen muß davon ausgegangen werden, daß die Detektionszeitpunkte t_ν nicht äquidistant aufeinanderfolgen. Man spricht dann von einem **verjitterten** Taktsignal, vgl. Bild 2.12a. Im folgenden wird jedoch ein ideales Taktsignal vorausgesetzt, so daß für die Detektionszeitpunkte gilt, vgl. Bild 2.12b:

$$t_\nu = T_D + \nu T. \tag{2-80}$$

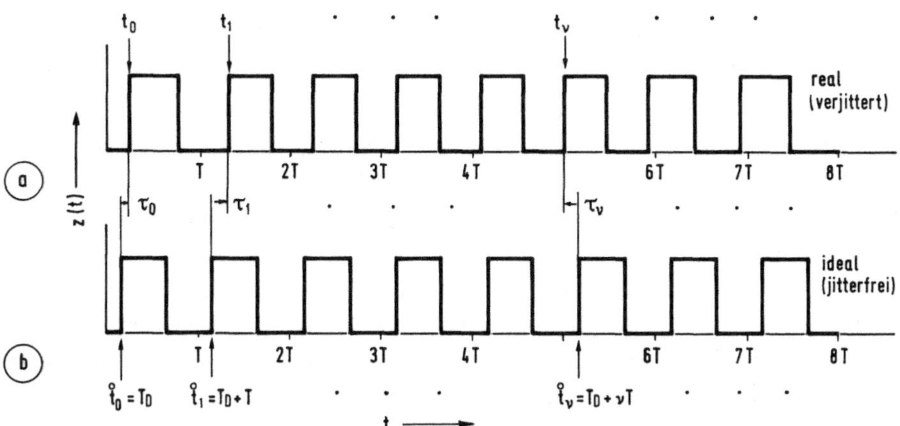

Bild 2.12: Zur Definition der Detektionszeitpunkte bei einem
(a) verjitterten Taktsignal (b) idealen Taktsignal.

T_D ist der Zeitpunkt, zu dem das Symbol v_0 detektiert wird. Er gibt die (konstante) Verschiebung der Detektionszeitpunkte t_ν gegenüber dem Zeitraster νT an. Wird z.B. festgelegt, daß der Detektions-Grundimpuls $g_d(t)$ sein Maximum zur Zeit $t=0$ besitzt, ·d.h. daß $\hat{g}_d = g_d(0)$ ist, so gibt T_D den Zeitunterschied zwischen dem Auftreten des Impulsmaximums und der Impulsdetektion an. $T_D<0$ bedeutet, daß die ankommenden Impulse bereits vor ihren Maxima detektiert werden.

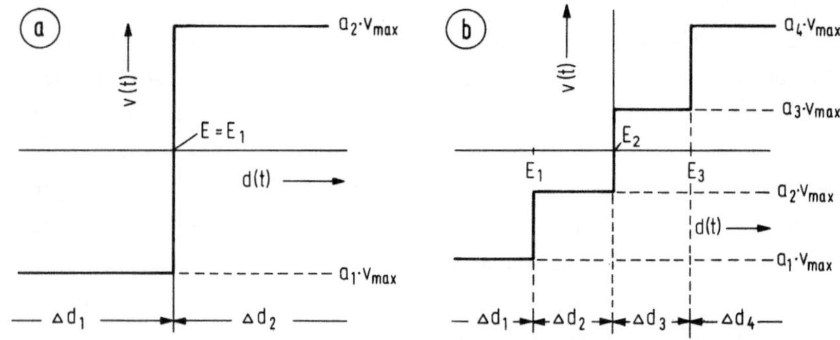

Bild 2.13: Kennlinie des Schwellwertentscheiders: (a) binär (b) quaternär.

Die Funktion des Schwellwertentscheiders kann durch seine Kennlinie $v(t)=f(d(t))$ beschrieben werden, vgl. Bild 2.13. Bei einem Binärsystem existiert nur ein einziger Schwellenwert E, der bei bipolarer Übertragung meist zu Null gewählt wird. Ist der **Detektionsabtastwert**

Def.: $d_\nu = d(t_\nu) = \tilde{d}_\nu + \overset{\times}{d}_\nu$ (2-81)

zum Detektionszeitpunkt t_ν größer als der Schwellenwert, so wird das Ausgangssignal $v(t)$ des Detektors bis zum nächsten Taktimpuls gleich $a_2 v_{max}$ gesetzt, was dem Sinkensymbol $v_\nu=L$ entspricht. Wenn aber $d_\nu<E$ ist, so ist $v(t)=a_1 v_{max}$ und das Sinkensymbol $v_\nu=0$, vgl. Bild 2.2f. a_1 und a_2 sind dabei die möglichen Amplitudenkoeffizienten gemäß Abschnitt 2.3.

Bei einem M-stufigen System wird der gesamte Wertebereich des Detektionssignals $d(t)$ in M Intervalle $\Delta d_1...\Delta d_\mu...\Delta d_M$ unterteilt, wodurch das zeit- und wertdiskrete M-stufige Sinkensignal $v(t)$ entsteht, vgl. Bild 2.13b. Seine möglichen Augenblickswerte sind $a_\mu v_{max}$. Der **Schwellenwert (Entscheidungswert)** E_μ $(\mu=1,...,M-1)$ ist der Grenzwert, der die Intervalle Δd_μ und $\Delta d_{\mu+1}$ trennt.

Liegt der Detektionsabtastwert $d_\nu=d(t_\nu)$ zwischen den Schwellenwerten $E_{\mu-1}$ und E_μ (also im Intervall Δd_μ), so wird im Zeitintervall $t_\nu<t<t_{\nu+1}$ das Sinkensignal $v(t)= a_\mu v_{max}$ gesetzt, was dem Sinkensymbol $v_\nu=v_\mu$ entspricht.

2.7 Taktgewinnungseinrichtung

Die Taktgewinnungseinrichtung hat die Aufgabe, aus dem Detektionssignal (bzw. aus dessen Nulldurchgängen) ein geeignetes Taktsignal z(t) zu erzeugen. Eine Möglichkeit der Taktwiedergewinnung besteht dabei in der Verwendung eines **Schwingkreises** (Bandpaß $H_{BP}(f)$) mit der Mittenfrequenz 1/T, siehe Bild 2.14a.

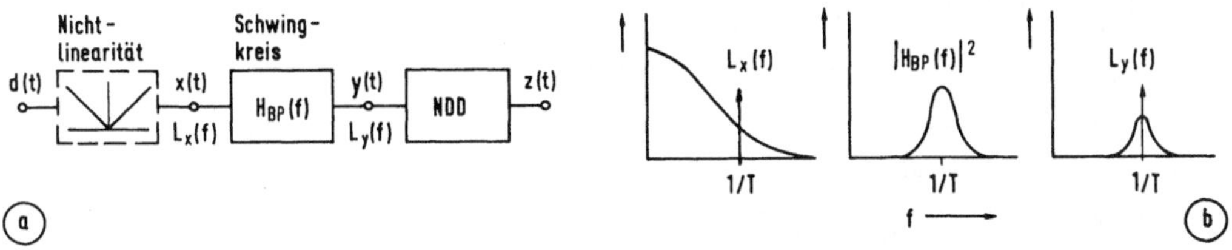

Bild 2.14:   Taktgewinnungseinrichtung mit Schwingkreis (a) und dazugehörige Leistungsspektren (b).

Liegt am Eingang dieses Schwingkreises ein Signal x(t) mit der spektralen Leistungsdichte $L_x(f)$ an, so gilt für das Leistungsspektrum des Ausgangssignals y(t):

$$L_y(f) = L_x(f)\,|H_{BP}(f)|^2.\tag{2-82}$$

Beinhaltet $L_x(f)$ eine diskrete Linie bei der Symbolrate 1/T, so ist diese diskrete Linie auch im Leistungsspektrum $L_y(f)$ des Ausgangssignals enthalten. Das bedeutet, daß das Ausgangssignal

$$y(t) = \hat{y}\cos\left(2\pi\frac{t}{T}\right) + \check{y}(t)\tag{2-83}$$

bei Vernachlässigung der Störung $\check{y}(t)$ eine Cosinusschwingung mit der Symbolrate 1/T ist. $\check{y}(t)$ stammt vom kontinuierlichen Teil des Leistungsspektrums und bewirkt eine Verschiebung der Nulldurchgänge von y(t). Dieser Störanteil ist umso größer, je geringer die Schwingkreisgüte ist, d.h. je breitbandiger $H_{BP}(f)$ ist.

Der nachfolgende Nulldurchgangsdetektor (NDD) detektiert die Nulldurchgänge des Signals y(t) und erzeugt daraus das rechteckförmige Taktsignal z(t). Ist $\check{y}(t)=0$, so besitzen alle Rechteckimpulse die gleiche Dauer und das Taktsignal ist ideal.

Diese Methode der Taktgewinnung ist nur dann anwendbar, wenn das Leistungsspektrum $L_x(f)$ des Eingangssignals x(t) eine diskrete Linie bei der Symbolrate 1/T oder Vielfachen davon aufweist, wie es z.B. bei unipolaren RZ-Signalen der Fall ist. Bei redundanzfreien bipolaren Signalen ist dieser periodische Anteil dagegen nicht vorhanden, vgl. Bild 2.6. Hier muß die diskrete Linie durch eine Nichtlinearität (z.B. Doppelweg-Gleichrichtung bzw. quadratische Kennlinie) erzeugt werden.

Beim heutigen Stand der Technik wird jedoch meist eine Taktgewinnungseinrichtung mit **Phasenregelkreis** (PLL) verwendet, siehe Bild 2.15a. Dieser beinhaltet je einen Nulldurchgangsdetektor (NDD) am Ein- und Ausgang, einen Phasenkomparator (PK), ein Taktfilter $H_T(f)$ sowie einen VCO (voltage-controlled oscillator).

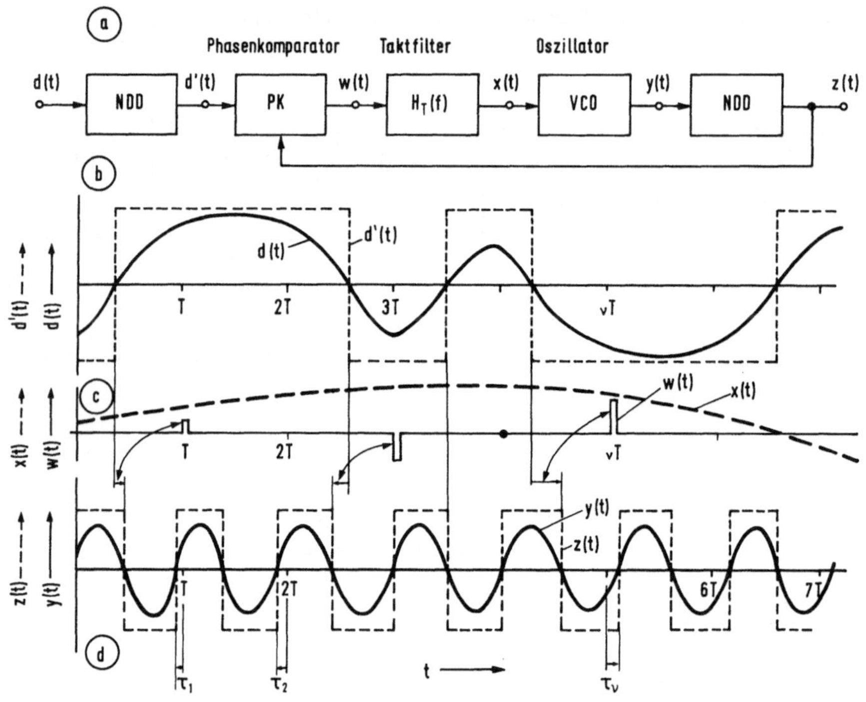

Bild 2.15:   Taktgewinnungseinrichtung mit Phasenregelkreis (a) und dazugehörige Signale (b)(c)(d).

Die Aufgabe des Phasenkomparators ist es, die Lage der Nulldurchgänge des Detektionssignals d(t) und des Taktsignals z(t) zu vergleichen. Das Ausgangssignal w(t) des Phasenkomparators kann somit als Folge von schmalen Rechteckimpulsen zu den Zeitpunkten νT betrachtet werden, wobei die Impulsamplituden proportional zur Zeitdifferenz der betrachteten Nulldurchgänge sind, vgl. Bild 2.15c. Besitzt das Detektionssignal d(t) im Zeitintervall $(\nu{-}1)T...\nu T$ keinen Nulldurchgang, so ist $w(\nu T){=}0$.

Das Ausgangssignal des Phasenkomparators wird über das Taktfilter geleitet, dessen Frequenzgang $H_T(f)$ Tiefpaßeigenschaften aufweist und dessen Grenzfrequenz sehr viel kleiner ist als die Taktfrequenz 1/T. Somit ist das Regelsignal x(t) für den spannungsgesteuerten Oszillator (VCO) ein sehr niederfrequentes Signal, dessen Augenblickswert zum Zeitpunkt νT von den Nulldurchgangsverschiebungen der vorangegangenen Nulldurchgänge abhängt, vgl. Bild 2.15c. Die Tiefpaßfilterung wirkt somit als Mittelwertbildung über die Phasenabweichungen zwischen den Signalen d(t) und z(t).

Besitzen die Signale d(t) und y(t) die gleichen Phasenlagen, so ist das Regelsignal x(t)=0 und der spannungsgesteuerte Oszillator schwingt mit seiner Resonanzfrequenz, die im Idealfall gleich der Symbolrate 1/T ist. Ansonsten gilt für das Ausgangssignal des VCO:

$$y(t) = \hat{y} \cos \left(2\pi \frac{t}{T} + \varphi_T(t)\right). \tag{2-84}$$

$\varphi_T(t)$ bezeichnet die Phase der Taktschwingung, die vom Signal x(t) geregelt wird:

$$\varphi_T(t) = 2\pi \int\limits_{-\infty}^{t} \left[\Delta f_{VCO} + V_{VCO} x(t')\right] dt'. \tag{2-85}$$

Δf_{VCO} ist die Verstimmung des spannungsgesteuerten Oszillators und V_{VCO} seine Empfindlichkeit (Einheit: Hz/V). Zwischen der Phasenlage $\varphi_T(t)$ und den Taktjitterwerten τ_ν (zeitliche Abweichung) besteht näherungsweise folgender Zusammenhang:

$$\tau_\nu \simeq - \frac{\varphi_T(\nu T)}{2\pi} T. \tag{2-86}$$

Der **Taktjitterwert** τ_ν kennzeichnet die Abweichung des Detektionszeitpunktes t_ν vom Sollzeitpunkt $t_\nu^o = T_D + \nu T$, vgl. Bild 2.12. Bei einem jitterfreien Taktsignal ist $\tau_\nu = 0$ für alle ν. Im allgemeinen muß jedoch von einem nicht idealen (verjitterten) Taktsignal ausgegangen werden, wodurch die Fehlerwahrscheinlichkeit erhöht wird und es zu Problemen bei der Informationsübergabe kommen kann.

Die Entstehung des Phasenjitters und seine Akkumulation innerhalb einer Regeneratorkette wurden in einer Vielzahl von Arbeiten untersucht: [2.5], [2.17], [2.20], [2.28], [2.31], [2.32]. Diese Arbeiten haben gezeigt, daß der Effektivwert des Taktjitters bei den herkömmlichen Regeneratorfeldlängen und bei Verwendung einer Taktgewinnungseinrichtung mit PLL meistens klein gehalten werden kann. Deshalb wird für das Folgende ein ideales Taktsignal vorausgesetzt.

3 Fehlerwahrscheinlichkeit eines digitalen Übertragungssystems

Inhalt: In den Abschnitten 3.1 und 3.2 wird die Fehlerwahrscheinlichkeit für eine gegebene Binärfolge bestimmt und das Augenmuster diskutiert. Anschließend wird die mittlere Fehlerwahrscheinlichkeit für binäre und mehrstufige Signale berechnet (Abschnitt 3.3 und 3.4). Im Abschnitt 3.5 werden schließlich verschiedene Näherungen für die mittlere Fehlerwahrscheinlichkeit angegeben und miteinander verglichen.

Voraussetzungen: Die Vereinbarungen von Kapitel 2 gelten weiterhin. Wenn nicht ausdrücklich etwas anderes vermerkt ist, wird außerdem von einer redundanzfreien Quelle, von äquidistanten Amplitudenkoeffizienten (Gl.2-10) und von signalunabhängigen, gaußverteilten Störungen ausgegangen. Der Grundanteil des Sendesignals wird zu Null gesetzt.

3.1 Fehlerwahrscheinlichkeit einer gegebenen Binärfolge

3.1.1 Definition der Fehlerwahrscheinlichkeit

Zur Berechnung der Fehlerwahrscheinlichkeit wird zunächst eine gegebene binäre Quellensymbolfolge $\langle q_\nu \rangle$ betrachtet. Die Wahrscheinlichkeit, daß das ν-te Symbol der Folge verfälscht wird, ist die **Symbolfehlerwahrscheinlichkeit** (SFW):

Def.: $\qquad p_{S\nu} = P(v_\nu \neq q_\nu).$ $\hfill$ (3-1)

Setzt man einen gedächtnislosen Schwellwertdetektor entsprechend Abschnitt 2.6 voraus, so wird die SFW $p_{S\nu}$ durch den Detektionsabtastwert $d_\nu = \tilde{d}_\nu + \overset{\times}{d}_\nu$ und den Schwellenwert E bestimmt. Bei einem binären Schwellwertdetektor gilt dabei, vgl. Bild 2.13a:

$$p_{S\nu} = \begin{cases} P(d_\nu > E) = P(\overset{\times}{d}_\nu > E - \tilde{d}_\nu) & \text{falls } q_\nu = 0 \\[2mm] P(d_\nu < E) = P(\overset{\times}{d}_\nu < E - \tilde{d}_\nu) & \text{falls } q_\nu = L. \end{cases} \qquad (3-2)$$

<u>Beispiel:</u> In Bild 3.1a ist das zu der Quellensymbolfolge ...O L O L L L... gehörige bipolare Detektionsnutzsignal $\tilde{d}(t)$ dargestellt, wobei ein gaußähnlicher Detektions-Grundimpuls zugrunde liegt. Die Detektion erfolgt zu den äquidistanten Detektions-zeitpunkten $t_\nu = \nu T$, d.h. es ist $T_D = 0$. Der Schwellenwert ist zu $E = 0$ angenommen.

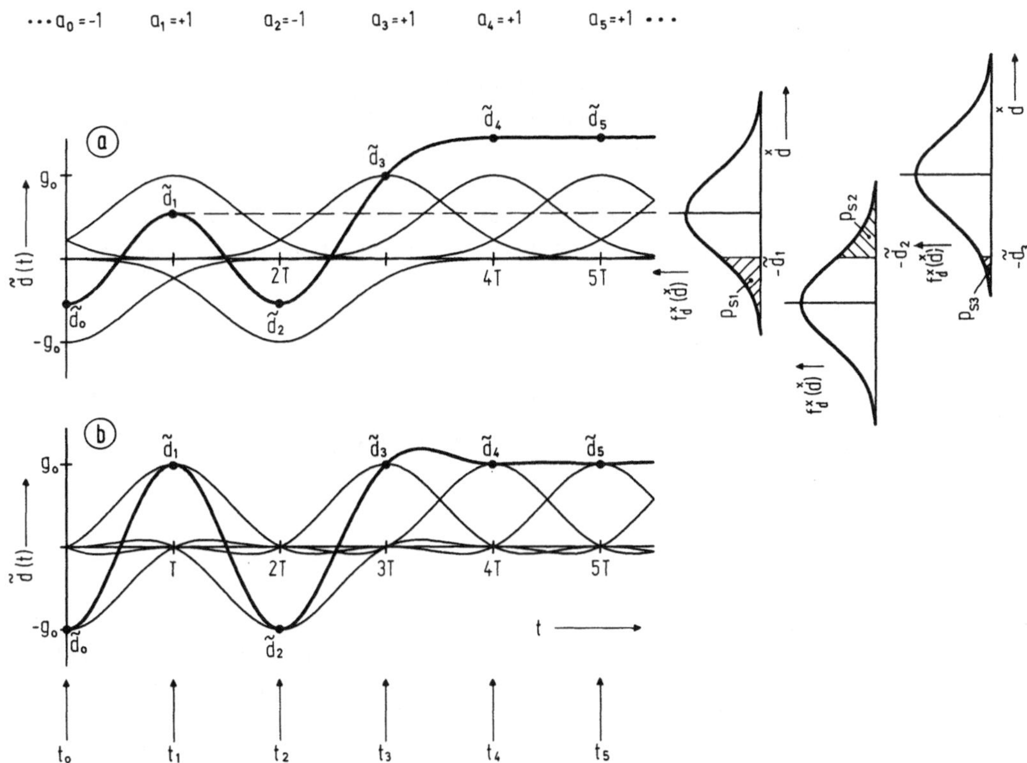

Bild 3.1: Zur Berechnung der Fehlerwahrscheinlichkeit $p_{S\nu}$ bei gaußförmigem (a) bzw. impulsinterferenzfreiem (b) Detektions-Grundimpuls.

Mit Gl. 3-2 erhält man für die Wahrscheinlichkeit, daß das Symbol $q_1 = L$ ver-fälscht wird:

$$p_{S1} = P(v_1 = 0) = P(\overset{x}{d}_1 < -\tilde{d}_1) \; . \tag{3-3}$$

Ein Symbolfehler tritt also dann auf, wenn der Störanteil $\overset{x}{d}_1$ des Abtastwertes das entgegengesetzte Vorzeichen des Nutzanteils $\tilde{d}_1$ aufweist und betragsmäßig größer ist als dieser. Mit der Wahrscheinlichkeitsdichtefunktion (WDF) $f_{\overset{x}{d}}(\overset{x}{d})$ des stationären Detektionsstörsignals $\overset{x}{d}(t)$ gemäß Gl. 2-74 gilt somit:

$$p_{S1} = \int_{-\infty}^{-\tilde{d}_1} f_d^x(\overset{x}{d}) d\overset{x}{d} . \tag{3-4}$$

Die SFW p_{S1} entspricht somit der schraffierten Fläche unter der WDF $f_{\overset{x}{d}}(\overset{x}{d})$ in Bild 3.1a. Analog ergibt sich für die Wahrscheinlichkeit, daß das Symbol $q_2 = 0$ falsch detektiert wird, vgl. Gl. 3-2:

$$p_{S2} = P(v_2=L) = P(\overset{x}{d}_2 > -\tilde{d}_2) = \int\limits_{-\tilde{d}_2}^{+\infty} f_{\overset{x}{d}}(\overset{x}{d})\,d\overset{x}{d}. \tag{3-5}$$

Da in diesem Beispiel $\tilde{d}_2 = -\tilde{d}_1$ ist und eine symmetrische WDF des Störsignals vorausgesetzt wird, ist die Symbolfehlerwahrscheinlichkeit $p_{S2} = p_{S1}$. Die Wahrscheinlichkeiten p_{S3}, p_{S4} und p_{S5} sind demgegenüber sehr viel kleiner, da die Nutzanteile $\tilde{d}_3$, $\tilde{d}_4$ und $\tilde{d}_5$ einen größeren Abstand von der Entscheiderschwelle E=0 aufweisen.

Zur Verallgemeinerung dieses Beispiels für den Fall $E \neq 0$ ist es zweckmäßig, den **Detektionsabstand** als den Abstand des Detektionsnutzabtastwertes $\tilde{d}_\nu$ vom Schwellenwert E einzuführen:

$$\text{Def.:} \qquad D_\nu = |\tilde{d}_\nu - E|. \tag{3-6}$$

Damit können die Gleichungen 3-4 und 3-5 wie folgt zusammengefaßt werden: Ist das Detektionsstörsignal $\overset{x}{d}(t)$ symmetrisch um Null verteilt, d.h. ist $f_{\overset{x}{d}}(-\overset{x}{d}) = f_{\overset{x}{d}}(\overset{x}{d})$, so gilt für die Symbolfehlerwahrscheinlichkeit:

$$\boxed{p_{S\nu} = \int\limits_{D_\nu}^{+\infty} f_{\overset{x}{d}}(\overset{x}{d})\,d\overset{x}{d}.} \tag{3-7}$$

Dabei ist vorausgesetzt, daß der Schwellwertdetektor zumindest dann eine richtige Entscheidung trifft, wenn keine Störungen auftreten. Das bedeutet, daß die Detektionsnutzabtastwerte $\tilde{d}_\nu$ folgende Bedingung erfüllen müssen:

$$\text{Vor.:} \qquad \tilde{d}_\nu < E \text{ falls } q_\nu = 0 \text{ bzw. } \tilde{d}_\nu > E \text{ falls } q_\nu = L. \tag{3-8}$$

Ist das Detektionsstörsignal $\overset{x}{d}(t)$ gaußverteilt, so ergibt sich mit Gl. 2-74:

$$\boxed{p_{S\nu} = Q(D_\nu/\sqrt{N_d}).} \tag{3-9}$$

Hierbei ist Q(x) das **komplementäre Gauß'sche Fehlerintegral** gemäß Tabelle A-1 und N_d die Detektionsstörleistung nach Gl. 2-69.

Die Zahlenwerte von Tabelle A-2 im Anhang zeigen, daß Q(x) mit ansteigendem x asymptotisch gegen Null strebt. Deshalb führt bereits eine geringfügige Vergrößerung des Detektionsabstandes D_ν zu einer merklichen Verminderung der Symbolfehlerwahrscheinlichkeit $p_{S\nu}$, vgl. Bild 3.1a.

3.1.2 Impulsinterferenzen

Der Detektionsnutzabtastwert $\tilde{d}_\nu$ und damit auch der Detektionsabstand D_ν werden im allgemeinen stark von den Nachbarimpulsen beeinflußt. Je nachdem, welche Symbole die Nachbarimpulse darstellen, kann D_ν gegenüber seinem ursprünglichen Wert vergrößert oder verkleinert werden, was **Impulsinterferenz** oder **Impulsnebensprechen** genannt wird. Die abklingenden Ausläufer der vorangegangenen Impulse bezeichnet man als **Nachläufer**, die anklingenden Flanken der nachfolgenden Impulse als **Vorläufer**.

Zur einfacheren Darstellung wird im folgenden ausschließlich der Detektionszeitpunkt $t_0 = T_D$ betrachtet, zu dem das Symbol v_0 detektiert wird. Der Detektionsnutzabtastwert $\tilde{d}_0$ ist durch den Grundimpuls $g_d(t)$, den Detektionszeitpunkt T_D und die Amplitudenkoeffizienten a_ν vollständig bestimmt, vgl. Gl. 2-63:

$$\tilde{d}_0 = \tilde{d}(T_D) = \sum_{\nu=-\infty}^{+\infty} a_\nu g_d(T_D - \nu T) . \qquad (3\text{-}10)$$

Hierbei ist vorausgesetzt, daß der Grundanteil des Sendesignals $s_0 = 0$ ist.

Zur Abkürzung werden im folgenden die Augenblickswerte des Detektions-Grundimpulses zu den Zeitpunkten $T_D + \nu T$ als die **Detektions-Grundimpulswerte** bezeichnet:

$$\text{Def.:} \qquad \boxed{g_\nu = g_d(T_D + \nu T) .} \qquad (3\text{-}11)$$

$g_0 = g_d(T_D)$ ist der **Hauptwert** des Grundimpulses, vgl. Bild 3.2. Die Grundimpulswerte mit negativem ν kennzeichnen die Vorläufer, diejenigen mit positivem ν die Nachläufer des Detektions-Grundimpulses.

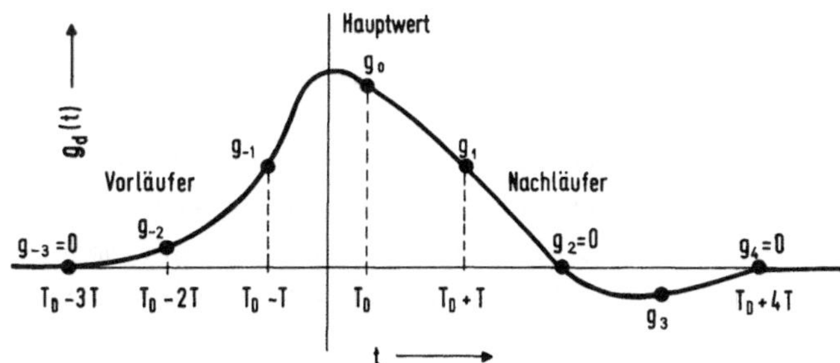

Bild 3.2: Zur Definition der Grundimpulswerte g_ν (v=2, n=3).

Spaltet man die Summe in Gl. 3-10 auf, so erhält man:

$$\tilde{d}_0 = a_0 g_0 + \sum_{\nu=1}^{\infty} a_{-\nu} g_\nu + \sum_{\nu=1}^{\infty} a_\nu g_{-\nu} . \qquad (3\text{-}12)$$

$a_0 g_0$ ist der ursprüngliche Wert des Detektionsnutzsignals, der sich ohne Vor- und Nachläufer ergeben würde. Die erste Summe beschreibt den Einfluß der zeitlich vo-

rangegangenen Impulse (Nachläufer), deren abklingende Flanken zum Detektionszeitpunkt T_D noch vorhanden sind. Die zweite Summe berücksichtigt, daß die Detektion
des Symbols v_o auch durch die ansteigenden Flanken der nachfolgenden Impulse (Vorläufer) beeinflußt wird.

Für das Folgende wird vorausgesetzt, daß der Detektions-Grundimpuls nur v Vorläufer und n Nachläufer aufweist, so daß gilt:

Vor.: $g_\nu \approx 0$ für $\nu < - v$ bzw. $\nu > n$.   (3-13)

Mit dieser Einschränkung kann für den Detektionsnutzabtastwert geschrieben werden:

$$\tilde{d}_o = a_o g_o + \sum_{\nu=1}^{n} a_{-\nu} g_\nu + \sum_{\nu=1}^{v} a_\nu g_{-\nu} \, . \tag{3-14}$$

Sind die Detektions-Grundimpulswerte g_ν für alle $\nu \neq 0$ identisch Null (v=n=0), so
ist $\tilde{d}_o = a_o g_o$. Das bedeutet, daß in diesem Sonderfall die Symboldetektion nicht durch
die Vor- und Nachläufer der Nachbarimpulse beeinträchtigt wird. Man spricht dann
von **impulsinterferenzfreien Systemen**, vgl. Abschnitt 8.3. Häufig werden diese Systeme auch **Nyquist-Systeme** genannt.

Bild 3.1b zeigt einen Ausschnitt aus einem binären bipolaren Detektionsnutzsignal $\tilde{d}(t)$ mit sin(x)/x-ähnlichem Detektions-Grundimpuls. Zu den Detektionszeitpunkten νT ist $\tilde{d}(t) = \pm g_o$, d.h. impulsinterferenzfrei. Außerhalb dieser äquidistanten
Zeitpunkte treten Impulsinterferenzen auf.

3.2 Augendiagramm binärer Signale

Das **Augendiagramm** ist die Summe aller übereinander gezeichneten Ausschnitte eines Digitalsignals, deren Dauer ein ganzzahliges Vielfaches der Symboldauer T ist.
Dieses Diagramm hat eine gewisse Ähnlichkeit mit einem Auge, was zu seiner Namens-
gebung geführt hat. Es kann z.B. auf einem Oszillographen dargestellt werden, der
mit dem Taktsignal z(t) getriggert wird. Für das Folgende wird vorausgesetzt, daß
das Digitalsignal alle erlaubten Symbolfolgen enthält und die Störungen vernachlässigbar klein sind. In diesem Fall liefert das Augendiagramm detaillierte Aussagen
über die im Digitalsignal auftretenden Impulsinterferenzen und ist durch die Stufenzahl M und den Detektions-Grundimpuls $g_d(t)$ vollständig bestimmt.

Das Augendiagramm kann für jedes Digitalsignal, beispielsweise für das Sende-
oder Empfangssignal aufgezeichnet werden. Von besonderer Bedeutung ist das Augendiagramm des Detektionssignals, da es wichtige Aussagen über die Übertragungsqualität des digitalen Nachrichtensystems liefert.

3.2.1 Eigenschaften des Augendiagramms

Bild 3.3 zeigt die Augendiagramme des binären bipolaren Detektionsnutzsignals $\tilde{d}(t)$ für verschiedene Grundimpulse. Dabei ist eine redundanzfreie Quelle vorausgesetzt, so daß alle möglichen Symbolfolgen auch erlaubt sind. Es ist zu beachten, daß die Zeitmaßstäbe für Augendiagramm und Grundimpuls verschieden sind.

Betrachtet man das Detektionsnutzsignal $\tilde{d}(t)$ von $-\infty$ bis $+\infty$, so werden im Augendiagramm unendlich viele Linien übereinander geschrieben. Ist der Grundimpuls $g_d(t)$ nur innerhalb des Zeitintervalls mT von Null verschieden, so fallen viele Linien zusammen und im binären Augendiagramm sind innerhalb der Periodendauer T nur 2^m diskrete Linien zu unterscheiden. Bei den in Bild 3.3 betrachteten Grundimpulsen ist $m=4$, so daß 16 Augenlinien zu erkennen sind.

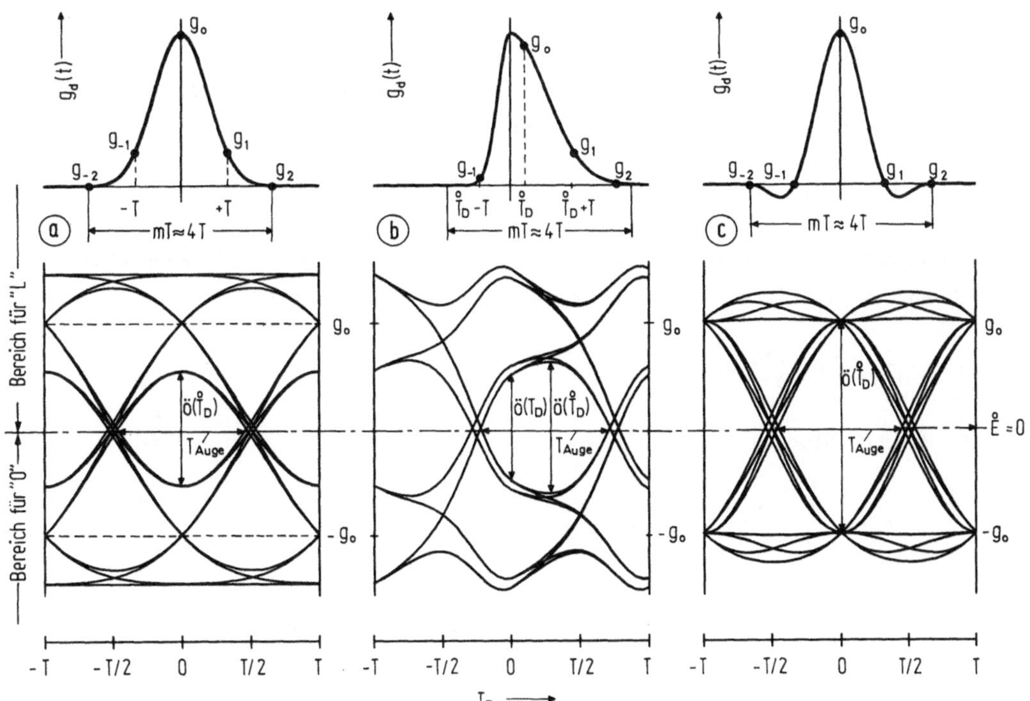

Bild 3.3: Detektions-Grundimpuls und binäres Augendiagramm bei einem symmetrischen (a), unsymmetrischen (b) bzw. impulsinterferenzfreien (c) Detektions-Grundimpuls.

Weiterhin zeigt dieses Bild, daß das Augendiagramm eines bipolaren redundanzfreien Signals immer symmetrisch zum Schwellenwert $E=0$ ist, vgl. Bild 3.4a. Bei redundanten und/oder unipolaren Signalen ist diese Symmetrie nicht immer gegeben. Ist der Detektions-Grundimpuls symmetrisch, d.h. ist $g_d(-t)=g_d(t)$, so ist das Augendiagramm auch symmetrisch zur Ordinate $t=0$.

Im folgenden werden die einzelnen Linien $\tilde{d}_i(t)$ des Augendiagramms von Bild 3.4 betrachtet, wobei der Index i die Laufvariable über alle erkennbaren Augenlinien darstellt. Ist $g_d(t)$ auf den Zeitabschnitt mT beschränkt, so gilt bei einem Binärsignal:

$$1 \leq i \leq 2^m. \tag{3-15}$$

Im allgemeinen kann davon ausgegangen werden, daß bei Abwesenheit von Störungen jede beliebige Symbolfolge $<q_\nu>_i$ fehlerfrei übertragen werden kann ("**Codetransparenz**"). Das bedeutet, daß es für alle i mindestens einen Zeitpunkt T_D gibt, zu dem die folgende Bedingung erfüllt ist:

$$\text{Vor.:} \qquad \tilde{d}_i(T_D) < E \text{ falls } q_0^{(i)} = 0 \quad \text{bzw. } \tilde{d}_i(T_D) > E \text{ falls } q_0^{(i)} = L. \tag{3-16}$$

Man spricht in diesem Fall von einem "geöffneten" Auge.

Die einzelnen Augenlinien $\tilde{d}_i(t)$ sind Ausschnitte aus dem Detektionsnutzsignal $\tilde{d}(t)$ und $<q_\nu>_i$ die dazugehörigen Symbolfolgen. Der Detektionsabstand D_i ist der Abstand der Augenlinie $\tilde{d}_i(t)$ vom Schwellenwert E zum Zeitpunkt T_D:

$$\text{Def.:} \qquad D_i = |\tilde{d}_i(T_D) - E| . \tag{3-17}$$

Die **Symbolfehlerwahrscheinlichkeit** p_{Si} der i-ten Augenlinie ist die Wahrscheinlichkeit, daß das "mittlere" Symbol der Folge $<q_\nu>_i$ verfälscht wird:

$$\text{Def.:} \qquad p_{Si} = P(v_0^{(i)} \neq q_0^{(i)}) \qquad\qquad i=1\ldots2^m. \tag{3-18}$$

Bei Gauß'scher Störung und geöffnetem Auge erhält man analog zu Gl. 3-9:

$$p_{Si} = \int\limits_{D_i}^{+\infty} f_{\tilde{d}}^\times(\overset{\times}{\tilde{d}})d\overset{\times}{\tilde{d}} = Q(D_i/\sqrt{N_d}) . \tag{3-19}$$

Es ist zu beachten, daß die hier verwendete Laufvariable i von der in Def. 3-1 auftretenden Laufvariablen ν verschieden ist.

3.2.2 Augenöffnung und ungünstigste Fehlerwahrscheinlichkeit

Von besonderem Interesse sind die Symbolfolgen mit dem ungünstigsten (kleinsten) Detektionsabstand

$$\text{Def.:} \qquad D_U = \text{Min}_i[D_i] = \text{Min}_i |\tilde{d}_i(T_D) - E|, \tag{3-20}$$

da bei ihnen die Wahrscheinlichkeit für eine Fehlentscheidung am größten ist. D_U wird als der **ungünstigste Detektionsabstand** bezeichnet, die dazugehörigen Symbolfolgen sind die **ungünstigsten Symbolfolgen** (worst-case pattern). Für die Fehlerwahrscheinlichkeit der ungünstigsten Symbolfolgen $<q_\nu>_U$ gilt allgemein:

$$\text{Def.:} \qquad \boxed{ p_U = \int\limits_{D_U}^{+\infty} f_{\overset{\times}{d}}(\tilde{d})d\overset{\times}{d} \; . } \qquad\qquad (3\text{-}21)$$

Ist das Störsignal gaußverteilt, so kann die **ungünstigste Fehlerwahrscheinlichkeit** analog zu Gl. 3-9 berechnet werden:

$$p_U = Q(D_U/\sqrt{\tilde{N}_d}) = Q(\sqrt{\rho_U}) \; . \qquad\qquad (3\text{-}22)$$

Hierbei ist ρ_U das **ungünstigste Signalstörleistungsverhältnis**:

$$\text{Def.:} \qquad \boxed{ \rho_U = D_U^{\;2}/N_d \; . } \qquad\qquad (3\text{-}23)$$

Die SFW p_{Si} jeder beliebigen Symbolfolge $<q_\nu>_i$ ist kleiner oder gleich p_U. Die Bedeutung der ungünstigsten SFW liegt darin, daß sie als obere Schranke für die mittlere Symbolfehlerwahrscheinlichkeit herangezogen werden kann und diese im allgemeinen auch gut annähert, vgl. Abschnitt 3.5.

   Im Augendiagramm führen die ungünstigsten Symbolfolgen zu den innersten Augenlinien, die die Augenöffnung von innen begrenzen. Die **vertikale Augenöffnung** $ö(T_D)$ ist der Abstand der beiden innersten Augenlinien zum Detektionszeitpunkt T_D.

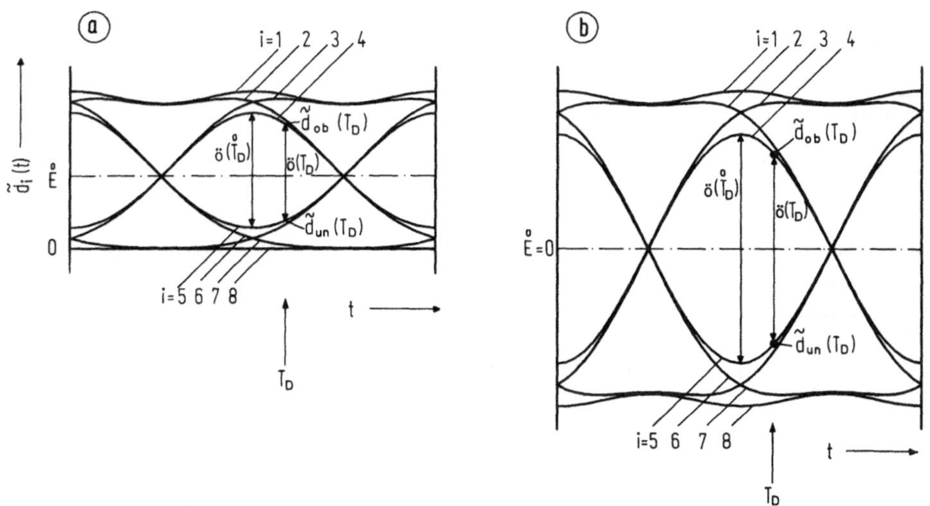

Bild 3.4: Zur Berechnung der vertikalen Augenöffnung: (a) unipolar, (b) bipolar.

Bezeichnet man die obere Begrenzung der Augenöffnung mit $\tilde{d}_{ob}(T_D)$ und die untere Begrenzung mit $\tilde{d}_{un}(T_D)$, so erhält man entsprechend Bild 3.4:

$$\ddot{o}(T_D) = \begin{cases} \tilde{d}_{ob}(T_D) - \tilde{d}_{un}(T_D) & \text{für } \tilde{d}_{ob}(T_D) > \tilde{d}_{un}(T_D) \\[2ex] 0 & \text{sonst.} \end{cases} \qquad (3\text{-}24)$$

Häufig erweist es sich als zweckmäßig, die vertikale Augenöffnung auf die Kenngrössen des Sendesignals und des Impulsformers zu beziehen. Für einen tiefpaßartigen Impulsformer($|H_I(0)|>0$) wird deshalb die **normierte Augenöffnung** definiert:

$$\text{Def.:} \qquad \ddot{o}_{norm}(T_D) = \frac{\ddot{o}(T_D)}{\Delta s\, |H_I(0)|} \cdot \qquad (3\text{-}25)$$

Δs ist der Aussteuerbereich des Sendesignals gemäß Bild 2.3 und $H_I(0)$ der Gleichsignalübertragungsfaktor des Impulsformers. Durch die hier gewählte Normierung ist gewährleistet, daß $\ddot{o}_{norm}(T_D)$ einen Wert zwischen 0 und 1 annimmt. Der untere Grenzwert 0 entspricht dabei einem bei T_D geschlossenen Auge. Dagegen gibt es bei einem binären Nyquist-System zumindest einen optimalen Detektionszeitpunkt T_D, für den die normierte Augenöffnung den Maximalwert 1 annimmt.

Für das Folgende wird vorausgesetzt, daß die Entscheiderschwelle bei

$$E = \overset{o}{E} = \frac{1}{2}\left[\tilde{d}_{un}(T_D) + \tilde{d}_{ob}(T_D)\right] \qquad (3\text{-}26)$$

liegt. Dieser Schwellenwert ist bei signalunabhängigen Störungen mit symmetrischer WDF optimal, was durch das hochgestellte o zum Ausdruck kommt. Unter dieser Voraussetzung sind die Detektionsabstände für die unteren und die oberen ungünstigsten Symbolfolgen alle gleich, und es gilt:

$$D_U = \frac{1}{2}\,\ddot{o}(T_D) \cdot \qquad (3\text{-}27)$$

Somit erhält man für das ungünstigste S/N-Verhältnis nach Def. 3-23 bei optimalem Schwellenwert und Gauß'scher Störung:

$$\boxed{\rho_U = \frac{\ddot{o}(T_D)^2}{4N_d} \cdot} \qquad (3\text{-}28)$$

Der **optimale Detektionszeitpunkt** $\overset{o}{T}_D$ ist so zu wählen, daß die vertikale Augenöffnung den größtmöglichen Wert annimmt. Für die maximale Augenöffnung erhält man:

$$\ddot{o}(\overset{o}{T}_D) = \underset{T_D}{\text{Max}}\left[\ddot{o}(T_D)\right] \cdot \qquad (3\text{-}29)$$

Ist der Detektions-Grundimpuls $g_d(t)$ symmetrisch, so ist der optimale Detektionszeitpunkt $\overset{o}{T}_D=0$, vgl. Bild 3.3a und c. Dagegen ist bei einem unsymmetrischen Detektions-Grundimpuls meist $\overset{o}{T}_D \neq 0$, vgl. Bild 3.3b.

Neben der vertikalen Augenöffnung ist auch die **zeitliche Augenöffnung** T_{Auge} eine wichtige Kenngröße des Digitalsystems. T_{Auge} gibt den maximalen horizontalen Abstand der innersten Augenlinien an, wobei $T_{Auge} \leq T$ ist, vgl. Bild 3.3. Je größer die zeitliche Augenöffnung ist, desto kleiner wird die Wahrscheinlichkeit, daß ein zeitlich schwankender Takt zu Fehlentscheidungen führt.

3.2.3 Vertikale Augenöffnung bei redundanzfreien Signalen

Alle bisherigen Ergebnisse dieses Abschnitts gelten allgemein, also auch für redundante Quellen. Im folgenden werden ausschließlich redundanzfreie Signale betrachtet. In diesem Fall tragen bei einer ungünstigsten Symbolfolge alle Vor- und Nachläufer zur Verkleinerung des Detektionsimpulses bei. Die obere Begrenzungslinie $\tilde{d}_{ob}(T_D)$ der Augenöffnung ergibt sich für den Fall, daß das betrachtete Symbol $q_0 = L$ ist und alle Vor- und Nachläufer der Nachbarimpulse den betrachteten Detektionsimpuls vermindern, vgl. Bild 3.4. Bei einem bipolaren System müssen daher vom Hauptwert g_0 alle Vor- und Nachläufer betragsmäßig subtrahiert werden. Beim unipolaren Binärsystem besitzen dagegen die Amplitudenkoeffizienten die Werte 0 und 1, so daß nur ein Amplitudenkoeffizient $a_\nu = 1$ zusammen mit dem dazugehörigen Grundimpulswert $g_{-\nu} < 0$ zu einer Verminderung des Detektionsimpulses führt. Daraus folgt:

$$\tilde{d}_{ob}(T_D) = \begin{cases} g_0 - \displaystyle\sum_{\nu \neq 0} |g_\nu| & \text{für bipolare Signale} \\[3em] g_0 - \displaystyle\sum_{\substack{\nu \neq 0 \\ g_\nu < 0}} |g_\nu| & \text{für unipolare Signale .} \end{cases} \qquad (3\text{-}30)$$

Dabei bezeichnet $g_\nu = g_d(T_D + \nu T)$ den Detektions-Grundimpulswert nach Def. 3-11. Analog gilt für den Signalwert der unteren Begrenzungslinie ($q_0 = \mathbf{0}$):

$$\tilde{d}_{un}(T_D) = \begin{cases} -g_0 + \displaystyle\sum_{\nu \neq 0} |g_\nu| & \text{für bipolare Signale} \\[3em] \displaystyle\sum_{\substack{\nu \neq 0 \\ g_\nu > 0}} |g_\nu| & \text{für unipolare Signale .} \end{cases} \qquad (3\text{-}31)$$

Setzt man diese beiden Gleichungen in Gl. 3-24 ein, so erhält man für die vertikale Augenöffnung eines redundanzfreien Binärsystems:

$$\ddot{o}(T_D) = \begin{cases} 2\left[g_0 - \displaystyle\sum_{\nu \neq 0} |g_\nu|\right] & \text{für bipolare Signale} \\[3em] \left[g_0 - \displaystyle\sum_{\nu \neq 0} |g_\nu|\right] & \text{für unipolare Signale}. \end{cases} \qquad (3\text{-}32)$$

Ist die Summe aller Vor- und Nachläufer größer als der Hauptwert g_0, so ist das Auge geschlossen und die vertikale Augenöffnung ist definitionsgemäß $\ddot{o}(T_D)=0$.

Die Augendiagramme von Bild 3.4a und b zeigen deutlich, daß die Augenform beim unipolaren bzw. beim bipolaren System unterschiedlich sein können. Die vertikale Augenöffnung ist jedoch in beiden Fällen bis auf den Faktor 2 identisch. Da der Aussteuerbereich Δs bei bipolaren Signalen ebenfalls doppelt so groß ist wie bei unipolaren, ergibt sich für die normierte Augenöffnung gemäß Def. 3-25 der gleiche Zahlenwert. Während bei einem bipolaren System der optimale Schwellenwert $\mathring{E}=0$ ist, erhält man für unipolare redundanzfreie Signale aus Gl. 3-26:

$$\mathring{E} = \frac{1}{2} \sum_{\nu=-\infty}^{+\infty} g_\nu . \qquad (3\text{-}33)$$

Aus den Gleichungen 3-30 und 3-31 geht weiter hervor, daß für die Symbole einer ungünstigsten Binärfolge $\langle q_\nu \rangle_U$ gilt:

$$q_\nu = \begin{cases} q_0 & \text{falls } g_{-\nu} < 0 \\[1em] \overline{q_0} & \text{falls } g_{-\nu} > 0. \end{cases} \qquad \nu \neq 0 \qquad (3\text{-}34)$$

$\overline{q_0}$ kennzeichnet das Komplementärsymbol von q_0. Ist $g_{-\nu}=0$, so hat das Symbol q_ν einer ungünstigsten Symbolfolge keinen Einfluß und kann sowohl O als auch L sein.

Beispiel: Bei einem gaußähnlichen Detektions-Grundimpuls (vgl. Bild 3.3a) sind alle Grundimpulswerte positiv. Deshalb sind hier die beiden Folgen ...O O L O O... und ...L L O L L... die ungünstigsten. Beim Nyquistimpuls von Bild 3.3c sind für $\nu \neq 0$ alle Grundimpulswerte identisch Null. Aus diesem Grund sind hier alle Symbolfolgen ungünstige Symbolfolgen und besitzen die gleiche Fehlerwahrscheinlichkeit.

Diese Beispiele zeigen, daß die zu einer ungünstigsten Symbolfolge inverse Folge wieder eine ungünstigste Symbolfolge ist. Die ungünstigsten Symbolfolgen $\langle q_\nu \rangle_U$ sind durch die Vorzeichen der Detektions-Grundimpulswerte $g_\nu = g_d(T_D + \nu T)$ bestimmt. Daraus geht hervor, daß die ungünstigsten Symbolfolgen nicht nur vom Grundimpuls, sondern auch vom Detektionszeitpunkt T_D abhängen. Somit kann es für verschiedene Werte von T_D auch unterschiedliche ungünstigste Symbolfolgen geben. Die Augenöffnung $\ddot{o}(T_D)$ wird also im allgemeinen durch verschiedene ungünstigste Symbolfolgen bestimmt.

3.3 Mittlere Fehlerwahrscheinlichkeit eines Binärsystems

Ein wichtiges Beurteilungskriterium für die digitalen Nachrichtensysteme ist die
mittlere Symbolfehlerwahrscheinlichkeit

$$\text{Def.:} \qquad p_M = \overline{P(v_\nu \neq q_\nu)} = \lim_{N\to\infty} \frac{1}{2N+1} \sum_{\nu=-N}^{+N} p_{S\nu}. \qquad (3\text{-}35)$$

Die Berechnungsmethode nach dieser Definition entspricht einer zeitlichen Mittelung
über die Folge $\langle q_\nu \rangle$, vgl. Bild 3.1. Häufig ist es jedoch vorteilhafter, die Mittelung entsprechend Bild 3.4 über alle im Augendiagramm unterscheidbaren Symbolfolgen
$\langle q_\nu \rangle_i$ vorzunehmen. Mit dieser Mittelung über alle i erhält man für die mittlere
Symbolfehlerwahrscheinlichkeit:

$$p_M = \sum_i p_i p_{Si}. \qquad (3\text{-}36)$$

Hierbei ist p_i die **Auftrittswahrscheinlichkeit** für die i-te Augenlinie $\tilde{d}_i(t)$ und
p_{Si} die dazugehörige SFW entsprechend Def. 3-18. Besitzt der Detektions-Grundimpuls
$g_d(t)$ nur v Vorläufer und n Nachläufer, so können die einzelnen Augenlinien $\tilde{d}_i(T_D)$
zum Detektionszeitpunkt T_D höchstens 2^{n+v+1} verschiedene Werte annehmen. Bei einer
redundanzfreien Quelle treten alle möglichen Augenlinien mit der gleichen Wahrscheinlichkeit $p_i = 1/2^{n+v+1}$ auf und es gilt für die mittlere SFW:

$$p_M = 2^{-(n+v+1)} \sum_{i=1}^{2^{n+v+1}} p_{Si}. \qquad (3\text{-}37)$$

Diese Gleichung zeigt, daß der Rechenaufwand gegenüber der Berechnung als zeitli-
cher Mittelwert gemäß Def. 3-35 erheblich reduziert wird, solange die Anzahl der zu
berücksichtigenden Vor- und Nachläufer klein bleibt. Bei optimalem Schwellenwert $\overset{\circ}{E}$
kann der Rechenaufwand weiter halbiert werden, wenn die Symmetrie des Augenmusters
bei der Berechnung berücksichtigt wird. Beim gaußförmigen Detektions-Grundimpuls
von Bild 3.3a muß somit nur über vier verschiedene Wahrscheinlichkeiten gemittelt
werden. Beim impulsinterferenzfreien System nach Bild 3.3c ist n=v=0, so daß alle
Symbolfolgen mit der gleichen Wahrscheinlichkeit

$$p_{Si} = p_M = Q(g_0/\sqrt{N_d}) \qquad (\text{für alle i}) \qquad (3\text{-}38)$$

verfälscht werden. Hierbei sind ein bipolares Nutzsignal und ein Gauß'sches Störsignal vorausgesetzt. Der Schwellenwert und der Detektionszeitpunkt seien optimal.

Betrachten wir nun noch die Fehlerwahrscheinlichkeit eines **regenerativen Übertragungssystems.** Bei der Nachrichtenübertragung über weite Entfernungen (**"Weitverkehrssysteme"**) müssen in regelmäßigen Abständen Zwischenverstärker **(Regeneratoren)**
in den Übertragungsweg eingefügt werden. In diesen Regeneratoren wird das Empfangs-

signal entzerrt, detektiert und in seiner ursprünglichen Amplitude und Form sowie der richtigen zeitlichen Lage auf den nachfolgenden Übertragungsabschnitt ausgesendet. Für jeden Übertragungsabschnitt gilt das Blockschaltbild gemäß Bild 2.1.

Im Gegensatz zu einem Analogsystem kommt es bei einem Digitalsystem nicht zu einer Akkumulation der Störungen, sondern zu einer Erhöhung der (mittleren) Fehlerwahrscheinlichkeit. Setzt man voraus, daß das Digitalsystem aus K gleich aufgebauten Regeneratorabschnitten besteht, und daß die mittlere SFW jedes einzelnen Abschnittes p_M beträgt, so erhält man für die mittlere Fehlerwahrscheinlichkeit des Gesamtsystems:

$$p_K \leq K\, p_M .\tag{3-39}$$

Ist p_M relativ gering, was für Weitverkehrssysteme vorausgesetzt werden kann, so gilt mit guter Näherung das Gleichheitszeichen. Dagegen ist es bei größerer Fehlerwahrscheinlichkeit möglich, daß durch eine Fehlentscheidung in einem späteren Regeneratorabschnitt ein vorangegangener Symbolfehler beseitigt wird.

Bei nicht idealer Taktrückgewinnung kommt es außerdem zu einer Akkumulation des in den Regeneratoren entstehenden Phasenjitters, wodurch die Fehlerwahrscheinlichkeit in einem regenerativen Übertragungssystem geringfügig erhöht wird.

3.4 Fehlerwahrscheinlichkeit eines mehrstufigen Übertragungssystems

Bei einem binären System existiert nur ein Schwellenwert E. Dementsprechend können die beiden Binärsymbole O bzw. L auch nur in jeweils einer Richtung verfälscht werden, nämlich von O auf L bzw. von L auf O. Betrachtet man dagegen ein Quaternärsystem (M=4) mit dem Symbolvorrat $\ominus$, "-", "+", $\oplus$ und den M-1=3 Schwellenwerten E_1, E_2 und E_3, so können die inneren Symbole "-" bzw. "+" nach beiden Richtungen hin verfälscht werden, vgl. Bild 2.13b. Entsprechend unterscheidet sich die Berechnung der Fehlerwahrscheinlichkeit für ein mehrstufiges Übertragungssystem von den bisherigen Berechnungsverfahren für Binärsysteme.

3.4.1 Mehrstufige Nyquist-Systeme

Um diesen prinzipiellen Unterschied möglichst deutlich zu machen, wird zunächst der impulsinterferenzfreie Detektions-Grundimpuls gemäß Bild 3.5c und ein bipolares quaternäres Sendesignal mit den möglichen Amplitudenkoeffizienten ±1 bzw. ±1/3 betrachtet. Da keine Impulsinterferenzen auftreten, schneiden sich alle Augenlinien $\tilde{d}_i(t)$ zum optimalen Detektionszeitpunkt $\overset{o}{T}_D=0$ in den vier Punkten $\pm g_0$ bzw. $\pm g_0/3$. Im Augendiagramm des quaternären Systems sind somit M-1=3 Augen zu erkennen, wobei die vertikale Augenöffnung gemäß Def. 3-24 für alle Augen gleich groß ist. Für die maximale Augenöffnung zum optimalen Detektionszeitpunkt $\overset{o}{T}_D=0$ gilt somit:

$$\ddot{o}(\overset{o}{T}_D = 0) = \frac{2}{3}\, g_0 .\tag{3-40}$$

Für das Folgende wird vorausgesetzt, daß die M-1 Schwellenwerte symmetrisch zu Null liegen (E_1=-E; E_2=0; E_3=E) und daß das Detektionsstörsignal $\overset{\times}{d}(t)$ symmetrisch verteilt sei. Zunächst wird die Fehlerwahrscheinlichkeit für das Symbol $\ominus$ berechnet. Der Detektionsnutzabtastwert ist in diesem Fall gleich $-g_0$ und man erhält analog zu Gl. 3-5:

$$p_\ominus = P(\overset{\times}{d}(T_D) > g_0 - E) = \int\limits_{g_0-E}^{+\infty} f^{\times}_d(\overset{\times}{d})d\overset{\times}{d} . \qquad (3-41)$$

In negativer Richtung kann das Störsignal beliebig groß sein, ohne daß es zu einer Fehlentscheidung kommt. Dagegen gilt für die Symbolfehlerwahrscheinlichkeit des inneren Symbols "$-$":

$$p_- = P(\overset{\times}{d}(T_D) < \frac{g_0}{3} - E) + P(\overset{\times}{d}(T_D) > \frac{g_0}{3}) . \qquad (3-42)$$

Aufgrund der oben vorausgesetzten Symmetrieeigenschaften ist $p_\oplus = p_\ominus$ und $p_+ = p_-$. Bei gleichwahrscheinlichen Quellensymbolen folgt daraus für die mittlere Fehlerwahrscheinlichkeit des quaternären Nyquist-Systems:

$$p_M = \frac{1}{4}(p_\ominus + p_- + p_+ + p_\oplus) = \frac{1}{2} \int\limits_{g_0-E}^{+\infty} f^{\times}_d(\overset{\times}{d})d\overset{\times}{d} + \frac{1}{2} \int\limits_{E-g_0/3}^{+\infty} f^{\times}_d(\overset{\times}{d})d\overset{\times}{d} + \frac{1}{2} \int\limits_{g_0/3}^{+\infty} f^{\times}_d(\overset{\times}{d})d\overset{\times}{d} . \qquad (3-43)$$

p_M hängt sehr stark vom Schwellenwert ab. Der optimale Schwellenwert $\overset{o}{E}$ liegt sicher zwischen $g_0/3$ und g_0. Nimmt die WDF $f^{\times}_d(\overset{\times}{d})$ des Störsignals monoton ab, was im allgemeinen vorausgesetzt werden kann, so wird die mittlere Fehlerwahrscheinlichkeit für $E=2g_0/3$ minimal und es gilt bei gaußverteilten Störungen:

$$p_M = \frac{3}{2} \int\limits_{g_0/3}^{+\infty} f^{\times}_d(\overset{\times}{d})d\overset{\times}{d} = \frac{3}{2} Q(\frac{g_0}{3\sqrt{N_d}}) . \qquad (3-44)$$

Dieses Ergebnis zeigt, daß bei redundanzfreiem Sendesignal und signalunabhängiger Störung die optimalen Schwellenwerte in der Mitte zwischen der unteren und der oberen Augenbegrenzung liegen. Mit den möglichen Amplitudenkoeffizienten a_μ gemäß Gl. 2-10 folgt somit für die **optimalen Schwellenwerte** eines M-stufigen Systems mit monoton abfallender WDF des Störsignals:

$$\overset{o}{E}_\mu = \frac{a_\mu + a_{\mu+1}}{2} g_0 = \begin{cases} \dfrac{2\mu-1}{2(M-1)} \, g_0 & \text{für unipolare Signale} \\[2em] \dfrac{2\mu-M}{M-1} \, g_0 & \text{für bipolare Signale.} \end{cases} \qquad (3-45)$$

Hierbei ist $\mu=1,\ldots,M-1$, und $g_0=g_d(T_D)$ der Hauptwert des Detektions-Grundimpulses. Daraus ist ersichtlich, daß die optimalen Schwellenwerte auch vom Detektionszeitpunkt T_D abhängen.

Durch Verallgemeinerung von Gl. 3-44 erhält man für die mittlere SFW eines redundanzfreien M-stufigen Nyquist-Systems mit signalunabhängiger Gauß'scher Störung, optimalen Schwellenwerten und optimalem Detektionszeitpunkt:

$$p_M = \frac{2(M-1)}{M} \ Q\left(\frac{\ddot{o}(\overset{o}{T}_D)/2}{\sqrt{N_d}}\right).$$
$$\tag{3-46}$$

Die vertikale Augenöffnung

$$\ddot{o}(\overset{o}{T}_D) = \begin{cases} g_o/(M-1) & \text{für unipolare Signale} \\[2em] 2g_o/(M-1) & \text{für bipolare Signale} \end{cases}$$
$$\tag{3-47}$$

ist also bei einem M-stufigen Nyquist-System um den Faktor M-1 kleiner als beim entsprechenden Binärsystem.

3.4.2 Einfluß der Impulsinterferenzen bei Mehrstufensystemen

Ist der Detektions-Grundimpuls $g_d(t)$ nicht impulsinterferenzfrei, so ist die Augenöffnung $\ddot{o}(T_D)$ kleiner als der in Gl. 3-47 berechnete Wert. Die einzelnen Augenlinien $\tilde{d}_i(t)$ schneiden sich in diesem Fall nicht nur in M Punkten wie beim Nyquist-System, vgl. Bild 3.5a und 3.5b.

Zur Berechnung der vertikalen Augenöffnung müssen zunächst wieder die ungünstigsten Symbolfolgen $<q_\nu>_U$ bestimmt werden. Während bei einem Binärsystem (mindestens) zwei ungünstigste Symbolfolgen existieren, nämlich die obere und die untere Begrenzungslinie des Auges, gibt es bei einem M-stufigen Übertragungssystem mindestens 2(M-1) solcher ungünstigster Folgen.

Betrachten wir z.B. das obere Auge von Bild 3.5a: Da alle Vor- und Nachläufer größer oder gleich Null sind, stammt die obere Begrenzungslinie des oberen Auges von der Folge ... $\ominus$ $\ominus$ $\oplus$ $\ominus$ $\ominus$ ... und es gilt bei bipolarem Sendesignal:

$$\tilde{d}_{ob}(T_D) = g_o - \sum_{\nu \neq 0} g_\nu .$$
$$\tag{3-48}$$

Die untere Begrenzungslinie $\tilde{d}_{un}(t)$ gehört zur Symbolfolge ... $\oplus$ $\oplus$ "+" $\oplus$ $\oplus$ ..., so daß zum Detektionszeitpunkt T_D gilt:

$$\tilde{d}_{un}(T_D) = \frac{g_o}{3} + \sum_{\nu \neq 0} g_\nu .$$
$$\tag{3-49}$$

Analog zu Gl. 3-32 erhält man somit für die vertikale Augenöffnung:

$$\ddot{o}(T_D) = \tilde{d}_{ob}(T_D) - \tilde{d}_{un}(T_D) = 2\left[\frac{g_o}{3} - \sum_{\nu \neq 0} g_\nu\right].$$
$$\tag{3-50}$$

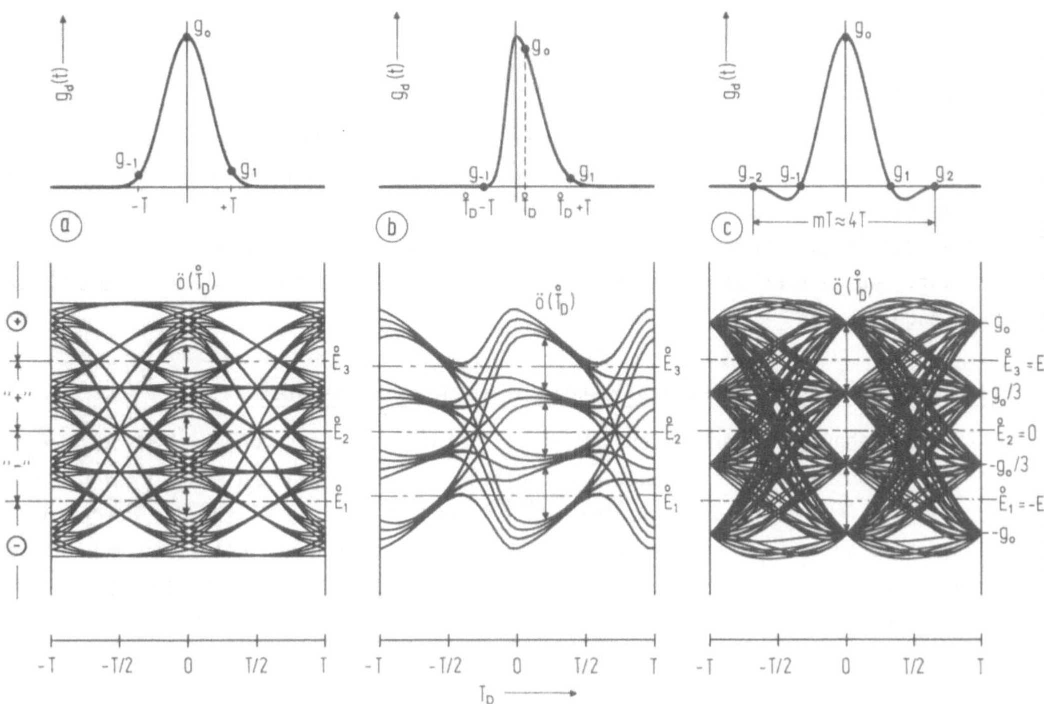

Bild 3.5: Detektions-Grundimpuls und quaternäres Augendiagramm bei einem symme-
           trischen (a), unsymmetrischen (b) bzw. impulsinterferenzfreien (c) De-
           tektions-Grundimpuls.

Das mittlere Auge wird durch die Linien der beiden Folgen ... ⊖ ⊖ "+" ⊖ ⊖ ...
bzw. ... ⊕ ⊕ "-" ⊕ ⊕ ...begrenzt. Da die Impulsinterferenzen von den gleichen
Symbolen herrühren, ergibt sich bei äquidistanten Amplitudenkoeffizienten auch die
gleiche Augenöffnung. Somit ist gezeigt, daß bei einem redundanzfreien M-stufigen
Übertragungssystem alle M-1 Augen die gleiche vertikale Augenöffnung besitzen, auch
wenn die Augenform unterschiedlich ist. Bei einem Quaternärsystem ist das mittlere
Auge symmetrisch zum Schwellenwert $\overset{\circ}{E}_2=0$, während die beiden äußeren Augen unsymmetrisch zu ihren Schwellen $\overset{\circ}{E}_1$ bzw. $\overset{\circ}{E}_3$ liegen.

Allgemein gilt für die Augenöffnung eines redundanzfreien bipolaren Mehrstufen-
systems, wenn von beliebigen Detektions-Grundimpulswerten g_ν ausgegangen wird:

$$\ddot{o}(T_D) = 2\left[\frac{g_0}{M-1} - \sum_{\nu\neq 0} |g_\nu|\right].$$

                                                                    (3-51)

Hierbei ist vorausgesetzt, daß das Auge geöffnet ist, d.h. daß die Summe aller Vor-
und Nachläufer die folgende Bedingung erfüllt:

$$\text{Vor.:} \qquad \sum_{\nu \neq 0} |g_\nu| < \frac{g_0}{M-1} \ . \qquad\qquad\qquad (3\text{-}52)$$

Andernfalls wird $\ddot{o}(T_D)$ zu Null gesetzt.

Dieses Ergebnis zeigt, daß sich Impulsinterferenzen bei einem Mehrstufensystem stärker bemerkbar machen als beim Binärsystem. Zur Verdeutlichung sei nochmals der Grundimpuls von Bild 3.3a betrachtet. Ist die Stufenzahl M=2, so beträgt die normierte Augenöffnung mehr als 35%. Da die Summe aller Vor- und Nachläufer größer als $g_0/3$ ist, würde sich demgegenüber bei einer vierstufigen Übertragung ein geschlossenes Auge ergeben.

3.4.3 Mittlere Fehlerwahrscheinlichkeit eines Mehrstufensystems

Zur Berechnung der mittleren SFW eines M-stufigen Übertragungssystems wird wieder vom Augendiagramm ausgegangen. Besitzt der Detektions-Grundimpuls v Vorläufer und n Nachläufer, so gibt es maximal M^{n+v+1} verschiedene Werte für die Detektionsnutzabtastwerte $\tilde{d}_i(T_D)$. Bei einer redundanzfreien M-stufigen Quelle sind alle diese Werte gleichwahrscheinlich, so daß mit Gl. 3-36 für die mittlere Fehlerwahrscheinlichkeit geschrieben werden kann:

$$p_M = M^{-(n+v+1)} \sum_{i=1}^{M^{n+v+1}} p_{Si} \ . \qquad\qquad\qquad (3\text{-}53)$$

p_{Si} ist gemäß Def. 3-18 die SFW für die i-te Symbolfolge, deren Berechnung bei einem mehrstufigen System aufwendiger ist als beim Binärsystem. Ist das mittlere Symbol ein "inneres" Symbol ($q_0^{(i)} = q_\mu$, $\mu = 2, \ldots, M-1$), so liegt der Detektionsnutzabtastwert $\tilde{d}_i(T_D)$ zwischen den beiden benachbarten Schwellenwerten $E_{\mu-1}$ und E_μ. Somit müssen hier zwei Detektionsabstände berechnet werden, nämlich der **untere** und der **obere Detektionsabstand**, vgl. Def. 3-17:

$$D_{i,un} = \tilde{d}_i(T_D) - E_{\mu-1} \quad \text{bzw.} \quad D_{i,ob} = E_\mu - \tilde{d}_i(T_D) \ . \qquad\qquad (3\text{-}54)$$

Bei gaußverteilter Störung gilt somit analog zu Gl. 3-42 für die SFW der i-ten Symbolfolge:

$$p_{Si} = Q\left(\frac{D_{i,un}}{\sqrt{N_d}}\right) + Q\left(\frac{D_{i,ob}}{\sqrt{N_d}}\right) \ . \qquad\qquad\qquad (3\text{-}55)$$

Ist $q_0^{(i)}$ ein "äußeres" Symbol (q_1 bzw. q_M), so kann jeweils nur ein Schwellenwert (E_1 bzw. E_{M-1}) überschritten werden. Setzt man formal den Schwellenwert $E_0 = -\infty$ und $E_M = +\infty$, so können auch die Symbolfehlerwahrscheinlichkeiten der "äußeren" Symbole mit Gl. 3-55 berechnet werden.

3.5 Näherungen für die mittlere Fehlerwahrscheinlichkeit

Tragen sehr viele Vor- und Nachläufer zur Impulsinterferenz bei, so ist die genaue Berechnung der mittleren Symbolfehlerwahrscheinlichkeit nach Gl. 3-37 bzw. Gl. 3-53 mit einem sehr großen Rechenaufwand verbunden. Beispielsweise muß bei einem Grundimpuls mit fünf Vor- und fünf Nachläufern (n=v=5) über 2^{11}=2048 Werte gemittelt werden, um die mittlere SFW des redundanzfreien Binärsystems zu bestimmen. Berücksichtigt man die Symmetrie bei optimaler Schwelle, so reduziert sich die Anzahl der Werte auf 2^{10}=1024.

Bei Mehrstufensystemen wächst der Rechenaufwand mit der Stufenzahl M sehr stark an. Für n=v=5 und M=4 ist z.B. eine Mittelung über 4^{11}=4.194.304 bzw. 4^{10}=1.048.576 Werte notwendig. Deshalb ist hier die Entwicklung von Näherungen für die mittlere Symbolfehlerwahrscheinlichkeit von besonderer Wichtigkeit.

Zur Ableitung dieser Näherungen werden die Detektionsabtastwerte $d_\nu = d(T_D + \nu T)$ als Zufallsgröße mit der WDF $f_d(d_\nu)$ betrachtet, aus der die mittlere SFW p_M berechnet werden kann. Der Abtastwert d_ν setzt sich aus dem Nutzanteil $\tilde{d}_\nu$ und dem Störanteil $\overset{x}{d}_\nu$ zusammen, wobei bei signalunabhängiger Störung die beiden Anteile statistisch voneinander unabhängig sind. Deshalb gilt für die WDF $f_d(d_\nu)$, vgl. [1.21]:

$$f_d(d_\nu) = f_d^{\sim}(d_\nu) * f_d^{x}(d_\nu) = \int\limits_{-\infty}^{+\infty} f_d^{x}(x) f_d^{\sim}(d_\nu - x)\,dx \,. \qquad (3\text{-}56)$$

$f_d(d_\nu)$ berechnet sich somit als das Faltungsprodukt der beiden Wahrscheinlichkeitsdichtefunktionen $f_d^{\sim}(\tilde{d}_\nu)$ und $f_d^{x}(\overset{x}{d}_\nu)$. Setzt man ein stationäres gaußverteiltes Störsignal voraus, so ist $f_d^{x}(\overset{x}{d}_\nu)$ durch einen Parameter, nämlich durch die Detektionsstörleistung N_d, bestimmt. Die Schwierigkeit bei der exakten Berechnung der mittleren SFW p_M liegt darin, daß im allgemeinen die WDF $f_d^{\sim}(\tilde{d}_\nu)$ der Nutzabtastwerte nicht in geschlossener Form angegeben werden kann. Abhängig von den Grundimpulswerten g_ν nimmt der Detektionsnutzabtastwert $\tilde{d}_\nu$ nur ganz bestimmte diskrete Werte $(\tilde{d}_i)$ an. Deshalb setzt sich die WDF $f_d^{\sim}(\tilde{d}_\nu)$ aus einer Summe von Diracfunktionen zusammen, vgl. Tabelle 3.1, Zeile 1. Bei einem Grundimpuls mit v Vorläufern und n Nachläufern gibt es bis zu M^{n+v+1} solcher Diracfunktionen. Ist die betrachtete M-stufige Quelle redundanzfrei, so sind die Gewichte der Diracfunktionen alle gleich und man erhält:

$$f_d^{\sim}(\tilde{d}_\nu) = M^{-(n+v+1)} \sum_{i=1}^{M^{n+v+1}} \delta(\tilde{d}_\nu - \tilde{d}_i) \,. \qquad (3\text{-}57)$$

Bei symmetrischen Grundimpulswerten $(g_{-\nu} = g_\nu)$ fallen einige Diracfunktionen zusammen und es gibt dementsprechend weniger Diracfunktionen mit verschiedenen Gewichten.

3.5.1 Zusammenstellung der Näherungslösungen

Die in Tab. 3.1 zusammengestellten Näherungen für die mittlere SFW unterscheiden sich durch die unterschiedliche Approximation der WDF $f_d^{\sim}(\tilde{d}_\nu)$. Alle dort angegebenen

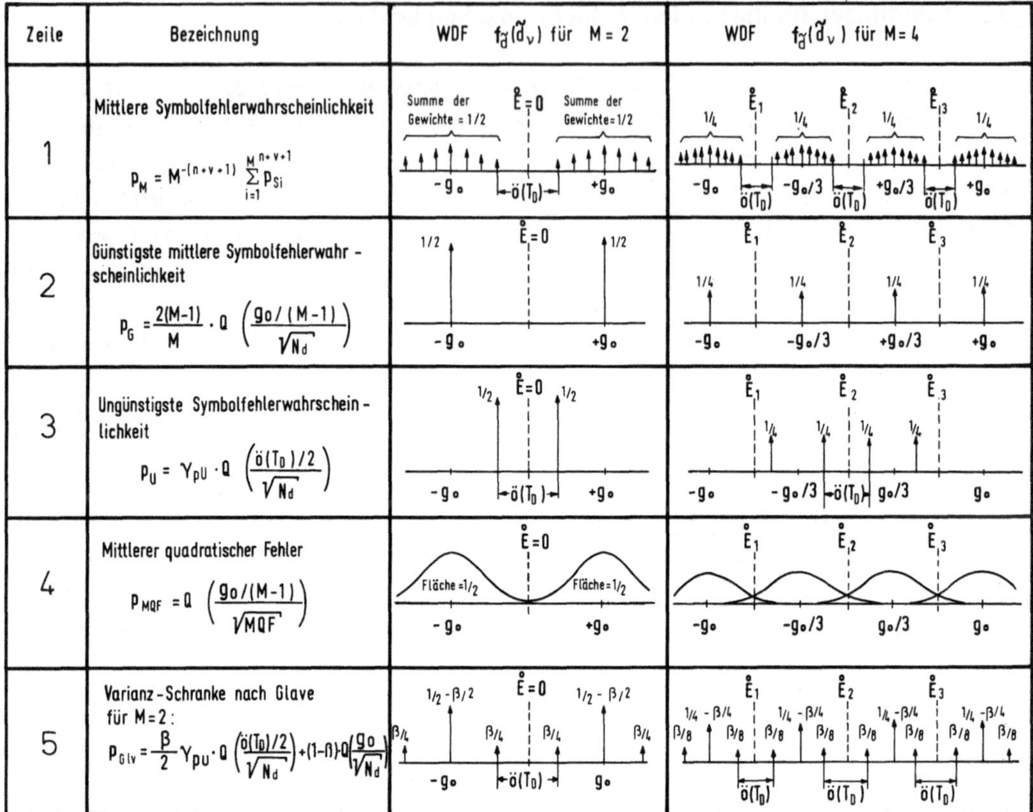

Tab. 3.1:   Näherungen für die mittlere Symbolfehlerwahrscheinlichkeit.

Näherungen gelten für redundanzfreie bipolare Signale, ein gaußverteiltes, signalunabhängiges Störsignal sowie optimale Schwellenwerte gemäß Gl. 3-45:

Bei der **günstigsten mittleren Fehlerwahrscheinlichkeit** p_G wird der störende Einfluß der Impulsinterferenzen nicht berücksichtigt. Für den Sonderfall der Nyquist-Systeme ist $p_G = p_M$ (Gl. 3-46). Ansonsten ist p_G eine sehr ungenaue untere Schranke für die mittlere Fehlerwahrscheinlichkeit p_M. Sie dient lediglich als Abschätzung dafür, wie weit p_M höchstens vermindert werden kann, wenn alle Impulsinterferenzen (bei gleicher Detektionsstörleistung N_d) vollständig beseitigt werden, vgl. Kap. 6.

Die **ungünstigste Symbolfehlerwahrscheinlichkeit** p_U ist als die Fehlerwahrscheinlichkeit der ungünstigsten Symbolfolgen definiert, vgl. Def. 3-21. p_U ist nie kleiner als die mittlere SFW und somit eine obere Schranke für p_M. Diese Näherung geht davon aus, daß alle Folgen mit der gleichen, nämlich der maximalen Wahrscheinlichkeit verfälscht werden, vgl. Tabelle 3.1, Zeile 3. Bei einem redundanzfreien bipolaren Binärsystem gilt mit Gl. 3-22 und Gl. 3-27:

$$p_U = Q\left(\frac{\ddot{o}(T_D)/2}{\sqrt{N_d}}\right), \text{ wobei } \frac{\ddot{o}(T_D)}{2} = g_0 - g_U \text{ ist.} \qquad (3\text{-}58)$$

g_U steht hier als Abkürzung für die Summe der Beträge aller Vor- und Nachläufer:

$$g_U = \sum_{\nu \neq 0} |g_\nu| . \qquad (3\text{-}59)$$

Dagegen ergibt sich für die ungünstigste SFW eines M-stufigen Systems:

$$p_U = Q\left[\frac{1}{\sqrt{N_d}}\left(\frac{g_0}{M-1} - g_U\right)\right] + Q\left[\frac{1}{\sqrt{N_d}}\left(\frac{g_0}{M-1} + g_U\right)\right] . \qquad (3\text{-}60)$$

<u>Beweis:</u> Bei einem mehrstufigen System können die zwei "äußeren" Symbole nur in einer Richtung, die "inneren" Symbole dagegen in beiden Richtungen verfälscht werden. Deshalb ist bei einer ungünstigsten Symbolfolge das zu detektierende Symbol mit Sicherheit ein "inneres" Symbol und es gilt mit Gl. 3-55:

$$(a) \qquad p_U = \underset{i}{\text{Max}}\left[p_{Si}\right] = \underset{i}{\text{Max}}\left[Q\left(\frac{D_{i,ob}}{\sqrt{N_d}}\right) + Q\left(\frac{D_{i,un}}{\sqrt{N_d}}\right)\right] .$$

Da die Ableitung der Q-Funktion monoton abfällt, ergibt sich das Maximum von p_U für den Fall, daß entweder $D_{i,ob}$ oder $D_{i,un}$ den kleinstmöglichen Wert besitzt. Bei optimalen Schwellenwerten gemäß Gl. 3-45 erhält man mit Gl. 3-51:

$$(b) \qquad \underset{i}{\text{Min}}\left[D_{i,ob}\right] = \underset{i}{\text{Min}}\left[D_{i,un}\right] = \frac{\ddot{o}(T_D)}{2} = \frac{g_0}{M-1} - g_U .$$

Die Summe

$$(c) \qquad D_{i,ob} + D_{i,un} = \overset{o}{E}_\mu - \overset{o}{E}_{\mu-1} = \frac{2g_0}{M-1}$$

ist unabhängig von der Größe der Impulsinterferenzen. Wenn $D_{i,ob}$ ($D_{i,un}$) den kleinsten Wert gemäß (b) besitzt, ist $D_{i,un}$ ($D_{i,ob}$) maximal, vgl. Bild 3.5:

$$(d) \qquad \underset{i}{\text{Max}}\left[D_{i,un}\right] = \underset{i}{\text{Max}}\left[D_{i,ob}\right] = \frac{g_0}{M-1} + g_U .$$

Daraus folgt obiger Satz.   w.z.b.w.

Die beiden Gleichungen für die ungünstigste Fehlerwahrscheinlichkeit des Binärsystems bzw. der Mehrstufensysteme können durch die Einführung des Korrekturfaktors γ_{pU} entsprechend Tabelle 3.1, Zeile 3 zusammengefaßt werden. Für das binäre System besitzt dieser Faktor den Wert 1. Bei einem M-stufigen System liegt er zwischen 1 und 2, wobei näherungsweise gilt:

$$\gamma_{pU} \simeq 1 + \frac{g_0 - (M-1)g_U}{g_0 + (M-1)g_U} \exp\left[-\frac{2g_0 g_U}{(M-1)N_d}\right] . \qquad (3\text{-}61)$$

Bei einem mehrstufigen Nyquist-System mit optimalem Detektionszeitpunkt ($M>2$; $g_U=0$) ist $\gamma_{pU}=2$. Je größer der Einfluß der Impulsinterferenzen, d.h. je größer der Wert für g_U (Gl. 3-59) ist, desto mehr nähert sich γ_{pU} auch für $M>2$ dem Wert 1 an.

Häufig wird als Optimierungskriterium für die digitalen Übertragungssysteme der **mittlere quadratische Fehler** als der Mittelwert der quadratischen Abweichungen der Detektionsabtastwerte d_ν von ihren ursprünglichen Werten $a_\nu g_0$ herangezogen:

$$\text{Def.:} \qquad \text{MQF} = \lim_{N\to\infty} \frac{1}{2N+1} \sum_{\nu=-N}^{+N} (d_\nu - a_\nu g_0)^2 = \overline{(d_\nu - a_\nu g_0)^2}. \qquad (3\text{-}62)$$

Spaltet man den quadratischen Ausdruck auf, so erhält man mit Gl. 2-81:

$$\text{MQF} = \overline{\overset{\times}{d}{}_\nu^{\,2}} + 2\overline{(\tilde{d}{}_\nu - a_\nu g_0)\,\overset{\times}{d}{}_\nu} + \overline{(\tilde{d}{}_\nu - a_\nu g_0)^2}. \qquad (3\text{-}63)$$

Hierbei ist vorausgesetzt, daß Nutz- und Störsignal miteinander unkorreliert sind. Der quadratische Mittelwert der Störabtastwerte ist identisch mit der Detektionsstörleistung N_d. Bei mittelwertsfreier Störung entfällt der mittlere Term von Gl. 3-63. Der letzte Term entspricht dem "quadratischen Mittelwert der Impulsinterferenzen", der mit Gl. 3-12 berechnet werden kann:

$$\overline{(\tilde{d}{}_\nu - a_\nu g_0)^2} = \overline{\left[\sum_{\nu\neq 0} a_\nu g_{-\nu}\right]^2} = \sum_{\nu\neq 0} \sum_{\kappa\neq 0} \overline{a_\nu a_\kappa}\, g_{-\nu} g_{-\kappa}. \qquad (3\text{-}64)$$

Der Mittelwert $\overline{a_\nu a_\kappa}$ ist identisch mit der diskreten Autokorrelationsfunktion $l_a(\kappa-\nu)$, vgl. Def 2-21. Wird ein redundanzfreies bipolares Signal vorausgesetzt, so ist für $\kappa\neq\nu$ die AKF $l_a(\kappa-\nu)$ gleich Null und man erhält mit Gl.2-32 für den mittleren quadratischen Fehler:

$$\text{MQF} = N_d + l_a(0) \sum_{\nu\neq 0} g_\nu^{\,2} = N_d + \frac{M+1}{3(M-1)} \sum_{\nu\neq 0} g_\nu^{\,2}. \qquad (3\text{-}65)$$

In der Regel ist es nicht möglich, vom mittleren quadratischen Fehler auf die mittlere Symbolfehlerwahrscheinlichkeit p_M zu schließen. Trotzdem wird in der Literatur aus Gl. 3-65 häufig eine Näherung für p_M abgeleitet, vgl. Tabelle 3.1, Zeile 4. Diese Näherung p_{MQF} geht davon aus, daß der störende Einfluß der Impulsinterferenzen durch eine Vergrößerung der Detektionsstörleistung N_d ausreichend genau berücksichtigt werden kann. Dies ist aber nur dann möglich, wenn die WDF $f_d^{\sim}(\tilde{d}_\nu)$ durch eine Summe von M Gaußfunktionen angenähert werden kann. Diese Gaußnäherung ist z.B. dann erlaubt, wenn die Impulsinterferenzen auf viele, relativ kleine Vor- und Nachläufer zurückzuführen sind. In allen anderen Fällen ist diese Näherung unzulässig und führt bei der Systemoptimierung nicht zum richtigen Optimum.

Die weiteren aus der Literatur bekannten Näherungen für die mittlere Fehlerwahrscheinlichkeit sollen hier nur kurz erwähnt werden. Die Näherungen von Saltzberg

[3.10] und Lugananni [3.7] basieren jeweils auf der Chernoff-Ungleichung und werden deshalb häufig als die **Chernoff-Schranken** bezeichnet. Beide Näherungen liefern nur dann eine wesentlich bessere Abschätzung als die ungünstigste Fehlerwahrscheinlichkeit, wenn der Einfluß der Impulsinterferenzen sehr groß ist (nahezu geschlossenes Auge) und von einer Vielzahl von "Störern" (=Grundimpulswerten) herrührt. Die Berechnung dieser beiden Näherungen ist mit einem beträchtlichen Rechenaufwand verbunden, so daß sie als Optimierungskriterien nur bedingt geeignet sind. Das gleiche gilt für die Näherung von Shimbo [3.11], die auf einer Gram-Charlier-Reihenentwicklung aufbaut. Abschließend sei noch die **Varianz-Schranke** erwähnt, die in einer Arbeit von Glave [3.4] abgeleitet wird. Glave zeigt, daß bei gegebener "Betragssumme" g_U und gegebener "Varianz" σ^2 der Impulsinterferenzen die WDF $f_{\tilde{d}}(\tilde{d}_\nu)$ entsprechend Tabelle 3.1, Zeile 5 ersetzt werden kann. Die daraus abgeleitete Näherung p_{Glv} ist eine obere Schranke für p_M. Für den Koeffizienten β gilt:

$$\beta = \frac{\sigma^2}{g_U^{\ 2}} = \frac{\dfrac{M+1}{3(M-1)} \displaystyle\sum_{\nu \neq 0} g_\nu^2}{\left[\displaystyle\sum_{\nu \neq 0} |g_\nu| \right]^2} \ . \tag{3-66}$$

3.5.2 Vergleich der angegebenen Näherungen

Bild 3.6 zeigt die mittlere Fehlerwahrscheinlichkeit sowie die obigen Näherungen abhängig vom mittleren Detektions-Störabstand $10 \lg \rho_d$, vgl. Def. 2-73. Dabei wurde der Detektions-Grundimpuls von Bild 2.11 zugrunde gelegt, der sich bei rechteckförmigen NRZ-Sendeimpulsen und einem gaußförmigen Impulsformer mit der Grenzfrequenz f_I ergibt. Charakteristisch für diesen Grundimpuls ist, daß er keine Unterschwinger aufweist und daß die Impulsinterferenzen nur von wenigen Vor- und Nachläufern herrühren.

Bild 3.6a gilt für einen schmalbandigen Impulsformer mit der Grenzfrequenz $f_I = 0,3$ R, so daß durch die Detektions-Grundimpulswerte $g_{-1}=g_1=0,4 \ g_0$ große Impulsinterferenzen entstehen. Für Bild 3.6b beträgt $f_I=0,5$ R, d.h. hier sind die Grundimpulswerte wesentlich kleiner: $g_{-1}=g_1=0,13 \ g_0$. Anhand dieses Bildes sind die folgenden Aussagen möglich:

(a) Die mittlere SFW p_M hängt stark vom betrachteten Grundimpuls ab. Je größer die Impulsinterferenzen sind, desto größer muß der (mittlere) Detektionsstörabstand sein, damit p_M einen bestimmten Wert nicht überschreitet. Beispielsweise muß für die Grenzfrequenz $f_I=0,3$ R wegen der vergleichsweise großen Impulsinterferenzen $10 \lg \rho_d > 32$ dB sein, damit p_M nicht größer ist als 10^{-10}. Für $f_I=0,5$ R genügen für die gleiche SFW etwa 18 dB. Deshalb ist der (mittlere) Detektions-Störabstand $10 \lg \rho_d$ als Optimierungs- und Vergleichskriterium ungeeignet.

(b) Je kleiner die Impulsinterferenzen sind, desto besser wird die mittlere SFW p_M

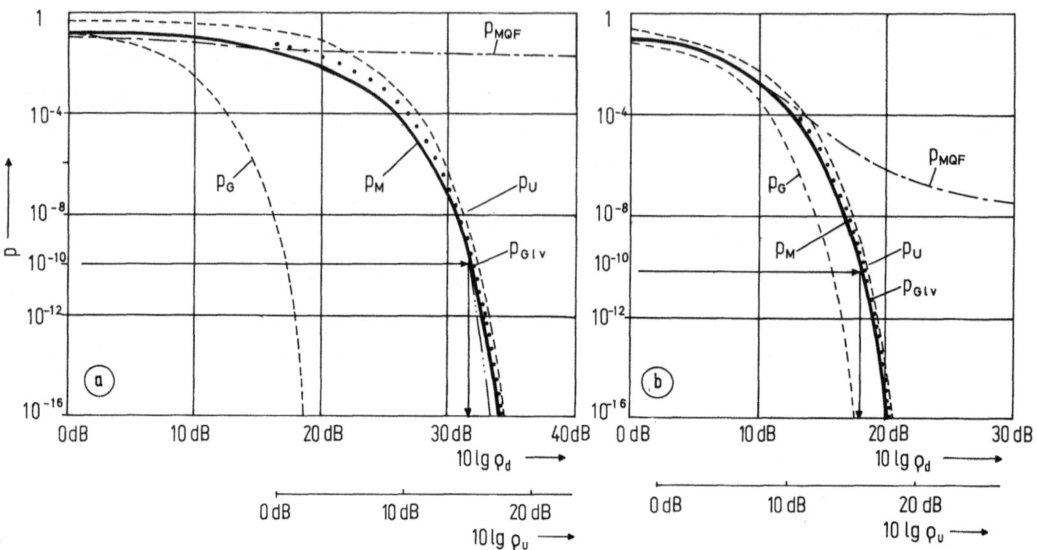

Bild 3.6:   Vergleich der Näherungen für die mittlere Symbolfehlerwahrscheinlichkeit
            bei einem redundanzfreien Binärsystem: (a) f_I=0,3 R, (b) f_I=0,5 R.

durch die angegebenen Näherungslösungen approximiert. Bei einem impulsinterferenzfreien Binärsystem ($f_I \to \infty$) gelten alle Näherungen exakt.

(c) Sind die Einflüsse der Impulsinterferenzen groß, so ist die günstigste mittlere
SFW p_G eine ungenaue und tief liegende untere Schranke. Die Bedeutung dieser
Näherung liegt darin, daß mit ihr die erreichbare Verbesserung durch eine vollständige Kompensation aller Vor- und Nachläufer abgeschätzt werden kann, was
jedoch einen komplizierteren Detektor voraussetzt, vgl. Kapitel 6.

(d) Bei großer Störleistung und damit kleinem Detektions-Störabstand 10 lg ρ_d ist
die vom mittleren quadratischen Fehler abgeleitete Näherung p_{MQF} ein gutes Maß
für p_M, jedoch keine obere Schranke, vgl. [1.15]. Bei großem Detektions-Störabstand und damit kleiner mittlerer Symbolfehlerwahrscheinlichkeit ist diese Näherung sehr ungenau, da die für die Impulsinterferenzen vorausgesetzte Gaußver-
teilung nicht zutrifft.

(e) Die ungünstigste SFW p_U liefert bei geöffnetem Auge eine gut brauchbare obere
Schranke für die mittlere Symbolfehlerwahrscheinlichkeit, die im gesamten Bereich etwa eine Größenordnung über p_M liegt. Die Näherung p_{Glv} nach Glave ist
im allgemeinen nur unwesentlich genauer. Da p_U außerdem sehr einfach zu berechnen ist, wird diese Näherung häufig als Optimierungs- und Vergleichskriterium
der digitalen Übertragungssysteme herangezogen.

4 Codierte Übertragungssysteme (Übertragungscodes)

<u>Inhalt:</u> In diesem Kapitel wird der Einfluß einer Codierung auf die Digitalübertragung beschrieben und diskutiert. Dabei werden zunächst im Abschnitt 4.1 die grundsätzlichen Eigenschaften einer codierten Übertragung angegeben und für alle Übertragungscodes gültige Kenngrößen definiert. Anschließend werden in den Abschnitten 4.2 bzw. 4.3 die Besonderheiten der Pseudomehrstufencodes und der Blockcodes vergleichend gegenübergestellt.

<u>Voraussetzungen:</u> Die für Kapitel 2 und 3 getroffenen Vereinbarungen gelten weiterhin. Die digitale Quelle wird stets als redundanzfrei und binär vorausgesetzt.

4.1 Prinzip der codierten Übertragung

Die Quellensymbolfolge $\langle q_\nu \rangle$ ist häufig für die Übertragung der Nachrichten über den Kanal ungeeignet. So können z.B. bei einem Bandpaßkanal wegen der unteren Bandbegrenzung weder die lange "0"- noch die lange "L"-Folge mit hinreichend kleiner Fehlerwahrscheinlichkeit übertragen werden. In diesem Fall müssen beim Sender besondere Maßnahmen getroffen werden, die das Auftreten dieser langen "0"- bzw. "L"-Folgen verhindern. Beispielsweise kann die Quellensymbolfolge vor der Übertragung umcodiert werden. Unter **Codierung** versteht man dabei die Umsetzung eines oder mehrerer Quellensymbole in das entsprechende Codesymbol bzw. Codewort nach einer festgelegten Codiervorschrift.

Bild 4.1 zeigt das Blockschaltbild eines digitalen Übertragungssystems mit Codierung. Der **Coder (Codierer)** hat hierbei die Aufgabe, die Quellensymbolfolge $\langle q_\nu \rangle$ so in die **Codesymbolfolge** $\langle c_\nu \rangle$ umzucodieren, daß das daraus entstehende Sendesignal $s(t)$ besser an die Eigenschaften des Übertragungskanals, die Störungen und die Empfangseinrichtungen angepaßt ist.

Der **Decoder (Decodierer)** ist notwendig, um die sendeseitige Codierung rückgängig zu machen. Er gewinnt aus der **regenerierten Symbolfolge** $\langle r_\nu \rangle$ die Sinkensymbolfolge $\langle v_\nu \rangle$. Tritt kein Übertragungsfehler auf, so ist $\langle r_\nu \rangle = \langle c_\nu \rangle$ und $\langle v_\nu \rangle = \langle q_\nu \rangle$.

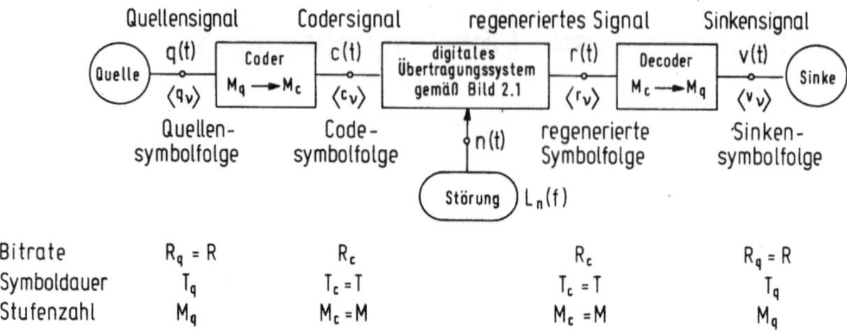

Bitrate	$R_q = R$	R_c	R_c	$R_q = R$
Symboldauer	T_q	$T_c = T$	$T_c = T$	T_q
Stufenzahl	M_q	$M_c = M$	$M_c = M$	M_q

Bild 4.1:   Blockschaltbild eines Übertragungssystems mit Codierung.

Für das digitale Übertragungssystem - bestehend aus Sendeimpulsformer, Übertragungskanal, Entzerrer und Detektor - gelten die entsprechenden Aussagen der Kapitel
2 und 3.   Die Stufenzahl M und die Symboldauer T beziehen sich allerdings nun nicht
mehr auf das Quellensignal, sondern auf das Codersignal c(t).   Ebenso bezieht sich
die mittlere Symbolfehlerwahrscheinlichkeit

$$p_M = \overline{P(r_\nu \neq c_\nu)} \qquad (4-1)$$

im Gegensatz zur Definition 3-35 auf die codierten Symbolfolgen $\langle c_\nu \rangle$ und $\langle r_\nu \rangle$.

In den folgenden Abschnitten wird versucht, die vielen verschiedenartigen **Übertragungscodes (Leitungscodes)** durch gemeinsame Kenngrößen zu charakterisieren.

4.1.1 Symbol- und blockweise Codierung

Man unterscheidet grundsätzlich zwischen symbolweiser und blockweiser Codierung.
Bei der **symbolweisen Codierung** wird mit jedem ankommenden Quellensymbol q_ν ein Codesymbol c_ν erzeugt, das außer vom aktuellen Symbol q_ν auch von den N vorangegangenen Symbolen $q_{\nu-1}$, $q_{\nu-2}$,...,$q_{\nu-N}$ abhängen kann. N ist die **Ordnung des Codes**.

Bei einer Binärquelle spricht man auch häufig von **bitweiser Codierung**. Typisch
für die symbol- bzw. bitweise Codierung ist, daß die Symboldauern T_c und T_q von
Coder- und Quellensignal übereinstimmen, vgl. Bild 4.2a. Es tritt hier meist keine
größere Zeitverzögerung ein, so wie dies bei blockweiser Codierung aus Kausalitätsgründen unvermeidbar ist.

Bei **blockweiser Codierung** wird jeweils ein Block von m_q Quellensymbolen einem
Block von m_c Codesymbolen zugeordnet, siehe Bild 4.2b. Bei den meisten **Blockcodes**
unterscheiden sich die Blocklängen m_q und m_c und dementsprechend auch die Symboldauern von Coder- und Quellensignal, wobei gilt:

$$m_q T_q = m_c T_c. \qquad (4-2)$$

<u>Beispiel</u>: Bild 4.2 zeigt einen Ausschnitt aus dem binären Quellensignal q(t) sowie
das dazugehörige Codersignal c(t) für Ternärcodes mit symbol- bzw. blockweiser Co-

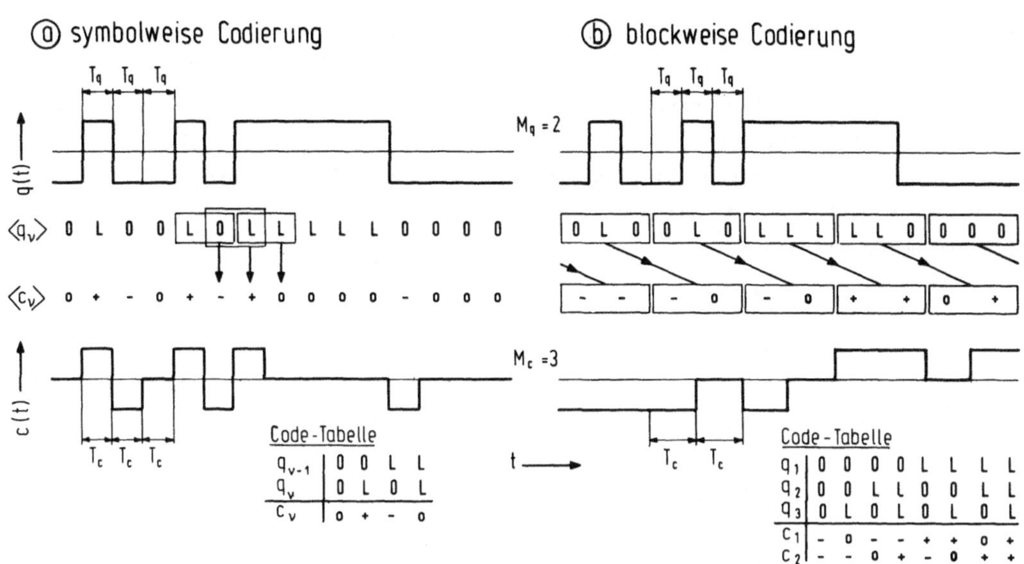

Code-Tabelle

q_{v-1}	0	0	L	L
q_v	0	L	0	L
c_v	o	+	−	o

Code-Tabelle

q_1	0	0	0	0	L	L	L	L
q_2	0	0	L	L	0	0	L	L
q_3	0	L	0	L	0	L	0	L
c_1	−	o	−	−	+	+	o	+
c_2	−	−	o	+	−	o	+	+

Bild 4.2:   Beispiele für symbolweise und blockweise Codierung
            (a) Twinned-Binary-Code (N=1),   (b) 3B2T-Code (m_q=3; m_c=2).

dierung. Für den Twinned-Binary-Code gemäß Bild 4.2a als Beispiel für symbolweise
Codierung lautet die Codiervorschrift: Ist q_v=q_{v-1}, so wird das Codesymbol c_v="o"
ausgewählt. Unterscheiden sich dagegen die Symbole q_v und q_{v-1}, so wird dem Binärsymbol q_v=L das Ternärsymbol c_v="+" und dem Binärsymbol 0 das Ternärsymbol "−" zugeordnet.

Dagegen gilt Bild 4.2b für einen Blockcode mit den Blocklängen m_q=3 und m_c=2: Je
3 Binärsymbole werden durch 2 Ternärsymbole ersetzt (3B2T-Code), wobei die Zuordnung zwischen den Binär- und den Ternärblöcken durch die angegebene Codetabelle gegeben ist. Im Gegensatz zur symbolweisen Codierung ist bei der blockweisen Codierung die Symbolrate $1/T_c$ des Codersignals gegenüber der Symbolrate $1/T_q$ des Quellensignals um 1/3 niedriger, was den spektralen Eigenschaften der meisten Übertragungskanäle entgegenkommt.

Beim Twinned-Binary-Code gemäß Bild 4.2a ist durch die Codiervorschrift sichergestellt, daß die Codesymbolfolge $<c_v>$ keine langen Plus- bzw. Minus-Folgen enthält,
so daß das codierte Signal c(t) auch über einen gleichsignalfreien Kanal übertragen
werden kann. Dagegen kann beim hier dargestellten 3B2T-Code nicht öfter als zweimal
hintereinander das Symbol "o" auftreten.

4.1.2 Coderedundanz

Anhand von Bild 4.2 werden nun die Kenngrößen der Übertragungscodes definiert.
Neben der Stufenzahl M_c des Codes (=**Codesymbolumfang**) ist das Verhältnis T_q/T_c der
Symboldauern von Quellen- und Codersignal von ausschlaggebender Bedeutung. Dieser

Quotient gibt an, inwieweit die Symbolrate durch die Verwendung eines Codes vermindert werden kann und entspricht dem Banderweiterungsfaktor, der oft zur Beschreibung modulierter Systeme herangezogen wird. Je kleiner das Verhältnis T_q/T_c ist, desto günstiger wirkt sich dies auf die Übertragung des Digitalsignals aus, insbesondere bei Kanälen, deren Dämpfung mit der Frequenz stark anwächst.

Mit der Stufenzahl M_c und der Symbolrate $1/T_c$ erhält man für die (äquivalente) Bitrate am Coderausgang:

$$R_c = \frac{\text{ld } M_c}{T_c}. \tag{4-3}$$

Mit der entsprechenden Bitrate $R_q=\text{ld } M_q/T_q$ des Quellensignals kann die **relative Redundanz** als eine wichtige Kenngröße der Codes berechnet werden:

$$\text{Def.:} \qquad r_c = \frac{R_c-R_q}{R_c} = 1 - \frac{T_c}{T_q}\frac{\text{ld } M_q}{\text{ld } M_c}. \tag{4-4}$$

Beispielsweise besitzt der Ternärcode zur symbolweisen Codierung (Bild 4.2a) eine relative Redundanz von etwa 36,9%, während der 3B2T-Blockcode (Bild 4.2b) nur etwa 5,4% Redundanz aufweist. Beide Codes bewirken eine geeignete spektrale Formung des Codersignals und damit eine Anpassung des Signals an den Übertragungskanal.

Die Redundanz wird häufig auch zur **Fehlerüberwachung** herangezogen. Der Decoder kann z.B. mit Sicherheit auf einen Übertragungsfehler schließen, wenn bei einer gemäß Bild 4.2a codierten Folge zwei Plus-Symbole bzw. zwei Minus-Symbole direkt aufeinanderfolgen.

<u>Anmerkung:</u> r_c ist die relative Redundanz des Codes. Bei einer redundanzfreien Quelle ($r_q=0$), die für dieses Kapitel vorausgesetzt wurde, ist r_c auch gleich der relativen Redundanz des Codersignals $c(t)$. Dagegen beträgt bei einer redundanten Quelle die relative Redundanz des Codersignals:

$$r_{\text{Codersignal}} = 1 - [(1-r_c)(1-r_q)]. \tag{4-5}$$

4.1.3 Spektrale Leistungsdichte eines codierten Signals

Die spektrale Formung des Sendesignals $s(t)$ steht in einem direkten Zusammenhang mit der Statistik der Amplitudenkoeffizienten a_ν. Zur Beschreibung dieser statistischen Eigenschaften werden analog zum Abschnitt 2.3 die Wahrscheinlichkeitsdichtefunktion $f_a(a_\nu)$, die diskrete Autokorrelationsfunktion $l_a(\lambda)$ und die "spektrale Leistungsdichte" $L_a(f)$ herangezogen.

Betrachten wir zunächst die diskrete AKF bei einem redundanzfreien bipolaren M-stufigen Digitalsignal. Gemäß Gl. 2-22 und Gl. 2-31 ist $l_a(\lambda)=0$ für $\lambda\neq0$, während

$$l_a(0) = \overline{a_\nu^{\,2}} = \frac{M+1}{3(M-1)} \tag{4-6}$$

den quadratischen Mittelwert der Amplitudenkoeffizienten angibt. Bei einem redundanten Signal gelten diese Aussagen nicht mehr. Hier sind auch zumindest einige der
AKF-Werte $\lambda \neq 0$ von Null verschieden. Deshalb ist hier die spektrale Leistungsdichte
$L_a(f)$ der Amplitudenkoeffizienten a_ν gemäß Def. 2-29 nicht mehr frequenzunabhängig,
sondern setzt sich aus einer Summe von Cosinusschwingungen zusammen und ist somit
periodisch mit der Symbolrate $1/T=1/T_c$.

<u>Beispiel:</u> Bild 4.3a zeigt die diskrete AKF der Amplitudenkoeffizienten a_ν für die
Codesymbolfolge gemäß Bild 4.2a, bei der das Symbol c_ν nur vom unmittelbar vorangegangenen Symbol $c_{\nu-1}$, jedoch nicht von den früheren Symbolen $c_{\nu-2}$, $c_{\nu-3}$ ... abhängt
(Twinned-Binary-Code). Deshalb ist $l_a(\lambda)=0$ für $|\lambda|>1$. In Bild 4.3b ist das dazuge-
hörige Leistungsspektrum $L_a(f)$ dargestellt. Da die für dieses Beispiel zugrunde ge-
legte Codiervorschrift lange Plus- bzw. Minus-Folgen ausschließt, ist $L_a(0)=0$.

Bild 4.3c zeigt schließlich das resultierende Leistungsspektrum $L_s(f)$ des Sendesignals für rechteckförmige NRZ-Sendeimpulse. Zum Vergleich ist in dieses Bild die
spektrale Leistungsdichte des binären bipolaren redundanzfreien Sendesignals gestrichelt eingezeichnet, die bei NRZ-Rechteckimpulsen proportional zu $si^2(\pi fT)$ ist.

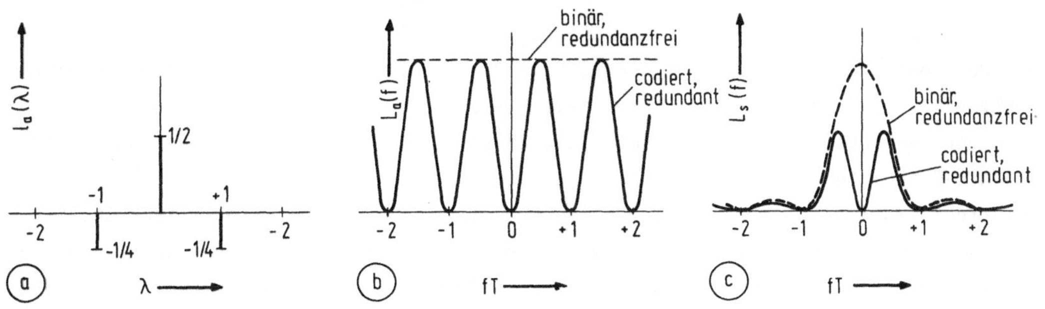

Bild 4.3:   AKF und Leistungsspektren bei codierter Übertragung (Twinned-Binary-
            bzw. AMI-Code)
            (a) diskrete AKF der Amplitudenkoeffizienten,
            (b) "spektrale Leistungsdichte" der Amplitudenkoeffizienten,
            (c) spektrale Leistungsdichte des rechteckförmigen Sendesignals.

Dieses Beispiel macht deutlich, daß die "spektrale Leistungsdichte"

$$L_a(f) = \frac{L_s(f)}{L_{gs}^{\bullet}(f)} \tag{4-7}$$

die spektralen Eigenschaften des Codes, nicht aber die der Sendeimpulsform wiedergibt. Diese Größe, die in der Literatur häufig als das **normierte Leistungsspektrum**
bezeichnet wird, liefert insbesondere Aussagen über die Gleichsignalfreiheit eines
codierten Signals. Ein Code heißt **gleichsignalfrei**, wenn $L_a(0)=0$ ist. Dies bedeutet

nicht nur, daß das Ausgangssignal des Codes keinen Gleichanteil enthält, was einem Diracimpuls $\delta(f)$ im Spektrum entsprechen würde, sondern auch, daß für <u>jedes</u> beliebige Mustersignal die Anzahl der positiven und negativen Amplitudenkoeffizienten gleich ist.

4.2 Codes zur symbolweisen Codierung

4.2.1 Blocksschaltbild des Pseudoternärcoders

Eine wichtige Klasse von Übertragungscodes zur symbolweisen Codierung sind die **Pseudomehrstufencodes ("Partial-response-Codes")**, die aus dem binären Quellensignal ein mehrstufiges redundantes Codersignal gleicher Symbolrate erzeugen. Bild 4.4a zeigt das Blockschaltbild eines solchen Coders. Die Stufenzahl M und die Codiervorschriften der einzelnen Pseudomehrstufencodes hängen von der Ordnung N und den Koeffizienten $k_1,\ldots,k_N$ ab. Weit verbreitet sind Codes mit den Stufenzahlen M=3, M=4 und M=5. Im folgenden werden ausschließlich die sogenannten **Pseudoternärcodes** (M=3) betrachtet, deren Blockschaltbild in Bild 4.4b dargestellt ist. Der Koeffizient k_N ist hierbei ±1, alle anderen Koeffizienten sind Null.

Der Coder besteht aus einem nichtlinearen **Vorcodierer** und dem linearen **Codiernetzwerk**. Zur Verdeutlichung dieser beiden Anteile wurde das Verzögerungsglied (NT) und der Gewichtsfaktor (k_N) zweimal gezeichnet. Der Vorcodierer erzeugt durch eine Modulo-2-Addition (Antivalenz) zwischen den Symbolen q_ν und $b_{\nu-N}$ die binär vorcodierten Symbole b_ν, die wie die Quellensymbole q_ν voneinander statistisch unabhängig sind. Durch diese Vorcodierung wird verhindert, daß es nach einem Übertragungsfehler zu einer Fehlerfortpflanzung kommt. Außerdem gestattet sie die einfache Realisierung des Decoders in Form eines Doppelweg-Gleichrichters.

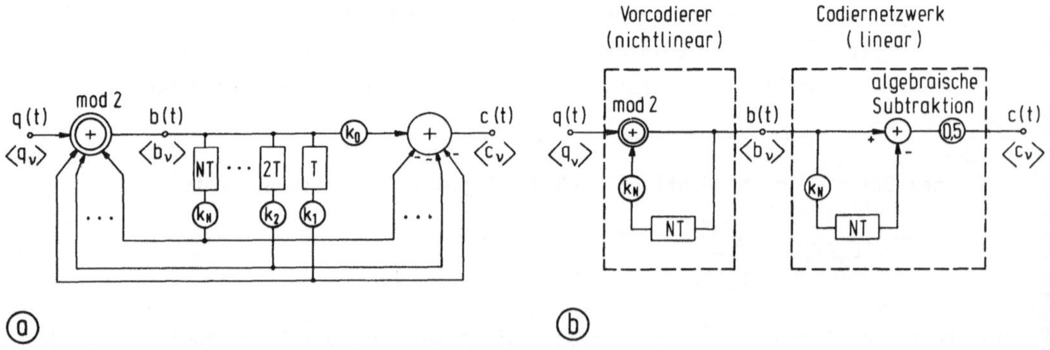

Bild 4.4: Blockschaltbild eines Pseudomehrstufencoders (Partial-response-Code)
(a) allgemein, (b) Pseudoternärcode.

Die eigentliche Umcodierung von binär auf ternär bewirkt das lineare Codiernetzwerk durch die Verzögerung um NT und eine (analoge) Subtraktion, so daß für das redundante ternäre Codersignal gilt:

$$c(t) = 0,5 \, [b(t) - k_N b(t - NT)]. \tag{4-8}$$

Da sowohl das vorcodierte Signal b(t) als auch der Koeffizient k_N entweder +1 oder
-1 ist, kann das Codersignal c(t) die (normierten) ternären Werte +1, 0 und -1 annehmen.

Die einzelnen Pseudoternärcodes unterscheiden sich in den Parametern N und k_N:

Der bekannteste Vertreter der Pseudoternärcodes ist der **AMI-Code** (von: **alternate
mark inversion)** mit den Codeparametern N=1 und k_N=1. Dieser Code ist auch unter dem
Namen **Bipolarcode 1. Ordnung** bekannt. Bild 4.5b zeigt das ternäre Codersignal, das
sich durch AMI-Codierung des in Bild 4.5a dargestellten Binärsignals q(t) ergibt.

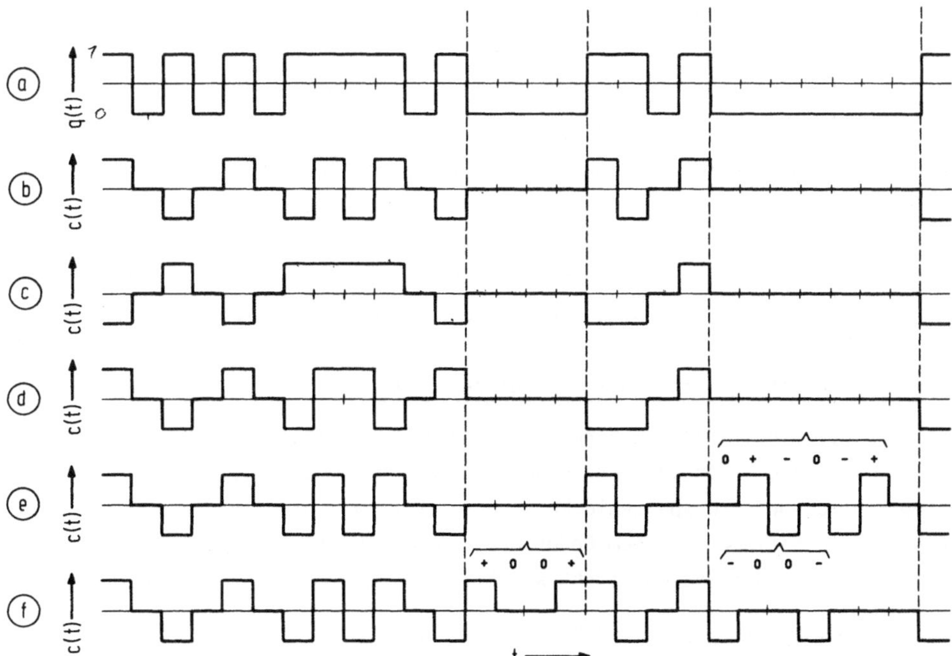

Bild 4.5: Quellensignal (a) und Codersignal (b-f) bei Pseudoternärcodierung
           (b) AMI-Code (Bipolarcode 1. Ordnung),   (e) B6ZS-Code,
           (c) Duobinärcode,   (f) HDB3-Code.
           (d) Bipolarcode 2. Ordnung (modifizierter Duobinärcode),

Aus diesem Bild geht hervor, daß beim AMI-Code eine binäre 0 am Eingang stets in
eine ternäre "o" am Ausgang übergeht. Das Binärsymbol L wird dagegen alternierend

mit dem Ternärsymbol "+" bzw. "-" codiert, so daß nie zwei Symbole gleicher Polarität ("+" bzw. "-") aufeinanderfolgen; der AMI-Code ist somit gleichsignalfrei.

Durch die einfache Codiervorschrift des AMI-Codes kann der Decodierer durch einen Doppelweg-Gleichrichter realisiert werden. Tritt ein Übertragungsfehler auf, so kommt es hier - wie auch bei den anderen Pseudoternärcodes - nicht zu einer Fehlerfortpflanzung. Vielmehr kann der Decoder an einer Verletzung der obigen Codiervorschrift erkennen, daß Übertragungsfehler aufgetreten sind.

Enthält der Coder keinen Vorcodierer, so geht der AMI-Code in den bereits oben erwähnten **Twinned-Binary-Code** über, vgl. Bild 4.2a. Dieser Code ist schwieriger zu decodieren und zu überwachen, ansonsten unterscheidet er sich nicht vom AMI-Code.

Bild 4.5c zeigt das Codersignal für den **Duobinär-Code** ($N=1$, $k_N=-1$). Dieser ist nicht gleichsignalfrei, d.h. bei diesem Code gibt es auch beliebig lange Plus- bzw. Minus-Folgen im codierten Signal. Dagegen treten die hinsichtlich der Impulsinterferenzen häufig störenden Symbolfolgen "... - + - ..." bzw. "... + - + ..." nicht auf, wodurch die vertikale Augenöffnung gegenüber dem AMI-Code merklich vergrößert werden kann, vgl. Abschnitt 8.1.2.

Abschließend sei noch der **Bipolarcode 2. Ordnung** ($N=2$, $k_N=1$) erwähnt, der teilweise auch als **"modifizierter Duobinärcode"** bezeichnet wird. Auch beim Bipolarcode 2. Ordnung geht eine binäre **O** in das Ternärsymbol **"o"** über. Für die Codierung des Binärsymbols **L** läßt sich dagegen nicht eine so einfache Zuordnung finden wie beim AMI-Code; hier können bis zu zwei Symbole gleicher Polarität "+" bzw. "-" aufeinanderfolgen, siehe Bild 4.5d. Da auch hier die Anzahl gleichartiger Symbole begrenzt ist, ist der Bipolarcode 2. Ordnung ebenso wie der AMI-Code gleichsignalfrei.

4.2.2 Spektrale Leistungsdichte der Pseudoternärcodes

Liegt am Eingang des Coders ein redundanzfreies Binärsignal an, so ist auch das Ausgangssignal b(t) des Vorcodierers redundanzfrei. Das bedeutet, daß der Vorcodierer keinen Einfluß auf die spektrale Leistungsdichte hat. Diese wird ausschließlich durch das lineare Netzwerk mit dem **Coder-Frequenzgang** $H_C(f)$ bestimmt, der durch Anwendung des Verschiebungssatzes direkt aus Bild 4.4b angegeben werden kann:

$$H_C(f) = \frac{1}{2} \left(1 - k_N\, e^{-j2\pi fNT} \right).$$

$$(4-9)$$

Daraus folgt für das "Leistungsspektrum" der Amplitudenkoeffizienten a_ν:

$$L_a(f) = |H_C(f)|^2 = \frac{1+k_N^2}{4} - \frac{k_N}{2} \cos(2\pi fNT).$$

$$(4-10)$$

Berücksichtigt man, daß bei allen Pseudoternärcodes $k_N = \pm 1$ ist, so erhält man:

$$L_a(f) = \frac{1}{2} \left[1 - k_N \cos(2\pi fNT) \right].$$

$$(4-11)$$

In Bild 4.6 sind Betrag und Phase des Coder-Frequenzgangs $H_C(f)$ sowie das "Leistungsspektrum" $L_a(f)$ für die drei oben beschriebenen Codes dargestellt. Der AMI-Code besitzt keine Spektralanteile bei Vielfachen der Symbolrate 1/T, jedoch einen großen Anteil bei der Frequenz 1/(2T), der zur Taktrückgewinnung herangezogen werden kann. Der AMI-Code ist ebenso gleichsignalfrei ($L_a(0)=0$) wie der Bipolarcode 2. Ordnung. Dieser weist Nullstellen im Spektrum bei Vielfachen der halben Symbolrate auf. Dagegen ist der Duobinärcode nicht gleichsignalfrei; hier verschwindet das Leistungsspektrum nur bei den Frequenzen ±1/(2T), ±3/(2T) usw.

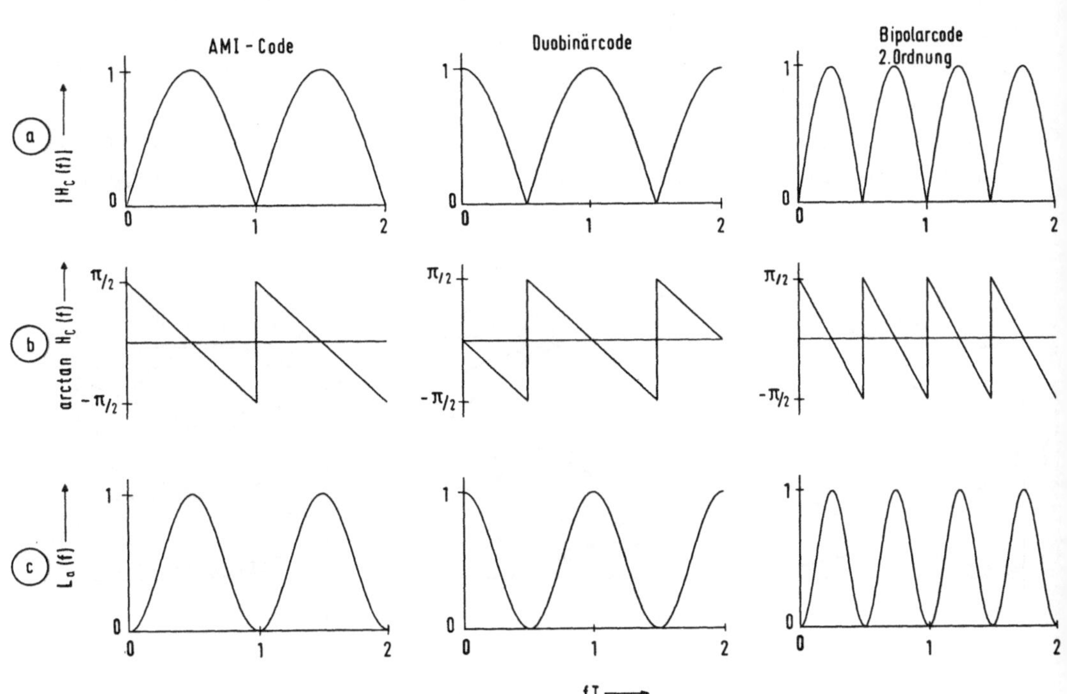

Bild 4.6: Coder-Frequenzgang $H_C(f)$ und "normiertes Leistungsspektrum" $L_a(f)$ der bekanntesten Pseudoternärcodes.

4.2.3 Fehlerwahrscheinlichkeit der Pseudoternärcodes

Häufig wird bei der Beschreibung und dem Vergleich der Übertragungscodes nur die spektrale Leistungsdichte betrachtet. Aber auch hier ist für eine genauere Beurteilung die mittlere Symbolfehlerwahrscheinlichkeit gemäß Def. 3-35 die entscheidende Größe. Gegenüber der uncodierten Übertragung ist zu berücksichtigen, daß nicht alle möglichen Symbolfolgen $\langle c_\nu \rangle_i$ erlaubt sind. Außerdem treten die im Augendiagramm unterscheidbaren Linien nicht alle mit der gleichen Wahrscheinlichkeit auf, d.h. die Auftrittswahrscheinlichkeiten p_i in Gl. 3-36 hängen im allgemeinen von i ab.

Ist das Übertragungssystem gleichsignaldurchlässig $(H_I(0){\neq}0)$ oder ist der Übertragungscode gleichsignalfrei $(L_a(0){=}0)$, so kann die mittlere Fehlerwahrscheinlichkeit p_M auch bei codierter Übertragung ausreichend genau durch die ungünstigste SFW

$$p_U = Q\left(\frac{\ddot{o}(T_D)/2}{\sqrt{N_d}}\right) \qquad \begin{array}{l}\text{Voraussetzung:}\\[4pt]\text{Gauß'sche Störung}\\[4pt]\text{optimale Schwellenwerte}\end{array} \qquad (4\text{-}12)$$

angenähert werden $(p_M{\approx}p_U)$. In diesem Abschnitt wird von einem gegebenen Entzerrer-
Frequenzgang $H_E(f)$ ausgegangen, so daß die Detektionsstörleistung N_d gemäß Gl. 2-69
unabhängig vom betrachteten Übertragungscode ist. In diesem Fall ist die vertikale
Augenöffnung $\ddot{o}(T_D)$ ein objektives Maß für den Vergleich der Fehlerwahrscheinlichkeiten verschiedener Übertragungscodes.

   Bild 4.7a zeigt das Augendiagramm für das redundanzfreie Binärsystem, wobei NRZ-
Rechteck-Sendeimpulse und ein gaußförmiger Impulsformer mit der Grenzfrequenz $f_I{=}$

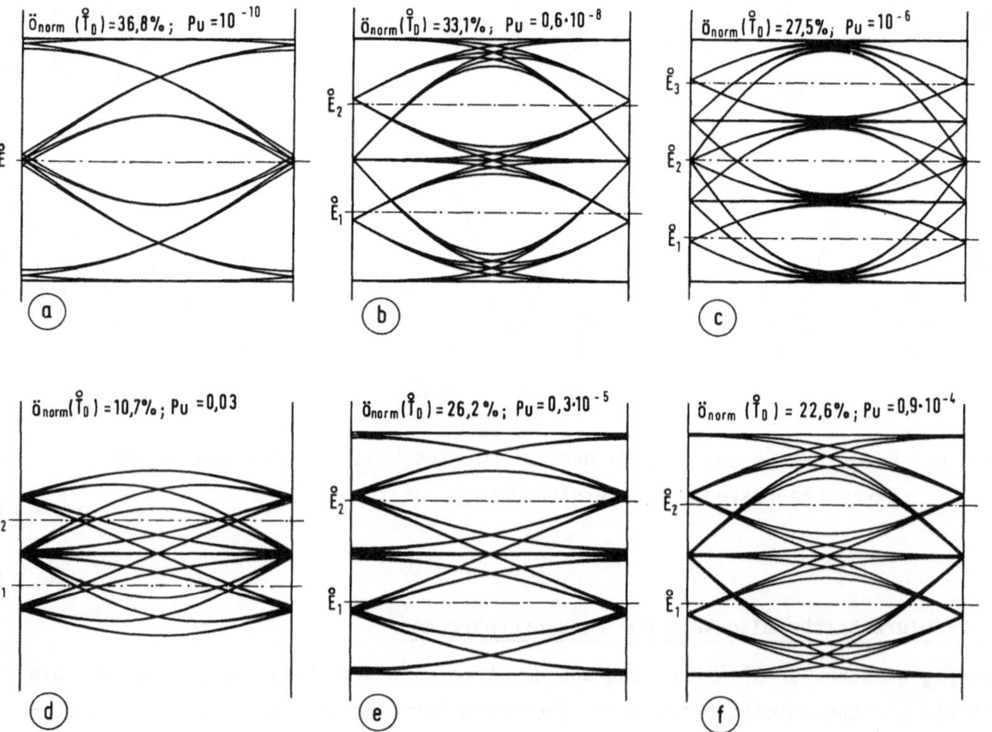

Bild 4.7: Augendiagramm der betrachteten Codes bei einem gaußförmigen Impulsformer
           $(f_I{=}0{,}4\ R)$ und NRZ-Rechteck-Sendeimpulsen:
           (a)(b)(c) redundanzfreier Binär-, Ternär- und Quaternärcode,
           (d) AMI-Code,   (e) Duobinärcode,   (f) 4B3T-Codes.

0,4 R zugrunde liegen. Somit ergibt sich der Detektions-Grundimpuls $g_d(t)$ entsprechend Bild 2.11b. Die normierte vertikale Augenöffnung berechnet sich mit Gl.3-32
und beträgt für den optimalen Detektionszeitpunkt $\overset{o}{T}_D=0$ etwa 37%.

Da durch die Pseudoternärcodierung die Symbolrate $1/T$ nicht verändert wird, muß
auch für die Berechnung der Augenöffnung der codierten Systeme vom gleichen Grundimpuls $g_d(t)$ ausgegangen werden. Bei Anwendung eines Übertragungscodes kann $ö(T_D)$
jedoch nicht in geschlossener Form angegeben werden, wenn nicht gewisse Einschränkungen getroffen werden. Deshalb setzen wir hier voraus, daß die Grundimpulswerte
symmetrisch ($g_{-\nu}=g_\nu$) und nicht-negativ ($g_\nu \geq 0$) sind. Weiterhin soll gelten:

$$\text{Vor.:} \qquad \ldots < g_{-2} < g_{-1} < g_0 > g_1 > g_2 \ldots \tag{4-13}$$

Mit dieser Einschränkung kann auch die Augenöffnung eines pseudoternär-codierten
Übertragungssystems exakt berechnet werden. Berücksichtigt man z.B., daß beim AMI-
Code die Symbole "+" bzw. "-" stets alternierend aufeinanderfolgen, so können ana-
log zu Abschnitt 3.2 die ungünstigsten Symbolfolgen ermittelt werden.

Die obere Begrenzungslinie $\tilde{d}_{ob}(T_D)$ des oberen Auges (siehe Bild 4.7d) rührt von
der Folge "... o o - + - o o ..." her. Entsprechend erhält man zum Zeitpunkt $\overset{o}{T}_D=0$:

$$\tilde{d}_{ob}(\overset{o}{T}_D = 0) = g_0 - 2g_1. \tag{4-14}$$

Alle anderen Codesymbolfolgen $<c_\nu>_i$, deren mittleres Symbol "+" ist, führen aufgrund der AMI-Codiervorschrift und wegen Voraussetzung 4-13 zu einem größeren Wert.

Die untere Begrenzungslinie $\tilde{d}_{un}(T_D)$ des oberen Auges ist auf die beiden Folgen

"... o o + o o o o ..." (für $T_D \leq 0$)   bzw.   "... o o o o + o o ..." (für $T_D \geq 0$)

zurückzuführen, so daß $\tilde{d}_{un}(\overset{o}{T}_D=0)=g_1$ ist.

Mit Gl. 3-24 folgt daraus für die maximale vertikale Augenöffnung bei AMI-Codierung:

$$ö(\overset{o}{T}_D = 0) = \tilde{d}_{ob}(0) - \tilde{d}_{un}(0) = g_0 - 3g_1. \tag{4-15}$$

Ein Blick auf Bild 4.7d zeigt, daß die normierte Augenöffnung bei AMI-Codierung nur
etwa 11% beträgt und somit um mehr als den Faktor 3,5 kleiner ist als beim (redundanzfreien) Binärcode. Ist die Detektionsstörleistung N_d in beiden Fällen gleich,
was hier vorausgesetzt wird, so beträgt die ungünstigste Fehlerwahrscheinlichkeit
bei redundanzfreier Binärcodierung $p_U=10^{-10}$ und beim AMI-Code etwa 3%. Die kleinere
Augenöffnung bzw. größere Fehlerwahrscheinlichkeit ist auf die ternäre Auswertung
ohne gleichzeitige Reduzierung der Symbolrate zurückzuführen. Die in Bezug auf die
vertikale Augenöffnung besonders ungünstigen Symbolfolgen "... - + - ..." bzw.
"... + - + ..." werden durch die Codiervorschrift des AMI-Codes nicht von der
Übertragung ausgeschlossen, wie dies bei anderen Pseudoternärcodes der Fall ist.

Bild 4.7e zeigt z.B. das Augendiagramm für den Duobinärcode. Unter den hier getroffenen Annahmen wird das obere Auge von folgenden Symbolfolgen begrenzt:

$$\text{oberer Rand:} \qquad \text{"...} - - - \text{o} + \text{o} - - - \text{..."} \qquad\qquad \overset{\curvearrowleft}{d}_{ob}(T_D=0)=g_0-2\sum_{\nu=2}^{\infty} g_\nu,$$

$$\text{unterer Rand:} \left\{ \begin{array}{ll} \text{"...} + + + + \text{o} \; \text{o} + + + \text{..."} & (T_D\leq 0) \\[2ex] \text{"...} + + + \text{o} \; \text{o} + + + + \text{..."} & (T_D\geq 0) \end{array} \right. \qquad \overset{\curvearrowleft}{d}_{un}(T_D=0)=g_1+2\sum_{\nu=2}^{\infty} g_\nu.$$

Daraus folgt für die vertikale Augenöffnung mit Gl. 3-24:

$$\overset{\circ}{ö}(T_D = 0) = g_0 - g_1 - 4\sum_{\nu=2}^{\infty} g_\nu = 3(g_0 + g_1) - 2\hat{g}_s H_I(0). \qquad (4\text{-}16)$$

Hierbei ist berücksichtigt, daß bei NRZ-Signalen die Summe über die Grundimpulswerte mit dem Signalwert $\hat{g}_s|H_I(0)|$ für die lange Plus-Folge gleich ist:

$$\sum_{\nu=-\infty}^{+\infty} g_\nu = \sum_{\nu=-\infty}^{+\infty} g_d(T_D + \nu T) = \hat{g}_s H_I(0) \qquad (4\text{-}17)$$

Für das hier betrachtete Beispiel erhält man bei Duobinärcodierung eine (normierte) Augenöffnung von etwa 26% und die ungünstigste Fehlerwahrscheinlichkeit $p_U \approx 0,3 \cdot 10^{-5}$ (vgl. Bild 4.7e). Entsprechend gilt für den Bipolarcode 2. Ordnung:

$$\overset{\circ}{ö}(T_D = 0) = g_0 - 2g_1 - 3g_2, \qquad (4\text{-}18)$$

was bei den hier vorausgesetzten Zahlenwerten 18% Augenöffnung und der Fehlerwahrscheinlichkeit $0,8 \cdot 10^{-3}$ entspricht.

<u>Anmerkung:</u> Erfüllen die Grundimpulswerte g_ν nicht die für diesen Abschnitt getroffenen Voraussetzungen, so ergeben sich andere ungünstigste Symbolfolgen. In diesen Fällen gelten die Gleichungen 4-15, 4-16 und 4-18 nicht mehr. Die vertikale Augenöffnung kann jedoch auch dann durch ähnliche Überlegungen bestimmt werden. Die optimalen Schwellwerte liegen immer in der Mitte zwischen dem oberen und dem unteren Augenrand. Die nur für redundanzfreie Systeme gültige Gl. 3-45 ist nicht anwendbar.

4.2.4 Modifizierte AMI-Codes

Bild 4.5 hat gezeigt, daß bei einigen Pseudoternärcodes das Auftreten von langen Plus- bzw. von langen Minus-Folgen ausgeschlossen werden kann. Dagegen ist das Auftreten langer Null-Folgen durchaus möglich, bei denen über lange Zeit keine Taktinformation übertragen wird.

Um dies zu vermeiden, wurden einige Codes entwickelt, die auf dem AMI-Code aufbauen, jedoch so modifiziert sind, daß lange Null-Folgen nicht vorkommen. Null-Folgen, die eine gewisse Länge überschreiten, werden durch eine Ternärfolge codiert, die die Regeln des AMI-Codes verletzen und somit vom Decoder wieder als Null-Folgen interpretiert werden können. Die bekanntesten dieser modifizierten AMI-Codes sind der B6ZS- und der HDB3-Code, vgl. [4.6].

Beim **B6ZS-Code** werden 6 aufeinanderfolgende "o"-Symbole, je nach der Polarität des vorangegangenen Symbols, durch die Symbolfolgen

$$" o + - o - + " \quad \text{bzw.} \quad " o - + o + - "$$

ersetzt, vgl. Bild 4.5e. Tritt bei der Übertragung kein Fehler auf, so kann der Decoder aufgrund der Verletzung der AMI-Regel diese Symbolfolgen erkennen und wieder als 6 Nullen interpretieren.

Beim **HDB3-Code** (von: **h**igh **d**ensity **b**ipolar of order **3**) werden jeweils 4 aufeinanderfolgende "o"-Symbole durch 4 von der AMI-Codierung abweichende Symbole dargestellt. Je nach der Polarität des letzten Symbols vor dieser 4 Bit langen "o"-Folge und der Polarität des letzten Symbols, das die AMI-Grundregel verletzt hat, gibt es hier vier verschiedene Substitutionen für die Folge " o o o o ":

		Polarität des vorangegangenen Symbols	
		"+"	"-"
Polarität der letz-	"+"	"o o o o" → "- o o -"	"o o o o" → "o o o -"
ten Codeverletzung	"-"	"o o o o" → "o o o +"	"o o o o" → "+ o o +"

Aus Bild 4.5 geht hervor, daß beim HDB3-Code die maximale Anzahl aufeinanderfolgender "o"-Symbole gleich 3 ist, während beim B6ZS-Code maximal 5 Nullen auftreten können. Das Leistungsspektrum dieser beiden Codes weicht von dem des AMI-Codes nur unwesentlich ab, vgl. [4.6].

4.3 Codes zur blockweisen Codierung

4.3.1 Redundanzfreie Codes

Von den Blockcodes sollen hier nur die redundanzfreien Codes und die 4B3T-Codes näher betrachtet werden.

Bei M-stufiger **redundanzfreier Codierung** werden jeweils ld M binäre Quellensymbole durch ein Codesymbol ersetzt, wobei die Zuordnung zwischen den Quellensymbolen und den Codesymbolen durch eine Codetabelle festgelegt ist, vgl. Bild 4.8a.

Ist die Quellensymbolfolge $<q_\nu>$ redundanzfrei, so gilt dies auch für die Codesymbolfolge $<c_\nu>$, d.h. die einzelnen Codesymbole c_ν sind statistisch voneinander unabhängig und alle M möglichen Symbole c_μ treten mit der gleichen Wahrscheinlichkeit $p_\mu=1/M$ auf, vgl. Def. 2-4. Redundanzfreie Codierung ist also gleichbedeutend mit einer Erhöhung der Stufenzahl. Dadurch kann die Symbolrate gegenüber der Binärübertragung um den Faktor 1/ld M reduziert werden. Das normierte Leistungsspektrum

$L_a(f)$ gemäß Def. 2-29 ist frequenzunabhängig. Die Augenöffnung und die Fehlerwahrscheinlichkeit berechnen sich nach Abschnitt 3.4.

Bild 4.7b zeigt das Augendiagramm für den redundanzfreien Ternärcode (M =3), wobei wieder ein gaußförmiger Impulsformer mit der Grenzfrequenz f_I=0,4 R zugrunde
liegt. Die Symboldauer T ist bei redundanzfreier Ternärcodierung um den Faktor ld 3
größer als bei uncodierter Binärübertragung, so daß der Einfluß der Impulsinterferenzen merklich vermindert wird. Deshalb ergibt sich hier - trotz der prinzipiellen
Verkleinerung der Augenöffnung um den Faktor 2 durch die ternäre Auswertung - gegenüber dem Binärsystem nur eine geringfügige resultierende Verkleinerung des Auges
auf 33%, und die Fehlerwahrscheinlichkeit wird nur unwesentlich vergrößert. Bei optimaler Impulsformer-Grenzfrequenz $\overset{\circ}{f}_I$ schneidet der redundanzfreie Ternärcode sogar
günstiger ab als der Binärcode, vgl. Abschnitt 8.1.2.

Die mittlere sowie die ungünstigste Symbolfehlerwahrscheinlichkeit (p_M bzw. p_U)
beziehen sich jeweils auf die codierten Symbolfolgen $\langle c_\nu \rangle$ und $\langle r_\nu \rangle$. Für einen Vergleich der einzelnen Codes ist es aber notwendig, von den uncodierten Folgen $\langle q_\nu \rangle$
bzw. $\langle v_\nu \rangle$ auszugehen. Da die digitale Quelle als binär vorausgesetzt ist, wird deshalb die **mittlere Bitfehlerwahrscheinlichkeit** wie folgt definiert:

$$\text{Def.:} \qquad p_B = \overline{P(v_\nu \neq q_\nu)}. \tag{4-19}$$

Bei Verwendung eines Übertragungscodes unterscheiden sich die Fehlerwahrscheinlichkeiten p_M und p_B geringfügig, was im folgenden durch den **Fehlerfortpflanzungsfaktor
durch Codierung** berücksichtigt wird:

$$\text{Def.:} \qquad \gamma_{FF,\text{Code}} = \frac{p_B}{p_M} = \frac{\overline{P(v_\nu \neq q_\nu)}}{\overline{P(r_\nu \neq c_\nu)}}. \tag{4-20}$$

Beispiel: Bei einem redundanzfreien Quaternärcode (M=4) werden jeweils zwei Binärsymbole durch ein vierstufiges Codesymbol ersetzt. Dabei sind die beiden Zuordnun-
gen nach Bild 4.8a gebräuchlich, die sich bezüglich der Bitfehlerwahrscheinlichkeit
p_B unterscheiden. Wir gehen dabei davon aus, daß die Übertragungseigenschaften des

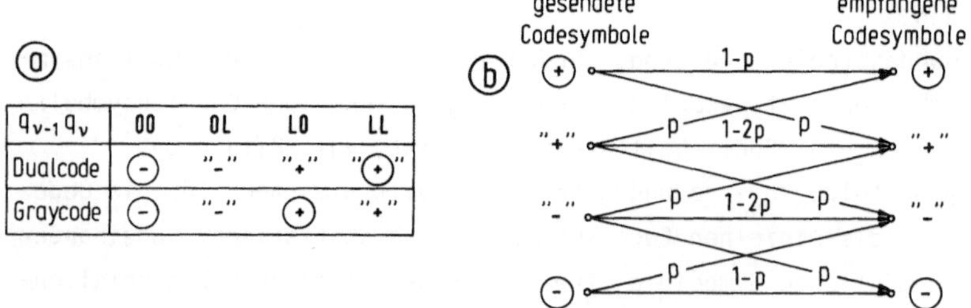

$q_{\nu-1}q_\nu$	00	0L	L0	LL
Dualcode	⊖	"-"	"+"	"⊙"
Graycode	⊖	"-"	⊕	"+"

Bild 4.8: (a) Codetabelle für den vierstufigen Dual- bzw. Graycode,
          (b) Modell für den quaternären Übertragungskanal.

quaternären Übertragungssystems durch das Kanalmodell gemäß Bild 4.8b beschrieben werden können, was nur bei einem Nyquist-System exakt möglich ist. $P(\oplus|"+")$ gibt z.B. die bedingte Wahrscheinlichkeit an, daß das gesendete Symbol "+" bei der Übertragung in das Symbol $\oplus$ verfälscht wird. Die Wahrscheinlichkeiten, daß ein gesendetes Symbol in ein "benachbartes" Symbol verfälscht wird, seien alle gleich groß:

$$\text{Vor.:} \qquad P(\oplus|"+")=P("+"|\oplus)=P("-"|"+")= \ldots =P("-"|\ominus)=p. \qquad (4\text{-}21)$$

Die Wahrscheinlichkeit, daß zwei oder drei Schwellenwerte überschritten werden, sei vernachlässigbar klein. Somit beträgt entsprechend Gl. 3-46 die mittlere Symbolfehlerwahrscheinlichkeit $p_M=6p/4$.

Betrachten wir zunächst den Fall der **Dualcodierung**: Wird das Codersymbol "+" bei der Übertragung in das Symbol $\oplus$ verfälscht, so bewirkt dieser Symbolfehler genau einen Bitfehler. Wird dagegen das Symbol "+" in die andere Richtung, nämlich in das Symbol "-" verfälscht, so entstehen durch diesen einen Symbolfehler zwei Bitfehler. Deshalb gilt für die (mittlere) Bitfehlerwahrscheinlichkeit bei quaternärer Dualcodierung (M=4):

$$p_B = \frac{1/4}{2}\left[P("+"|\oplus) + P(\oplus|"+") + 2P("-"|"+") + \\ + 2P("+"|"-") + P(\ominus|"-") + P("-"|\ominus)\right]= p = \frac{2}{3}p_M. \qquad (4\text{-}22)$$

Der Faktor 1/4 gibt die Auftrittswahrscheinlichkeiten der M=4 gleichwahrscheinlichen Codesymbole an. Der Faktor 2 im Nenner berücksichtigt, daß zwei Binärsymbole durch nur ein Quaternärsymbol dargestellt werden.

Bei der **Gray-Codierung** führt dagegen jeder Symbolfehler genau zu einem Bitfehler. Deshalb ist hier die mittlere Bitfehlerwahrscheinlichkeit p_B nur halb so groß wie die mittlere Symbolfehlerwahrscheinlichkeit p_M. Allgemein gilt bei M-stufiger redundanzfreier Gray-Codierung und Gültigkeit des Modells nach Bild 4.8b:

$$p_B = \frac{p_M}{\operatorname{ld} M}. \qquad (4\text{-}23)$$

4.3.2 4B3T-Codes

Die 4B3T-Codes sind eine Klasse von Blockcodes, bei denen jeweils ein Block von 4 Binärsymbolen in einen Block von 3 Ternärsymbolen umcodiert wird. Somit ist hier $T_q/T_c=0,75$ (Gl.4-2), und die relative Coderedundanz beträgt entsprechend Def. 4-4:

$$r_c = 1 - \frac{4}{3}\frac{\operatorname{ld} 2}{\operatorname{ld} 3} \approx 15,9\ \%. \qquad (4\text{-}24)$$

Die Umcodierung der 16 möglichen Binärblöcke in die entsprechenden Ternärblöcke könnte prinzipiell nach einer festen Codetabelle vorgenommen werden. Um die spektralen Eigenschaften dieser Codes weiter zu verbessern, werden bei den gebräuchlichen 4B3T-Codes jedoch zwei oder mehrere Codetabellen verwendet. Die Auswahl der jeweiligen aktuellen Codetabelle hängt dabei von den vorher codierten Blöcken ab.

Dazu wird nach jedem Block die **laufende digitale Summe (LDS)** der Amplitudenkoeffizienten berechnet. Nach der Übertragung von m (codierten) Blöcken gilt dabei:

$$LDS_m = \sum_{\nu=1}^{3m} a_\nu.$$

(4-25)

Die Auswahl der Codetabelle zur Codierung des m+1-ten Blockes erfolgt abhängig von LDS_m. Die Codetabellen sind dabei so gewählt, daß die laufende digitale Summe bestimmte Grenzen nicht über- bzw. unterschreitet, d.h. es gilt für jeden Block:

$$LDS_{min} \leq LDS_m \leq LDS_{max}.$$

(4-26)

Auf diese Weise wird die Gleichsignalfreiheit der 4B3T-Codes sichergestellt.

Die einzelnen 4B3T-Codes unterscheiden sich durch die Anzahl und den Inhalt der Codetabellen. Diese sind für die wichtigsten 4B3T-Codes, nämlich den 4B3T-Code nach Jessop-Waters [4.11], den MS43-Code (von: **Monitor Sum 4B3T**-Code [4.6]) und den FOMOT-Code (von: **Four Mode** Ternary) [4.23] in Tabelle 4.1 zusammengestellt. Die Be-

Binärwort	Jessop/Waters ($-2\leq LDS_m\leq3$) $LDS_m=$ −2;−1;0	+1;+2;3	M S 4 3 ($-1\leq LDS_m\leq2$) $LDS_m=$ −1	0; +1	+2	F O M O T ($-1\leq LDS_m\leq2$) $LDS_m=$ −1	0	+1	+2
L L L 0	o + −		o − +			+ − o			
L L L L	− o +		− o +			+ o −			
0 0 0 0	+ o −		− + o			o + −			
0 0 0 L	− + o		+ − o			o − +			
0 0 L 0	o − +		+ o −			− o +			
0 0 L L	+ − o		o + −			− + o			
L 0 0 0	+ + −	− − +	+ − +	+ − +	− − −	o + +	o + +	− − o	− − o
L 0 0 L	− + +	+ − −	o o +	o o +	− − o	+ o +	+ o +	− o −	− o −
L 0 L 0	+ − +	− + −	o + o	o + o	− o −	+ + o	+ + o	o − −	o − −
L 0 L L	+ o o	− o o	+ o o	+ o o	o − −	+ − +	+ − +	+ − +	− − −
L L 0 0	o + o	o − o	− + +	− + +	− − +	− + +	− o o	− + +	− o o
L L 0 L	o o +	o o −	+ + −	+ − −	+ − −	+ o o	+ − −	+ o o	+ − −
0 L 0 0	+ + o	− − o	+ + o	o o −	o o −	o + o	o − o	o + o	o − o
0 L 0 L	o + +	o − −	+ o +	o − o	o − o	o o +	− − +	o o +	− − +
0 L L 0	+ o +	− o −	o + +	− o o	− o o	+ + −	o o −	+ + −	o o −
0 L L L	+ + +	− − −	+ + +	− + −	− + −	+ + +	− + −	− + −	− + −

Tab. 4.1: Codetabellen für die 4B3T-Codes.

rechnung der spektralen Leistungsdichte $L_a(f)$ der Amplitudenkoeffizienten ist bei den 4B3T-Codes wesentlich umfangreicher als bei den Pseudoternärcodes gemäß Abschnitt 4.2. Sie soll im folgenden kurz skizziert werden: Der Übergang der laufenden digitalen Summe von LDS_m nach LDS_{m+1} kann durch eine homogene stationäre **Markov-Kette 1. Ordnung** beschrieben werden. Die bedingten Übergangswahrscheinlichkeiten $P(LDS_{m+1}|LDS_m)$ können für die einzelnen Codes aus den jeweiligen Codetabellen entnommen werden. Die Anzahl der möglichen "Zustände" (=Werte für LDS_m) ist hierbei: $LDS_{max} - LDS_{min} +1$.

Damit kann für jeden 4B3T-Code ein **Markovdiagramm** entsprechend Bild 4.9 gezeichnet werden. Die Werte an den Pfeilen kennzeichnen die Übergangswahrscheinlichkeiten, die Zustandswahrscheinlichkeiten $P(LDS_m)$ sind unter den jeweiligen Markovdiagrammen angegeben.

Aus diesem Markovdiagramm kann die AKF $l_a(\lambda)=\overline{a_\nu a_{\nu+\lambda}}$ der Amplitudenkoeffizienten ermittelt werden. Will man dies analytisch durchführen, so ist ein sehr großer Rechenaufwand erforderlich, vgl. [4.6]. Einfacher ist es demgegenüber, die Markovketten gemäß Bild 4.9 auf einem Digitalrechner zu simulieren und daraus die AKF-Werte $l_a(\lambda)$ zu bestimmen. Mit diesen AKF-Werten ist die spektrale Leistungsdichte $L_a(f)$ nach Def. 2-29 berechenbar.

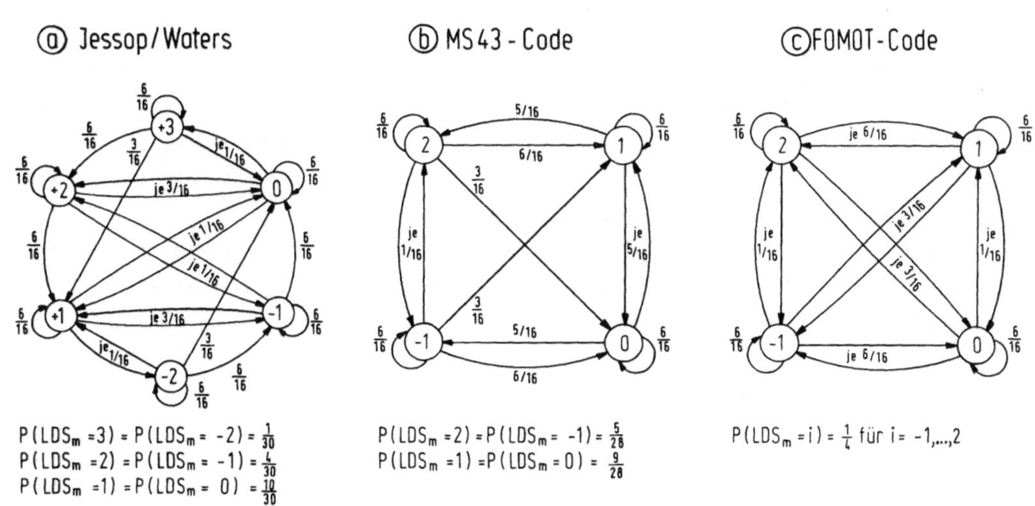

Bild 4.9: Markov-Diagramme für die "Zustände" LDS_m der 4B3T-Codes
(a) Jessop-Waters,   (b) MS43,   (c) FOMOT.

Bild 4.10 zeigt den Verlauf des "normierten Leistungsspektrums" $L_a(f)$ für die betrachteten 4B3T-Codes im Vergleich zum AMI-Code. Es wird deutlich, daß bei tiefen Frequenzen das Leistungsspektrum der 4B3T-Codes größer ist als beim AMI-Code.

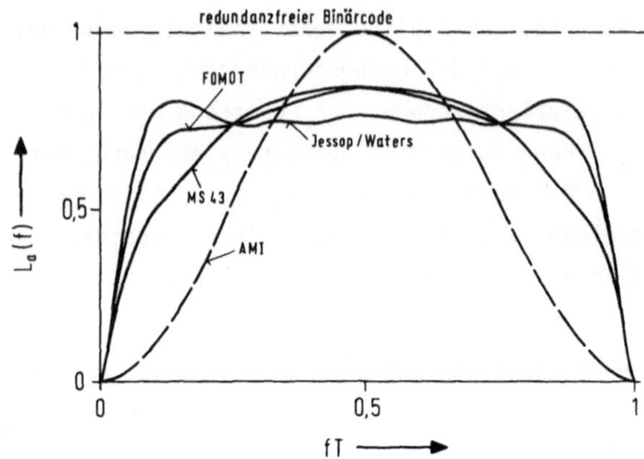

Bild 4.10: Normiertes Leistungsspektrum $L_a(f)$ der 4B3T-Codes, vgl. [4.6].

Betrachten wir abschließend noch die vertikale Augenöffnung. Bei einem tiefpaßartigen Impulsformer ($H_I(0) \neq 0$) erhält man näherungsweise den gleichen Ausdruck wie
für den redundanzfreien Ternärcode, vgl. Gl. 3-51:

$$\overset{o}{\ddot{o}}(\overset{o}{T}_D = 0) \geq g_o - 2 \sum_{\nu \neq 0} |g_\nu| . \qquad (4\text{-}27)$$

Die unterschiedlichen Ergebnisse von redundanzfreiem Ternärcode (Bild 4.7b) und den
4B3T-Codes (Bild 4.7f) sind darauf zurückzuführen, daß sich durch die unterschiedlichen Symbolraten 1/T=0,633 R bzw. 1/T=0,75 R bei gleicher Impulsformer-Grenzfrequenz f_I andere Grundimpulswerte ergeben. Die einzelnen 4B3T-Codes unterscheiden
sich in diesem Fall ($H_I(0) \neq 0$) nur geringfügig.

In Tabelle 4.2 sind die die wichtigsten Kenngrößen der oben beschriebenen Codes
gegenübergestellt. Ein Vergleich der Codes hinsichtlich der Fehlerwahrscheinlichkeit erfolgt in Abschnitt 8.1.2 und 8.1.3.

Bezeichnung	Verhältnis der Symboldauern T_q/T_c	relative Coderedundanz r_c	norm. mittlere Sendeleistung $\overline{a_\nu^2}$	Auftrittswahrscheinlichkeiten für die Amplitudenwerte -1, 0, +1 $P(-1)$	$P(0)$	$P(+1)$	Fehlerfortpflanzungsfaktor durch Codierung γ_{FF}	maximale Anzahl gleicher aufeinanderf. Symbole ± 1	0	gleichsignalfrei
Binärcode (redundanzfrei)	1,000	0,000	1,000	0,500	-	0,500	1,0	∞	-	nein
Bipolarcode 1.Ordnung (AMI)	1,000	0,369	0,500	0,250	0,500	0,250	$\approx 1,0$	1	∞	ja
Bipolarcode 2.Ordnung	1,000	0,369	0,500	0,250	0,500	0,250	$\approx 1,0$	2	∞	ja
Duobinärcode	1,000	0,369	0,500	0,250	0,500	0,250	$\approx 1,0$	∞	∞	nein
B6ZS-Code	1,000	0,369	0,532	0,266	0,468	0,266	$\approx 1,0$	1	5	ja
HDB3-Code	1,000	0,369	0,551	0,275	0,450	0,275	$\approx 1,0$	1	3	ja
Ternärcode (redundanzfrei)	0,633	0,000	0,666	0,333	0,333	0,333	$\approx 0,6$	∞	∞	nein
Quaternärcode (redundanzfrei)	0,500	0,000	0,556	0,250	-	0,250	$\approx 0,5$	∞	-	nein
Jessop-Waters	0,750	0,159	0,687	0,344	0,312	0,344	$\approx 2,0$	6	4	ja
MS43-Code	0,750	0,159	0,647	0,324	0,352	0,324	$\approx 1,8$	5	4	ja
FOMOT-Code	0,750	0,159	0,687	0,344	0,312	0,344	$\approx 1,3$	5	4	ja

Die Zeilen Bipolarcode 1.Ordnung (AMI) bis HDB3-Code gehören zur Gruppe *sequentielle Codes*; die Zeilen Ternärcode (redundanzfrei) bis FOMOT-Code zur Gruppe *Blockcodes*.

Tab. 4.2: Gegenüberstellung der betrachteten Codes hinsichtlich ihrer Kenngrößen.

5 Quantisierte Rückkopplung

Inhalt: Im Abschnitt 5.1 wird die Wirkungsweise der Quantisierten Rückkopplung (QR) anhand des Blockschaltbildes und der auftretenden Signale beschrieben und die Augenöffnung für ein System mit idealer QR berechnet. Darauf aufbauend werden im Abschnitt 5.2 einige Realisierungsbeispiele für die QR angegeben und anschließend die Gleichsignalwiedergewinnung als Sonderfall der QR behandelt (Abschnitt 5.3). Im Abschnitt 5.4 wird der Fehlerfortpflanzungseffekt erläutert und die Vergrößerung der mittleren Fehlerwahrscheinlichkeit durch Fehlerfortpflanzung angegeben.

Voraussetzungen: Mit Ausnahme des gedächtnisbehafteten Detektors gelten die Voraussetzungen von Kapitel 2 und 3. Alle Gleichungen sind für redundanzfreie binäre oder mehrstufige Systeme angegeben. Bei codierten Systemen sind die Ergebnisse entsprechend den Angaben von Kapitel 4 zu modifizieren.

5.1 Prinzip der Quantisierten Rückkopplung

In den vorherigen Kapiteln wurden zur empfangsseitigen Entzerrung des Digitalsignals lineare Verfahren vorausgesetzt. Bei diesen Verfahren werden diejenigen Frequenzanteile, die bei der Übertragung über den Kanal besonders starken Dämpfungen unterliegen, durch den linearen Entzerrer-Frequenzgang $H_E(f)$ wieder angehoben. Der Nachteil der linearen Entzerrung ist es, daß hier nicht nur das ankommende Nutzsignal, sondern auch die Störungen sehr stark verstärkt werden. Weist der Kanal-Frequenzgang im interessierenden Frequenzbereich Nullstellen auf, z.B. bei den tiefen Frequenzen, so ist eine rein lineare Entzerrung nicht möglich.

Deshalb wurden bereits sehr früh **nichtlineare Verfahren** zur Entzerrung entwikkelt, bei denen durch die Entzerrung des Nutzsignals die Detektionsstörleistung vor dem Entscheider nicht vergrößert wird. Das bekannteste Verfahren hierzu ist die **Quantisierte Rückkopplung (QR)**, die auf die Patente von Milnor [5.10] und McColl [5.9] aus den Jahren 1929 bzw. 1936 zurückgeht, und die von der Kenntnis der vorher entschiedenen Symbole Gebrauch macht. Dabei wird vom Ausgang des Detektors ein Kompensationssignal an seinen Eingang zurückgeführt, wodurch die störenden Nachläufer

der Impulse kompensiert und damit die Impulsinterferenzen vollständig (oder zumindest teilweise) beseitigt werden können.

5.1.1 Augenöffnung bei einem System mit Quantisierter Rückkopplung

Bild 5.1 zeigt das Blockschaltbild eines Empfängers mit Quantisierter Rückkopplung. Das Eingangssignal des Entscheiders (SWE) ist wie bisher das Detektionssignal
d(t), das mit Hilfe des Empfangsfilters (Entzerrers) H_E(f) linear vorentzerrt und
störleistungsbegrenzt wurde. Mit den Gleichungen 2-59 und 2-63 gilt:

$$d(t) = \sum_{\nu=-\infty}^{+\infty} a_\nu g_d(t-\nu T) + \overset{\times}{d}(t).$$ (5-1)

Der Grundanteil s_o des Sendesignals ist hierbei zu Null gesetzt.

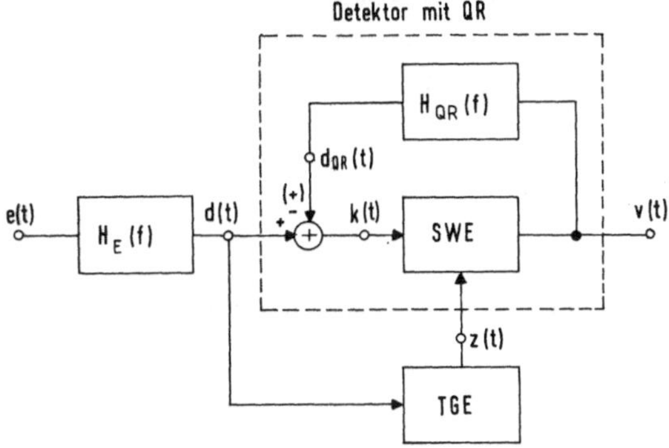

Bild 5.1:   Blockschaltbild eines Empfängers mit Quantisierter Rückkopplung.
            Anmerkung: Zur Beschreibung der Gleichsignalwiedergewinnung in Abschnitt
            5.3 ist es zweckmäßig, die Subtraktionsstelle durch eine Additionsstelle
            zu ersetzen, so daß in diesem Fall gilt: k(t) = d(t) + d_{QR}(t).

Bei einem Empfänger ohne QR wird das Detektionssignal dem Detektor (SWE) direkt
zur Entscheidung zugeführt, vgl. Bild 2.1a. Demgegenüber wird bei einem Empfänger
mit Quantisierter Rückkopplung vor der Entscheidung das **Korrektursignal (QR-Signal)**
d_{QR}(t) subtrahiert, so daß für das Eingangssignal des Schwellwertentscheiders gilt:

$$k(t) = d(t) - d_{QR}(t).$$ (5-2)

k(t) wird als das **korrigierte (kompensierte) Detektionssignal** bezeichnet.

Das Korrektursignal d_{QR}(t) wird aus dem bereits entschiedenen - und somit quasi
störungsfreien - Sinkensignal v(t) abgeleitet und über das lineare QR-Netzwerk mit
dem Frequenzgang H_{QR}(f)●——○h_{QR}(t) an den Eingang des Entscheiders zurückgeführt.
Mit dem **QR-Grundimpuls**

Def.: $g_{QR}(t) = g_V(t) * h_{QR}(t)$ (g_V(t): Sinken-Grundimpuls)   (5-3) und den **empfangsseitigen Amplitudenkoeffizienten** a_ν' des entschiedenen Signals $v(t)$ kann deshalb für das QR-Signal geschrieben werden:

$$d_{QR}(t) = \sum_{\nu=-\infty}^{+\infty} a_\nu' g_{QR}(t-\nu T).$$

(5-4)

Bei dieser Gleichung ist berücksichtigt, daß das QR-Signal explizit keinen Störanteil $\overset{\times}{d}_{QR}(t)$ aufweist, da es vom quasi störungsfreien Sinkensignal $v(t)$ abgeleitet ist. Die Störungen machen sich hier in fehlerhaften Amplitudenkoeffizienten ($a_\nu' \neq a_\nu$) bemerkbar. Mit den Gleichungen 5-1, 5-2 und 5-4 erhält man somit für das korrigierte Detektionssignal eines Systems mit Quantisierter Rückkopplung:

$$k(t) = \sum_{\nu=-\infty}^{+\infty} [a_\nu g_d(t-\nu T) - a_\nu' g_{QR}(t-\nu T)] + \overset{\times}{d}(t).$$

(5-5)

Zunächst wird vorausgesetzt, daß der Detektor immer richtig entscheidet ($a_\nu'=a_\nu$ für alle ν), was bei hinreichend kleiner Fehlerwahrscheinlichkeit gut erfüllt ist. Der Einfluß von Fehlern wird im Abschnitt 5.4 behandelt. Mit dieser Voraussetzung kann das korrigierte Detektionssignal in der Form

$$k(t) = \sum_{\nu=-\infty}^{+\infty} a_\nu g_k(t-\nu T) + \overset{\times}{d}(t)$$

(5-6)

dargestellt werden. Der **korrigierte (kompensierte) Detektions-Grundimpuls** berechnet sich dabei als die Differenz :

$$g_k(t) = g_d(t) - g_{QR}(t).$$

(5-7)

Durch eine geeignete Dimensionierung des QR-Grundimpulses $g_{QR}(t)$ kann der Detektions-Grundimpuls verbessert und eine Vergrößerung der Augenöffnung erzielt werden. Dagegen wird das Detektionsstörsignal $\overset{\vee}{d}(t)$ und damit auch die Störleistung N_d durch die QR nicht verändert.

Alle Ergebnisse von Kapitel 3 und 4 gelten auch für einen Empfänger mit QR, wenn das Detektionssignal $d(t)$ durch das korrigierte Signal $k(t)$ und der Grundimpuls $g_d(t)$ durch $g_k(t)$ ersetzt werden. Insbesondere gilt für die vertikale Augenöffnung eines redundanzfreien M-stufigen bipolaren Übertragungssystems mit QR (Gl. 3-51):

$$ö(T_D) = 2 \left[\underbrace{\frac{g_k(T_D)}{M-1}}_{\text{Hauptwert}} - \underbrace{\sum_{\nu=1}^{v} |g_k(T_D-\nu T)|}_{\text{Vorläufer}} - \underbrace{\sum_{\nu=1}^{n} |g_k(T_D+\nu T)|}_{\text{Nachläufer}} \right].$$

(5-8)

Hierbei bezeichnet v bzw. n die Anzahl der Vor- und Nachläufer des korrigierten Detektions-Grundimpulses $g_k(t)$.

5.1.2 Ideale Quantisierte Rückkopplung

Der Kompensationsimpuls $g_{QR}(t)$ hat die Aufgabe, die von der abfallenden Flanke des Detektionsimpulses $g_d(t)$ hervorgerufenen Impulsinterferenzen zu vermindern. Da der Amplitudenkoeffizient a'_ν jedoch erst zum Zeitpunkt $T_D + \nu T$ entschieden wird, muß für den ν-ten Kompensationsimpuls aus Kausalitätsgründen gelten:

$$a'_\nu g_{QR}(t-\nu T) = 0 \qquad\qquad \text{für } t \le T_D + \nu T. \qquad\qquad (5\text{-}9)$$

Daraus ergeben sich folgende Kausalitätsbedingungen:

$$\text{(a)} \quad g_{QR}(t) = 0 \qquad\qquad \text{(b)} \quad g_k(t) = g_d(t) \qquad\qquad \text{für } t \le T_D. \qquad\qquad (5\text{-}10)$$

Diese Gleichung macht deutlich, daß durch die Quantisierte Rückkopplung nur die Impulsnachläufer beseitigt werden können. Dagegen ist es aus Kausalitätsgründen nicht möglich, die Impulsvorläufer zu kompensieren.

Man unterscheidet grundsätzlich zwischen der idealen und der nichtidealen Quantisierten Rückkopplung. Bei **idealer QR** gilt für den QR-Grundimpuls, vgl. Bild 5.2a:

$$\text{Def.:} \qquad g_{QR}(t) = \begin{cases} 0 & \text{für } t < T_D + T_V \\[2mm] g_d(t) & \text{für } t \ge T_D + T_V. \end{cases} \qquad\qquad (5\text{-}11)$$

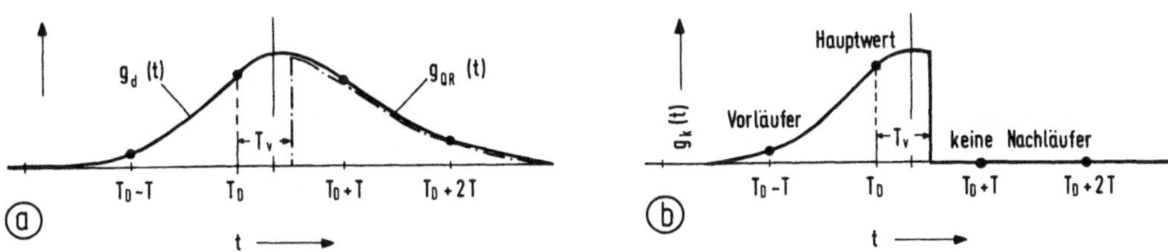

Bild 5.2: Grundimpulse $g_d(t)$, $g_{QR}(t)$ und $g_k(t)$ bei idealer QR.

Die Verzögerungszeit T_V berücksichtigt die Verarbeitungszeit des Entscheiders, für die gelten muß: $0 < T_V < T$. Bei Entscheidern, deren Verarbeitungszeit T_V größer als die Symboldauer T ist, ist die Anwendung der Quantisierten Rückkopplung nicht sinnvoll, da in diesem Fall der erste Nachläufer nicht kompensiert werden kann.

Aus Gl. 5-7 und Def. 5-11 wird deutlich, daß bei idealer QR für $t \ge T_D + T_V$ der korrigierte Detektions-Grundimpuls $g_k(t)$ identisch Null ist, vgl. Bild 5.2b. Mit Gl. 5-8 erhält man hier für die vertikale Augenöffnung eines redundanzfreien bipolaren M-stufigen Signals:

$$\ddot{o}(T_D) = 2 \left[\frac{g_d(T_D)}{M-1} - \sum_{\nu=1}^{V} |g_d(T_D - \nu T)| \right]. \qquad\qquad (5\text{-}12)$$

<u>Beispiel</u>: Im folgenden soll die Wirkungsweise der Quantisierten Rückkopplung anhand der Signalverläufe von Bild 5.3 verdeutlicht werden. Dieses Bild gilt für ein binäres bipolares NRZ-Rechtecksendesignal und einen gaußförmigen Impulsformer mit der Grenzfrequenz f_I=0,3 R. Der Detektions-Grundimpuls $g_d(t)$ weist somit bei Detektion in der Impulsmitte jeweils einen nicht vernachlässigbaren Vor- und Nachläufer auf, vgl. Bild 5.3a.

In Bild 5.3d ist für diesen Grundimpuls und für das in Bild 5.3c angegebene Sendesignal das Detektionssignal d(t) dargestellt, das bei einem Empfänger ohne QR direkt am Schwellwertentscheider zur Detektion anliegen würde. Die Störungen sind in dieser Darstellung nicht berücksichtigt. Dem Augendiagramm von Bild 5.3e ist zu entnehmen, daß hier die normierte Augenöffnung nur etwa 10 % betragen würde.

Bei einem Empfänger mit idealer QR werden die Impulsnachläufer vollständig kompensiert, so daß sie nicht zur Verminderung der Augenöffnung beitragen, siehe Bild 5.3b. In den Bildern 5.3f und 5.3g sind für das betrachtete Beispiel das Kompensationssignal $d_{QR}(t)$ und das korrigierte Detektionssignal k(t) wiedergegeben. Aus dem

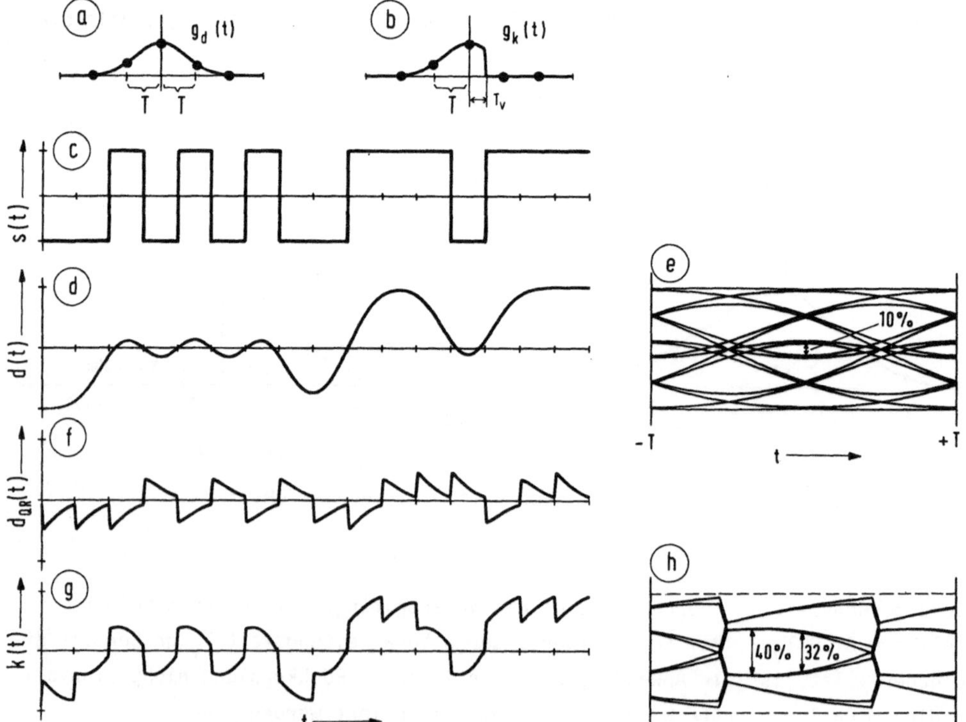

Bild 5.3: Signalverläufe und Augendiagramme bei einem System ohne QR bzw. mit QR.
        (a) Detektions-Grundimpuls,   (b) korrigierter Detektions-Grundimpuls,
        (c) Sendesignal,   (d) Detektionssignal,   (e) Augendiagramm ohne QR,
        (f) Korrektursignal,(g) korrigiertes Detektionssignal, (h) Augendiagramm mit idealer QR.

Augendiagramm von Bild 5.3h ist ersichtlich, daß durch die Anwendung der idealen QR die (normierte) Augenöffnung auf 32% vergrößert wird, wenn der Detektionszeitpunkt $T_D=0$ zugrunde liegt.

Wegen der QR ist das Auge jedoch unsymmetrisch, so daß der Detektionszeitpunkt $T_D=0$ nicht optimal ist. Für den optimalen Detektionszeitpunkt, der zu früheren Zeiten hin zu verschieben ist ($\overset{\circ}{T}_D=-0,4T$), beträgt die normierte Augenöffnung etwa 40%. Da die Detektionsstörleistung durch die QR nicht verändert wird, ist das ungünstigste S/N-Verhältnis ρ_U gegenüber dem System ohne QR um den Faktor 4^2, d.h. etwa um 12 dB größer, wodurch die Fehlerwahrscheinlichkeit wesentlich verkleinert wird.

5.1.3 Nichtideale Quantisierte Rückkopplung

Bei der Realisierung eines Digitalsystems kann meistens nicht von der idealen QR ausgegangen werden. Diese eignet sich mehr zur Abschätzung der theoretischen Grenzen der Quantisierten Rückkopplung.

Eine mehr an der Realisierung orientierte Form der QR erhält man, wenn die vollständige Kompensation des Detektions-Grundimpulses nicht für alle Zeiten $t \geq T_D+T_V$, sondern nur zu den äquidistanten Detektionszeitpunkten $T_D+\nu T$ gefordert wird. Man spricht dann von einer **vollständigen QR zu den Detektionszeitpunkten**, siehe Bild 5.4a. Außerhalb der Detektionszeitpunkte $T_D+\nu T$ kann der korrigierte Detektionsimpuls durchaus von Null verschieden sein, was z.B. auftritt, wenn der QR-Grundimpuls $g_{QR}(t)$ einen treppenförmigen Verlauf wie in Bild 5.7 besitzt.

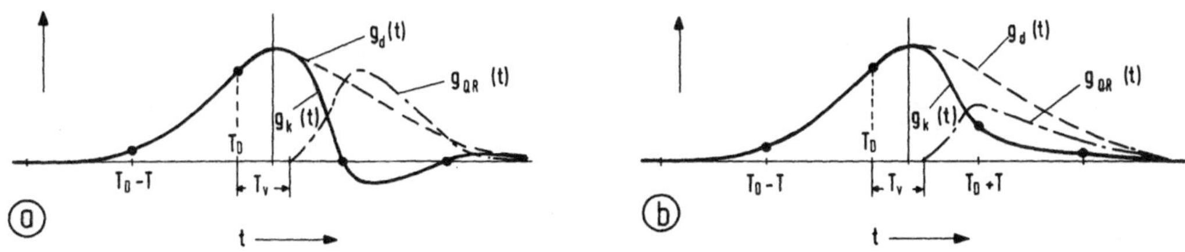

Bild 5.4: Grundimpulse $g_d(t)$, $g_{QR}(t)$ und $g_k(t)$ bei vollständiger QR (a) bzw. unvollständiger QR (b).

Gegenüber dem Detektions-Grundimpuls von Bild 5.2b ergibt sich eine kleinere horizontale Augenöffnung. Zum Detektionszeitpunkt T_D ist jedoch die vertikale Augenöffnung genau so groß wie bei idealer QR und kann ebenfalls mit Gl. 5-12 berechnet werden, vgl. Abschnitt 5.2.2.

Im allgemeinen Fall muß jedoch davon ausgegangen werden, daß nicht alle Impulsnachläufer vollständig kompensiert werden können, zumindest dann nicht, wenn der Einfluß von Toleranzen nicht vernachlässigt werden kann. Man spricht dann von einer **nicht vollständigen QR**, vgl. Bild 5.4b. In diesem Fall muß die vertikale Augenöffnung mit der allgemeinen Gl. 5-8 berechnet werden.

5.2 Realisierungsbeispiele für die Quantisierte Rückkopplung

Im folgenden wird an zwei Beispielen gezeigt, wie das QR-Netzwerk zu dimensionieren ist, damit der Kompensationsimpuls $g_{QR}(t)$ die abfallende Flanke von $g_d(t)$ möglichst gut nachbildet. Dabei werden hier ausschließlich Tiefpaßsysteme betrachtet, bei denen die Quantisierte Rückkopplung die Aufgabe hat, die bei der Übertragung stark gedämpften höherfrequenten Spektralanteile zu rekonstruieren.

Im Gegensatz zur QR für die Gleichsignalwiedergewinnung (Abschnitt 5.3) besitzt hier der Detektions-Grundimpuls $g_d(t)$ nur einige wenige relevante Nachläufer, die einen merklichen Beitrag zur Impulsinterferenz liefern. Deshalb ist es vorteilhaft, bei dieser Art der QR, die häufig auch als "Hochfrequenz-QR" bezeichnet wird, die Approximation des gewünschten Kompensationsimpulses im Zeitbereich vorzunehmen.

5.2.1 Quantisierte Rückkopplung bei gaußförmigem Detektions-Grundimpuls

Zunächst wird angenommen, daß $g_d(t)$ gaußförmig ist oder zumindest durch einen Gaußimpuls angenähert werden kann, vgl. Bild 5.5. Außerdem wird für dieses Beispiel vorausgesetzt, daß der Detektor ein rechteckförmiges NRZ-Signal $v(t)$ abgibt und daß als QR-Netzwerk ein Tiefpaß 1.Ordnung mit der Grenzfrequenz f_{QR} verwendet werden soll. Somit ist der Kompensations-Grundimpuls gleich der Rechteckantwort des Tiefpasses, vgl. Tabelle A-3 im Anhang:

$$g_{QR}(t) = \begin{cases} \hat{g}_{QR}(1 - e^{-4f_{QR}t'}) & 0 \le t' \le T \\[2em] \hat{g}_{QR}(e^{4f_{QR}T} - 1)\, e^{-4f_{QR}t'} & t' \ge T . \end{cases} \qquad (5\text{-}13)$$

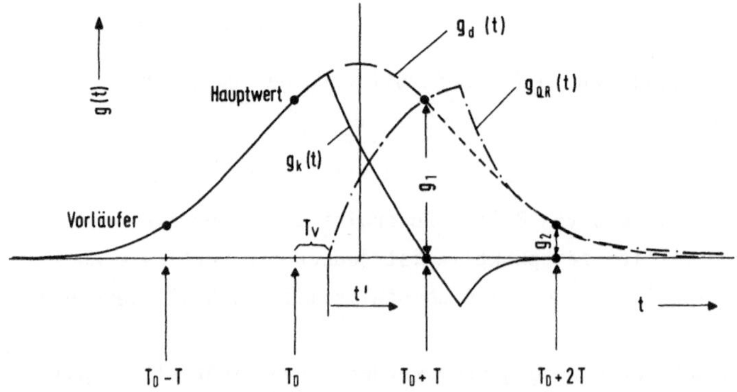

Bild 5.5: Kompensation der abfallenden Flanke eines gaußförmigen Detektions-Grundimpulses (Δt_d=2T) mit der Rechteckantwort eines Tiefpasses 1. Ordnung (T_D=-T/2; T_V=T/4; f_{QR}=0,57/T; $\hat{g}_{QR}$=1,12g_1).

Zur Vereinfachung der Darstellung wurde die Zeitvariable $t'=t-T_D-T_V$ eingeführt. Die frei wählbaren Parameter dieses Impulses, nämlich die Amplitude $\hat{g}_{QR}$ und die Grenzfrequenz f_{QR} sind so zu bestimmen, daß die entscheidenden ersten beiden Nachläufer von $g_d(t)$ möglichst gut korrigiert werden können. Mit den Abkürzungen $g_1=g_d(T_D+T)$ und $g_2=g_d(T_D+2T)$ erhält man zwei Bestimmungsgleichungen für die beiden Parameter:

(a)
$$g_{QR}(t=T_D+T) = \hat{g}_{QR}\left[1 - e^{-4f_{QR}(T-T_V)}\right] \overset{!}{=} g_1$$

$$(5-14)$$

(b)
$$g_{QR}(t=T_D+2T) = \hat{g}_{QR}\, e^{-4f_{QR}(T-T_V)}\left[1 - e^{-4f_{QR}T}\right] \overset{!}{=} g_2\,.$$

Dieses Gleichungssystem kann im allgemeinen analytisch nicht gelöst werden. Lediglich für gewisse Sonderfälle lassen sich einfache Lösungen angeben. Beispielsweise ergibt sich für $T_V=0$:

$$f_{QR} = \frac{\ln(g_1/g_2)}{4T} \qquad\qquad \hat{g}_{QR} = \frac{g_1^{\,2}}{g_1-g_2}\,.$$

Für $T_V=T/2$ erhält man eine quadratische Gleichung der Variablen $\beta=\exp(-2f_{QR})$:

$$\beta^2 + \beta - (g_2/g_1) = 0, \tag{5-15}$$

woraus mit Gl. 5-14 der zweite Parameter $\hat{g}_{QR}$ bestimmt werden kann.

In den meisten Fällen ergibt sich ein transzendentes Gleichungssystem, das nur numerisch gelöst werden kann. Beispielsweise erhält man für $T_V=T/4$ und $g_2=0{,}2g_1$ die in Bild 5.5 angegebenen Werte.

5.2.2 Realisierung der Quantisierten Rückkopplung mit einem Transversalfilter

Eine schaltungstechnische Möglichkeit zur Kompensation der Nachläufer zu den Detektionszeitpunkten bietet das **Transversalfilter (TF)**. Dieses besteht entsprechend Bild 5.6 aus einer Anzahl von Laufzeitgliedern der Symboldauer T, den Filterkoeffizienten $k_1,\ldots,k_n$ und einer Summationsstelle.

Das Eingangssignal des Transversalfilters ist das Sinkensignal

$$v(t) = \sum_{\nu=-\infty}^{+\infty} a'_\nu g_V(t-\nu T), \tag{5-16}$$

das entsprechend dem Bild 5.7a als rechteckförmig angenommen wird. Für den Sinken-Grundimpuls $g_V(t)$ gilt deshalb mit der Rechteckfunktion rec(x) gemäß Tabelle A-1:

$$g_V(t) = \hat{g}_V \text{rec}\left[\frac{t-T_D-T_V-T/2}{T}\right] = \begin{cases} \hat{g}_V & \text{für } T_D + T_V < t < T_D + T_V + T \\[2mm] 0 & \text{sonst.} \end{cases} \tag{5-17}$$

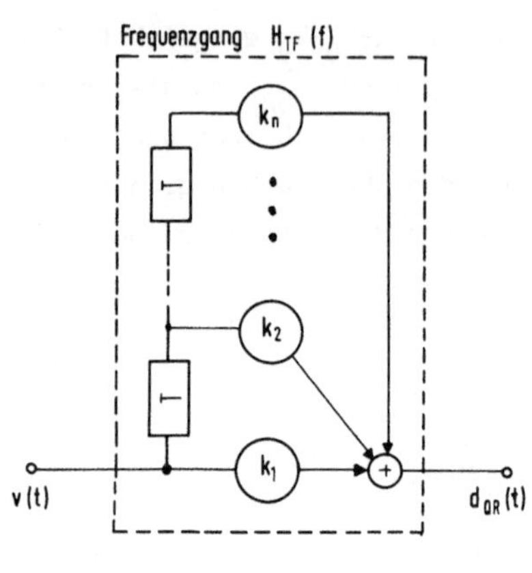

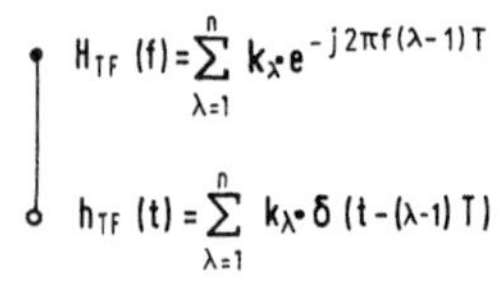

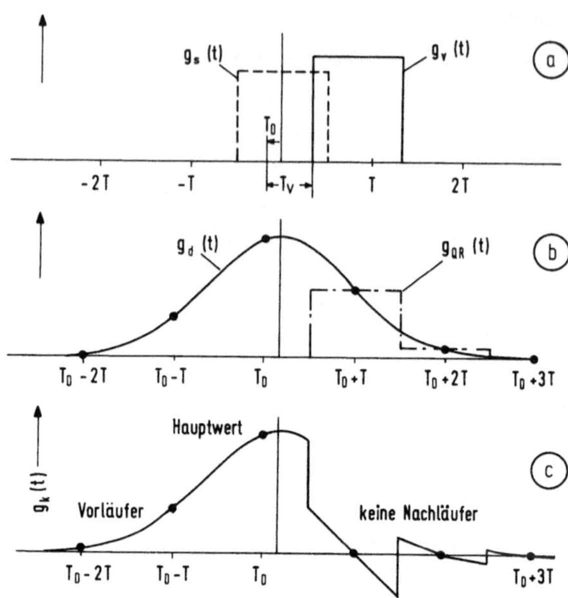

Bild 5.6:

Transversalfilter der Länge n.

Bild 5.7:

Signale der QR mit Transversalfilter

(a) Sende- und Sinken-Grundimpuls,

(b) Detektions- und QR-Grundimpuls,

(c) Korrigierter Detektions-Grundimpuls.

Mit der in Bild 5.6 angegebenen Impulsantwort $h_{TF}(t)$ erhält man somit für das Kompensationssignal:

$$d_{QR}(t) = \sum_{\lambda=1}^{n} k_\lambda v(t-(\lambda-1)T) = \sum_{\lambda=1}^{n} \sum_{\nu=-\infty}^{+\infty} k_\lambda a'_\nu \hat{g}_v \, \mathrm{rec}\left[\frac{t-T_D-T_V+T/2-\nu T-\lambda T}{T}\right] . \quad (5\text{-}18)$$

Ein Vergleich mit Gl. 5-4 zeigt, daß der Kompensationsimpuls

$$g_{QR}(t) = \sum_{\lambda=1}^{n} k_\lambda \hat{g}_v \, \mathrm{rec}\left[\frac{t-T_D-T_V+T/2-\lambda T}{T}\right] \quad (5\text{-}19)$$

als Summe von verschobenen und mit den Filterkoeffizienten k_λ gewichteten Rechteckimpulsen dargestellt werden kann, vgl. Bild 5.7. Die ersten n Nachläufer des Detektionsimpulses $g_d(t)$ können vollständig kompensiert werden, wenn zu den Zeitpunkten $T_D+T,\ldots,T_D+nT$ gilt:

$$g_{QR}(T_D+\lambda T) = g_d(T_D+\lambda T) \qquad\qquad \lambda = 1\ldots n. \qquad (5\text{-}20)$$

Setzt man weiter voraus, daß die Verzögerungszeit T_V kleiner als die Symboldauer T ist, so erhält man für die Filterkoeffizienten:

$$k_\lambda = \frac{g_d(T_D + \lambda T)}{\hat{g}_V} \qquad \lambda = 1 \ldots n. \qquad (5-21)$$

Bild 5.7c zeigt den korrigierten Detektions-Grundimpuls $g_k(t)$, der etwa sägezahnförmig verläuft und zu den Detektionszeitpunkten $T_D + \nu T$ $(\nu = 1, \ldots, n)$ der nachfolgenden Symbole Null ist. Außerhalb dieser äquidistanten Zeitpunkte ist die Nachläuferkompensation nicht vollständig, was gegenüber der idealen QR eine kleinere horizontale Augenöffnung zur Folge hat.

Beispiel: Bild 5.8 zeigt die (korrigierten) Detektions-Grundimpulse und die Augendiagramme für ein Binärsystem mit rechteckförmigen NRZ-Sendeimpulsen sowie mit einem gaußförmigen Impulsformer ($f_I = 0{,}3$ R). Der Empfänger ohne QR ($\mathring{T}_D = 0$) besitzt eine (normierte) Augenöffnung von etwa 10%, vgl. Bild 5.8a. Bei allen hier betrachteten Empfängern mit QR ist die vertikale Augenöffnung zum optimalen Detektionszeitpunkt $\mathring{T}_D = -0{,}4T$ gleich und beträgt normiert ca. 40%, siehe Bild 5.8b, c und d. Dagegen ist die horizontale Augenöffnung für die einzelnen Realisierungen unterschiedlich.

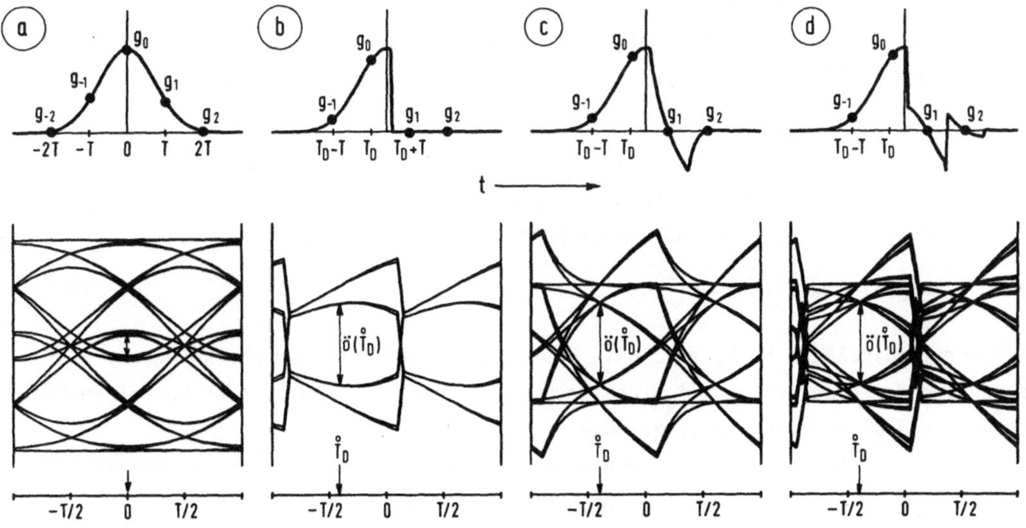

Bild 5.8: Impulsform und Augendiagramm bei Systemen ohne QR (a) und mit QR (b,c,d)
(b) ideale QR, (c) Tiefpaß 1. Ordnung (vgl. Bild 5.5),
(d) Transversalfilter (vgl. Bild 5.7).

5.3 Gleichsignalwiedergewinnung

In den vorausgegangenen Kapiteln wurde bereits festgestellt, daß ein redundanzfreies Sendesignal zu einem geschlossenen Auge führt, wenn kein Gleichsignal übertragen werden kann, d.h. wenn $H_K(0)$ bzw. $H_E(0)$ gleich Null ist. Die bei der Übertragung unterdrückten niederfrequenten Spektralanteile können jedoch mit Hilfe der
Quantisierten Rückkopplung empfangsseitig rekonstruiert werden, wodurch sich das
Auge wieder öffnen läßt.

Im Gegensatz zur QR zum Zwecke der Impulsinterferenzkompensation spricht man in
diesem Fall von der QR zur **Gleichsignalwiedergewinnung**. Sie dient der Beseitigung
der Impulsinterferenzen, die auf die untere Bandbegrenzung des Kanals zurückzuführen sind, weshalb auch häufig der Begriff "Niederfrequenz-QR" verwendet wird.

<u>Anmerkung:</u> Bei der Untersuchung der QR zur Gleichsignalwiedergewinnung ist es vor-
teilhaft, die Subtraktion der Signale $d(t)$ und $d_{QR}(t)$ im Blockschaltbild durch eine
Addition zu ersetzen, was der Vorstellung entspricht, daß fehlende Frequenzanteile
durch das Kompensationssignal ergänzt werden, vgl. Bild 5.1.

5.3.1 Gleichsignalwiedergewinnung bei Hochpaßsystemen

Zur Beschreibung der Gleichsignalwiedergewinnung wird zunächst ein Hochpaßsystem
betrachtet, d.h. der Einfluß der oberen Bandgrenze wird vorerst außer Betracht gelassen. Somit gilt für den Impulsformer-Frequenzgang, vgl. Bild 5.9a:

$$H_I(f) = H_{HP}(f). \tag{5-22}$$

Wird an den Eingang dieses Hochpasses $H_{HP}(f)$ der Sende-Grundimpuls $g_s(t)$ gemäß Bild
5.9c angelegt, so erscheint an seinem Ausgang der Detektions-Grundimpuls

$$g_d(t) = g_s(t) * h_{HP}(t) \tag{5-23}$$

mit der Impulsfläche Null, vgl. Bild 5.9d. Wegen des langen Nachschwingers, dessen
Länge von der Grenzfrequenz f_{un} des Hochpasses abhängt, ergibt sich bei einem Empfänger ohne QR ein geschlossenes Auge.

Dieser Nachschwinger kann durch einen geeignet dimensionierten Tiefpaß im Rück-
koppelzweig entscheidend verkleinert werden, was der Ergänzung der fehlenden niederfrequenten Spektralanteile entspricht und zu einem geöffneten Auge führt. Mit
der Impulsantwort $h_{QR}(t) \circ\!\!-\!\!\bullet H_{QR}(f)$ des QR-Netzwerkes gilt für den Kompensationsimpuls:

$$g_{QR}(t) = g_v(t) * h_{QR}(t), \tag{5-24}$$

so daß für den korrigierten Detektions-Grundimpuls geschrieben werden kann:

$$g_k(t) = g_d(t) + g_{QR}(t) = g_s(t) * h_{HP}(t) + g_v(t) * h_{QR}(t) \tag{5-25}$$

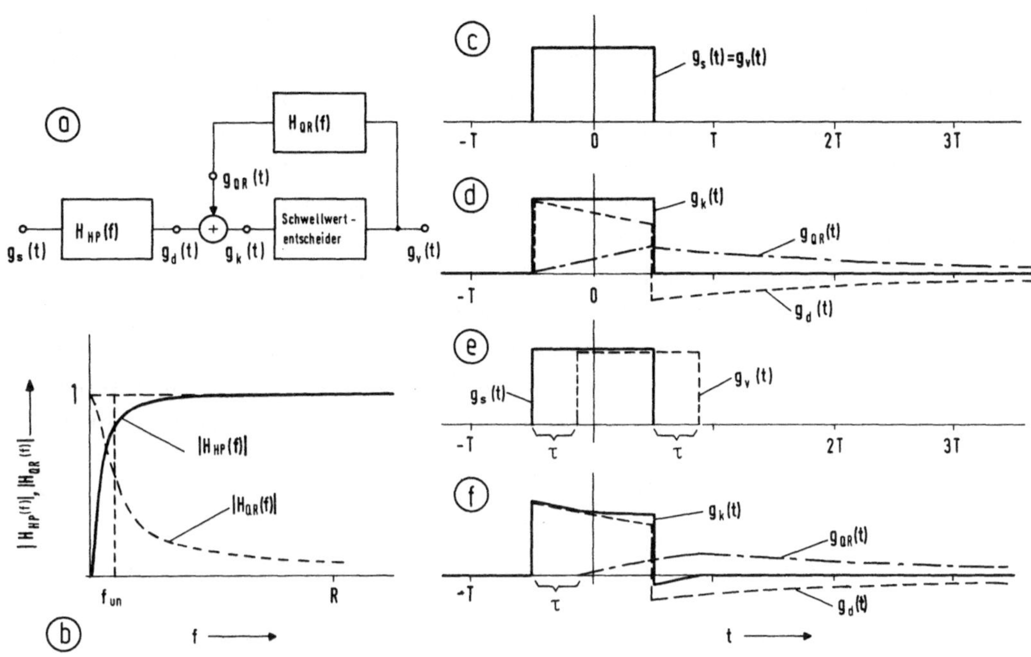

Bild 5.9:   Verdeutlichung der Gleichsignalwiedergewinnung bei Hochpaßsystemen
            (a) Blockschaltbild,   (b) Frequenzgänge $|H_{HP}(f)|$ und $|H_{QR}(f)|$,
            (c),(e) Sende-Grundimpuls $g_s(t)$ und Sinken-Grundimpuls $g_v(t)$,
            (d),(f) Detektions-Grundimpuls, QR-Grundimpuls und korrigierter
            Detektions-Grundimpuls.

Zunächst sei vorausgesetzt, daß der Ausgangsimpuls $g_v(t)$ des Entscheiders identisch
mit dem Sende-Grundimpuls $g_s(t)$ ist und zwar sowohl hinsichtlich der Form als auch
bezüglich der zeitlichen Lage, vgl. Bild 5.9c. Diese Voraussetzung ist aus Kausalitätsgründen nur dann zu erfüllen, wenn der Detektionszeitpunkt $T_D=-T/2$ und die Verzögerungszeit $T_V=0$ ist.

Mit dieser Einschränkung kann der störende Einfluß der unteren Bandbegrenzung
vollständig eliminiert werden, d.h. in diesem Fall ist es möglich, daß $g_k(t)=g_s(t)$
ist. Aus Gl. 5-25 erhält man unter Berücksichtigung der Beziehung $g_v(t)=g_s(t)$ durch
Fouriertransformation:

$$G_k(f) = G_s(f)\, H_{HP}(f) + G_s(f)\, H_{QR}(f) \stackrel{!}{=} G_s(f). \tag{5-26}$$

Daraus folgt für das ideale QR-Netzwerk bei Gleichsignalwiedergewinnung:

$$\begin{aligned}
H_{QR}(f) &= 1 - H_{HP}(f) \\
h_{QR}(t) &= \delta(t) - h_{HP}(t).
\end{aligned} \tag{5-27}$$

Das bedeutet, daß bei einer fehlenden oberen Bandbegrenzung ("Hochpaßsystem") sowie
bei einer frühest möglichen Detektion ($T_D=-T/2$) und bei verzögerungsfreiem Detek-

tor (T_V=0) die Gleichsignalwiedergewinnung keine Verkleinerung der Augenöffnung bewirken muß, auch wenn die untere Grenzfrequenz relativ groß ist. Die niederfrequenten Spektralanteile, die bei der Übertragung durch den Hochpaß $H_{HP}(f)$ unterdrückt werden, können empfangsseitig durch den äquivalenten Tiefpaß $H_{QR}(f)=1-H_{HP}(f)$ wieder hinzugefügt werden, vgl. Bild 5.9b (Hinweis: $|H_{QR}(f)|\neq 1-|H_{HP}(f)|$).

Erfolgt die Detektion später als zu diesem frühest möglichen Zeitpunkt $T_D= -T/2$, und wird außerdem die Verzögerungszeit T_V des Entscheiders mitberücksichtigt, so ist der Sinkenimpuls $g_V(t)$ gegenüber dem Sende-Grundimpuls $g_s(t)$ um die Zeitdifferenz $\tau= T/2+T_D+T_V$ verzögert. Eine vollständige Gleichsignalwiedergewinnung (d.h. $g_k(t)=g_s(t)$) ist hier aus Kausalitätsgründen nicht möglich, vgl. Bild 5.9e und f. Auch in diesem Fall bringt die Gleichsignalwiedergewinnung eine deutliche Verbesserung, wenn als QR-Netzwerk ein geeignet dimensionierter Tiefpaß verwendet wird:

$$H_{QR}(f) = \alpha_{QR} \left[1 - H_{HP}(f) \right] . \tag{5-28}$$

<u>Beispiel:</u> Bei rechteckförmigen NRZ-Sendeimpulsen und einem Hochpaß 1. Ordnung, d.h.

$$H_{HP}(f) = \frac{1}{1-j\dfrac{2f_{un}}{\pi f}} \tag{5-29}$$

erhält man für den Detektions-Grundimpuls, vgl. Tabelle A-3 im Anhang:

$$g_d(t) = \begin{cases} \hat{g}_s \, e^{-4f_{un}(t+T/2)} & \text{für } -T/2 \leq t \leq T/2 \\[2ex] \hat{g}_s \left[e^{-4f_{un}T} - 1 \right] e^{-4f_{un}(t-T/2)} & \text{für } t > T/2. \end{cases} \tag{5-30}$$

Hierbei ist f_{un} analog zu Def. 2-38 die Grenzfrequenz des zum Hochpaß $H_{HP}(f)$ äquivalenten Tiefpasses

$$1 - H_{HP}(f) = \frac{1}{1 + j(\dfrac{\pi f}{2f_{un}})^2} . \tag{5-31}$$

Weiterhin wird vorausgesetzt, daß der Sinkenimpuls $g_V(t)$ gegenüber dem Sende-Grundimpuls um die Zeitdifferenz τ verschoben und das QR-Netzwerk entsprechend Gl. 5-28 dimensioniert ist. Somit gilt für den Kompensations-Grundimpuls, vgl. Bild 5.9f:

$$g_{QR}(t) = \begin{cases} \alpha_{QR}\hat{g}_V \left[1-e^{-4f_{un}(t+T/2-\tau)} \right] & \text{für } -T/2+\tau \leq t \leq T/2+\tau \\[2ex] \alpha_{QR}\hat{g}_V \left[e^{4f_{un}T} - 1 \right] e^{-4f_{un}(t+T/2-\tau)} & \text{für } t > T/2 + \tau. \end{cases} \tag{5-32}$$

Ein Vergleich von Gl. 5-30 mit Gl. 5-32 zeigt, daß für $\hat{g}_V=\hat{g}_s$ und $t>T/2+\tau$ gilt:

$$g_{QR}(t) = -\alpha_{QR}e^{4f_{un}\tau} g_d(t). \tag{5-33}$$

Wählt man nun $\alpha_{QR}=\exp(-4f_{un}\tau)$, so ist für $t\geq T/2+\tau$ der korrigierte Detektions-Grundimpuls $g_k(t)$ identisch Null, vgl. Bild 5.9f. Die normierte Augenöffnung beträgt dabei etwa 85 %.

5.3.2 Gleichsignalwiedergewinnung bei Bandpaßsystemen

Bei Hochpaßsystemen ist die vollständige Gleichsignalwiedergewinnung für $T_D=-T/2$ und $T_V=0$ prinzipiell auch dann möglich, wenn die untere Grenzfrequenz beliebig hoch gewählt wird. Die Störleistung wird dabei jedoch wegen der fehlenden oberen Bandbegrenzung unendlich groß.

Dagegen ist bei einem Bandpaßsystem die vollständige Rekonstruktion der niederfrequenten Spektralanteile nicht möglich. Ist die obere Grenzfrequenz f_{ob} des Gesamtsystems endlich, so steigt der Detektions-Grundimpuls $g_d(t)$ nicht wie in Bild 5.9d sprungartig an und erreicht auch nicht mehr sein ursprüngliches Maximum. Die Amplitude $g_d(0)$ des Detektions-Grundimpulses ist dabei umso kleiner, je mehr hoch und niederfrequente Spektralanteile aus dem Spektrum $G_d(f)$ herausgefiltert werden $(g_d(0)=\int G_d(f)df)$.

Zur Vereinfachung der Beschreibung wird der Frequenzgang des Bandpasses aus einem Hochpaß und einem Tiefpaß multiplikativ zusammengesetzt:

$$H_I(f) = H_{HP}(f)H_{TP}(f). \tag{5-34}$$

Durch diese Aufspaltung des Impulsformers kann die Gleichsignalwiedergewinnung auf die Aussagen von Abschnitt 5.3.1 und die Impulsformung auf die Ergebnisse von Kapitel 3 zurückgeführt werden. Voraussetzung dafür ist jedoch, daß die Grenzfrequenz f_{ob} des Tiefpasses deutlich größer ist als die Grenzfrequenz f_{un} des Hochpasses. Für die Dimensionierung des QR-Netzwerkes gilt dann in Anlehnung an Gl. 5-28:

$$H_{QR}(f) = \alpha_{QR}\left[1 - H_{HP}(f)\right]H_{TP}(f). \tag{5-35}$$

<u>Beispiel:</u> Zur Verdeutlichung wird ein Bandpaßsystem (Bild 5.10a) betrachtet, dessen Übertragungsfunktion aus einem Gauß-Tiefpaß (Grenzfrequenz f_{ob}) und einem Hochpaß 1. Ordnung (Grenzfrequenz f_{un}) multiplikativ zusammengesetzt werden kann:

$$H_I(f) = \frac{1}{1 - j\dfrac{2f_{un}}{\pi f}}\, e^{-\pi(f/2f_{ob})^2}. \tag{5-36}$$

In Bild 5.10b ist der dazugehörige Detektions-Grundimpuls $g_d(t)$ für die Parameterwerte $f_{un}=0{,}1\,R$ und $f_{ob}=0{,}5\,R$ dargestellt, wobei die Laufzeit nicht berücksichtigt ist. Zum Vergleich ist der Detektions-Grundimpuls $g_{d,TP}(t)$ für das entsprechende Tiefpaßsystem ($f_{un}=0$; $f_{ob}=0{,}5\,R$) mit eingezeichnet.

$g_d(t)$ besitzt wegen der fehlenden niederfrequenten Spektralanteile einen langen Unterschwinger. Addiert man zu diesem Impuls als Kompensationsimpuls die Rechteck-

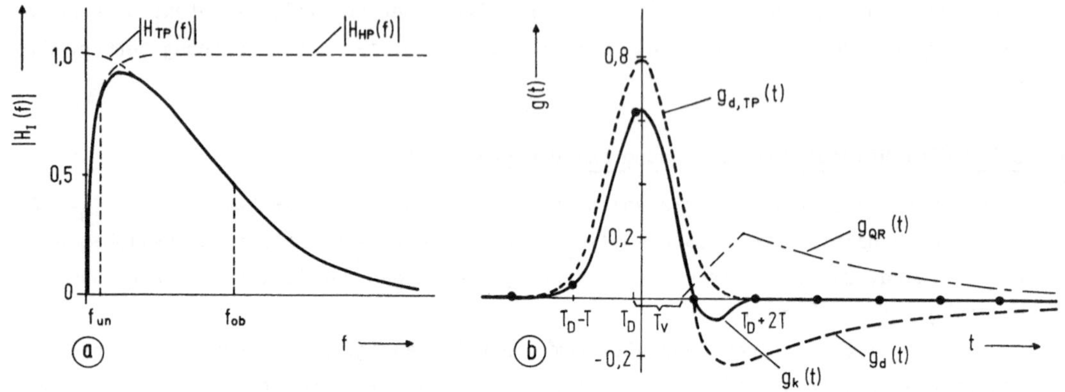

Bild 5.10:   Zur Verdeutlichung der Gleichsignalwiedergewinnung bei Bandpaßsystemen
            (a) Frequenzgang des Impulsformers gemäß Gl.5-36 (f_{un}=0,1R; f_{ob}=0,5R)
            (b) Grundimpulse $g_d(t)$, $g_{QR}(t)$ und $g_k(t)$ bei einem QR-Tiefpaß 1. Ord-
            nung (vgl. Gl. 5-35).

antwort $g_{QR}(t)$ eines Tiefpasses 1. Ordnung mit der Grenzfrequenz f_{un}=0,1 R, so ist
der korrigierte Detektionsimpuls $g_k(t)$ praktisch nachläuferfrei. Zu optimieren sind
hier im Hinblick auf eine möglichst große Augenöffnung der Detektionszeitpunkt T_D
sowie der Amplitudenfaktor α_{QR}. Für die hier betrachteten Parameterwerte f_{un}=0,1 R,
f_{ob}=0,5 R und T_V=0,8 T erhält man die optimalen Werte zu $\overset{\circ}{T}_D$=-T/10 und $\overset{\circ}{\alpha}_{QR}$=0,65. Die
normierte Augenöffnung ergibt sich für diesen Fall zu 57 % und ist nur um etwa 1 %
kleiner als beim vergleichbaren Tiefpaßsystem (f_{un}=0; f_{ob}=0,5R) ohne QR.

   Mit kleiner werdender oberer Grenzfrequenz f_{ob} wird der Verlust durch die untere
Bandbegrenzung immer größer. Darauf wird bei der Systemoptimierung im Abschnitt 8.1
noch näher eingegangen.

5.4 Fehlerfortpflanzung durch Quantisierte Rückkopplung

   Bisher wurde bei der Beschreibung der QR immer davon ausgegangen, daß der Detektor die vorangegangenen Symbole richtig entschieden hat. Tritt nun bei einem System
mit QR, bedingt durch Störungen, ein Übertragungsfehler auf, so wird ein Kompensationsimpuls mit falscher Amplitude generiert. Dies führt dazu, daß die Nachläufer
des falsch entschiedenen Impulses nicht beseitigt, sondern vergrößert werden, so
daß die nachfolgenden Symbole mit erhöhter Wahrscheinlichkeit verfälscht werden.
Diesen Effekt bezeichnet man als die **Fehlerfortpflanzung durch QR**.

   Weist der Detektions-Grundimpuls $g_d(t)$ n nicht vernachlässigbare Nachläufer auf,
so werden durch eine einzige Fehlentscheidung die Fehlerwahrscheinlichkeiten für
die n nachfolgenden Symbole im Mittel entscheidend vergrößert. Durch jeden Folge-

fehler wird wieder die Entscheidung weiterer n Symbole beeinflußt. Damit kommt es
zu einer Vergrößerung der mittleren Fehlerwahrscheinlichkeit.

5.4.1 Symbolfehlerwahrscheinlichkeit unter Berücksichtigung der Fehlerfortpflanzung

Für das Folgende wird aus Darstellungsgründen ein Binärsystem (M=2) mit idealer
QR vorausgesetzt. Man erhält das gleiche Ergebnis, wenn ein Binärsystem mit vollständiger QR zu den Detektionszeitpunkten betrachtet wird, vgl. Bild 5.4a. Dagegen
muß bei einem System mit nicht vollständiger QR oder einem mehrstufigen System die
Berechnungsmethode geringfügig modifiziert werden.

Beispiel: Zur Verdeutlichung des Fehlerfortpflanzungseffektes wird der Detektions-
Grundimpuls von Bild 5.11a betrachtet. Läßt man den Einfluß der Fehlerfortpflanzung
außer Betracht, so ergibt sich bei einem System mit idealer QR der korrigierte Detektions-Grundimpuls von Bild 5.11b.

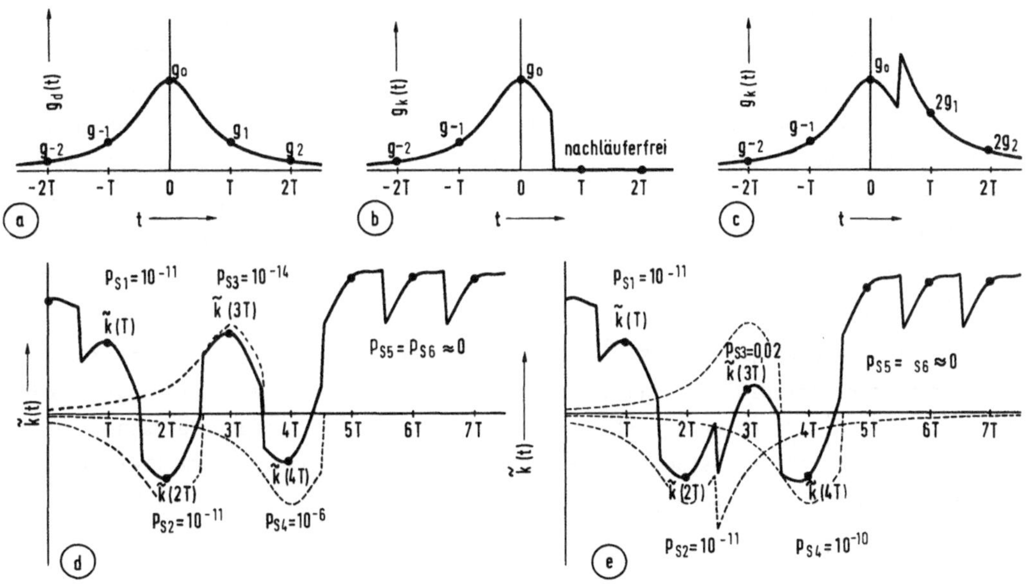

Bild 5.11: Zur Verdeutlichung des Fehlerfortpflanzungseffektes
     (a)   Detektions-Grundimpuls $g_d(t)$,
     (b),(c) korrigierter Detektions-Grundimpuls bei idealer QR ohne und
         mit Berücksichtigung des Fehlerfortpflanzungseffektes,
     (d),(e) korrigiertes Detektionsnutzsignal bei idealer QR ohne und mit
         Berücksichtigung des Fehlerfortpflanzungseffektes.

Wird ein Amplitudenkoeffizient $a_\nu'=-a_\nu \in \{-1;+1\}$ falsch entschieden, so werden die
n Nachläufer des Detektionsimpulses $a_\nu g_d(t-\nu T)$ nicht beseitigt, sondern verdoppelt.

Somit ergibt sich in diesem Fall der "korrigierte" Detektions-Grundimpuls $g_k(t)$ gemäß Bild 5.11c.

Betrachten wir nun die Symbolfehlerwahrscheinlichkeiten $p_{S\nu}$ gemäß Def. 3-1, die bei einem Empfänger mit (idealer) QR und $T_D=0$ aus den korrigierten Nutzabtastwerten $\tilde{k}(\nu T)$ und der Detektionsstörleistung N_d bestimmt werden können. Für Bild 5.11d ist vorausgesetzt, daß alle Amplitudenkoeffizienten richtig entschieden wurden ($a'_\nu=a_\nu$ für alle ν), so daß $\tilde{k}(t)$ aus dem korrigierten Detektions-Grundimpuls (Bild 5.11b) konstruiert werden kann. Für diesen Fall und eine fest vorgegebene Störleistung N_d erhält man die in Bild 5.11d angegebenen Werte für die Symbolfehlerwahrscheinlichkeiten $p_{S\nu}$.

Wird jedoch ein Amplitudenkoeffizient $a'_\kappa \neq a_\kappa$ falsch entschieden, so weichen die nachfolgenden Abtastwerte $\tilde{k}(\nu T)$, $\nu > \kappa$ um $\pm 2g_{\nu-\kappa}$ von ihren sonstigen Werten ab. Je nach den Vorzeichen von a_ν, a_κ und $g_{\nu-\kappa}$ können dabei die Fehlerwahrscheinlichkeiten $p_{S\nu}$ für $\nu > \kappa$ entscheidend vergrößert oder auch verringert werden.

Beispielsweise ist für Bild 5.11e eine Fehlentscheidung zum Zeitpunkt $t=2T$ angenommen, so daß die Amplitudenkoeffizienten $a_2=-1$ und $a'_2=+1$ sind. Wegen der Fehlkompensation durch die QR wird die SFW $p_{S3}=0,02$ für das nachfolgende Symbol (gegenüber 10^{-14}) entscheidend vergrößert. Dagegen wird der Amplitudenkoeffizient a_4 wegen der vorangegangenen Fehlkompensation mit der geringeren Fehlerwahrscheinlichkeit $p_{S4}=10^{-10}$ verfälscht. p_{S5} und p_{S6} bleiben in etwa unverändert, da der dritte und die weiteren Nachläufer des betrachteten Detektions-Grundimpulses $g_d(t)$ schon sehr klein sind. Dieses Beispiel zeigt, daß der Fehlerfortpflanzungseffekt in der Regel nur auf einige wenige Symbole beschränkt bleibt.

Für die Berechnung der mittleren Fehlerwahrscheinlichkeit eines redundanzfreien Binärsystems ohne QR muß über 2^{v+n+1} Symbolfolgen gemittelt werden, wobei v und n die Anzahl der Vor- bzw. Nachläufer des Detektions-Grundimpulses $g_d(t)$ angibt. Läßt man den Einfluß der Fehlerfortpflanzung auf die mittlere SFW außer Betracht, so muß bei einem System mit vollständiger QR nur über 2^{v+1} Symbolfolgen gemittelt werden. Für diesen Fall erhält man analog zu Gl. 3-37:

$$p_{M,\ \text{ohne FF}} = 2^{-(v+1)} \sum_{i=1}^{2^{v+1}} p_{Si}. \tag{5-37}$$

Beachtet man die Symmetrie bezüglich der Schwelle $E=0$, so kann in beiden Fällen der Rechenaufwand halbiert werden.

Durch die Berücksichtigung des Fehlerfortpflanzungseffektes wächst der Aufwand für die Berechnung der mittleren Fehlerwahrscheinlichkeit p_M stark an. Im folgenden wird das Verfahren von W. Andexser [5.1], [5.14] vorgestellt, bei dem die mittlere Symbolfehlerwahrscheinlichkeit durch Mittelung über alle möglichen Fehlermuster bestimmt wird. Dazu werden die **logischen Fehlervariablen** ξ_ν eingeführt:

$$\text{Def.:} \qquad \xi_\nu = \begin{cases} \text{"L"} & \text{falls } a_\nu' \neq a_\nu \\[2ex] \text{"0"} & \text{falls } a_\nu' = a_\nu \end{cases} \qquad\qquad (5\text{-}38)$$

Desweiteren werden zur quantitativen Beschreibung der statistischen Abhängigkeiten der einzelnen Entscheidungen die **mittleren Folgewahrscheinlichkeiten**

$$\text{Def.:} \qquad P_F(\xi_0/\xi_{-1}\cdots\xi_{-n}) \qquad\qquad (5\text{-}39)$$

definiert. Unter der Voraussetzung, daß der letzte und der drittletzte vorangegangene Amplitudenkoeffizient falsch entschieden wurden (d.h. $a_{-1}'\neq a_{-1}$; $a_{-3}'\neq a_{-3}$), entspricht z.B. die Folgewahrscheinlichkeit $P_F(L/LOLO)$ der bedingten Wahrscheinlichkeit, daß der Amplitudenkoeffizient $a_0'\neq a_0$ falsch entschieden wird. Die Folgewahrscheinlichkeit $P_F(L/0000...)$ ist somit gleich der mittleren Fehlerwahrscheinlichkeit ohne Berücksichtigung der Fehlerfortpflanzung, vgl. Gl. 5-37.

Um zu verdeutlichen, daß die Folgewahrscheinlichkeiten selbst Mittelwerte sind, betrachten wir zunächst einen Impuls ohne Vorläufer ($v=0$) und nehmen weiter an, daß die letzte und die drittletzte Entscheidung falsch waren. Je nach den Werten für die Amplitudenkoeffizienten a_0, a_{-1} und a_{-3} kann der Nutzabtastwert $\tilde{k}(T_D)$ des korrigierten Detektionssignals bedingt durch die Fehlerfortpflanzung einen der folgenden 8 Werte annehmen:

i	a_0	a_{-1}	a_{-3}	a_{-1}'	a_{-3}'	$\tilde{k}(T_D)$
1	+1	+1	+1	-1	-1	$g_0 + 2g_1 + 2g_3$
2	+1	+1	-1	-1	+1	$g_0 + 2g_1 - 2g_3$
3	+1	-1	+1	+1	-1	$g_0 - 2g_1 + 2g_3$
4	+1	-1	-1	+1	+1	$g_0 - 2g_1 - 2g_3$
5	-1	+1	+1	-1	-1	$-g_0 + 2g_1 + 2g_3$
6	-1	+1	-1	-1	+1	$-g_0 + 2g_1 - 2g_3$
7	-1	-1	+1	+1	-1	$-g_0 - 2g_1 + 2g_3$
8	-1	-1	-1	+1	+1	$-g_0 - 2g_1 - 2g_3$

Die mittlere Folgewahrscheinlichkeit $P_F(L/LOLO...)$ berechnet sich dementsprechend als Mittelwert über die 8 Fehlerwahrscheinlichkeiten $P_i(L/LOLO...)$, wenn eventuelle Symmetrieeigenschaften bezüglich des Schwellwerts $E=0$ nicht berücksichtigt werden. $P_i(L/\xi_{-1}\cdots\xi_{-n})$ ist dabei die Fehlerwahrscheinlichkeit für ein bestimmtes Fehlermuster $\xi_{-1}\cdots\xi_{-n}$ und für eine bestimmte Folge $\langle a_\nu\rangle_i$ der Amplitudenkoeffizienten.

Beispielsweise gilt für die Wahrscheinlichkeit, daß das Symbol $a_0=+1$ falsch entschieden wird unter der Voraussetzung, daß die Koeffizienten $a_{-1}=-1$ und $a_{-3}=+1$ bereits falsch und die übrigen vorangegangenen Koeffizienten richtig entschieden wurden ($\xi_0=\xi_{-1}=\xi_{-3}=L$; $\xi_{-2}=\xi_{-4}=\cdots=\xi_{-n}=0$):

$$P_i(L/\xi_{-1}\ldots\xi_{-n}) = P_3(L/L0L0\ldots) = Q\!\left(\frac{g_0 - 2g_1 + 2g_3}{\sqrt{N_d}}\right). \tag{5-40}$$

Bezeichnet man mit z die Anzahl der Fehlentscheidungen während der letzten n Entscheidungen, so erhält man unter Berücksichtigung von v Vorläufern:

$$P_F(L/\xi_{-1}\ldots\xi_{-n}) = 2^{-(v+z+1)} \sum_{i=1}^{2^{v+z+1}} P_i(L/\xi_{-1}\ldots\xi_{-n}). \tag{5-41}$$

Zur Berechnung der mittleren Fehlerwahrscheinlichkeit muß nun noch über die einzelnen, bisher fest vorgegebenen Fehlermuster gemittelt werden, wofür im folgenden die
Laufvariable j verwendet wird. Somit ergibt sich bei einem redundanzfreien Binärsystem mit idealer QR für die mittlere Symbolfehlerwahrscheinlichkeit unter Berücksichtigung der Fehlerfortpflanzung:

$$\boxed{\;P_M = \sum_{j=1}^{2^n} P_F(\xi_0 = L/\xi_{-1}\ldots\xi_{-n})P(\xi_{-1}\ldots\xi_{-n}).\;} \tag{5-42}$$

Hierbei bezeichnet $P(\xi_{-1}\ldots\xi_{-n})$ die Auftrittswahrscheinlichkeit für das Fehlermuster $\xi_{-1}\ldots\xi_{-n}$. Die Schwierigkeit bei der Auswertung dieser Gleichung liegt in der
Bestimmung dieser 2^n Auftrittswahrscheinlichkeiten. Im folgenden wird der Weg zur
Berechnung dieser Wahrscheinlichkeiten kurz skizziert; in [5.14] ist der Rechengang
ausführlich dargelegt.

Da das Auftreten eines Fehlers bei der Entscheidung ξ_0 von den n vorangegangenen
Entscheidungen $\xi_{-1}\ldots\xi_{-n}$ abhängt, kann dieser Vorgang als Markov-Prozeß n-ter Ord-
nung mit den beiden Zuständen "0" und "L" beschrieben werden. Um jedoch einfachere
Anfangsbedingungen zu schaffen, werden nicht einzelne Schritte betrachtet, vielmehr
werden jeweils n Schritte zusammengefaßt. Somit läßt sich der Übergang von einem
Fehlermuster zu einem anderen (und zwar nach n Schritten) als Markov-Prozeß 1.Ord-
nung mit 2^n Zuständen darstellen. Für den Fall n=2 ist das entsprechende Markov-
Diagramm in Bild 5.12 angegeben.

In diesem Diagramm bezeichnet beispielsweise $P_{\ddot{U}}(L0/LL)$ die bedingte Wahrscheinlichkeit, daß auf das Fehlermuster $\xi_{-1}\xi_{-2}=LL$ nach n=2 Schritten das Fehlermuster LO
folgt. Diese Übergangswahrscheinlichkeit kann als das Produkt von n=2 Folgewahrscheinlichkeiten ausgedrückt werden:

$$P_{\ddot{U}}(L0/LL) = P_F(0/LL)P_F(L/0L). \tag{5-43}$$

Die Folgewahrscheinlichkeiten $P_F(0/LL)$ bzw. $P_F(L/0L)$ sind wieder die Mittelwerte
über alle Symbolfolgen und können nach Gl. 5-41 berechnet werden.

Für einen beliebigen Wert von n gilt, daß die 2^{2n} möglichen Übergangswahrscheinlichkeiten $P_{\ddot{U}}$ zwischen den einzelnen Fehlermustern jeweils als Produkt von n gemit-
telten Folgewahrscheinlichkeiten P_F zu bestimmen sind. Diese Übergangswahrschein-

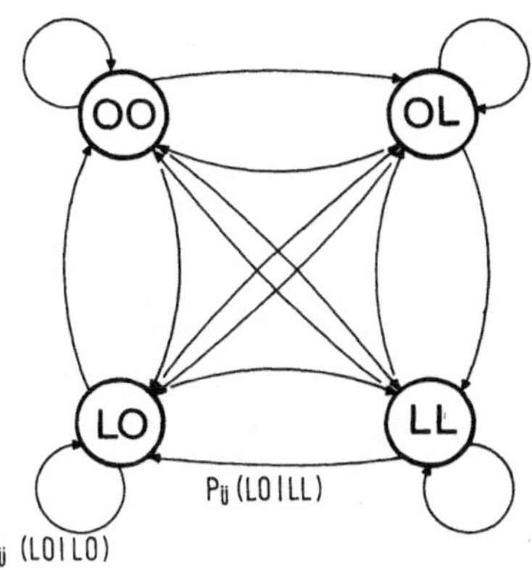

Bild 5.12:   Markov-Diagramm zur Beschreibung der Übergänge von einem Fehlermuster
             in ein anderes Fehlermuster (n=2).

lichkeiten können nun zu einer **stochastischen 2 mal 2 -Matrix** zusammengefaßt werden. Für n=2 gilt beispielsweise:

Def.: $$\mathbb{P} = \begin{bmatrix} P_{\ddot{U}}(00/00) & P_{\ddot{U}}(LO/00) & P_{\ddot{U}}(OL/00) & P_{\ddot{U}}(LL/00) \\ P_{\ddot{U}}(00/LO) & P_{\ddot{U}}(LO/LO) & P_{\ddot{U}}(OL/LO) & P_{\ddot{U}}(LL/LO) \\ P_{\ddot{U}}(00/OL) & P_{\ddot{U}}(LO/OL) & P_{\ddot{U}}(OL/OL) & P_{\ddot{U}}(LL/OL) \\ P_{\ddot{U}}(00/LL) & P_{\ddot{U}}(LO/LL) & P_{\ddot{U}}(OL/LL) & P_{\ddot{U}}(LL/LL). \end{bmatrix}$$ (5-44)

Aus dieser stochastischen Matrix $\mathbb{P}$ lassen sich die 2^n Auftrittswahrscheinlichkeiten
$P(\xi_{-1}\ldots\xi_{-n})$ der einzelnen Fehlermuster bestimmen. Bezeichnet man mit

$$\vec{P}_0 = \begin{bmatrix} P_0(00) \\ P_0(LO) \\ P_0(OL) \\ P_0(LL) \end{bmatrix} \quad \text{bzw.} \quad \vec{P}_r = \begin{bmatrix} P_r(00) \\ P_r(LO) \\ P_r(OL) \\ P_r(LL). \end{bmatrix}$$ (5-45)

die Spaltenvektoren der Auftrittswahrscheinlichkeiten zu den Taktzeiten 0 bzw. r
des Markov-Prozesses, so gilt mit der transponierten Matrix $\mathbb{P}^T$:

$$\vec{P}_r = \left[\mathbb{P}^T \right]^r \vec{P}_0 .$$ (5-46)

Ausgehend von jedem beliebigen Anfangsvektor $\vec{P}_0$ kann mit dem Grenzübergang $r\to\infty$ der
Vektor $\vec{P}$ der **stationären Übergangswahrscheinlichkeiten** berechnet werden:

$$\vec{P} = \lim_{r\to\infty} \left[\mathbb{P}^T \right]^r \vec{P}_0 .$$ (5-47)

Die gleichen Übergangswahrscheinlichkeiten erhält man, wenn die stochastische Matrix $r\to\infty$ mal mit sich selbst multipliziert wird:

$$\lim_{r\to\infty} I\!P^r = \begin{bmatrix} P(00) & P(L0) & P(0L) & P(LL) \\ P(00) & P(L0) & P(0L) & P(LL) \\ P(00) & P(L0) & P(0L) & P(LL) \\ P(00) & P(L0) & P(0L) & P(LL). \end{bmatrix} \tag{5-48}$$

Diese stationäre Matrix zeichnet sich dadurch aus, daß alle Elemente einer Spalte gleich sind. Die Elemente in der ersten Spalte sind gleich der Auftrittswahrscheinlichkeit P(00) für das Fehlermuster "00", die der zweiten Spalte gleich P(L0) usw. Setzt man diese Wahrscheinlichkeiten und die entsprechenden Folgewahrscheinlichkeiten in Gl. 5-42 ein, so erhält man die gesuchte mittlere Fehlerwahrscheinlichkeit.

Beispiel: Zur Verdeutlichung dieses Rechengangs wird nun ein Detektions-Grundimpuls mit n=2 Nachläufern und ohne Vorläufer (v=0) betrachtet. Die Abtastwerte werden zur Vereinfachung als Vielfache des Effektivwertes des Störsignals ausgedrückt:

$$g_0 = g_d(T_D) = 4\sqrt{N_d} \;;\quad g_1 = g_d(T_D+T) = 2\sqrt{N_d} \;;\quad g_2 = g_d(T_D+2T) = \sqrt{N_d} \;.$$

Berücksichtigt man die Symmetrie zum Schwellenwert E, so ergeben sich folgende Fehlerwahrscheinlichkeiten für ein redundanzfreies Binärsystem:

(a) System ohne QR:

$$\text{mit Gl. 3-58:} \quad p_U = Q\!\left(\frac{g_0 - |g_1| - |g_2|}{\sqrt{N_d}}\right) = Q(1) = \underline{0,159},$$

$$\text{mit Gl. 3-37:} \quad p_M = \frac{1}{4}\,(Q(7) + Q(5) + Q(3) + Q(1)) = \underline{0,040}.$$

(b) System mit QR ohne Berücksichtigung der Fehlerfortpflanzung:

$$\text{mit Gl. 5-12:} \quad p_U = Q\!\left(\frac{g_0}{\sqrt{N_d}}\right) = Q(4) = \underline{0,32\cdot10^{-4}},$$

$$\text{mit Gl. 5-37:} \quad p_{M,\text{ohne FF}} = Q(4) = \underline{0,32\cdot10^{-4}}.$$

(c) System mit QR unter Berücksichtigung der Fehlerfortpflanzung:

1. Berechnung der Folgewahrscheinlichkeiten mit Gl. 5-40 und Gl. 5-41:

$$P_F(L/00) = Q(4) = 0,32\cdot10^{-4} \qquad\qquad P_F(0/00) \simeq 1$$

$$P_F(L/L0) = \frac{1}{2}\,(Q(0) + Q(8)) = 0,25 \qquad\qquad P_F(0/L0) = 0,75$$

$$P_F(L/0L) = \frac{1}{2}\,(Q(2) + Q(6)) = 0,011 \qquad\qquad P_F(0/0L) = 0,989$$

$$P_F(L/LL) = \frac{1}{4}\,(Q(-2) + Q(2) + Q(6) + Q(10)) = 0,25 \quad P_F(0/LL) = 0,75.$$

2. Berechnung der Übergangswahrscheinlichkeiten mit Gl. 5-43:

$$P_{\ddot{U}}(00/00) = P_F(0/00)P_F(0/00) = 1$$
$$\vdots$$
$$P_{\ddot{U}}(0L/L0) = P_F(L/L0)P_F(0/LL) = 0,1875$$
$$\vdots$$
$$P_{\ddot{U}}(LL/LL) = P_F(L/LL)P_F(L/LL) = 0,0625.$$

3. Stochastische Matrix nach Def. 5-44:

$$I\!P = \begin{bmatrix} 1,0000 & 0,32\cdot10^{-4} & 0,24\cdot10^{-4} & 0,79\cdot10^{-5} \\ 0,7415 & 0,85\cdot10^{-2} & 0,1875 & 0,0625 \\ 0,9886 & 0,32\cdot10^{-4} & 0,85\cdot10^{-2} & 0,28\cdot10^{-2} \\ 0,7415 & 0,85\cdot10^{-2} & 0,1875 & 0,0625. \end{bmatrix}$$

4. Stationäre Matrix nach Gl. 5-48:

$$\lim_{r\to\infty} I\!P^{\,r} \simeq I\!P^{\,3} = \begin{bmatrix} 0,9999 & 0,32\cdot10^{-4} & 0,32\cdot10^{-4} & 0,11\cdot10^{-4} \\ 0,9999 & 0,32\cdot10^{-4} & 0,32\cdot10^{-4} & 0,11\cdot10^{-4} \\ 0,9999 & 0,32\cdot10^{-4} & 0,32\cdot10^{-4} & 0,11\cdot10^{-4} \\ 0,9999 & 0,32\cdot10^{-4} & 0,32\cdot10^{-4} & 0,11\cdot10^{-4}. \end{bmatrix}$$

5. Mittlere Fehlerwahrscheinlichkeit nach Gl. 5-42:

$$P_M = 0,32\cdot10^{-4} \cdot 0,9999 + 0,25 \cdot 0,32\cdot10^{-4} + 0,011 \cdot 0,32\cdot10^{-4}$$
$$+ 0,25 \cdot 0,11\cdot10^{-4} \simeq 0,43\cdot10^{-4}.$$

Ein Vergleich von $P_{M,\text{ohne FF}}$ und P_M zeigt, daß die mittlere Fehlerwahrscheinlichkeit durch die Berücksichtigung der Fehlerfortpflanzung bei diesem Beispiel lediglich um den Faktor 1,34 ansteigt.

Anmerkung: Zur Mittelung über alle Fehlermuster und alle Symbolfolgen sind auch bei Berücksichtigung der Symmetrieeigenschaften insgesamt

$$2^{v+n} \sum_{i=o}^{n} \binom{n}{i} 2^{i}$$

Fälle zu betrachten. Außerdem müssen $2^n \times 2^n$-Matrizen verarbeitet werden. Aus diesen Angaben ist ersichtlich, daß die benötigte Rechenzeit sowie die Rechenungenauigkeit mit zunehmendem n bzw. v sehr schnell anwachsen.

5.4.2 Fehlerfortpflanzungsfaktor

Abschließend wird an einem Beispiel gezeigt, in welchem Maß die mittlere Fehlerwahrscheinlichkeit durch den Fehlerfortpflanzungseffekt erhöht wird. Dazu wird der **Fehlerfortpflanzungsfaktor durch QR** eingeführt:

Def.: $\gamma_{FF,QR} = \dfrac{p_M}{p_{M,ohne\ FF}}$.   (5-49)

In Bild 5.13b ist der Fehlerfortpflanzungsfaktor $\gamma_{FF,QR}$ über der mittleren Fehlerwahrscheinlichkeit p_M aufgetragen. Als Detektions-Grundimpuls ist dabei die Rechteckantwort eines Gaußtiefpasses mit der Grenzfrequenz f_I=0,3 R und mit dem hierfür
optimalen Detektionszeitpunkt T_D=-0,3 T zugrunde gelegt, siehe Bild 5.13a. In Abschnitt 5.1.2 (vgl. Bild 5.3) wurde gezeigt, daß für diesen Impuls die Augenöffnung
durch die Anwendung einer idealen QR von 10% auf etwa 40% vergrößert werden kann.

Bild 5.13b zeigt, daß durch die Berücksichtigung des Fehlerfortpflanzungseffektes die mittlere Fehlerwahrscheinlichkeit um weniger als um den Faktor 2 vergrößert
wird. Dieser Vergrößerungsfaktor ist weitgehend unabhängig von der Stärke der Störungen, d.h. unabhängig vom tatsächlichen Wert von p_M.

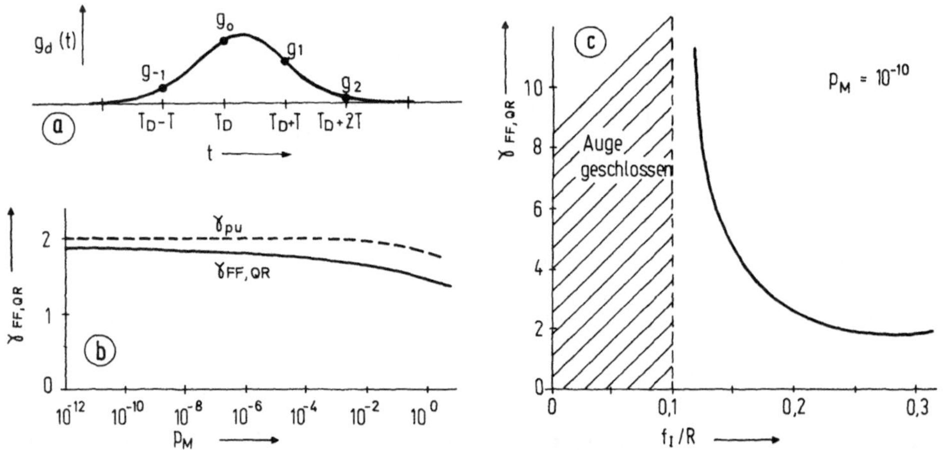

Bild 5.13:   Fehlerfortpflanzungsfaktor in Abhängigkeit von der mittleren Fehlerwahr-
             scheinlichkeit p_M (b) bzw. von der Impulsformer-Grenzfrequenz f_I (c)
             bei einem Detektions-Grundimpuls gemäß (a).

Die mittlere SFW ist also auch bei Berücksichtigung der Fehlerfortpflanzung noch
kleiner als die ungünstigste Fehlerwahrscheinlichkeit p_U, die sich aus der vertikalen Augenöffnung und der Störleistung berechnet und die in den nachfolgenden Kapiteln als Optimierungskriterium herangezogen wird.

Der Fehlerfortpflanzungsfaktor wird sehr viel größer, wenn eine größere Anzahl
n von Nachläufern zur Fehlerfortpflanzung beitragen. In Bild 5.13c ist der Fehlerfortpflanzungsfaktor über der Impulsformer-Grenzfrequenz f_I aufgetragen; der Detektionszeitpunkt ist dabei entsprechend Gl. 8-14 optimal vorausgesetzt.

$\gamma_{FF,QR}$ steigt bei kleiner werdender Grenzfrequenz etwa hyperbolisch an und besitzt für f_I=0,1 R den Wert 10. Da jedoch für f_I<0,13 R auch ein System mit idea-

ler QR ein geschlossenes Auge aufweist, kann der Einfluß der Fehlerfortpflanzung im allgemeinen vernachlässigt werden. Bei einer mittleren Fehlerwahrscheinlichkeit von 10^{-10} genügt schon eine Störabstandsverbesserung von etwas mehr als 0,1 dB, um den Fehlerfortpflanzungseffekt auszugleichen.

<u>Anmerkung:</u> Bei nicht vollständiger QR ist der Fehlerfortpflanzungsfaktor durch QR noch etwas geringer. Außerdem ist noch zu erwähnen, daß der Fehlerfortpflanzungsfaktor durch eine Gleichsignalwiedergewinnung bei einem binären Bandpaßsystem den Wert 2 nicht überschreitet (vgl. [5.6]).

6 Optimale Digitalempfänger

Die Autoren danken Herrn **Dr.-Ing. U. Peters** für die Mithilfe bei der Abfassung dieses Kapitels. Inhalt und Darstellung bauen auf seiner Dissertation [6.20] auf.

<u>Inhalt</u>: In diesem Kapitel werden Empfänger beschrieben, die bei gegebenem Empfangs-Grundimpuls und gegebenem Störleistungsspektrum zur minimalen Fehlerwahrscheinlichkeit führen. Dabei wird zunächst im Abschnitt 6.1 die Empfangsstrategie eines optimalen Empfängers allgemein abgeleitet, anschließend werden einige unterschiedliche Realisierungsmöglichkeiten anhand ihrer Blockschaltbilder angegeben (Abschnitt 6.2). Während bei diesen Optimalempfängern die Detektion der gesamten Nachricht in einem einzigen Entscheidungsprozeß erfolgt, werden im Abschnitt 6.3 die Entscheidungsregeln dahingehend abgewandelt, daß bereits Teilnachrichten optimal detektiert werden können, bevor der Empfänger das gesamte Signal empfangen hat. Da diese Empfänger den Viterbi-Algorithmus entweder direkt oder in einer modifizierten Form benutzen, werden sie als "Viterbi-Detektoren" bezeichnet. Im Abschnitt 6.4 wird die mittlere Fehlerwahrscheinlichkeit eines optimalen Empfängers berechnet und hierfür unter gewissen Randbedingungen gültige Näherungslösungen abgeleitet.

<u>Voraussetzungen</u>: Im Gegensatz zu den Kapiteln 2 bis 5 wird hier zunächst eine digitale Quelle betrachtet, die nur eine endliche Anzahl N von M-stufigen Quellensymbolen abgibt. Der optimale Empfänger entscheidet die gesamte Symbolfolge (Abschnitt 6.2) oder zumindest mehrere Symbole (Abschnitt 6.3) gleichzeitig. Für die additiven und gaußverteilten Störungen wird angenommen, daß das Störleistungsspektrum $L_n(f)$ im betrachteten Frequenzbereich keine Nullstellen aufweist.

6.1 Empfangsstrategie des optimalen Empfängers

Bild 6.1 zeigt das Blockschaltbild des betrachteten Digitalsystems. Die M-stufige Quelle gibt die Quellensymbole $q_1 \ldots q_\nu \ldots q_N$ ab. Zur Unterscheidung von der zeitlich unbegrenzten Folge $\langle q_\nu \rangle$ wird die aus N Symbolen bestehende Quellensymbolfolge mit Q_N bezeichnet. Ebenso ist V_N die N Symbole umfassende Sinkensymbolfolge. Als optimaler Empfänger wird ein Empfänger bezeichnet, der zum Empfangssignal e(t) die wahrscheinlichste Symbolfolge $Q_N^{(j)}$ unter allen möglichen zulässigen Quellensymbolfolgen $Q_N^{(1)}\ldots Q_N^{(i)}\ldots Q_N^{(I)}$ auswählt und diese als Sinkensymbolfolge ausgibt:

$$V_N = Q_N^{(j)} \in \left\{ Q_N^{(i)} \right\} \qquad\qquad i = 1\ldots I. \tag{6-1}$$

$I \leq M^N$ ist die Anzahl der zulässigen Quellensymbolfolgen, wobei das Gleichheitszeichen für redundanzfreie Quellen gilt. Die **a-priori-Wahrscheinlichkeit** p_i gibt an, mit welcher Wahrscheinlichkeit die Quellensymbolfolge $Q_N^{(i)}$ gesendet wird:

$$\text{Def.:} \qquad p_i = P\!\left(Q_N = Q_N^{(i)} \right). \tag{6-2}$$

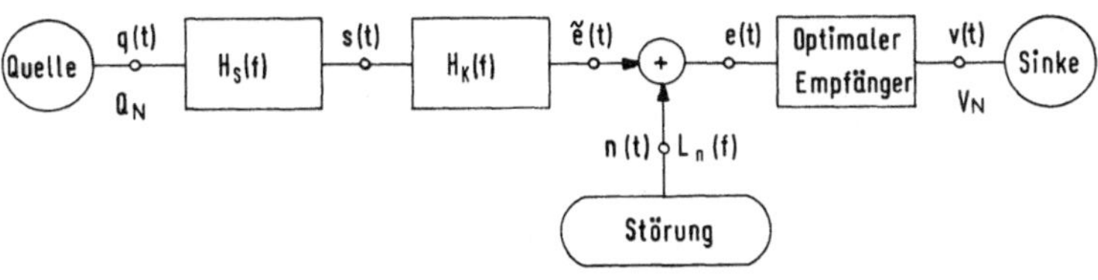

Bild 6.1:   Blockschaltbild eines digitalen Übertragungssystems mit optimalem Empfänger.

Ein Empfänger, der für ein gegebenes Empfangssignal e(t) die wahrscheinlichste Symbolfolge $Q_N^{(j)}$ auswählt und dabei die Kenntnis der a-priori-Wahrscheinlichkeiten p_i berücksichtigt, heißt **Maximum-a-posteriori-Empfänger (MAP-Empfänger)**.

Unter der Voraussetzung, daß das Signal e(t) am Empfänger anliegt, bestimmt der MAP-Empfänger alle I Rückschlußwahrscheinlichkeiten $P(Q_N^{(i)}|e(t))$, die ausdrücken, wie wahrscheinlich die dazugehörige Folge $Q_N^{(i)}$ gesendet wurde. Anschließend gibt er die wahrscheinlichste Folge $V_N = Q_N^{(j)}$ aus, für die gilt:

$$\boxed{P\!\left(Q_N^{(j)}|e(t) \right) > P\!\left(Q_N^{(i)}|e(t) \right)} \qquad \bigvee_{\substack{i = 1\ldots I \\ i \neq j.}} \tag{6-3}$$

Diese Entscheidungsregel läßt sich nach dem Satz von Bayes wie folgt darstellen:

$$P\!\left(e(t)|Q_N^{(j)}\right) \frac{P\!\left(Q_N^{(j)}\right)}{P\!\left(e(t)\right)} > P\!\left(e(t)|Q_N^{(i)}\right) \frac{P\!\left(Q_N^{(i)}\right)}{P\!\left(e(t)\right)} \qquad \bigvee_{\substack{i = 1\ldots I \\ i \neq j.}} \tag{6-4}$$

Da e(t) ein kontinuierliches Signal ist, streben die Wahrscheinlichkeiten P(e(t)) und $P(e(t)|Q_N^{(i)})$ gegen Null. Deshalb sollen unter diesen beiden Größen im folgenden die absolute bzw. bedingte Wahrscheinlichkeit verstanden werden, daß ein mögliches Empfangssignal zu allen Zeiten nicht mehr als um einen gewissen Wert $\pm\varepsilon/2$ vom tatsächlichen Empfangssignal e(t) abweicht. Zur Vereinfachung der Schreibweise wird im folgenden der notwendige Grenzübergang $\varepsilon \to 0$ weggelassen.

Die Wahrscheinlichkeit $P(e(t))$ steht auf beiden Seiten der Ungleichung und muß daher nicht weiter betrachtet werden. $P(Q_N^{(j)})$ bzw. $P(Q_N^{(i)})$ sind die a-priori-Wahrscheinlichkeiten p_j bzw. p_i nach Def. 6-2.

Zu bestimmen sind somit noch die zwei bedingten Wahrscheinlichkeiten in Gl. 6-4. Unter der Voraussetzung, daß die Quellensymbolfolge $Q_N^{(i)}$ abgegeben wurde, ist das Empfangsnutzsignal $\tilde{e}_i(t)$. Das tatsächliche Empfangssignal e(t) weicht davon um das Differenzsignal

$$\text{Def.:} \qquad \Delta e_i(t) = e(t) - \tilde{e}_i(t) \tag{6-5}$$

ab. Die bedingte Wahrscheinlichkeit, daß das Empfangssignal e(t) bei der angenommenen Quellensymbolfolge $Q_N^{(i)}$ auftritt, ist somit gleich der Wahrscheinlichkeit, daß das Störsignal n(t) den gleichen Wert wie das Differenzsignal $\Delta e_i(t)$ besitzt:

$$P\left(e(t)\,|\,Q_N^{(i)}\right) = P\left(n(t) = \Delta e_i(t)\right). \tag{6-6}$$

$\Delta e_i(t)$ ist somit dasjenige Störsignal, das auftreten müßte, um das angenommene i-te Empfangsnutzsignal $\tilde{e}_i(t)$ in das tatsächlich empfangene Signal e(t) zu verfälschen. Betrachtet man nur einen festen Zeitpunkt $t=t_1$, so läßt sich diese Wahrscheinlichkeit durch die Wahrscheinlichkeitsdichtefunktion $f_n(n)$ als Grenzwert ausdrücken:

$$P\left(n(t_1) = \Delta e_i(t_1)\right) = \lim_{\varepsilon \to 0} \int_{\Delta e_i(t_1)-\varepsilon/2}^{\Delta e_i(t_1)+\varepsilon/2} f_n(n)\,dn = \lim_{\varepsilon \to 0}\left\{\varepsilon f_n\left(\Delta e_i(t_1)\right)\right\}. \tag{6-7}$$

In ähnlicher Weise läßt sich für k verschiedene Zeitpunkte t_1, $t_2 \ldots t_k$ die Verbundwahrscheinlichkeit

$$P\left(n(t_1) = \Delta e_i(t_1); \; n(t_2) = \Delta e_i(t_2); \ldots n(t_k) = \Delta e_i(t_k)\right) =$$
$$= \lim_{\varepsilon \to 0}\left\{\varepsilon^k f_n\left(\Delta e_i(t_1); \; \Delta e_i(t_2); \ldots \Delta e_i(t_k)\right)\right\} \tag{6-8}$$

durch die Verbundwahrscheinlichkeitsdichte ersetzen. Betrachtet man schließlich unendlich viele, unendlich dicht beieinanderliegende Zeitpunkte, so kann für die bedingte Wahrscheinlichkeit von Gl. 6-4 geschrieben werden, vgl. [6.22]:

$$P\left(e(t)\,|\,Q_N^{(i)}\right) = P\left(n(t) = \Delta e_i(t)\right) = \lim_{k \to \infty}\lim_{\varepsilon \to 0} \varepsilon^k f_n\left(\Delta e_i(t)\right). \tag{6-9}$$

Setzt man dieses Ergebnis in Gl. 6-4 ein, so lautet die Entscheidungsregel des MAP-Empfängers bei beliebiger Störverteilung:

$$\boxed{V_N = Q_N^{(j)}, \text{ falls } p_j f_n\left(\Delta e_j(t)\right) > p_i f_n\left(\Delta e_i(t)\right)} \quad \bigvee \begin{array}{l} i = 1 \ldots I \\ i \neq j. \end{array} \tag{6-10}$$

Da die Grenzübergänge $k \to \infty$ und $\varepsilon \to 0$ auf beiden Seiten der Ungleichung auftreten, können sie hier entfallen.

Für das Folgende wird vorausgesetzt, daß die Störungen $n(t)$ gaußverteilt sind. Nach [1.26] und [6.13] lautet somit die Verbundwahrscheinlichkeitsdichte:

$$f_n\big(\Delta e_i(t)\big) = K \exp\left\{ - \frac{1}{2L_0} \int_{-\infty}^{+\infty} \Delta e_i(t) \int_{-\infty}^{+\infty} \Delta e_i(\tau)w_n(t-\tau)\,d\tau\,dt \right\}, \qquad (6\text{-}11)$$

wobei K eine weiter nicht interessierende Normierungskonstante ist. $w_n(\tau)$ ist die (bezogene) **inverse Autokorrelationsfunktion** des Störsignals $n(t)$, die als Fourierintegral über den Kehrwert des normierten Störleistungsspektrums definiert ist:

$$\text{Def.:} \qquad w_n(\tau) = \int_{-\infty}^{+\infty} \frac{L_0}{L_n(f)}\, e^{j2\pi f\tau}\,df \qquad \text{Einheit: } 1/s. \qquad (6\text{-}12)$$

L_0 ist eine Normierungskonstante mit der Dimension eines Leistungsspektrums. Zwischen der inversen Autokorrelationsfunktion $w_n(\tau)$ und der AKF $l_n(\tau)$ des Störsignals $n(t)$ besteht dabei folgender Zusammenhang:

$$\frac{L_0}{L_n(f)} \qquad\qquad L_n(f) = L_0 \qquad\qquad\qquad\qquad (6\text{-}13)$$

$$w_n(\tau) \qquad * \qquad l_n(\tau) = L_0\,\delta(t).$$

Das innere Integral in Gl. 6-11 entspricht der Faltungsoperation $w_n(t) * \Delta e_i(t)$, so daß die Verbundwahrscheinlichkeitsdichte auch wie folgt dargestellt werden kann:

$$f_n\big(\Delta e_i(t)\big) = K \exp\left\{ - \frac{1}{2L_0} \int_{-\infty}^{+\infty} \Delta e_i(t)\Big[w_n(t)*\Delta e_i(t)\Big]dt \right\}. \qquad (6\text{-}14)$$

Da $\Delta e_i(t)$ die Differenz zwischen $e(t)$ und $\tilde{e}_i(t)$ darstellt, gilt für den Exponenten:

$$\{\dots\} = - \frac{1}{2L_0} \int_{-\infty}^{+\infty} e(t)\Big[w_n(t)*e(t)\Big]dt + \frac{1}{2L_0} \int_{-\infty}^{+\infty} e(t)\Big[w_n(t)*\tilde{e}_i(t)\Big]dt$$

$$+ \frac{1}{2L_0} \int_{-\infty}^{+\infty} \tilde{e}_i(t)\Big[w_n(t)*e(t)\Big]dt - \frac{1}{2L_0} \int_{-\infty}^{+\infty} \tilde{e}_i(t)\Big[w_n(t)*\tilde{e}_i(t)\Big]dt. \qquad (6\text{-}15)$$

Die beiden mittleren Integrale sind gleich, da

$$\int_{-\infty}^{+\infty} e(t) \int_{-\infty}^{+\infty} \tilde{e}_i(\tau)w_n(t-\tau)\,d\tau\,dt = \int_{-\infty}^{+\infty} \tilde{e}_i(t) \int_{-\infty}^{+\infty} e(\tau)w_n(t-\tau)\,d\tau\,dt \qquad (6\text{-}16)$$

ist. Setzt man dieses Ergebnis in Gl. 6-10 ein und logarithmiert man anschließend beide Seiten der Ungleichung, so erhält man nach einigen Umformungen die allgemeine Entscheidungsregel des MAP-Empfängers für gaußverteilte Störungen. Sie lautet:

Der Maximum-a-posteriori-Empfänger entscheidet sich unter allen $i=1, \ldots ,I$ möglichen Symbolfolgen $Q_N^{(i)}$ für diejenige Folge $Q_N^{(j)}$, für die gilt:

$$\int_{-\infty}^{+\infty} e(t)\left[w_n(t)*\tilde{e}_j(t)\right]dt - \frac{1}{2}\int_{-\infty}^{+\infty}\tilde{e}_j(t)\left[w_n(t)*\tilde{e}_j(t)\right]dt + L_0\ln(p_j) >$$
$$\qquad\qquad\qquad\qquad\qquad\qquad\qquad\bigvee_{\substack{i = 1\ldots I \\ i \neq j}}$$
$$> \int_{-\infty}^{+\infty} e(t)\left[w_n(t)*\tilde{e}_i(t)\right]dt - \frac{1}{2}\int_{-\infty}^{+\infty}\tilde{e}_i(t)\left[w_n(t)*\tilde{e}_i(t)\right]dt + L_0\ln(p_i). \tag{6-17}$$

Die Sinkensymbolfolge ist somit $V_N=Q_N^{(j)}$.

Das bedeutet, daß für die Realisierung des MAP-Empfängers alle I möglichen Empfangsnutzsignale $\tilde{e}_i(t)$, die inverse AKF $w_n(\tau)$ der Störungen bzw. das dazugehörige
Leistungsspektrum sowie die a-priori-Wahrscheinlichkeiten p_i der möglichen Quellensymbolfolgen $Q_N^{(i)}$ bekannt sein müssen.

Eine Vereinfachung des MAP-Empfängers stellt der **Maximum-Likelihood-Empfänger
(ML-Empfänger)** dar. Dieser besitzt keine Information über die a-priori-Wahrscheinlichkeiten und nimmt deshalb vereinfachend an, daß alle I a-priori-Wahrscheinlichkeiten p_i gleich sind. Der ML-Empfänger wählt die wahrscheinlichste Folge $V_N=Q_N^{(j)}$
unter dieser vereinfachten Annahme aus. In der Entscheidungsregel (Gl. 6-17) entfallen somit die beiden Terme $L_0\ln(p_j)$ bzw. $L_0\ln(p_i)$. Bei einer redundanzfreien
Quelle $(p_i=M^{-N}$ für alle i) besitzt der Maximum-Likelihood-Empfänger die gleichen
Eigenschaften wie der MAP-Empfänger.

Für den Sonderfall des gaußverteilten weißen Rauschens mit der Rauschleistungsdichte L_0 ergibt sich für die bezogene inverse AKF nach Def. 6-12:

$$w_n(\tau) = \delta(\tau), \tag{6-18}$$

so daß die Entscheidungsregel des ML-Empfängers gemäß Gl. 6-17 weiter vereinfacht
werden kann: $V_N=Q_N^{(j)}$, falls für alle $i\neq j$ gilt:

$$\int_{-\infty}^{+\infty} e(t)\tilde{e}_j(t)dt - \frac{1}{2}\int_{-\infty}^{+\infty}\left[\tilde{e}_j(t)\right]^2 dt > \int_{-\infty}^{+\infty} e(t)\tilde{e}_i(t)dt - \frac{1}{2}\int_{-\infty}^{+\infty}\left[\tilde{e}_i(t)\right]^2 dt \tag{6-19}$$

Sind weiterhin die Energien

$$E_e^{(i)} = \int_{-\infty}^{+\infty}\left[\tilde{e}_i(t)\right]^2 dt \qquad\qquad i = 1\ldots M^N \tag{6-20}$$

aller Empfangsnutzsignale gleich, so erhält man die einfachste Version eines Maximum-Likelihood-Empfängers mit der Entscheidungsregel:

$$\int_{-\infty}^{+\infty} e(t)\tilde{e}_j(t)dt > \int_{-\infty}^{+\infty} e(t)\tilde{e}_i(t)dt \qquad\qquad \bigvee_{\substack{i = 1\ldots M^N \\ i \neq j}}. \tag{6-21}$$

6.2 Optimale Empfänger zur Detektion der gesamten Nachricht

Es gibt mehrere, prinzipiell unterschiedliche Möglichkeiten, die allgemeine Entscheidungsregel des optimalen Empfängers nach Gl. 6-17 durch eine Schaltungsanordnung zu implementieren. In diesem Abschnitt werden drei alternative Realisierungsformen anhand ihrer Blockschaltbilder vorgestellt, wobei jeweils die Detektion der gesamten Nachricht in einem einzigen Entscheidungsprozeß erfolgt.

6.2.1 Korrelationsempfänger

Die **Kreuzkorrelationfunktion (KKF)** zweier ergodischer Prozesse $x(t)$ und $y(t)$ ist analog zur AKF durch folgenden Ausdruck gegeben, vgl. Def. 2-18:

$$\text{Def.:} \quad l_{xy}(\tau) = \lim_{T_0 \to \infty} \frac{1}{2T_0} \int_{-T_0}^{+T_0} x(t)y(t+\tau)dt \qquad \text{Einheit: z.B. } V^2. \qquad (6\text{-}22)$$

Ist zumindest eines der beiden Signale zeitlich begrenzt und damit energiebegrenzt, so muß analog zu Def. 2-23 auf die **Energie-KKF** übergegangen werden:

$$\text{Def.:} \quad l_{xy}^{\bullet}(\tau) = \int_{-\infty}^{+\infty} x(t)y(t+\tau)dt \qquad \text{Einheit: z.B. } V^2s. \qquad (6\text{-}23)$$

Betrachtet man die Entscheidungsregel von Gl. 6-17, so läßt sich das erste Integral als Energie-KKF der beiden Zeitfunktionen $e(t)$ und $w_n(t)*\tilde{e}_i(t)$ zum Zeitpunkt $\tau=0$ darstellen. Das Empfangssignal $e(t)$ muß deshalb mit allen $I \leq M^N$ möglichen Signalen $w_n(t)*\tilde{e}_i(t)$ korreliert, d.h. multipliziert und anschließend integriert werden, vgl. Bild 6.2a. Die Faltung zwischen dem i-ten Empfangsnutzsignal $\tilde{e}_i(t)$ und der inversen Autokorrelationsfunktion $w_n(t)$ läßt sich z.B. durch ein Filter mit dem Frequenzgang $L_0/L_n(f)$ realisieren, vgl. Def.6-12.

Das zweite Integral in Gl. 6-17 entspricht einer festen, vom Empfangssignal $e(t)$ unabhängigen Energie und wird mit

$$\text{Def.:} \quad E_d^{(i)} = \int_{-\infty}^{+\infty} \tilde{e}_i(t)\left[w_n(t)*\tilde{e}_i(t)\right]dt \qquad (6\text{-}24)$$

abgekürzt. Für weißes Rauschen, d.h. für $w_n(t)=\delta(t)$ ist $E_d^{(i)}$ identisch mit $E_e^{(i)}$ nach Gl. 6-20. Mit dem Satz von Parseval

$$\int_{-\infty}^{+\infty} x(t)y(t)dt = \int_{-\infty}^{+\infty} X(f)Y^*(f)df \qquad (6\text{-}25)$$

kann hierfür auch geschrieben werden:

$$E_d^{(i)} = \int_{-\infty}^{+\infty} \frac{L_0}{L_n(f)} |\tilde{E}_i(f)|^2 df. \qquad (6\text{-}26)$$

Die zu den einzelnen Symbolfolgen $Q_N^{(i)}$ 'gehörigen Energien $E_d^{(i)}$ müssen dem Empfänger bekannt sein und werden ebenso wie die Wahrscheinlichkeiten p_i durch die Konstanten

$$K_i = L_0 \ln(p_i) - \frac{1}{2} E_d^{(i)} \qquad (i = 1 \ldots I) \qquad (6\text{-}27)$$

berücksichtigt, siehe Bild 6.2. Der Korrelationsempfänger bestimmt also für alle I möglichen Symbolfolgen $Q_N^{(i)}$ die Größen

$$\int\limits_{-\infty}^{+\infty} e(t)\,\Big[w_n(t) * \tilde{e}_i(t)\Big]\,dt + K_i$$

und wählt diejenige mit dem größten Wert aus. Die zu dieser Größe gehörige Quellensymbolfolge $Q_N^{(j)}$ ist dann die wahrscheinlichste aller möglichen empfangenen Symbolfolgen und wird als Sinkensymbolfolge V_N ausgegeben. Sind alle a-priori-Wahrscheinlichkeiten gleich und besitzen alle Empfangsnutzsignale die gleiche Energie, so müssen die Konstanten K_i nicht berücksichtigt werden.

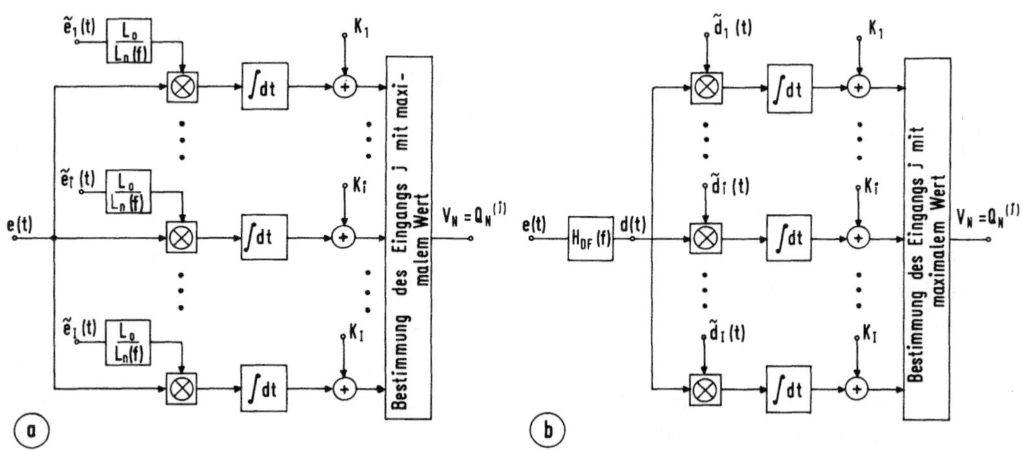

Bild 6.2:   Blockschaltbild eines Korrelationsempfängers in zwei verschiedenen Konfigurationen.

Bild 6.2b zeigt, daß sich der Korrelationsempfänger bei Verwendung eines geeigneten Empfangsfilters $H_E(f) = H_{DF}(f)$ ohne Informationsverlust auch einfacher realisieren läßt. Dabei bezeichnet $H_{DF}(f)$ ein **Dekorrelationsfilter**, für das in der englischsprachigen Literatur der Begriff "Whitening Filter" üblich ist. Dieses Filter besitzt die Eigenschaft, daß der Störanteil $\overset{\times}{d}(t)$ seines Ausgangssignals keine statistischen Bindungen aufweist, d.h. es gilt für das Störleistungsspektrum:

$$L_d^{\times}(f) = L_n(f)\,|H_{DF}(f)|^2 = L_0 = \text{const.} \qquad (6\text{-}28)$$

Daraus läßt sich der Amplitudengang des Dekorrelationsfilters ableiten:

$$|H_{DF}(f)| = \sqrt{\frac{L_0}{L_n(f)}}\,. \qquad (6\text{-}29)$$

Der Phasengang ist beliebig, da er das Detektionsstörsignal nicht beeinflußt.

Das Detektionssignal ergibt sich aus der Faltungsoperation $d(t)=e(t)*h_{DF}(t)$. Mit den möglichen Detektionsnutzsignalen

$$\tilde{d}_i(t) = \tilde{e}_i(t)*h_{DF}(t) \qquad (i = 1...I) \qquad (6\text{-}30)$$

erhält man somit für das erste Integral in der Entscheidungsregel (Gl. 6-17) des MAP-Empfängers durch zweimalige Anwendung des Satzes von Parseval, vgl. Gl. 6-25:

$$\int\limits_{-\infty}^{+\infty} e(t)\left[w_n(t)*\tilde{e}_i(t)\right]dt = \int\limits_{-\infty}^{+\infty} E^*(f)\left[\frac{L_o}{L_n(f)}\tilde{E}_i(f)\right]df = \tag{6-31}$$

$$= \int\limits_{-\infty}^{+\infty}\left[E(f)\sqrt{\frac{L_o}{L_n(f)}}\right]^*\left[\sqrt{\frac{L_o}{L_n(f)}}\tilde{E}_i(f)\right]df = \int\limits_{-\infty}^{+\infty} D^*(f)\tilde{D}_i(f)df = \int\limits_{-\infty}^{+\infty} d(t)\tilde{d}_i(t)dt.$$

Das zweite Integral, das bereits in Gl. 6-24 mit $E_d^{(i)}$ abgekürzt wurde, entspricht tatsächlich der Energie des i-ten Detektionsnutzsignals $\tilde{d}_i(t)$ bei Verwendung eines Dekorrelationsfilters:

$$E_d^{(i)} = \int\limits_{-\infty}^{+\infty}\left[\tilde{d}_i(t)\right]^2 dt. \tag{6-32}$$

Somit lautet die Entscheidungsregel für den Korrelationsempfänger mit Dekorrelationsfilter:

$$\boxed{V_N = Q_N^{(j)},\ \text{falls}\ \int\limits_{T_1}^{T_2} d(t)\tilde{d}_j(t)dt + K_j > \int\limits_{T_1}^{T_2} d(t)\tilde{d}_i(t)dt + K_i\ \bigvee \begin{array}{l} i=1...I \\ i\neq j. \end{array}} \tag{6-33}$$

Da alle Detektionsnutzsignale $\tilde{d}_i(t)$ vor einem Zeitpunkt T_1 (bevor das erste Symbol gesendet wurde) sowie ab einem bestimmten Zeitpunkt T_2 identisch Null sind, ist es ausreichend, nur vom Zeitpunkt $t=T_1$ bis zum Zeitpunkt $t=T_2$ zu integrieren.

6.2.2 Matched-Filter-Empfänger

Die nach Gl. 6-17 für die Entscheidungsregel des MAP-Empfängers benötigten Integrale können auch durch lineare Filterung und anschließende Abtastung implementiert werden. Bild 6.3 zeigt die entsprechende Anordnung, die im folgenden als **Matched-Filter-Empfänger** bezeichnet wird.

Das lineare Filter im i-ten Zweig des Empfängers ist ein Matched-Filter, das auf das Empfangsnutzsignal $\tilde{e}_i(t)\circ\!\!-\!\!\bullet\tilde{E}_i(f)$ und auf das Störleistungsspektrum $L_n(f)$ angepaßt ist. Für den Frequenzgang und die Impulsantwort dieses Filters gilt:

$$\text{Def.:} \qquad H_{MF}^{(i)}(f) = K_{MF}\frac{L_o}{L_n(f)}\tilde{E}_i^*(f) \tag{6-34}$$

$$\text{Def.:} \qquad h_{MF}^{(i)}(t) = K_{MF}w_n(t)*\tilde{e}_i(-t). \tag{6-35}$$

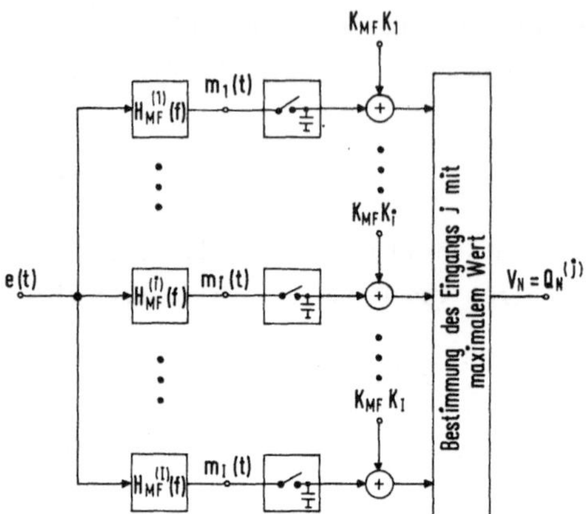

Bild 6.3:
Matched-Filter-Empfänger.

Die frei zu wählende Konstante K_{MF} mit der Einheit 1/Vs ist notwendig, um einen dimensionslosen Frequenzgang zu gewährleisten. Liegt am Eingang des Matched-Filters
das Empfangssignal e(t) an, so erhält man für das Ausgangssignal:

$$m_i(t) = e(t)*h_{MF}^{(i)}(t) = K_{MF} \int_{-\infty}^{+\infty} e(\tau)h_{MF}^{(i)}(t-\tau)d\tau. \qquad (6-36)$$

Für den Zeitpunkt t=0 folgt unter Berücksichtigung von Gl. 6-35:

$$m_i(0) = K_{MF} \int_{-\infty}^{+\infty} e(\tau)\left[w_n(-\tau)*\tilde{e}_i(\tau)\right]d\tau. \qquad (6-37)$$

Mit der Symmetrieeigenschaft $w_n(-\tau)=w_n(\tau)$ und der Umbenennung $\tau \rightarrow t$ folgt daraus:

$$\int_{-\infty}^{+\infty} e(t)\left[w_n(t)*\tilde{e}_i(t)\right]dt = m_i(0)/K_{MF}. \qquad (6-38)$$

Setzt man dieses Ergebnis in die allgemeine Regel des MAP-Empfängers gemäß Gl. 6-17
ein, so erhält man für die Entscheidungsregel des Matched-Filter-Empfängers mit den
Konstanten K_j bzw. K_i nach Gl. 6-27:

$$V_N = Q_N^{(j)}, \text{ falls } m_j(0) + K_{MF}K_j > m_i(0) + K_{MF}K_i \qquad \bigvee \begin{array}{l} i = 1...I \\ i \neq j. \end{array} \qquad (6-39)$$

Die Ausgangssignale $m_i(t)$ der insgesamt I verschiedenen Matched-Filter müssen zum
Zeitpunkt $T_D=0$ abgetastet und dazu die konstanten Werte $K_{MF} \cdot K_i$ addiert werden. An-
schließend muß der größte dieser I Werte gesucht und die zu diesem Wert gehörige
Symbolfolge $Q_N^{(j)}$ als wahrscheinlichste Nachricht ausgegeben werden, vgl. Bild 6.3.

Anmerkung: Die Filter $H_{MF}^{(i)}(f)$ sind hier als nicht kausal angenommen. Für eine Realisierung lassen sie sich durch kausale Filter ersetzen. Die dafür notwendige zusätzliche Laufzeit kann durch geeignete Wahl des Abtastzeitpunktes $T_D>0$ berücksichtigt werden.

6.2.3 Empfänger mit Störenergie-Detektor

Bei den beiden bisher vorgestellten optimalen Empfängern wurde die Realisierung von der Entscheidungsregel nach Gl. 6-17 ausgehend durchgeführt. Dabei ist die maximale Ähnlichkeit zwischen dem Empfangssignal und den möglichen Empfangsnutzsignalen Grundlage der Detektion. Diese Ähnlichkeiten wurden durch Kreuzkorrelationen beziehungsweise durch Matched-Filter (=Korrelationsfilter) bestimmt.

Eine weitere Realisierungsform ergibt sich, wenn die Abweichungen des (eventuell gefilterten) Empfangssignals von den möglichen Nutzsignalen betrachtet werden. Bild 6.4 zeigt das Blockschaltbild eines nach diesem Prinzip arbeitenden Entscheiders, der häufig als Empfänger mit **Störenergie-Detektor** bezeichnet wird, vgl. [6.20]. Das Empfangssignal $e(t)$ wird dabei zunächst über ein Dekorrelationsfilter $H_{DF}(f)$ gemäß Gl. 6-29 geleitet, so daß der Störanteil $\overset{\times}{d}(t)$ des Detektionssignals $d(t)$ keine statistischen Bindungen aufweist, d.h. es ist $L_{\overset{\times}{d}}(f)=L_o=$const.

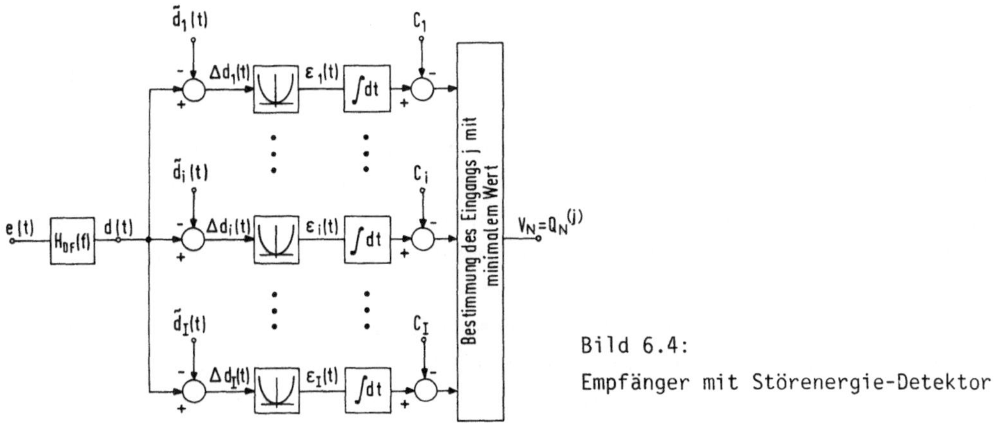

Bild 6.4:
Empfänger mit Störenergie-Detektor.

Geht man von den Gleichungen 6-10 und 6-11 aus, so lautet die Entscheidungsregel des Maximum-a-posteriori-Empfängers:

$$\int_{-\infty}^{+\infty} \Delta e_j(t)\left[w_n(t)*\Delta e_j(t)\right] dt - 2L_o \ln p_j <$$

$$< \int_{-\infty}^{+\infty} \Delta e_i(t)\left[w_n(t)*e_i(t)\right] dt - 2L_o \ln p_i \qquad \bigvee \begin{array}{l} i = 1...I \\ i \neq j. \end{array} \qquad (6\text{-}40)$$

Bei Verwendung eines Dekorrelationsfilters kann dafür analog zu Gl. 6-31 auch geschrieben werden:

$$\int_{-\infty}^{+\infty} \left[\Delta d_j(t)\right]^2 dt - 2L_o \ln p_j < \int_{-\infty}^{+\infty} \left[\Delta d_i(t)\right]^2 dt - 2L_o \ln p_i \; . \qquad (6\text{-}41)$$

Die Differenz zwischen dem tatsächlichen Detektionssignal $d(t)$ und dem i-ten möglichen Detektionsnutzsignal $\tilde{d}_i(t)$ ist hierbei analog zu Def. 6-5 mit

$$\text{Def.:} \qquad \Delta d_i(t) = d(t) - \tilde{d}_i(t) \tag{6-42}$$

abgekürzt; sie wird im weiteren als **lineare Fehlergröße** bezeichnet. Daraus kann die **quadratische Fehlergröße** als die momentane quadratische Abweichung zwischen dem Detektionssignal und dem zur Folge $Q_N^{(i)}$ gehörenden Nutzsignal $\tilde{d}_i(t)$ berechnet werden:

$$\text{Def.:} \qquad \varepsilon_i(t) = \left[\Delta d_i(t)\right]^2 = \left[d(t) - \tilde{d}_i(t)\right]^2 \tag{6-43}$$

Das Integral über die quadratische Fehlergröße $\varepsilon_i(t)$ gibt die Energie des Differenzsignals $\Delta d_i(t)$ an, die im folgenden als die **Störenergie** bezeichnet wird:

$$\text{Def.:} \qquad E_{\Delta d}^{(i)} = \int_{T_1}^{T_2} \varepsilon_i(t)dt = \int_{T_1}^{T_2} \left[d(t) - \tilde{d}_i(t)\right]^2 dt. \tag{6-44}$$

T_1 bzw. T_2 kennzeichnen das Zeitintervall, in dem die einzelnen Detektionsnutzsignale unterschiedlich sind. Für $t<T_1$ und $t>T_2$ wird vorausgesetzt, daß alle Nutzsignale $\tilde{d}_i(t)$ identisch sind.

Die hier definierte Störenergie $E_{\Delta d}^{(i)}$ gibt an, welche Energie ein Störsignal im Zeitintervall $T_1 \ldots T_2$ besitzen müßte, damit das zu der betrachteten Folge $Q_N^{(i)}$ gehörige Detektionsnutzsignal $\tilde{d}_i(t)$ in das tatsächliche Detektionssignal $d(t)$ verfälscht würde. Wurde die Folge $Q_N=Q_N^{(k)}$ gesendet, so stellt die Störenergie $E_{\Delta d}^{(k)}$ die tatsächliche Störenergie des Detektionssignals dar.

Bild 6.4 zeigt das Blockschaltbild eines Empfängers mit Störenergie-Detektor. Der Empfänger bildet für alle I möglichen Symbolfolgen $Q_N^{(i)}$ die quadratischen Fehlergrößen $\varepsilon_i(t)$ und daraus durch Integration die Störenergie. Die unterschiedlichen a-priori-Wahrscheinlichkeiten werden durch die Konstanten

$$C_i = - 2L_0\ln p_i \qquad (i = 1\ldots I) \tag{6-45}$$

berücksichtigt. Der Einfluß der unterschiedlichen Energien der einzelnen Nutzsignale ist beim Störenergie-Detektor bereits implizit enthalten und muß somit nicht wie beim Korrelations-Empfänger und beim Matched-Filter-Empfänger durch die Konstanten berücksichtigt zu werden.

Somit lautet die Entscheidungsregel des Empfängers mit Störenergie-Detektor:

$$\boxed{V_N = Q_N^{(j)}, \text{ falls } E_{\Delta d}^{(j)} + C_j < E_{\Delta d}^{(i)} + C_i} \qquad \bigwedge \begin{matrix} i = 1\ldots I \\ i \neq j. \end{matrix} \tag{6-46}$$

Teilt man die Störenergie $E_{\Delta d}^{(i)}$ durch die Integrationszeit T_2-T_1, so ergibt sich die mittlere quadratische Abweichung (Fehler) des Detektionssignals $d(t)$ vom Nutzsignalverlauf $\tilde{d}_i(t)$. Bei gleichwahrscheinlichen Quellensymbolfolgen wählt deshalb der Störenergie-Detektor diejenige Folge aus, die den kleinsten mittleren quadratischen Fehler aufweist.

6.3 Optimale Empfänger zur Detektion von Teilnachrichten (Viterbi-Empfänger)

Bisher wurde davon ausgegangen, daß der Detektor die Sinkensymbolfolge in einem einzigen Entscheidungsprozeß bestimmt. Der Aufwand für die Realisierung eines solchen Detektors steigt exponentiell mit der Länge der zu detektierenden Folgen. Bei den bisherigen Annahmen wurde außerdem davon ausgegangen, daß nach N Sendesymbolen keine weiteren mehr folgen, bis der Detektionsprozeß abgeschlossen ist. Dies bedeutet, daß nach N Symbolen eine Pause erforderlich ist, bis weitere N Symbole gesendet werden können.

In diesem Abschnitt werden die Entscheidungsregeln so abgewandelt, daß eine optimale Detektion von Teilen der empfangenen Nachricht durchgeführt werden kann, bevor der Empfänger das gesamte Empfangssignal erhalten hat. Da diese Empfänger den Viterbi-Algorithmus entweder direkt oder in einer modifizierten Form benutzen, werden sie als Viterbi-Empfänger bezeichnet.

Dieses Konzept besitzt den Vorteil, daß es mit wesentlich geringerem Aufwand zu realisieren ist. Es ist dann die optimale Detektion einer unendlich langen Symbolfolge möglich, wobei allerdings - wie bei jeder Realisierung - eine mehr oder weniger starke Abweichung von der optimalen Detektion in Kauf genommen werden muß.

Da einzelne entschiedene Symbole bereits ausgegeben werden sollen, bevor die gesamte Nachricht gesendet wurde, ist es im allgemeinen nicht möglich, die a-priori-Wahrscheinlichkeiten p_i mit in den Detektionsprozeß einzubeziehen. Deshalb wird im folgenden nur der Maximum-Likelihood-Empfänger betrachtet.

6.3.1 Optimale Maximum-Likelihood-Detektion mit periodischer Abtastung

Bild 6.5 zeigt das Blockschaltbild eines optimalen Viterbi-Empfängers. Aus dem kontinuierlichen Empfangssignal e(t) werden zunächst geeignete Abtastwerte

$$d_\nu = d(T_D + \nu T) = \tilde{d}_\nu + \overset{\times}{d}_\nu \qquad (6\text{-}47)$$

gewonnen, die der nachfolgende Viterbi-Detektor für die Bestimmung der wahrscheinlichsten Symbolfolge benötigt. Dies geschieht durch die Verwendung eines Matched-Filters, eines idealen Abtasters und eines Transversal-Filters. Im folgenden wird gezeigt, daß aus diesen Abtastwerten d_ν die für den optimalen Empfänger benötigten Größen ebenfalls bestimmt werden können, wodurch der Realisierungsaufwand gegenüber den in Abschnitt 6.2 beschriebenen ML-Empfängern wesentlich verringert wird.

Bei einem optimalen ML-Empfänger müssen nach der allgemeinen Entscheidungsregel von Gl. 6-17 insgesamt M^N verschiedene Integrale der Form

$$I_i = \int\limits_{-\infty}^{+\infty} e(t)\left[w_n(t) * \tilde{e}_i(t)\right] dt \qquad (6\text{-}48)$$

ermittelt werden. Für das i-te Empfangsnutzsignal gilt dabei analog zu Gl. 2-43:

$$\tilde{\tilde{e}}_i(t) = \sum_{\nu=1}^{N} a_\nu^{(i)} g_e(t-\nu T). \qquad (6\text{-}49)$$

Setzt man diesen Ausdruck in Gl. 6-48 ein, so erhält man nach Vertauschen von Summation und Integration und Ausschreiben des Faltungsintegrals:

$$I_i = \sum_{\nu=1}^{N} a_\nu^{(i)} \int_{-\infty}^{+\infty} e(\tau) \int_{-\infty}^{+\infty} w_n(\tau')g_e(\tau-\tau'-\nu T)d\tau'd\tau. \qquad (6\text{-}50)$$

Aus Darstellungsgründen wurde dabei die Integrationsvariable t in τ umbenannt.

Das in der Summe stehende Doppelintegral ist bis auf eine Konstante gleich dem Ausgangssignal m(t) eines Matched-Filters zum Zeitpunkt t=νT, das an den Empfangs-Grundimpuls $g_e(t)$ und an das Störleistungsspektrum $L_n(f)$ angepaßt ist. Für den Frequenzgang und die Impulsantwort des Matched-Filters gilt analog zu Gl. 6-35:

$$H_{MF}(f) = K_{MF} \frac{L_o}{L_n(f)} G_e^*(f)$$

$$\qquad (6\text{-}51)$$

$$h_{MF}(t) = K_{MF}\left[w_n(t)*g_e(-t)\right].$$

Liegt am Eingang des Matched-Filters das Empfangssignal e(t) an, so ergibt sich für das Ausgangssignal:

$$m(t) = \int_{-\infty}^{+\infty} e(\tau)h_{MF}(t-\tau)d\tau = K_{MF} \int_{-\infty}^{+\infty} e(\tau) \int_{-\infty}^{+\infty} w_n(\tau')g_e(\tau-\tau'-t)d\tau'd\tau. \qquad (6\text{-}52)$$

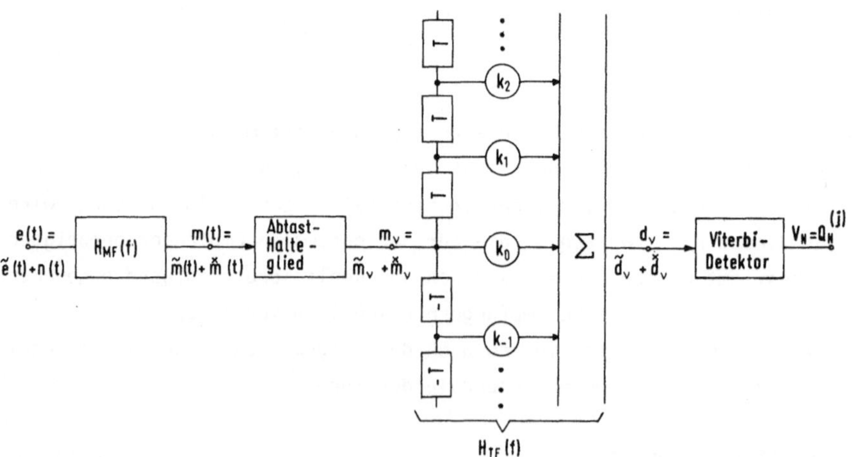

Bild 6.5:   Optimaler Empfänger mit Matched-Filter, idealem Abtaster, diskretem Dekorrelationsfilter und Viterbi-Detektor.

Hierbei ist berücksichtigt, daß die inverse AKF $w_n(\tau)$ gemäß Def. 6-12 symmetrisch ist. Ein Vergleich von Gl. 6-50 mit Gl. 6-52 macht deutlich, daß die für die optimale Detektion erforderlichen Integrale sich wie folgt darstellen lassen:

$$I_i = \frac{1}{K_{MF}} \sum_{\nu=1}^{N} a_\nu^{(i)} m_\nu \; .$$ (6-53)

Hierbei ist $m_\nu = m(\nu T)$ der Abtastwert des Matched-Filter-Ausgangssignals zu den Zeitpunkten νT, vgl. Bild 6.5. Die Summe der mit den möglichen Amplitudenkoeffizienten $a_\nu^{(i)}$ bewerteten Abtastwerte m_ν ist somit bis auf eine dimensionsbehaftete Konstante identisch mit I_i.

Im folgenden wird weiter gezeigt, daß auch die für die allgemeine Entscheidungsregel von Gl. 6-17 erforderlichen Energien $E_d^{(i)}$ in Abhängigkeit der möglichen Amplitudenkoeffizienten bestimmt werden können. Dazu benötigt man den Matched-Filter-Grundimpuls $g_m(t)$ als Antwort des Matched-Filters auf einen Empfangs-Grundimpuls $g_e(t)$ an seinem Eingang, wobei mit Gl. 6-51 gilt:

$$g_m(t) = g_e(t) * h_{MF}(t) = K_{MF}\left[w_n(t) * g_e(t) * g_e(-t)\right] \; .$$ (6-54)

$g_e(t) * g_e(-t)$ ist die Energie-AKF $l_{ge}^{\bullet}(t)$ des Empfangs-Grundimpulses, vgl. Def. 2-23. Somit kann für den Matched-Filter-Grundimpuls auch geschrieben werden:

$$g_m(t) = K_{MF}\left[w_n(t) * l_{ge}^{\bullet}(t)\right] \; .$$ (6-55)

Da $w_n(t)$ und $l_{ge}^{\bullet}(t)$ symmetrische Funktionen sind, ist auch $g_m(t)$ symmetrisch.

Die Energie $E_d^{(i)}$ nach Def. 6-24 kann mit Gl. 6-49 wie folgt dargestellt werden:

$$E_d^{(i)} = \int_{-\infty}^{+\infty} \sum_{\nu=1}^{N} a_\nu^{(i)} g_e(t-\nu T)\left[w_n(t) * \sum_{\lambda=1}^{N} a_\lambda^{(i)} g_e(t-\lambda T)\right] dt,$$ (6-56)

woraus man mit Gl. 6-54 nach einigen Umformungen erhält:

$$E_d^{(i)} = \frac{1}{K_{MF}} \sum_{\nu=1}^{N} a_\nu^{(i)} \sum_{\lambda=1}^{N} a_\lambda^{(i)} g_m\left((\nu-\lambda)T\right) \; .$$ (6-57)

Nach der Substitution $\kappa = \nu - \lambda$ folgt daraus:

$$E_d^{(i)} = \frac{1}{K_{MF}} \sum_{\nu=1}^{N} a_\nu^{(i)} \sum_{\kappa=\nu-N}^{\nu-1} a_{\nu-\kappa}^{(i)} g_m(\kappa T) \; .$$ (6-58)

Die für die ML-Detektion nach Gl. 6-17 benötigten Integrale sind nun bestimmt. Berücksichtigt man außerdem, daß die Konstante K_{MF} sowohl in Gl. 6-53 als auch in Gl. 6-58 auftritt, so lautet die Entscheidungsregel des Maximum-Likelihood-Empfängers bei Verwendung eines Matched-Filters und eines idealen Abtasters:

$$\sum_{\nu=1}^{N} a_{\nu}^{(j)} \left[2 m_{\nu}^{(j)} - \sum_{\kappa=\nu-N}^{\nu-1} a_{\nu-\kappa}^{(j)} g_m(\kappa T) \right] >$$

$$> \sum_{\nu=1}^{N} a_{\nu}^{(i)} \left[2 m_{\nu}^{(i)} - \sum_{\kappa=\nu-N}^{\nu-1} a_{\nu-\kappa}^{(i)} g_m(\kappa T) \right] \qquad \bigvee \begin{array}{l} i = 1 \ldots M^N \\ i \neq j. \end{array} \qquad (6\text{-}59)$$

Damit ist gezeigt, daß die N Abtastwerte $m_\nu = \tilde{m}_\nu + \overset{\times}{m}_\nu$ des Matched-Filter-Ausgangssignals die gesamte Information enthalten, die zur optimalen Detektion benötigt wird, so daß der Realisierungsaufwand des optimalen Empfängers reduziert werden kann.

Durch Verwendung eines zusätzlichen Filters läßt sich die Entscheidungsregel gegenüber Gl.6-59 noch weiter vereinfachen. Die Störanteile $\overset{\times}{m}_\nu$ des zu den Zeitpunkten νT abgetasteten Signals $m(t)$ weisen statistische Bindungen auf, die durch die diskrete Autokorrelationsfunktion beschrieben werden:

Def.: $\qquad l_m^{\times}(\lambda T) = \overline{\overset{\times}{m}_\nu \overset{\times}{m}_{\nu+\lambda}}$ $\qquad\qquad\qquad\qquad\qquad\qquad$ (6-60)

Mit den Gleichungen 2-19, 2-68 und 6-51 kann für diese AKF geschrieben werden:

$$l_m^{\times}(\lambda T) = \int_{-\infty}^{+\infty} L_n(f) |H_{MF}(f)|^2 e^{j2\pi f\lambda T} df = K_{MF}^2 \int_{-\infty}^{+\infty} \frac{L_o^2}{L_n(f)} |G_e(f)|^2 e^{j2\pi f\lambda T} df.$$

$$(6\text{-}61)$$

Durch ein geeignet dimensioniertes Filter kann nun erreicht werden, daß die Störabtastwerte $\overset{\times}{d}_\nu = \overset{\times}{d}(\nu t)$ unkorreliert sind, das heißt, daß die dazugehörige AKF $l_d^{\times}(\tau)$ zu den Zeitpunkten $\tau = \nu T$ Nullstellen aufweist. Außerhalb der äquidistanten Abtastzeitpunkte νT kann $l_d^{\times}(\tau)$ beliebig sein, so daß die Verwendung eines Transversalfilters möglich ist, vgl. Bild 6.5. Dieses Filter wird im folgenden als **diskretes Dekorrelationsfilter** bezeichnet. Für den Frequenzgang und die Impulsantwort gilt analog zu Bild 5.6:

$$H_{TF}(f) = \sum_{\lambda=-\infty}^{+\infty} k_\lambda\, e^{-j2\pi f\lambda T} \qquad\qquad\qquad (6\text{-}62)$$

$$h_{TF}(t) = \sum_{\lambda=-\infty}^{+\infty} k_\lambda\, \delta(t-\lambda T) \qquad\qquad\qquad (6\text{-}63)$$

Die Koeffizienten k_λ dieses Filters lassen sich aus der Bedingung

$$l_d^{\times}(\lambda T) = l_m^{\times}(\lambda T) * \left[h_{TF}(\lambda T) * h_{TF}(-\lambda T) \right] \overset{!}{=} 0 \qquad\qquad \text{für } \lambda \neq 0 \qquad (6\text{-}64)$$

bestimmen. Hierbei ist zu beachten, daß die Autokorrelationsfunktion keine Aussage über den Phasengang des Filters $H_{TF}(f)$ enthält und damit für die Koeffizienten des Transversalfilters beliebig viele Lösungen möglich sind, vgl. [6.20].

Besitzt das Störleistungsspektrum $L_n(f)$ im interessierenden Frequenzbereich keine Nullstelle, so kann aus den Detektionsabtastwerten d_ν eine optimale Entscheidung abgeleitet werden. Da die Störabtastwerte $\overset{x}{d}_\nu$ unkorreliert sind, gilt für den Maximum-Likelihood-Empfänger ($p_i = p_j$ für alle i,j) analog zu Gl. 6-41 folgende Entscheidungsregel:

$$V_N = Q_N^{(j)}, \text{ falls } \sum_{\nu=-\infty}^{+\infty} \left[d_\nu - \tilde{d}_\nu^{(j)} \right]^2 < \sum_{\nu=-\infty}^{+\infty} \left[d_\nu - \tilde{d}_\nu^{(i)} \right]^2 \quad \forall\, i \neq j. \qquad (6\text{-}65)$$

Der Detektionsabtastwert d_ν berechnet sich aus den Abtastwerten des Matched-Filter-Signals $m(t)$ und den Koeffizienten k_λ des diskreten Dekorrelationsfilters:

$$d_\nu = d(\nu T) = m(t) * h_{TF}(t) \Big|_{t=\nu T} = \sum_{\lambda=-\infty}^{+\infty} k_{\nu-\lambda} m_\lambda . \qquad (6\text{-}66)$$

Wurde die Symbolfolge $Q_N^{(i)}$ gesendet, so gilt in Anlehnung an Gl. 3-10 für die möglichen Detektionsnutzabtastwerte:

$$\tilde{d}_\nu^{(i)} = \sum_{\kappa=-\infty}^{+\infty} a_{\nu-\kappa}^{(i)} g_\kappa . \qquad (6\text{-}67)$$

$g_\kappa = g_d(T_D + \kappa T)$ bezeichnet hierbei die Detektions-Grundimpulswerte nach Def. 3-11, die aus dem Matched-Filter-Grundimpuls $g_m(t)$ und den Filterkoeffizienten k_λ berechnet werden können. Aus Gründen einer einheitlichen und möglichst einfachen Beschreibung des Detektionsvorgangs wird für den Rest dieses Kapitels festgelegt, daß der Detektions-Grundimpuls $g_d(t)$ durch die $v+1$ Grundimpulswerte $g_{-v}, \ldots, g_o$ vollständig beschrieben werden kann:

$$g_\kappa = g_d(T_D + \kappa T) = 0 \quad \text{für} \quad \kappa < -v \quad \text{bzw.} \quad \kappa > 0. \qquad (6\text{-}68)$$

Diese Festlegung ist keine entscheidende Einschränkung, da jeder Grundimpuls $g_d(t)$ bei geeigneter Wahl des Detektionszeitpunktes T_D diese Bedingung erfüllen kann. v kennzeichnet somit wie in vorausgegangenen Abschnitten die Anzahl der Vorläufer.

Mit dieser Voraussetzung sind für $\nu < 1-v$ bzw. $\nu > N$ alle möglichen Detektionsnutzabtastwerte $\tilde{d}_\nu^{(i)} = 0$, so daß diese Abtastwerte für die Entscheidung nicht berücksichtigt werden müssen. Somit erhält man die Entscheidungsregel für den ML-Empfänger mit Matched-Filter und diskretem Dekorrelationsfilter, vgl. Gl. 6-65:

$$V_N = Q_N^{(j)}, \text{ falls für alle } i \neq j \text{ gilt:}$$
$$\sum_{\nu=1-v}^{N} \left[d_\nu - \sum_{\kappa=-v}^{0} a_{\nu-\kappa}^{(j)} g_\kappa \right]^2 < \sum_{\nu=1-v}^{N} \left[d_\nu - \sum_{\kappa=-v}^{0} a_{\nu-\kappa}^{(i)} g_\kappa \right]^2 . \qquad (6\text{-}69)$$

Dieses Ergebnis besagt, daß für die optimale Detektion einer Folge von N Symbolen nur $N+v$ Abtastwerte benötigt werden, wobei v die Anzahl der Vorläufer des betrachteten Detektions-Grundimpulses angibt.

6.3.2 Iterative Fehlergrößenberechnung

Im folgenden bezeichnet die ν-te **Fehlergröße** der Symbolfolge $Q_N^{(i)}$ den quadratischen Fehler zwischen dem tatsächlichen Abtastwert d_ν und dem entsprechenden, zur Folge $Q_N^{(i)}$ gehörigen Nutzabtastwert $\tilde{d}_\nu^{(i)}$, vgl. Def. 6-43:

$$\text{Def.:} \quad \varepsilon_\nu^{(i)} = \left[d_\nu - \tilde{d}_\nu^{(i)} \right]^2 \qquad (\nu = 1 - v, \ldots, N). \tag{6-70}$$

Die Summe aller Fehlergrößen $\varepsilon_\nu^{(i)}$ bis zum Zeitpunkt νT wird als die ν-te **Gesamtfehlergröße** bezeichnet:

$$\text{Def.:} \quad \gamma_\nu^{(i)} = \sum_{k=1-v}^{\nu} \varepsilon_k^{(i)} \qquad (\nu = 1 - v, \ldots, N). \tag{6-71}$$

Für $\nu < -v$ sei $\gamma_\nu^{(i)} = 0$. Mit dieser Definition und Gl. 6-65 lautet die Entscheidungsregel des optimalen Empfängers:

$$\boxed{V_N = Q_N^{(j)}, \text{ falls } \gamma_N^{(j)} < \gamma_N^{(i)}} \qquad \bigvee \begin{array}{l} i = 1 \ldots M^N \\ i \neq j. \end{array} \tag{6-72}$$

Wie aus der Def. 6-71 zu ersehen ist, kann die Gesamtfehlergröße iterativ berechnet werden:

$$\gamma_\nu^{(i)} = \gamma_{\nu-1}^{(i)} + \varepsilon_\nu^{(i)} \qquad (\nu = 1 - v, \ldots, N), \tag{6-73}$$

wobei für die ν-te Fehlergröße nach Gl. 6-70 gilt:

$$\varepsilon_\nu^{(i)} = \left[d_\nu - \sum_{\kappa=-v}^{0} a_{\nu-\kappa}^{(i)} g_\kappa \right]^2. \tag{6-74}$$

Daraus wird deutlich, daß die ν-te Fehlergröße nur von den Amplitudenkoeffizienten $a_\nu^{(i)}, \ldots, a_{\nu+v}^{(i)}$ abhängt, die den Quellensymbolen $q_\nu^{(i)}, \ldots, q_{\nu+v}^{(i)}$ zugeordnet sind. Die übrigen Symbole $q_1, \ldots, q_{\nu-1}$ sowie $q_{\nu+v+1}, \ldots, q_N$ der i-ten Folge müssen dagegen für die Bestimmung der Fehlergröße $\varepsilon_\nu^{(i)}$ nicht berücksichtigt werden.

Um diesen Sachverhalt zu verdeutlichen, wird im folgenden für die ν-te Fehlergröße die folgende Nomenklatur verwendet:

$$\varepsilon_\nu^{(i)} = \varepsilon_\nu (q_\nu^{(i)} \ldots q_{\nu+v}^{(i)}). \tag{6-75}$$

In Tabelle 6.1 sind diejenigen Symbole der Folge $Q_N^{(i)}$ durch ein Kreuz markiert, die die Fehlergrößen $\varepsilon_\nu^{(i)}$ zu den verschiedenen Zeitpunkten beeinflussen.

Da die Gesamtfehlergröße $\gamma_\nu^{(i)}$ aus den Fehlergrößen $\varepsilon_{1-v}^{(i)}$ bis $\varepsilon_\nu^{(i)}$ berechnet werden kann, hängt sie von den Symbolen $q_1^{(i)}$ bis $q_{\nu+v}^{(i)}$ ab, was durch die Nomenklatur

$$\gamma_\nu^{(i)} = \gamma_\nu (q_1^{(i)} \ldots q_{\nu+v}^{(i)}) \tag{6-76}$$

ausgedrückt werden soll. Wendet man diese Schreibweise auf Gl. 6-73 an, so erhält man folgende Vorschrift für die iterative Bestimmung der ν-ten Gesamtfehlergröße:

	$q_1^{(i)}$	$q_2^{(i)}$	$\cdots$	$q_{1+v}^{(i)}$	$q_{2+v}^{(i)}$	$\cdots$	$q_{\nu-1}^{(i)}$	$q_\nu^{(i)}$	$q_{\nu+1}^{(i)}$	$\cdots$	$q_{\nu+v-1}^{(i)}$	$q_{\nu+v}^{(i)}$	$q_{\nu+v+1}^{(i)}$	$\cdots$	$q_N^{(i)}$
$\varepsilon_{1-v}^{(i)}$	X	–	–	–	–	–	–	–	–	–	–	–	–	–	–
$\varepsilon_{2-v}^{(i)}$	X	X	–	–	–	–	–	–	–	–	–	–	–	–	–
$\vdots$															
$\varepsilon_1^{(i)}$	X	X	X	X	–	–	–	–	–	–	–	–	–	–	–
$\varepsilon_2^{(i)}$	–	X	X	X	X	–	–	–	–	–	–	–	–	–	–
$\vdots$															
$\varepsilon_{\nu-1}^{(i)}$	–	–	–	–	–	–	X	X	X	X	X	–	–	–	–
$\varepsilon_\nu^{(i)}$	–	–	–	–	–	–	–	X	X	X	X	X	–	–	–
$\varepsilon_{\nu+1}^{(i)}$	–	–	–	–	–	–	–	–	X	X	X	X	X	–	–
$\vdots$															
$\vdots$															
$\gamma_{\nu-1}^{(i)}$	X	X	X	X	X	X	X	X	X	X	X	–	–	–	–
$\gamma_\nu^{(i)}$	X	X	X	X	X	X	X	X	X	X	X	X	–	–	–
$\vdots$															

Tab. 6.1: Abhängigkeit der Fehlergrößen ε_ν von den Quellensymbolen q_ν.

$$\gamma_\nu(q_1^{(i)} \ldots q_{\nu+v}^{(i)}) = \gamma_{\nu-1}(q_1^{(i)} \ldots q_{\nu+v-1}^{(i)}) + \varepsilon_\nu(q_\nu^{(i)} \ldots q_{\nu+v}^{(i)}). \qquad (6-77)$$

Bei einer redundanzfreien M-stufigen Quelle gibt es somit bis zu $M^{\nu+v}$ verschiedene Werte für die Gesamtfehlergröße γ_ν. Bei jedem Iterationsschritt wird die Anzahl der zu betrachtenden Gesamtfehlergrößen um den Faktor M größer. Die Anzahl der bei jedem Iterationsschritt zu berechnenden Fehlergrößen ε_ν beträgt M^{v+1} und ist somit unabhängig von ν.

Die Berechnung der Gesamtfehlergrößen läßt sich anschaulich in einer Baumstruktur darstellen, vgl. Bild 6.6. Dieses Bild gilt für ein Binärsystem (M=2) und einen Detektions-Grundimpuls mit einem Vorläufer (v=1). In diesem Baum sind den Gesamtfehlergrößen $\gamma_\nu^{(i)}$ Knoten, den Fehlergrößen $\varepsilon_\nu^{(i)}$ Zweige zugeordnet. Am Anfangsknoten wird vorausgesetzt, daß vor der eigentlich zu übertragenden Nachricht mindestens v mal das Symbol 0 übertragen wurde:

$$q_{1-v}=0 \ \ldots \ q_0=0. \qquad (6-78)$$

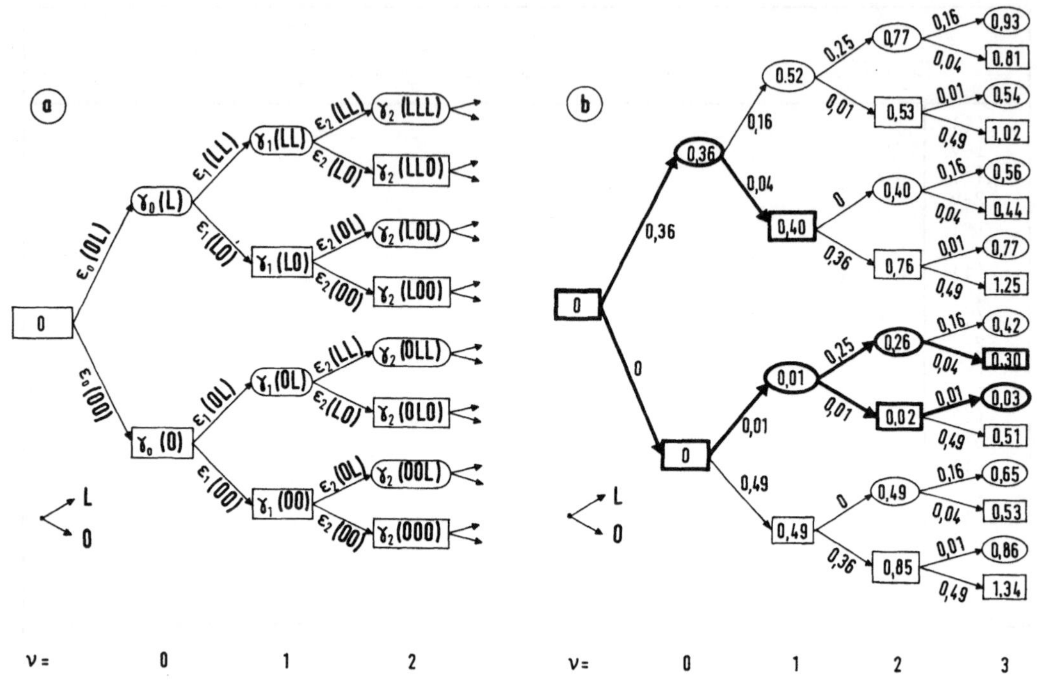

Bild 6.6:   Darstellung der Fehlergrößen ε_ν und der Gesamtfehlergrößen γ_ν in einer
Baumstruktur (M=2, v=1): (a) allgemein, (b) für das folgende Beispiel.

Nach Gl.6-73 berechnet sich die Gesamtfehlergröße $\gamma_\nu^{(i)}$ als die Summe aus der vorangegangenen Gesamtfehlergröße $\gamma_{\nu-1}^{(i)}$ und der Fehlergröße $\varepsilon_\nu^{(i)}$. Das bedeutet, daß der
Wert an einem Knoten gleich der Summe der Werte am vorausgegangenen Knoten und am
dazwischenliegenden Zweig ist. Die zu den Gesamtfehlergrößen gehörigen Symbolfolgen
ergeben sich, wenn man den Weg vom Anfangsknoten bis zum betrachteten Knoten ver-
folgt. In Bild 6.6 wird einem Zweig, der nach oben gerichtet ist, das Symbol L und
einem Zweig, der nach unten gerichtet ist, das Symbol O zugeordnet.

Beispiel: Eine Nachricht von N=3 unipolar codierten Binärsymbolen (a_ν=0 bzw. a_ν=1)
wird über einen Kanal übertragen. Der Detektions-Grundimpuls g_d(t) nach dem Matched-Filter und dem diskreten Dekorrelationsfilter besitzt nur zwei von Null verschiedene Abtastwerte, die aus Gründen einer vereinfachten Darstellung normiert
sind: g_{-1}=0,6, g_0=0,5. Zu den Taktschritten ν=0, 1, 2 und 3 liegen am Detektor folgende Abtastwerte an: d_0=0, d_1=0,7, d_2=0,6, d_3=0,4.
Für den Taktschritt ν=0 gibt es nur zwei Fehlergrößen, die nach Gl. 6-74 berechnet werden können:

$$\varepsilon_0(OO)= [0-(0\cdot0,6+0\cdot0,5)]^2 = 0; \qquad \varepsilon_0(OL)= [0 -(1\cdot0,6+0\cdot0,5)]^2 =0,36.$$

Die Gesamtfehlergrößen $\gamma_0(00)$ und $\gamma_0(0L)$ sind mit den entsprechenden Fehlergrößen $\varepsilon_0(00)$ bzw. $\varepsilon_0(0L)$ identisch, vgl. Bild 6.6b. Für den Taktschritt $\nu=1$ zum Zeitpunkt T müssen die folgenden vier Fehlergrößen berechnet werden:

$$\varepsilon_1(00)=[0,7-(0\cdot0,6+0\cdot0,5)]^2 =0,49; \quad \varepsilon_1(0L)=[0,7-(1\cdot0,6+0\cdot0,5)]^2 =0,01;$$

$$\varepsilon_1(L0)=[0,7-(0\cdot0,6+1\cdot0,5)]^2 =0,04; \quad \varepsilon_1(LL)=[0,7-(1\cdot0,6+1\cdot0,5)]^2 =0,16.$$

Die Gesamtfehlergrößen $\gamma_1(00)$, $\gamma_1(0L)$, $\gamma_1(L0)$ und $\gamma_1(LL)$ ergeben sich jeweils aus der Summe der Werte am vorangegangenen Knoten und am dazwischenliegenden Zweig.

Auch zu den nachfolgenden Taktschritten $\nu>1$ gibt es jeweils vier unterschiedliche Fehlergrößen, die ebenfalls mit Gl. 6-74 berechnet werden können und deren Werte für dieses Beispiel aus der Baumstruktur von Bild 6.6b zu entnehmen sind.

Für das Folgende wird von zwei Gesamtfehlergrößen $\gamma_\nu^{(j)}$ und $\gamma_\nu^{(i)}$ ausgegangen, deren zugehörige Symbolfolgen sich in den ersten ν Symbolen unterscheiden und in den darauffolgenden v Symbolen gleich sind. v ist wieder die Anzahl der Vorläufer des Detektions-Grundimpulses. Für diese beiden Gesamtfehlergrößen soll gelten:

$$\gamma_\nu(q_1^{(j)}\ldots q_\nu^{(j)}\, q_{\nu+1}^{(1)}\ldots q_{\nu+v}^{(1)}) < \gamma_\nu(q_1^{(i)}\ldots q_\nu^{(i)}\, q_{\nu+1}^{(1)}\ldots q_{\nu+v}^{(1)}). \tag{6-79}$$

Die nachfolgende Tabelle zeigt die Abhängigkeiten der Gesamtfehlergrößen $\gamma_\nu^{(j)}$ und $\gamma_\nu^{(i)}$ von den einzelnen Symbolen der Folge, wobei eine gleichartige Abhängigkeit mit einem Kreuz (x) gekennzeichnet ist.

	q_1	q_2	$\ldots$	q_ν	$q_{\nu+1}$	$\ldots$	$q_{\nu+v}$	$q_{\nu+v+1}$		
$\gamma_\nu^{(j)}$	0	0	0	0	x	x	x	.	.	.
$\gamma_\nu^{(i)}$	□	□	□	□	x	x	x	.	.	.

Aus jeder dieser beiden Gesamtfehlergrößen werden zum darauffolgenden Iterationsschritt $\nu+1$ insgesamt M neue Gesamtfehlergrößen bestimmt. Für $\mu=1,\ldots,M$ gilt somit nach Gl. 6-77 unter Berücksichtigung von Voraussetzung 6-79:

(a) $\quad \gamma_{\nu+1}^{(j,\mu)}= \gamma_{\nu+1}(q_1^{(j)}\ldots q_\nu^{(j)},q_{\nu+1}^{(1)}\ldots q_{\nu+v}^{(1)},q_{\nu+v+1}^{(\mu)}) = \gamma_\nu^{(j)}+ \varepsilon_{\nu+1}(q_{\nu+1}^{(1)}\ldots q_{\nu+v}^{(1)},q_{\nu+v+1}^{(\mu)})$

$$\tag{6-80}$$

(b) $\quad \gamma_{\nu+1}^{(i,\mu)}= \gamma_{\nu+1}(q_1^{(i)}\ldots q_\nu^{(i)},q_{\nu+1}^{(1)}\ldots q_{\nu+v}^{(1)},q_{\nu+v+1}^{(\mu)}) = \gamma_\nu^{(i)}+ \varepsilon_{\nu+1}(q_{\nu+1}^{(1)}\ldots q_{\nu+v}^{(1)},q_{\nu+v+1}^{(\mu)}).$

Zu den beiden Gesamtfehlergrößen $\gamma_\nu^{(j)}$ und $\gamma_\nu^{(i)}$ wird somit für alle $\mu=1,\ldots,M$ die gleiche Fehlergröße addiert. Für die Differenz der beiden Gesamtfehlergrößen erhält man somit für alle $\mu=1,\ldots,M$:

$$\gamma_{\nu+1}^{(i,\mu)} - \gamma_{\nu+1}^{(j,\mu)} = \gamma_\nu^{(i)} - \gamma_\nu^{(j)}. \tag{6-81}$$

Das bedeutet aber, daß die Differenz zwischen den beiden Gesamtfehlergrößen von den unterschiedlichen Teilsymbolfolgen $q_1^{(j)},\dots,q_\nu^{(j)}$ und $q_1^{(i)},\dots,q_\nu^{(i)}$ nicht beeinflußt wird. Auch bei den weiteren Iterationsschritten haben diese Symbole keinen Einfluß auf die Differenz der beiden Gesamtfehlergrößen.

Die Entscheidungsregel des Maximum-Likelihood-Empfängers nach Gl. 6-72 sagt aus, daß unter allen möglichen Symbolfolgen $Q_N^{(i)}$ diejenige Folge $Q_N^{(j)}$ ausgewählt wird, die die kleinste Gesamtfehlergröße $\gamma_N^{(j)}$ aufweist. Dazu müßten eigentlich M^N Fehlergrößen bestimmt und zum Zeitpunkt NT miteinander verglichen werden. Ist aber die Größenrelation nach Gl. 6-79 erfüllt, so ist bereits zum Zeitpunkt νT die Voraussage möglich, daß zum späteren Zeitpunkt NT gilt:

$$\gamma_N(q_1^{(j)}\dots q_\nu^{(j)} q_{\nu+1}^{(1)}\dots q_N^{(1)}) < \gamma_N(q_1^{(i)}\dots q_\nu^{(i)} q_{\nu+1}^{(1)}\dots q_N^{(1)}). \qquad (6\text{-}82)$$

Das bedeutet aber auch, daß zum Zeitpunkt νT bereits feststeht, daß es keine (wahrscheinlichste) Folge gibt, deren erste ν Symbole gleich $q_1^{(i)},\dots,q_\nu^{(i)}$ sind. Die zu dieser Folge gehörige Gesamtfehlergröße $\gamma_\nu^{(i)}$ braucht deshalb nicht weiter betrachtet zu werden.

Daraus folgt weiterhin das für eine Realisierung wichtige Ergebnis, daß bei einem Grundimpuls mit v Vorläufern von den insgesamt $M^{\nu+v}$ verschiedenen Gesamtfehlergrößen nur jeweils M^v betrachtet werden müssen, da nur diese zu Symbolfolgen gehören, die möglicherweise Teil der wahrscheinlichsten Symbolfolge $V_N = Q_N^{(j)}$ sind. Die Anzahl der zu betrachtenden Fehlergrößen ist deshalb unabhängig von der Länge N der zu detektierenden Nachricht. Für die optimale Detektion ist es deshalb ausreichend, nur jeweils M^v verschiedene Gesamtfehlergrößen zu berechnen und abzuspeichern. Im folgenden werden diese zu betrachtenden Größen

$$\text{Def.:}\qquad \overset{\circ}{\gamma}_\nu^{(1)} = \overset{\circ}{\gamma}_\nu(q_{\nu+1}^{(1)}\dots q_{\nu+v}^{(1)}) = \underset{i=1\dots M^v}{\text{Min}}\left[\gamma_\nu(q_1^{(i)}\dots q_\nu^{(i)} q_{\nu+1}^{(1)}\dots q_{\nu+v}^{(1)})\right] \qquad (6\text{-}83)$$

als die **minimalen Gesamtfehlergrößen** bezeichnet. Die Laufvariable l durchläuft die Werte 1 bis M^v, während $i=1,\dots,M^v$ ist.

Die Bestimmung der minimalen Gesamtfehlergrößen $\overset{\circ}{\gamma}_\nu^{(1)}$ läßt sich in einem **Trellisdiagramm** sehr übersichtlich darstellen, vgl. [6.8]. Bild 6.7 zeigt die Ausschnitte aus dem Trellisdiagramm für ein Binärsystem (M=2) mit v=1 bzw. v=2 Vorläufern. Ähnlich wie bei der Baumstruktur gemäß Bild 6.6 werden Zweige eingeführt, die den Fehlergrößen $\varepsilon_\nu(q_\nu^{(i)}\dots q_{\nu+v}^{(i)})$ entsprechen. Den insgesamt M^v verschiedenen minimalen Gesamtfehlergrößen sind Knoten zugeordnet. Der Vorteil des Trellisdiagramms gegenüber der Baumstruktur besteht darin, daß sich hier die Anzahl der Zweige bzw. der Knoten nicht bei jedem Iterationsschritt um den Faktor M vergrößert. Durch die Auswahl der minimalen Gesamtfehlergrößen werden nur diejenigen Symbolfolgen weiter betrachtet, die als Teil der wahrscheinlichsten Folge überhaupt noch in Frage kommen.

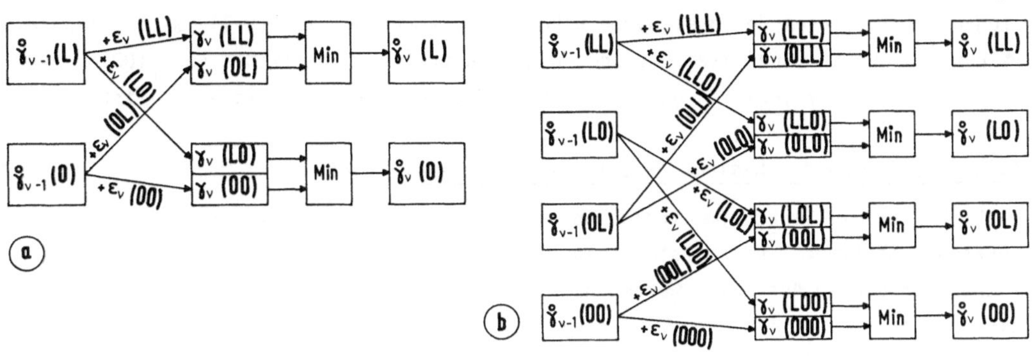

Bild 6.7: Trellisdiagramm für ein Binärsystem mit ν Vorläufern: (a) ν=1 (b) ν=2.

Beispiel: Wendet man diese Ergebnisse auf das obige Zahlenbeispiel (M=2, ν=1) an, so müssen zu jedem Zeitpunkt νT nur 2 Gesamtfehlergrößen $\gamma_\nu(q_1...q_{\nu+1})$ weiter betrachtet werden. Diese sind in der Baumstruktur von Bild 6.6b dick eingerahmt. Beispielsweise erhält man zum Taktschritt ν=3:

$$\overset{o}{\gamma}_3(0) = \underset{i=1...8}{Min}\left[\gamma_3(q_0^{(i)},q_1^{(i)},q_2^{(i)},q_3^{(i)}=0)\right] = \gamma_3(OLLO) = 0,30,$$

$$\overset{o}{\gamma}_3(L) = \underset{i=1...8}{Min}\left[\gamma_3(q_0^{(i)},q_1^{(i)},q_2^{(i)},q_3^{(i)}=L)\right] = \gamma_3(OLOL) = 0,03.$$

Nur diese beiden minimalen Gesamtfehlergrößen werden für die Bestimmung der weiteren Fehlergrößen zum nächsten Taktschritt ν=4 benötigt. Ebenso können nur die dazugehörigen Folgen **OLLO** bzw. **OLOL** Teile der wahrscheinlichsten Symbolfolge sein.

Bild 6.8 zeigt, daß sich das dazugehörige Trellisdiagramm aus der Baumstruktur ergibt, wenn nur die in Bild 6.6b dick eingezeichneten minimalen Gesamtfehlergrößen $\overset{o(1)}{\gamma}_\nu$ berücksichtigt werden und die zu vergleichenden Größen direkt nebeneinander

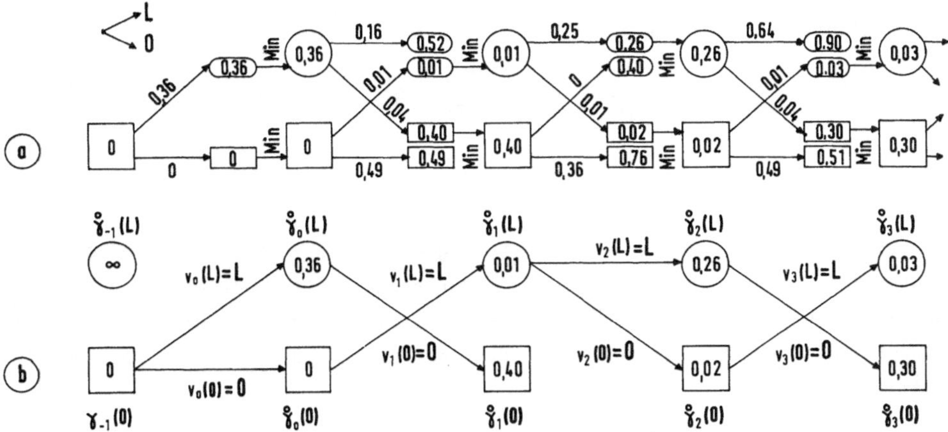

Bild 6.8: Trellisdiagramm für das Zahlenbeispiel gemäß Bild 6.6b in zwei unterschiedlichen Darstellungen (M=2, ν=1).

liegen. Da in diesem Beispiel nur ein Vorläufer vorhanden ist (v=1), sind bei jedem Iterationsschritt ν nur zwei Entscheidungen zu treffen, nämlich, ob $\gamma_\nu(00)$ größer oder kleiner als $\gamma_\nu(L0)$ ist und ob $\gamma_\nu(0L)$ größer oder kleiner als $\gamma_\nu(LL)$ ist.

6.3.3 Bestimmung der bedingt detektierten Teilsymbolfolgen

Da bisher die Sinkensymbolfolge in einem einzigen Entscheidungsprozeß (zum Zeitpunkt NT) bestimmt wird, entsteht eine erhebliche Verzögerung der empfangenen Nachricht. In diesem Abschnitt werden nun die Entscheidungsregeln so abgewandelt, daß eine optimale Detektion von Teilen der empfangenen Nachricht bereits durchgeführt werden kann, bevor der Empfänger das gesamte Signal empfangen hat.

Zunächst werden die **bedingt detektierten Teilsymbolfolgen** $V_\nu^{(1)}$ ($1=1...M^\nu$) definiert. $V_\nu^{(1)}$ ist die zur minimalen Gesamtfehlergröße $\overset{o}{\gamma}_\nu^{(1)}$ gehörige wahrscheinlichste Symbolfolge $q_1^{(j)}...q_\nu^{(j)}$, die unter der Voraussetzung ausgewählt wurde, daß die nächsten v Symbole die Folge $q_{\nu+1}^{(1)}...q_{\nu+v}^{(1)}$ darstellen. Die bedingt detektierte Teilsymbolfolge $V_\nu^{(1)}$ besteht aus den Symbolen $q_1^{(j)}$ bis $q_\nu^{(j)}$, falls für die ν-te minimale Gesamtfehlergröße gilt, vgl. Def. 6-83:

$$\overset{o}{\gamma}_\nu^{(1)} = \overset{o}{\gamma}_\nu(q_1^{(j)}...q_\nu^{(j)} q_{\nu+1}^{(1)}...q_{\nu+v}^{(1)}) = \underset{i=1...M^\nu}{\text{Min}}\left[\gamma_\nu(q_1^{(i)}...q_\nu^{(i)} q_{\nu+1}^{(1)}...q_{\nu+v}^{(1)})\right].$$

$$(6\text{-}84)$$

In gleicher Weise ist das **bedingt detektierte Symbol** $v_\nu^{(1)}$ dasjenige Symbol $q_\nu^{(j)}$, das die folgende Bedingung erfüllt:

$$\overset{o}{\gamma}_\nu^{(1)} = \overset{o}{\gamma}_\nu(q_\nu^{(j)} q_{\nu+1}^{(1)}...q_{\nu+v}^{(1)}) = \underset{\mu=1...M}{\text{Min}}\left[\gamma_\nu(q_\nu^{(\mu)} q_{\nu+1}^{(1)} ... q_{\nu+v}^{(1)})\right]. \qquad (6\text{-}85)$$

Das bedingt detektierte Symbol $v_\nu^{(1)}$ wird also auch unter der Annahme ausgewählt, daß die nächsten v Symbole die Folge $q_{\nu+1}^{(1)} ... q_{\nu+v}^{(1)}$ darstellen. Es läßt sich in einfacher Weise aus dem Trellisdiagramm bestimmen, vgl. Bild 6.8. Zu jedem Knoten, der einer minimalen Gesamtfehlergröße $\overset{o}{\gamma}_\nu^{(1)}$ zugeordnet ist, führen M Zweige, die von M verschiedenen Knoten $\overset{o}{\gamma}_{\nu-1}^{(1)}$ ausgehen. Es gilt:

$$\overset{o}{\gamma}_\nu(q_{\nu+1}^{(1)}...q_{\nu+v}^{(1)}) = \underset{\mu=1...M}{\text{Min}}\left[\gamma_{\nu-1}(q_\nu^{(\mu)} q_{\nu+1}^{(1)}...q_{\nu+v-1}^{(1)}) + \varepsilon_\nu(q_\nu^{(\mu)} q_{\nu+1}^{(1)}...q_{\nu+v}^{(1)})\right]$$

$$(6\text{-}86)$$

$$= \gamma_{\nu-1}(v_\nu^{(1)} q_{\nu+1}^{(1)}...q_{\nu+v-1}^{(1)}) + \varepsilon_\nu(v_\nu^{(1)} q_{\nu+1}^{(1)} ... q_{\nu+v}^{(1)}).$$

Einer der vorangegangenen Knoten wird damit ausgewählt. Der von diesem Knoten zum betrachteten Knoten führende Zweig wird als der ausgewählte Zweig bezeichnet, dem das bedingt detektierte Symbol $v_\nu^{(1)}$ zugeordnet wird. Der zusammenhängende Weg vom 1. Knoten bis zum ν-ten Knoten entspricht dann der bedingt detektierten Teilsymbolfolge $V_\nu^{(1)}$.

<u>Beispiel:</u> Bild 6.9 zeigt das Trellisdiagramm für ein Binärsystem (M=2) und einen Detektions-Grundimpuls mit v=2 Vorläufern. Wegen diesen beiden Voraussetzungen gibt

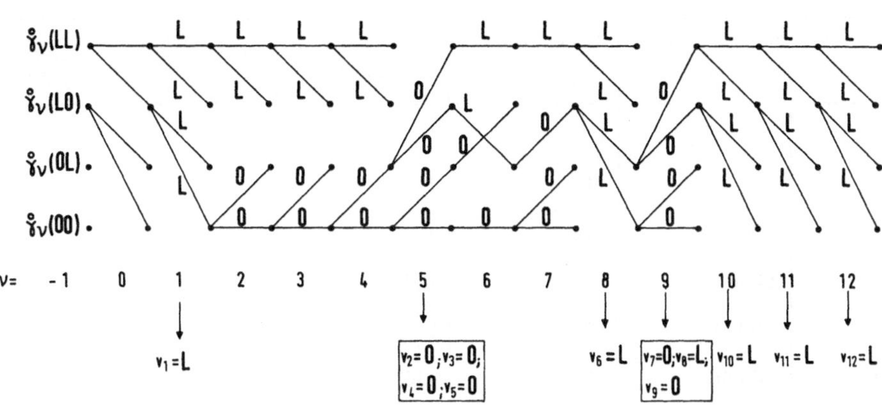

Bild 6.9: Beispiel eines Trellisdiagramms für ein Binärsystem (M=2) und einen De-
           tektions-Grundimpuls mit v=2 Vorläufern.

es zu jedem Taktschritt ν genau $M^V=4$ Knoten, die den minimalen Gesamtfehlergrößen $\overset{\circ}{\gamma}_\nu(00)$, $\overset{\circ}{\gamma}_\nu(0L)$, $\overset{\circ}{\gamma}_\nu(L0)$ und $\overset{\circ}{\gamma}_\nu(LL)$ zugeordnet sind. Da es für die Detektion nur erforderlich ist, die ausgewählten Zweige zu betrachten, sind nur diese im Trellis-
diagramm eingezeichnet. Die an den einzelnen Zweigen angegebenen Symbole sind die
bedingt detektierten Symbole $v_\nu(00)$, $v_\nu(0L)$, $v_\nu(L0)$ bzw. $v_\nu(LL)$.

Aus diesem Trellisdiagramm ist zu ersehen, daß das erste Symbol der Sinkensymbolfolge V_N mit Sicherheit $v_1=L$ ist, da hier alle vier bedingt detektierten Symbole
$v_1(00)$, $v_1(0L)$, $v_1(L0)$ und $v_1(LL)$ gleich L sind. Deshalb kann das Symbol v_1 bereits
zum Taktschritt $\nu=1$ ausgegeben werden und muß für die Detektion der nachfolgenden
Symbole v_2, v_3, v_4 usw. nicht weiter berücksichtigt zu werden.

Die zu den vier minimalen Gesamtfehlergrößen gehörigen Teilsymbolfolgen $V_\nu(00)$,
$V_\nu(0L)$, $V_\nu(L0)$ und $V_\nu(LL)$ sind in Tabelle 6.2 zusammengestellt. Betrachtet man beispielsweise den Taktschritt $\nu=4$, so sieht man, daß nur die beiden Folgen **L000** bzw.
LLLL als (mögliche) wahrscheinlichste Folgen in Frage kommen. **L000** ist zum Taktschritt $\nu=4$ die wahrscheinlichste Folge unter der Annahme, daß die nächsten beiden
Symbole $v_5v_6=$**00** bzw. **0L** sind. In der gleichen Weise ist **LLLL** zum betrachteten Taktschritt $\nu=4$ die wahrscheinlichste Folge unter der Annahme, daß das 5. und 6. Symbol
gleich **L0** oder **LL** sind.

Zum Taktschritt $\nu=5$ sind alle vier bedingt detektierten Teilsymbolfolgen identisch und zwar gleich **L0000**, siehe Bild 6.9 und Tabelle 6.2. Das bedeutet, daß unabhängig davon, welche Symbole nachfolgen würden, diese Folge die wahrscheinlichste
ist, so daß zu diesem Taktschritt $\nu=5$ die Symbole $v_2=0$, $v_3=0$, $v_4=0$ und $v_5=0$ bereits
ausgegeben werden können.

Zu den Taktschritten $\nu=6$ und $\nu=7$ unterscheiden sich dagegen die bedingt detektierten Teilsymbolfolgen, so daß noch keine endgültige Entscheidung möglich ist.
Auch zum Taktschritt $\nu=8$ sind die vier bedingt detektierten Teilsymbolfolgen noch

bedingt detektierte Teilsymbolfolgen				Z_ν	L_ν	ausgegebene Sinkensymbole
$V_\nu(00)$	$V_\nu(0L)$	$V_\nu(L0)$	$V_\nu(LL)$			
1 L	L	L	L	1	0	$v_1=L$
2 LO	LO	LL	LL	0	1	
3 LOO	LOO	LLL	LLL	0	2	
4 LOOO	LOOO	LLLL	LLLL	0	3	
5 LOOOO	LOOOO	LOOOO	LOOOO	4	0	$v_2=v_3=v_4=v_5=0$
6 LOOOOO	LOOOOL	LOOOOO	LOOOOL	0	1	
7 LOOOOOO	LOOOOOO	LOOOOLO	LOOOOLL	0	2	
8 LOOOOLOL	LOOOOLOL	LOOOOLLL	LOOOOLLL	1	2	$v_6=L$
9 LOOOOLOLO	LOOOOLOLO	LOOOOLOLO	LOOOOLOLO	3	0	$v_7=v_9=0;\ v_8=L$
10 LOOOOLOLOL	LOOOOLOLOL	LOOOOLOLOL	LOOOOLOLOL	1	0	$v_{10}=L$
11 LOOOOLOLOLL	LOOOOLOLOLL	LOOOOLOLOLL	LOOOOLOLOLL	1	0	$v_{11}=L$
12 LOOOOLOLOLLL	LOOOOLOLOLLL	LOOOOLOLOLLL	LOOOOLOLOLLL	1	0	$v_{12}=L$

Tab. 6.2:   Bedingt detektierte Teilsymbolfolgen für das Beispiel von Bild 6.9 (M=2, v=2).

unterschiedlich. Es ist aber zu erkennen, daß das 6. Symbol bei allen vier Teilsymbolfolgen gleich ist, so daß zum Taktschritt $\nu=8$ das Symbol $v_6=L$ ausgegeben werden kann. Ebenso können zum nachfolgenden Taktschritt ($\nu=9$) in diesem Beispiel die Symbole v_7, v_8, und v_9 detektiert werden.

Die an diesem Beispiel verdeutlichte Entscheidungsregel des Maximum-Likelihood-Empfängers kann in folgendem Satz zusammengefaßt werden:

Satz: Stimmen alle M^V bedingt detektierten Teilsymbolfolgen $V_\nu^{(1)}$ zum Zeitpunkt νT in den ersten Z_ν Symbolen überein, so können diese Z_ν Symbole als Teil der wahrscheinlichsten Folge V_N ausgegeben werden. Diese Z_ν Symbole müssen für den weiteren Detektionsprozeß nicht mehr berücksichtigt werden, so daß sich der zu betrachtende Teil der bedingt detektierten Teilsymbolfolge um Z_ν Symbole verringert.

Im folgenden wird unter der bedingt detektierten Teilsymbolfolge $V_\nu^{(1)}$ nur derjenige Teil der Folge verstanden, der die noch nicht endgültig detektierten Symbole enthält. In Tab. 6.2 ist dieser noch zu betrachtende Teil unterstrichen. L_ν kennzeichnet die Länge (=Anzahl der zum Zeitpunkt νT noch zu betrachtenden Symbole) der bedingt detektierten Teilsymbolfolge, wobei zum Taktschritt ν gilt:

$$L_\nu = L_{\nu-1} + 1 - Z_\nu \tag{6-87}$$

Für das obige Beispiel ist die Länge L_ν, ebenso wie die Anzahl Z_ν der auszugebenden Symbole, in Tabelle 6.2 angegeben.

Die detektierten Symbole werden blockweise mit unterschiedlicher Blocklänge und unterschiedlicher Verzögerung entschieden. Die Zeitpunkte, zu denen die detektierten Symbole ausgegeben werden, und die Länge der Symbolblöcke sind statistisch verteilt. Es läßt sich jedoch zeigen, daß die Wahrscheinlichkeit, daß die Länge L_ν der bedingt detektierten Teilfolge größer als eine maximale Länge L_{max} ist, gegen Null geht, wenn man L_{max} nur genügend groß wählt, vgl. [6.20].

6.3.4 Ablaufdiagramm eines Viterbi-Empfängers

Viterbi [6.29] stellte 1967 einen neuen Algorithmus zur Decodierung sequentieller Codes vor. Forney [6.7], [6.8] zeigte später, daß dieser Algorithmus auch zur Detektion von Digitalsignalen geeignet ist und daß der Viterbi-Algorithmus zu einer Maximum-Likelihood-Detektion führt.

Der Viterbi-Detektor basiert auf der Kombination der in den letzten Abschnitten abgeleiteten iterativen Fehlergrößenberechnung und der iterativen Detektion. Bild 6.10 zeigt ein Ablaufdiagramm mit den einzelnen Schritten der Viterbi-Entscheidung. Die mit Buchstaben gekennzeichneten Einzelschritte werden im folgenden beschrieben.

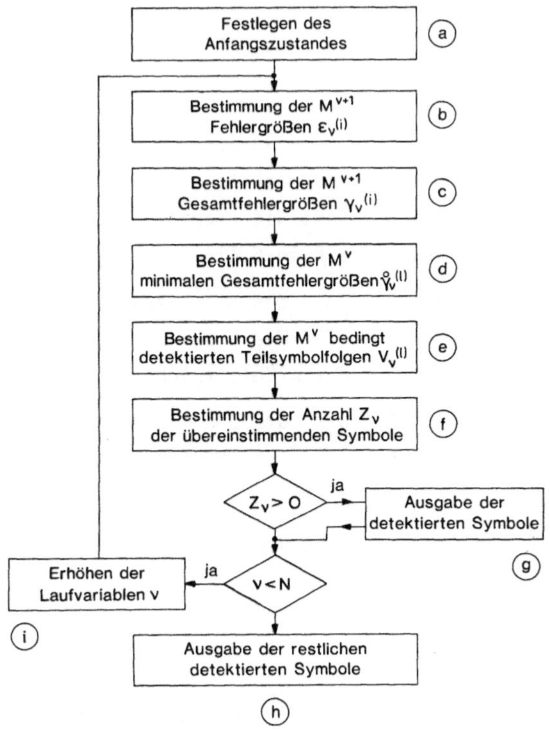

Bild 6.10:
Ablaufdiagramm eines optimalen Viterbi-Empfängers.

(a) Für den ersten Iterationsschritt der Viterbi-Detektion sind diejenigen Größen, die normalerweise im vorangegangenen Detektionsschritt berechnet wurden, geeignet vorzubelegen. Dazu wird angenommen, daß eine Folge von v gleichen Symbolen (z.B. 0...0) vor dem ersten Sendesymbol gesendet wurde. Die zu dieser Folge gehörige minimale Gesamtfehlergröße $\overset{\circ}{\gamma}_{-\nu}(0...0)$ wird dann mit Null und alle anderen mit $+\infty$ vorbelegt.

Der Laufindex ν, der den aktuellen Zeitpunkt angibt, ist nur erforderlich, wenn eine endliche Anzahl N von Symbolen detektiert werden soll. In diesem Fall ist ν mit 1-v vorzubelegen, da zum Zeitpunkt (1-v)T der v-te Vorläufer des ersten Sendesymbols q_1 auftritt.

Weiterhin muß noch sichergestellt werden, daß als erstes Symbol das Symbol v_1 detektiert wird. Dies läßt sich beispielsweise dadurch erreichen, daß man die Größe $L_{\nu-1}$, die die Länge der bedingt detektierten Teilsymbolfolgen zum vorangegangenen Zeitpunkt angibt, mit -v vorbelegt, siehe Gl. 6-87.

(b) Die M^{v+1} Fehlergrößen $\varepsilon_\nu^{(i)}$ werden nach Gl. 6-70 bestimmt. Bild 6.11a zeigt eine Möglichkeit einer schaltungstechnischen Realisierung des Viterbi-Empfängers für ein Binärsystem (M=2) und einen Detektions-Grundimpuls mit nur einem Vorläufer (v=1). Die Detektionsabtastwerte d_ν gewinnt man aus dem Empfangssignal e(t) mit Hilfe eines Matched-Filters, eines Abtast-Haltegliedes und eines diskreten Dekorrelationsfilters, vgl. Abschnitt 6.3.1. Die Fehlergrößen $\varepsilon_\nu^{(i)}$ werden an einer quadratischen Kennlinie gebildet, deren Mittelwerte bei den Detektionsnutzabtastwerten $\tilde{d}_\nu^{(i)}$ gemäß Gl. 6-67 liegen.

(c) Die M^{v+1} Gesamtfehlergrößen $\gamma_\nu^{(i)}$ ergeben sich nach Gl. 6-73 aus den in (b) bestimmten Fehlergrößen $\varepsilon_\nu^{(i)}$ und den im vorangegangenen Detektionsschritt ermittelten M^v minimalen Gesamtfehlergrößen $\overset{\circ}{\gamma}_{\nu-1}^{(1)}$. Hierbei ist die richtige Zuordnung zwischen den Laufvariablen i und 1 zu beachten, siehe Bild 6.11a.

(d) Die Auswahl der M^v minimalen Gesamtfehlergrößen $\overset{\circ}{\gamma}_\nu^{(1)}$ aus den M^{v+1} Gesamtfehlergrößen $\gamma_\nu^{(i)}$ erfolgt nach Gl. 6-83. Zum Beispiel gilt für M=2 und v=1, vgl. Bild 6.11a: $\overset{\circ}{\gamma}_\nu(0) = \text{Min}\,(\gamma_\nu(00),\, \gamma_\nu(L0))$ bzw. $\overset{\circ}{\gamma}_\nu(L) = \text{Min}\,(\gamma_\nu(0L),\, \gamma_\nu(LL))$.

(e) Die dazugehörigen bedingt detektierten Symbole $v_\nu^{(1)}$ bzw. die bedingt detektierten Teilsymbolfolgen $V_\nu^{(1)}$ können nach Abschnitt 6.3.3 ermittelt werden.

(f) Anschließend wird geprüft, ob bei allen M^v bedingt detektierten Teilsymbolfolgen die ersten Z_ν Symbole gleich sind. Die neue Länge L_ν der bedingt detektierten Teilsymbolfolge wird nach Gl. 6-87 bestimmt.

(g) Ist eine endgültige Detektion einzelner Symbole möglich ($Z_\nu>0$), so werden diese ausgegeben.

(h) Falls der Index ν den Wert N erreicht hat, enthalten die nachfolgenden Detektionsabtastwerte keine Information über die zu detektierende Nachricht, und die restlichen, noch nicht entschiedenen Symbole v_ν können ausgegeben werden. Dabei wird angenommen, daß nach N gesendeten Symbolen mindestens ν mal das Symbol 0 gesendet wurde. Danach kann die zu dieser Folge gehörige bedingt detektierte Teilsymbolfolge $V_\nu(0...0)$ als Rest der Sinkensymbolfolge V_N ausgegeben werden.

(i) Zur Vorbereitung auf den nächsten Detektionsschritt wird ν um eins erhöht.

6.3.5 Modifizierte Viterbi-Empfänger

Im folgenden werden einige Modifikationen für den Viterbi-Empfänger angegeben, wodurch der Realisierungsaufwand reduziert werden kann. Dabei wird jeweils nur das Grundprinzip erläutert; detaillierte Ausführungen über die modifizierten Viterbi-Empfänger finden sich in [6.20].

(a) Lineare Fehlergrößenbestimmung

Für die Auswahl der bedingt detektierten Symbolfolge ist nur wichtig, welche der M zu vergleichenden Größen den minimalen Wert aufweist. Daher ändert sich an der Funktionsweise des Viterbi-Detektors nichts, wenn zu allen $M^{\nu+1}$ Fehlergrößen ein beliebiger Wert addiert wird. Die Entscheidungsregel des ML-Empfängers bleibt deshalb auch dann erhalten, wenn von der Fehlergröße $\varepsilon_\nu^{(1)}$ gemäß Def. 6-70 das Quadrat des Detektionsabtastwertes d_ν subtrahiert wird. Für die modifizierte Fehlergröße ε_ν' gilt:

$$\varepsilon_\nu'^{(1)} = \varepsilon_\nu^{(1)} - d_\nu^2 = - (2\tilde{d}_\nu^{(1)})\, d_\nu + (\tilde{d}_\nu^{(1)})^2 . \tag{6-88}$$

Zur Berechnung dieser modifizierten Fehlergrößen muß somit der Detektionsabtastwert d_ν mit den Konstanten $-2\tilde{d}_\nu^{(1)}$ multipliziert und um die Werte $(\tilde{d}_\nu^{(1)})^2$ vergrößert werden. Diese lineare Operation ist leichter instrumentierbar als die Quadratur nach Def. 6-70. Im Blockschaltbild können somit die quadratischen Kennlinien durch lineare Kennlinien ersetzt werden, vgl. Bild 6.11b.

(b) Verminderung der Anzahl der Rückführungen um 1

Die Gesamtfehlergrößen $\gamma_\nu^{(1)}$ sind ein Maß für die bis zum Zeitpunkt νT aufgetretenen Störenergien. Dies hat zur Folge, daß mit wachsendem ν die Gesamtfehlergrößen monoton ansteigen.

Subtrahiert man nun von allen minimalen Gesamtfehlergrößen $\overset{o}{\gamma}_\nu^{(1)}$ einen beliebigen Wert $\overset{o}{\gamma}_\nu^{(k)}$, so bleiben die ursprünglichen Relationen der nachfolgenden Minimumbildung erhalten. Durch die Subtraktion werden aber die Werte der Gesamtfehlergrößen so verkleinert, daß sie in einem eingeschränkten Wertebereich verbleiben, was die Realisierung erleichtert. Außerdem ist eine der insgesamt M^ν minimalen Gesamtfehlergrößen, nämlich $\overset{o}{\gamma}_\nu^{(k)}$ stets Null und braucht nicht weiter betrachtet zu werden. Somit kann die Anzahl der Rückführungen um 1 vermindert werden.

Der Viterbi-Empfänger gemäß Bild 6.11b mit den Modifikationen nach (a) und (b) besitzt die gleiche Fehlerwahrscheinlichkeit wie der Empfänger nach Bild 6.11a.

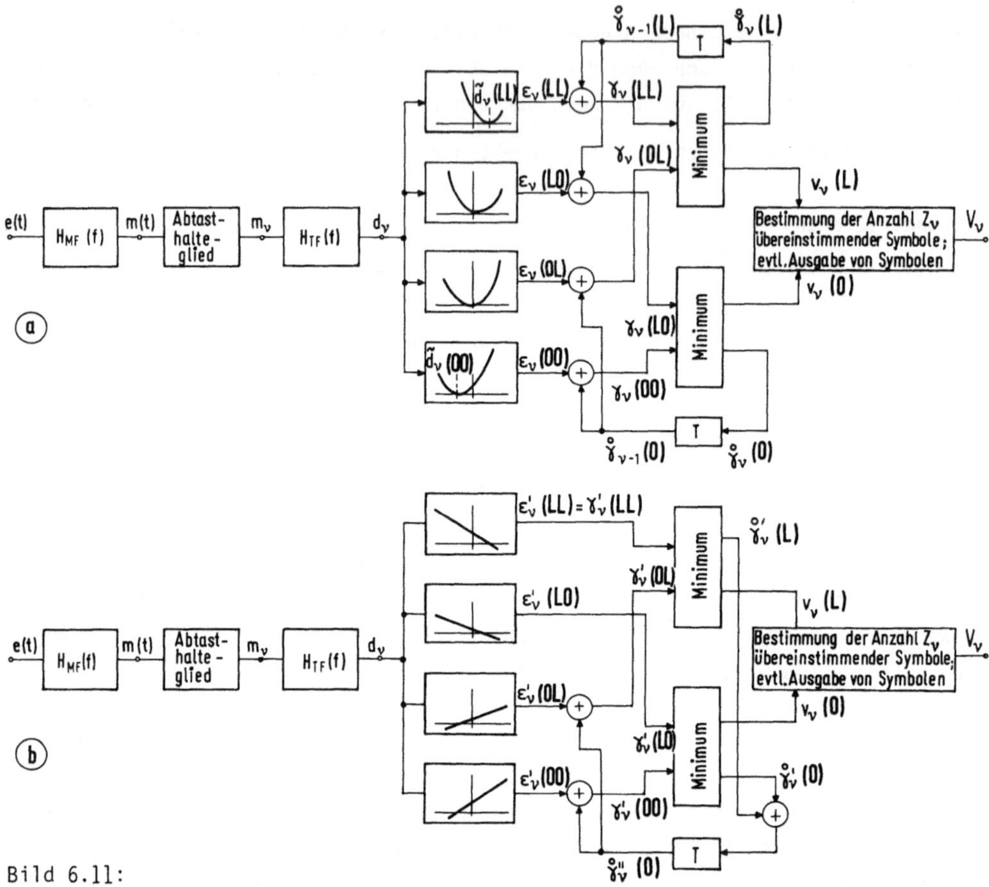

Bild 6.11:

Blockschaltbild eines optimalen Viterbi-Empfängers (M=2; v=1):

(a) entsprechend Ablaufdiagramm 6.10,   (b) modifiziert nach Abschnitt 6.3.5.

(c) Nichtoptimaler, verkürzter Detektions-Grundimpuls

Der Realisierungsaufwand eines optimalen Digitalempfängers hängt im wesentlichen von der Anzahl v+1 der von Null verschiedenen Detektions-Grundimpulswerte ab. Für eine optimale Detektion werden (statistisch) voneinander unabhängige Störanteile $\overset{x}{d}_v$ der Detektionsabtastwerte gefordert. Die zeitliche Dauer (v+1)T des Detektions-Grundimpulses ist damit bei gegebenem Kanal $H_K(f)$ und gegebenem Störleistungsspektrum $L_n(f)$ festgelegt. Zur Bestimmung der wahrscheinlichsten Nachricht sind M^{v+1} Fehlergrößen zu bestimmen. Diese Zahl ist bereits bei einer Binärübertragung (M=2) häufig so groß, daß eine Realisierung bei höheren Bitraten praktisch unmöglich ist. Verzichtet man dagegen auf die Forderung nach statistisch unabhängigen Störanteilen $\overset{x}{d}_v$ des Detektionssignals, so läßt sich bei vorgegebenem Aufwand (M^{v+1}) des Viterbi-Detektors anstelle des diskreten Dekorrelationsfilters ein anderes Transversalfilter $H_{TF}(f)$ finden, bei dem die Anzahl der Detektions-Grundimpulswerte der vorgegebenen Anzahl (ν+1) entspricht und zugleich die Autokorrelationsfunktion $l_{\underline{x}_d}(\lambda T)$ möglichst wenig von der optimalen Autokorrelationsfunktion $L_o \delta(\lambda T)$ abweicht. Falconer und Magee [6.5], sowie Qureshi und Newhall [6.21] haben zuerst auf diese Vereinfachungsmöglichkeit hingewiesen. Cantoni und Kwong [6.3] haben gezeigt, daß bei zunehmendem Aufwand des Viterbi-Detektors die Störleistung am Eingang des Detektors monoton fällt. Beare [6.1] vergleicht einige mögliche Optimierungsstrategien für die Wahl des Transversalfilters $H_{TF}(f)$ und damit der Systemantwort.

(d) Empfänger mit Zwangsentscheidung

Nach Abschnitt 6.3.3 kann ein Sinkensymbol erst dann ausgegeben werden, wenn alle $M^{\nu+1}$ bedingt detektierten Teilsymbolfolgen $V_\nu^{(1)}$ in den ersten Z_ν Symbolen übereinstimmen. Die Zeitpunkte, zu denen die Symbole ausgegeben werden, sind dabei statistisch verteilt. Dagegen besteht im allgemeinen die Forderung, daß die detektierten Symbole mit einer konstanten Verzögerung $L_{max}T$ ausgegeben werden.

Hat zu einem Zeitpunkt νT die Länge L_ν der bedingt detektierten Teilsymbolfolge die zulässige Länge L_{max} erreicht, so muß eine **Zwangsentscheidung** durchgeführt werden. Dabei wird als das Sinkensymbol $v_{\nu-Lmax}$ das Symbol ausgegeben, das das erste Symbol der bedingt detektierten Teilsymbolfolge $V_\nu^{(1)}$ darstellt. Für die Auswahl der Folgen $V_\nu^{(1)}$ wird z.B. geprüft, welche der insgesamt M^ν minimalen Gesamtfehlergrössen $\overset{o}{\gamma}_\nu^{(1)}$ zum betrachteten Zeitpunkt den kleinsten Wert besitzt.

In [6.20] wird gezeigt, daß die mittlere Fehlerwahrscheinlichkeit p_M durch eine Zwangsentscheidung nur unwesentlich erhöht wird, falls für die maximale Länge L_{max} der bedingt detektierten Teilsymbolfolge gilt:

$$L_{max} \geq M^{2\nu+1} \, 2^{2\nu}. \tag{6-89}$$

6.4 Fehlerwahrscheinlichkeit des Maximum-Likelihood-Empfängers

Zum Abschluß dieses Kapitels wird gezeigt, wie die Fehlerwahrscheinlichkeit eines optimalen Digitalempfängers berechnet werden kann. Aus Darstellungsgründen wird dabei eine redundanzfreie M-stufige Quelle vorausgesetzt, die eine Folge von N Symbolen abgibt. Deshalb sind die Auftrittwahrscheinlichkeiten für alle M^N möglichen Quellensymbolfolgen gleich $1/M^N$.

6.4.1 Exakte Berechnung der mittleren Fehlerwahrscheinlichkeit

Bezeichnet man mit

$$\text{Def.:} \quad p_{j|k} = P(V_N = Q_N^{(j)} | Q_N = Q_N^{(k)}) \qquad \begin{array}{l} j = 1 \ldots M^N \\ k = 1 \ldots M^N \end{array} \tag{6-90}$$

die bedingte Wahrscheinlichkeit, daß sich der Detektor für die Folge $Q_N^{(j)}$ entscheidet, unter der Voraussetzung, daß die k-te Symbolfolge gesendet wurde, so kann für die mittlere Symbolfehlerwahrscheinlichkeit gemäß Def. 3-35 geschrieben werden:

$$p_{M,E} = \frac{1}{N\,M^N} \sum_{k=1}^{M^N} \sum_{j=1}^{M^N} n_{kj}\, p_{j|k} \, .$$

(6-91)

Der Index E soll dabei verdeutlichen, daß es sich hierbei um die Fehlerwahrscheinlichkeit eines optimalen Empfängers handelt.

$1/M^N$ ist die Auftrittswahrscheinlichkeit der gesendeten Folge $Q_N^{(k)}$. n_{kj} gibt die Anzahl der Symbole an, in denen sich die vom Detektor ausgewählte Folge $Q_N^{(j)}$ von der gesendeten Folge $Q_N^{(k)}$ unterscheidet. Für $j=k$ ist $n_{kj}=0$, so daß bei der Summation der Fehlerwahrscheinlichkeiten der Fall $j=k$ nicht explizit ausgeschlossen werden muß. Die Division durch N ist notwendig, da sich die bedingte Fehlerwahrscheinlichkeit $p_{j|k}$ auf die gesamte Folge bezieht, während $p_{M,E}$ die mittlere Fehlerwahrscheinlichkeit eines Symbols ist.

Im folgenden werden die bedingten Fehlerwahrscheinlichkeiten $p_{j|k}$ für einen optimalen Maximum-Likelihood-Empfänger mit Dekorrelationsfilter und Störenergie-Detektor abgeleitet, vgl. Bild 6.4. Die anderen in diesem Kapitel vorgestellten optimalen Maximum-Likelihood-Empfänger besitzen die gleiche Fehlerwahrscheinlichkeit, da sie auf der gleichen Entscheidungsregel aufbauen.

Mit Def. 6-44 und Gl. 6-46 erhält man für die (bedingte) Wahrscheinlichkeit, daß die gesendete k-te Folge in die Folge $Q_N^{(j)}$ verfälscht wird:

$$p_{j|k}=P\left\{ \int_{T_1}^{T_2} \left[d(t)-\tilde{d}_j(t)\right]^2 dt < \int_{T_1}^{T_2} \left[d(t)-\tilde{d}_i(t)\right]^2 dt \quad \text{für alle } i\neq j \,\middle|\, Q_N = Q_N^{(k)}\right\}.$$

(6-92)

Hierbei kennzeichnen T_1 und T_2 das Zeitintervall, in dem sich die möglichen Detektionsnutzsignale $\tilde{d}_i(t)$ unterscheiden. Für $t<T_1$ und $t>T_2$ wird angenommen, daß für alle $i=1,\ldots,M^N$ die Detektionsnutzsignale $\tilde{d}_i(t)=0$ sind, so daß die Integration auch von $-\infty$ bis $+\infty$ durchgeführt werden kann.

Unter der Voraussetzung, daß die Folge $Q_N^{(k)}$ gesendet wurde, gilt für das am Empfänger anliegende Detektionssignal, vgl. Def. 2-81:

$$d(t) = \tilde{d}(t) + \overset{\times}{d}(t) = \tilde{d}_k(t) + \overset{\times}{d}(t).$$

(6-93)

$p_{j|k}$ ist somit die Wahrscheinlichkeit dafür, daß ein Störsignal $\overset{\times}{d}(t)$ auftritt, das dazu führt, daß sich der Detektor gemäß der Entscheidungsregel von Gl. 6-46 für die j-te Symbolfolge entscheidet, obwohl die k-te Folge gesendet wurde.

Bezeichnet man die Abweichung des k-ten Detektionsnutzsignals vom j-ten Detektionsnutzsignal als das **Nutzdifferenzsignal**

Def.: $\quad \Delta\tilde{d}_{kj}(t) = \tilde{d}_k(t) - \tilde{d}_j(t),$ $\qquad \begin{array}{l} j = 1...M^N \\[4pt] k = 1...M^N \end{array}$ (6-94)

so erhält man folgende Bedingung für die Entscheidung $V_N = Q_N^{(j)}$ unter der Voraussetzung, daß $Q_N = Q_N^{(k)}$ gesendet wurde:

$$\int_{-\infty}^{+\infty} \left[\Delta\tilde{d}_{kj}(t) + \overset{\times}{d}(t)\right]^2 dt < \int_{-\infty}^{+\infty} \left[\Delta\tilde{d}_{ki}(t) + \overset{\times}{d}(t)\right]^2 dt \quad \bigvee_{i \neq j}^{i=1...M^N} \qquad (6\text{-}95)$$

Daraus folgt nach einigen algebraischen Umformungen:

$$\int_{-\infty}^{+\infty} \Delta\tilde{d}_{kj}(t)\overset{\times}{d}(t)dt + \frac{1}{2}\int_{-\infty}^{+\infty}\left[\Delta\tilde{d}_{kj}(t)\right]^2 dt < \int_{-\infty}^{+\infty} \Delta\tilde{d}_{ki}(t)\overset{\times}{d}(t)dt + \frac{1}{2}\int_{-\infty}^{+\infty}\left[\Delta\tilde{d}_{ki}(t)\right]^2 dt.$$

(6-96)

Das erste Integral stellt die Kreuzenergie zwischen dem Nutzdifferenzsignal $\Delta\tilde{d}_{kj}(t)$ und dem Detektionsstörsignal $\overset{\times}{d}(t)$ dar. Es entspricht der Energie-KKF an der Stelle $\tau=0$, vgl. Def. 6-23. Das zweite Integral gibt die Energie des Nutzdifferenzsignals $\Delta\tilde{d}_{kj}(t)$ an, die im folgenden als der **Energieabstand** (zwischen dem k-ten und dem j-ten Detektionsnutzsignal) bezeichnet wird:

$$\text{Def.:} \quad \Delta E_{kj} = \int_{-\infty}^{+\infty} \left[\Delta\tilde{d}_{kj}(t)\right]^2 dt = \int_{-\infty}^{+\infty} \left[\tilde{d}_k(t) - \tilde{d}_j(t)\right]^2 dt. \qquad (6\text{-}97)$$

Damit erhält man für die bedingte Fehlerwahrscheinlichkeit $p_{j|k}$ nach Def. 6-90:

$$p_{j|k} = P\left\{ \bigcap_{\substack{i=1...M^N \\ i\neq j}} \left[\int_{-\infty}^{+\infty} \Delta\tilde{d}_{kj}(t)\overset{\times}{d}(t)dt + \frac{1}{2}\Delta E_{kj} < \int_{-\infty}^{+\infty} \Delta\tilde{d}_{ki}(t)\overset{\times}{d}(t)dt + \frac{1}{2}\Delta E_{ki} \right] \right\}.$$

(6-98)

Das bedeutet, daß $p_{j|k}$ als Wahrscheinlichkeit einer Schnittmenge von M^N-1 Ereignissen zu berechnen ist. Da die einzelnen Ereignisse [...] statistisch voneinander abhängen, lassen sich die $p_{j|k}$ im allgemeinen nur sehr schwer bestimmen. Da zur Berechnung der mittleren Fehlerwahrscheinlichkeit entsprechend Gl. 6-91 über M^{2N} solcher bedingter Wahrscheinlichkeiten gemittelt werden muß, ist es von großer praktischer Bedeutung, Schranken bzw. Näherungen für die Fehlerwahrscheinlichkeit des optimalen Empfängers zu entwickeln.

6.4.2 Näherungen für die mittlere Fehlerwahrscheinlichkeit

Der Faktor n_{kj} in Gl. 6-91 gibt die Anzahl der Symbole an, in denen sich die vom Detektor ausgewählte Folge $Q_N^{(j)}$ von der gesendeten Folge $Q_N^{(k)}$ unterscheidet. Eine erste Näherung für die mittlere Symbolfehlerwahrscheinlichkeit erhält man dadurch, daß man diesen Faktor durch einen mittleren Wert n_M ersetzt, so daß er aus der Summe herausgezogen werden kann:

$$n_{kj} = \begin{cases} n_M & \text{für } j \neq k \\ 0 & \text{für } j = k \end{cases} \qquad\qquad (1 \leq n_M \leq N). \qquad\qquad (6\text{-}99)$$

n_M besitzt als Mittelwert nicht notwendigerweise einen ganzzahligen Wert. Mit der bedingten Wahrscheinlichkeit

$$\text{Def.:} \qquad P\left(V_N \neq Q_N^{(k)} \,\middle|\, Q_N = Q_N^{(k)}\right) = \sum_{\substack{j=1 \\ j \neq k}}^{M^N} p_{j|k}, \qquad\qquad (6\text{-}100)$$

daß die gesendete Folge $Q_N^{(k)}$ falsch detektiert wird, erhält man somit als Näherung für die mittlere Symbolfehlerwahrscheinlichkeit von Gl. 6-91:

$$P_{M,E} \simeq \frac{n_M}{N\,M^N} \sum_{k=1}^{M^N} P\left(V_N \neq Q_N^{(k)} \,\middle|\, Q_N = Q_N^{(k)}\right). \qquad\qquad (6\text{-}101)$$

Eine weitere Vereinfachung ergibt sich aus der Annahme, daß alle M^N möglichen Quellensymbolfolgen näherungsweise mit gleicher Wahrscheinlichkeit verfälscht werden:

$$P\left(V_N \neq Q_N^{(k)} \,\middle|\, Q_N = Q_N^{(k)}\right) = P(V_N \neq Q_N) \qquad \forall\, k=1\ldots M^N. \qquad\qquad (6\text{-}102)$$

Somit kann auf die Mittelung über k verzichtet werden, so daß man als weitere Näherung erhält:

$$\boxed{\; P_{M,E} \simeq \frac{n_M}{N}\, P(V_N \neq Q_N). \;} \qquad\qquad (6\text{-}103)$$

Zur Berechnung der bedingten Wahrscheinlichkeit $P(V_N \neq Q_N)$ wird weiterhin davon ausgegangen, daß die Folge $Q_N^{(k)}$ gesendet wurde. Betrachtet man die Entscheidungsregel gemäß Gl. 6-96, so erkennt man, daß sich der Empfänger nur dann für die Symbolfolge $Q_N^{(j)}$ entscheiden kann, wenn die folgende Bedingung erfüllt ist:

$$\int_{-\infty}^{+\infty} \Delta\tilde{d}_{kj}(t)\,\check{d}(t)\,dt + \frac{1}{2}\, \Delta E_{kj} < 0. \qquad\qquad (6\text{-}104)$$

Hierbei ist berücksichtigt, daß $\Delta\tilde{d}_{kk}(t)=0$ ist und demzufolge auch gilt: $\Delta E_{kk}=0$. Die Wahrscheinlichkeit, daß sich der Empfänger überhaupt für die j-te Folge entscheiden <u>kann</u>, unter der Bedingung, daß die k-te Symbolfolge gesendet wurde, lautet somit:

$$P_{j|k} = P\left\{ \int_{-\infty}^{+\infty} \Delta\tilde{d}_{kj}(t)\,\check{d}(t)\,dt + \frac{1}{2}\, \Delta E_{kj} < 0 \,\middle|\, Q_N = Q_N^{(k)} \right\}. \qquad\qquad (6\text{-}105)$$

Diese Wahrscheinlichkeit unterscheidet sich grundsätzlich von der Wahrscheinlichkeit $p_{j|k}$ gemäß Def. 6-90, die angibt, daß sich der Empfänger <u>tatsächlich</u> für die Symbolfolge $Q_N^{(j)}$ entscheidet. Es gilt stets: $p_{j|k} \leq P_{j|k}$.

Erfüllt irgendein $j \neq k$ die Bedingung nach Gl. 6-104, so trifft der Empfänger mit Sicherheit eine Fehlentscheidung, d.h. in diesem Fall ist $V_N \neq Q_N^{(k)}$. Deshalb kann für die bedingte Wahrscheinlichkeit von Gl. 6-102 geschrieben werden:

$$P\left(V_N \neq Q_N^{(k)} \,\middle|\, Q_N = Q_N^{(k)}\right) = P\left\{ \bigcup_{\substack{j=1\ldots M^N \\ j \neq k}} \left[\Delta \tilde{d}_{kj}(t)\overset{\times}{d}(t)dt + \frac{1}{2}\Delta E_{kj} < 0\right] \,\middle|\, Q_N = Q_N^{(k)} \right\}.$$

$$(6\text{-}106)$$

Die einzelnen Ereignisse [...] der Vereinigungsmenge sind voneinander statistisch abhängig, wobei über die Art der statistischen Abhängigkeit allgemein keine Aussagen möglich sind. Nimmt man jedoch als grobe Vereinfachung an, daß die einzelnen Ereignisse miteinander unvereinbar ("disjunkt") sind, so erhält man mit Def. 6-105 die folgende obere Schranke:

$$P\left(V_N \neq Q_N^{(k)} \,\middle|\, Q_N = Q_N^{(k)}\right) \leq \sum_{\substack{j=1 \\ j \neq k}}^{M^N} P_{j|k}.$$

$$(6\text{-}107)$$

Die bedingten Wahrscheinlichkeiten $P_{j|k}$ können zumindest in einigen Spezialfällen analytisch angegeben werden. Für ein gaußverteiltes Störsignal $\overset{\times}{d}(t)$ mit frequenzunabhängigem Störleistungsspektrum $L_d^{\times}(f)=L_o$, das bei einem optimalen Empfänger mit Dekorrelationsfilter stets vorliegt, gilt beispielsweise:

$$P_{j|k} = Q\left(\sqrt{\frac{\Delta E_{kj}}{4 L_o}}\right).$$

$$(6\text{-}108)$$

Hierbei ist $Q(x)$ das komplementäre Gauß'sche Fehlerintegral (vgl. Tabelle A-1 bzw. A-2) und ΔE_{kj} der Energieabstand zwischen dem k-ten und dem j-ten Detektionsnutzsignal. Der Beweis dieser wichtigen Beziehung findet sich in [6.7] und [6.20].

Setzt man die Gleichungen 6-107 bzw. 6-108 in Gl. 6-103 ein, so erhält man eine obere Schranke für die mittlere Fehlerwahrscheinlichkeiten:

$$P_{M,E} = \frac{n_M}{N} P\left(V_N \neq Q_N^{(k)} \,\middle|\, Q_N = Q_N^{(k)}\right) \leq \frac{n_M}{N} \sum_{j \neq k} Q\left(\sqrt{\frac{\Delta E_{kj}}{4 L_o}}\right).$$

$$(6\text{-}109)$$

Beispiel: Dieses Ergebnis soll an einem einfachen Beispiel verdeutlicht werden. Dazu wird die aus $N=4$ Symbolen bestehende Binärfolge a_1, a_2, a_3, a_4 betrachtet, wobei die Amplitudenkoeffizienten a_ν entweder +1 oder -1 sind. Der Detektions-Grundimpuls $g_d(t)$ sei ein NRZ-Rechteckimpuls mit der Amplitude $\hat{g}_d$.

Es wird vorausgesetzt, daß die Folge $Q_N^{(k)}=\mathbf{OLOL}$ gesendet wurde; das entsprechende Detektionsnutzsignal $\tilde{d}_k(t)$ ist in Bild 6.12a dargestellt. Bild 6.12b zeigt das Detektionsnutzsignal $\tilde{d}_j(t)$ und das Nutzdifferenzsignal $\Delta \tilde{d}_{kj}(t)$ für die mögliche Symbolfolge $\mathbf{LLOL}$, vgl. Def. 6-94. Der Energieabstand zwischen diesen beiden Folgen beträgt $\Delta E_{kj}=\Delta E_1=4\hat{g}_d^2 T$. Mit Gl. 6-108 kann daraus die Wahrscheinlichkeit $P_{j|k}$ berech-

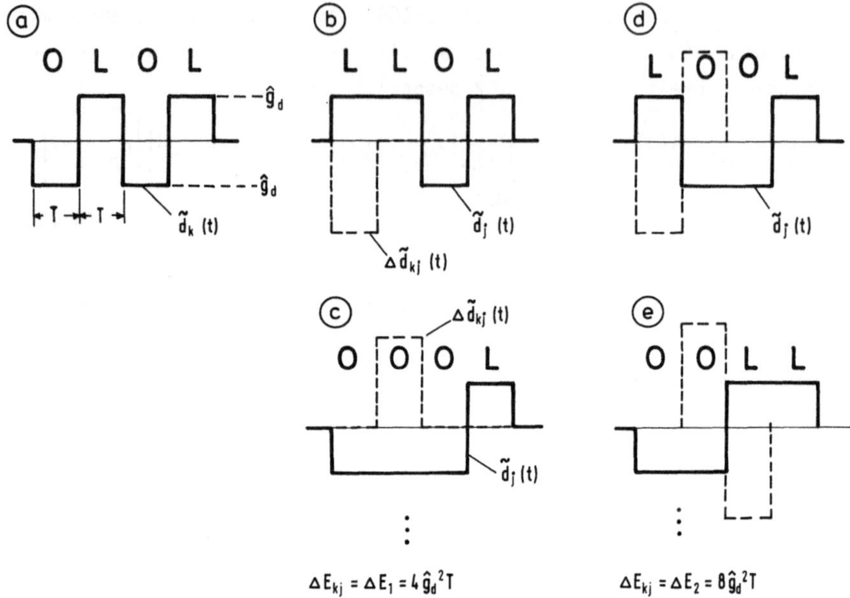

$$\Delta E_{kj} = \Delta E_1 = 4\,\hat{g}_d^2 T \qquad\qquad \Delta E_{kj} = \Delta E_2 = 8\,\hat{g}_d^2 T$$

Bild 6.12: Zur Berechnung der Energieabstände ΔE_{kj} zwischen dem tatsächlichen Detektionsnutzsignal $\tilde{d}_k(t)$ und den möglichen Detektionsnutzsignalen $\tilde{d}_j(t)$.

net werden, daß die Folge **OLOL** in die Folge **LLOL** verfälscht werden kann. Für die Folgen **OOOL**, **OLLL** und **OLOO** ergeben sich jeweils der gleiche Energieabstand ΔE_{kj} und damit auch die gleiche Wahrscheinlichkeit $P_{j|k}$, vgl. Bild 6.12c.

Die Energieabstände der Folgen **LOOL**, **OOLL**, **LLOO**, **LLLL**, **OOOO** und **OLLO** sind demgegenüber doppelt so groß. Das bedeutet, daß die $\binom{4}{2}=6$ Symbolfolgen, die sich von der gesendeten Folge $Q_N^{(k)}$ in 2 Symbolen unterscheiden, alle den Energieabstand $\Delta E_2=2\Delta E_1$ $=8\hat{g}_d^2 T$ besitzen, vgl. Bild 6.12d und e. Weiterhin gibt es noch 4 Symbolfolgen (**OOLO**, **LLLO**, **LOOO**, **LOLL**) mit dem Energieabstand $\Delta E_3=3\Delta E_1$ und eine Folge (**LOLO**) mit $\Delta E_4 = 4\Delta E_1$. Daraus folgt als obere Schranke für die Verfälschungswahrscheinlichkeit der Folge $Q_N^{(k)}$, vgl. Gl. 6-107:

$$P\!\left(V_N \neq Q_N^{(k)} \,\Big|\, Q_N = Q_N^{(k)}\right)$$

$$\leq 4\,Q\!\left(\sqrt{\frac{\hat{g}_d^2\,T}{L_o}}\right) + 6\,Q\!\left(\sqrt{\frac{2\,\hat{g}_d^2\,T}{L_o}}\right) + 4\,Q\!\left(\sqrt{\frac{3\,\hat{g}_d^2\,T}{L_o}}\right) + Q\!\left(\sqrt{\frac{4\,\hat{g}_d^2\,T}{L_o}}\right). \qquad (6\text{-}110)$$

Ist $\hat{g}_d^2 T$ sehr viel (z.B. um den Faktor 10 oder mehr) größer als die Störleistungsdichte L_o, so können die Terme mit dem doppelten, dreifachen bzw. vierfachen Energieabstand vernachlässigt werden und man erhält mit Gl. 6-109 näherungsweise:

$$p_{M,E} \simeq Q\!\left(\sqrt{\frac{\hat{g}_d^2\,T}{L_o}}\right). \qquad\qquad (6\text{-}111)$$

Durch Verallgemeinerung kann aus diesem einfachen Beispiel eine Gleichung für die mittlere Fehlerwahrscheinlichkeit abgeleitet werden. Bezeichnet man mit

$$\text{Def.:} \qquad \Delta E_{min} = \underset{k}{\text{Min}} \; \underset{j \neq k}{\text{Min}} \int_{-\infty}^{+\infty} \left[\tilde{d}_k(t) - \tilde{d}_j(t) \right]^2 dt \qquad \begin{array}{l} j=1\ldots M^N \\[4pt] k=1\ldots M^N \end{array} \qquad (6\text{-}112)$$

den **minimalen Energieabstand** zwischen zwei Detektionsnutzsignalen $\tilde{d}_k(t)$ und $\tilde{d}_j(t)$, so gilt:

$$P_{M,E} = K_{M,E} \, Q\left(\sqrt{\frac{\Delta E_{min}}{4 L_o}} \right). \qquad\qquad (6\text{-}113)$$

Das komplementäre Gauß'sche Fehlerintegral $Q(x)$ ist eine stark monoton abfallende Funktion, so daß im allgemeinen die Symbolfolgen mit minimalem Energieabstand ΔE_{min} den stärksten Einfluß auf die mittlere Symbolfehlerwahrscheinlichkeit ausüben, was auch in Gl. 6-113 zum Ausdruck kommt. Die Einflüsse, die von Symbolfolgen mit nicht minimalem Energieabstand sowie von allen getroffenen Näherungen herrühren, sollen durch die Korrekturgröße $K_{M,E}$ berücksichtigt werden. Unterscheiden sich zwei Folgen mit minimalem Energieabstand nur in einem Symbol, so kann $K_{M,E}$ mit guter Näherung zu 1 gesetzt werden.

Die mittlere Bitfehlerwahrscheinlichkeit p_B gemäß Def. 4-19 wird in den folgenden Kapiteln als das entscheidende Optimierungs- und Vergleichskriterium herangezogen. Bei einer M-stufigen Übertragung kann der Zusammenhang zwischen der Symbol- und der Bitfehlerwahrscheinlichkeit ebenfalls durch eine Korrekturgröße $(\gamma_{FF,Code})$ ausgedrückt werden, die bei einer redundanzfreien Quelle nach Abschnitt 4.3.1 zwischen 1/ldM und 1 liegt. Faßt man die beiden Korrekturgrößen $K_{M,E}$ und $\gamma_{FF,Code}$ zusammen, so erhält man für die mittlere Bitfehlerwahrscheinlichkeit eines M-stufigen optimalen Maximum-Likelihood-Empfängers bei gaußverteilten Störungen:

$$P_{B,E} = K_{B,E} \, Q\left(\sqrt{\frac{\Delta E_{min}}{4 L_o}} \right). \qquad\qquad (6\text{-}114)$$

Bei gegebenem Sender und gegebenem Kanal kann diese Bitfehlerwahrscheinlichkeit mit keinem anderen Empfänger unterschritten werden.

6.4.3 Berechnung des minimalen Energieabstands

Die Berechnung des minimalen Energieabstandes ΔE_{min} nach Def. 6-112 wird wesentlich vereinfacht, wenn man die Amplitudenkoeffizienten $\alpha_\nu^{(k,j)}$ des Differenznutzsignals einführt:

$$\text{Def.:} \qquad \alpha_\nu^{(k,j)} = a_\nu^{(k)} - a_\nu^{(j)} \qquad \begin{array}{l} k,j = 1\ldots M^N \\[4pt] \nu = 1\ldots N. \end{array} \qquad (6\text{-}115)$$

Diese Größen werden im folgenden als die **Differenzkoeffizienten** bezeichnet. Bei binären bipolaren Amplitudenkoeffizienten ($a_\nu = \pm 1$) sind die Differenzkoeffizienten $\alpha_\nu \in$
$\{-2; 0; +2\}$. Bei M-stufigen Signalen mit äquidistanten bipolaren Amplitudenkoeffizienten gemäß Gl. 2-10 erhält man entsprechend ($m=1,\ldots,2M-1$):

$$\alpha_\nu \in \left\{\alpha_m\right\} = \left\{2\,\frac{2m-2M-1}{2M-1}\right\}. \tag{6-116}$$

Für unipolare Sendesignale sind die Differenzkoeffizienten nur halb so groß.

   Mit Gl. 2-63 und Def. 6-115 kann das Differenznutzsignal somit in folgender Weise dargestellt werden:

$$\Delta\tilde{d}_{kj}(t) = \tilde{d}_k(t) - \tilde{d}_j(t) = \sum_{\nu=1}^{N} \alpha_\nu^{(k,j)} g_d(t-\nu T). \tag{6-117}$$

Setzt man dieses Ergebnis in Gl. 6-97 ein, so folgt für den Energieabstand zwischen
dem k-ten und dem j-ten Detektionsnutzsignal:

$$\Delta E_{kj} = \int_{-\infty}^{+\infty} \sum_{\nu=1}^{N} \sum_{\kappa=1}^{N} \alpha_\nu^{(k,j)} \alpha_\kappa^{(k,j)} g_d(t-\nu T) g_d(t-\kappa T) dt. \tag{6-118}$$

Definiert man nun analog zu Def. 2-23 die **Energie-AKF des Detektions-Grundimpulses**

$$\text{Def.:} \qquad l_{gd}^{\bullet}(\tau) = \int_{-\infty}^{+\infty} g_d(t) g_d(t+\tau) dt, \tag{6-119}$$

so erhält man nach der Substitution $\lambda = \kappa - \nu$:

$$\Delta E_{kj} = \sum_{\nu=1}^{N} \sum_{\lambda=1-\nu}^{N-\nu} \alpha_\nu^{(k,j)} \alpha_{\nu+\lambda}^{(k,j)} l_{gd}^{\bullet}(\lambda T). \tag{6-120}$$

Mit der diskreten AKF der Differenzkoeffizienten

$$\text{Def.:} \qquad l_\alpha^{(k,j)}(\lambda) = \sum_{\nu=1}^{N} \alpha_\nu^{(k,j)} \alpha_{\nu+\lambda}^{(k,j)} \tag{6-121}$$

erhält man schließlich für den Energieabstand zwischen dem k-ten und dem j-ten Detektionsnutzsignal:

$$\boxed{\Delta E_{kj} = \sum_{\lambda=-\infty}^{+\infty} l_\alpha^{(k,j)}(\lambda) l_{gd}^{\bullet}(\lambda T)} \qquad \begin{array}{l} \text{Vor:}\\ N \gg 1. \end{array} \tag{6-122}$$

Diese Beziehung vereinfacht die numerische Berechnung der insgesamt M^{2N} Energieabstände ΔE_{kj}, die für die Ermittlung des minimalen Energieabstandes ΔE_{min} benötigt
werden. Gegenüber der Definitionsgleichung 6-112 ist hier die Integration durch ei-

ne Summation ersetzt, was die erforderliche Rechenzeit entscheidend herabsetzt.

Zur Bestimmung des minimalen Energieabstandes müssen diejenigen Differenzkoeffizienten $\alpha_\nu^{(k,j)}$ gefunden werden, die ΔE_{kj} zu einem Minimum machen. Besonders einfach ist diese Minimierung, wenn der minimale Energieabstand bei Einzelfehlern auftritt. In [6.20] wird eine hinreichende, nicht unbedingt notwendige Bedingung hierfür abgeleitet. Das Auftreten von Einzelfehlern ist demnach bei einem optimalen Empfänger dann wahrscheinlicher als Blockfehler, wenn

$$\text{Vor.:} \qquad l_{gd}^{\cdot}(0) > 2 \sum_{\lambda=1}^{\infty} l_{gd}^{\cdot}(\lambda T) \qquad (6\text{-}123)$$

ist, d.h. wenn der Detektions-Grundimpuls $g_d(t)$ relativ rasch abklingt.

Im folgenden werden zwei M-stufige Folgen $Q_N^{(k)}$ und $Q_N^{(j)}$ betrachtet, die sich nur in einem Symbol, z.B. dem n-ten Symbol unterscheiden, während sie in allen anderen Symbolen $(\nu \neq n)$ übereinstimmen. Somit erhält man für die diskrete AKF der Differenzkoeffizienten nach Def. 6-121:

$$l_{\alpha}^{(k,j)}(\lambda) = \begin{cases} \left[\alpha_n^{(k,j)}\right]^2 & \text{für } \lambda = 0 \\[2ex] 0 & \text{für } \lambda \neq 0 \end{cases} \qquad (6\text{-}124)$$

und damit für den minimalen Energieabstand:

$$\Delta E_{min} = \underset{j \neq k}{\text{Min}} \left[\alpha_n^{(k,j)}\right]^2 l_{gd}^{\cdot}(0). \qquad (6\text{-}125)$$

ΔE_{min} wird genau dann minimal, wenn $a_n^{(k)} = a_\mu$ und $a_n^{(j)} = a_{\mu \pm 1}$ benachbarte Symbole repräsentieren, so daß der in Abschnitt 6.4.3 definierte n-te Differenzkoeffizient $\alpha_n^{(k,j)}$ den kleinstmöglichen Wert annimmt. Für äquidistante Amplitudenkoeffizienten $(a_\mu - a_{\mu-1} = \text{const.})$ folgt daraus mit Gl. 2-10 bzw. Gl. 6-122:

$$\Delta E_{min} = \frac{4}{(M-1)^2} l_{gd}^{\cdot}(0) = \frac{4}{(M-1)^2} \int_{-\infty}^{+\infty} \left[g_d(t)\right]^2 dt. \qquad (6\text{-}126)$$

Bei unipolaren Signalen ist ΔE_{min} um den Faktor 4 geringer.

Setzt man dieses Ergebnis in Gl. 6-114 ein, so erhält man als Näherung für die mittlere Bitfehlerwahrscheinlichkeit eines Maximum-Likelihood-Empfängers:

$$\boxed{P_{B,E} = K_{B,E}\, Q\left(\frac{1}{M-1} \sqrt{l_{gd}^{\cdot}(0)/L_o}\right).} \qquad (6\text{-}127)$$

Diese Näherung gilt für ein redundanzfreies bipolares M-stufiges Sendesignal sowie für gaußverteilte Störungen. Weiterhin ist hierfür vorausgesetzt, daß Einzelfehler wahrscheinlicher sind als Blockfehler. Sie ist umso genauer, je kleiner die Fehlerwahrscheinlichkeit selbst ist, wobei für sehr kleine Fehlerwahrscheinlichkeiten die Korrekturgröße $K_{B,E} = 1$ gesetzt werden kann.

Mit dem Satz von Parseval (Gl. 6-25) und Gl. 6-30 gilt:

$$\overset{\bullet}{\mathsf{l}}_{gd}(0) = \int\limits_{-\infty}^{+\infty} \left[g_d(t)\right]^2 dt = \int\limits_{-\infty}^{+\infty} |G_d(f)|^2 df = \int\limits_{-\infty}^{+\infty} \frac{|G_e(f)|^2}{L_n(f)/L_o} df. \qquad (6\text{-}128)$$

Hierbei ist $G_e(f)$ das Spektrum des Empfangs-Grundimpulses $g_e(t)$ und $L_n(f)$ die spektrale Leistungsdichte des Störsignals $n(t)$. Somit erhält man für die mittlere Bitfehlerwahrscheinlichkeit:

$$P_{B,E} \approx Q\left(\frac{1}{M-1}\sqrt{\int\limits_{-\infty}^{+\infty} \frac{|G_e(f)|^2}{L_n(f)}\, df}\right). \qquad (6\text{-}129)$$

6.4.4 Minimaler Energieabstand bei einem Koaxialkabel

Diese Gleichung gilt nur dann, wenn Einzelfehler wahrscheinlicher als Blockfehler sind, d.h. wenn die Voraussetzung nach Gl. 6-123 erfüllt ist. In allen anderen Fällen muß der minimale Energieabstand ΔE_{min} aus Gl. 6-122 bestimmt werden, was im folgenden am Beispiel eines binären Koaxialkabelsystems dargestellt wird.

Für die gebräuchlichen Kabellängen und Bitraten kann der Frequenzgang eines Koaxialkabels durch Gl. 2-55 angenähert werden:

$$|H_K(f)| = e^{-a_*\sqrt{2|f|/R}}. \qquad (6\text{-}130)$$

Dabei ist a_* die charakteristische Kabeldämpfung nach Def. 2-54. Das Störleistungsspektrum $L_n(f)=L_o$ sei frequenzunabhängig, so daß auf das Dekorrelationsfilter verzichtet werden kann ($H_{DF}(f)=1$).

Ist der Sende-Grundimpuls ein NRZ-Rechteckimpuls ($T_S=T$) mit der Amplitude $\hat{g}_S$, so gilt für die Energie-AKF des Detektions-Grundimpulses, vgl. Def. 6-119:

$$\overset{\bullet}{\mathsf{l}}_{gd}(\tau) = \hat{g}_S^2\, T^2 \int\limits_{-\infty}^{+\infty} \mathrm{si}^2(\pi fT)\, e^{-2a_*\sqrt{2|f|/R}}\, \cos(2\pi f\tau)df. \qquad (6\text{-}131)$$

Beim redundanzfreien Binärsystem ist hierbei $R=1/T$.

Bild 6.13 zeigt die Energie-AKF für die charakteristische Kabeldämpfung $a_*=50$ dB bzw. 100 dB. Daraus ist ersichtlich, daß $\overset{\bullet}{\mathsf{l}}_{gd}(\tau)$ bei diesen Kabeldämpfungen nur sehr langsam abklingt, so daß die Bedingung gemäß Gl. 6-123 nicht erfüllt wird. Daraus folgt weiter, daß bei diesen Kabeldämpfungen der minimale Energieabstand nicht zwischen zwei Symbolfolgen auftritt, die sich nur in einem Symbol unterscheiden. Vielmehr unterscheiden sich hier zwei Symbolfolgen mit minimalem Energieabstand in mehreren Symbolen. Dies wird verständlich, wenn man berücksichtigt, daß bei der langen Rechteckantwort des Koaxialkabels das Nutzdifferenzsignal, das sich aus der Überlagerung der Rechteckantwort ergibt, kleiner werden kann, wenn sich die betrachteten Folgen in mehreren Symbolen unterscheiden.

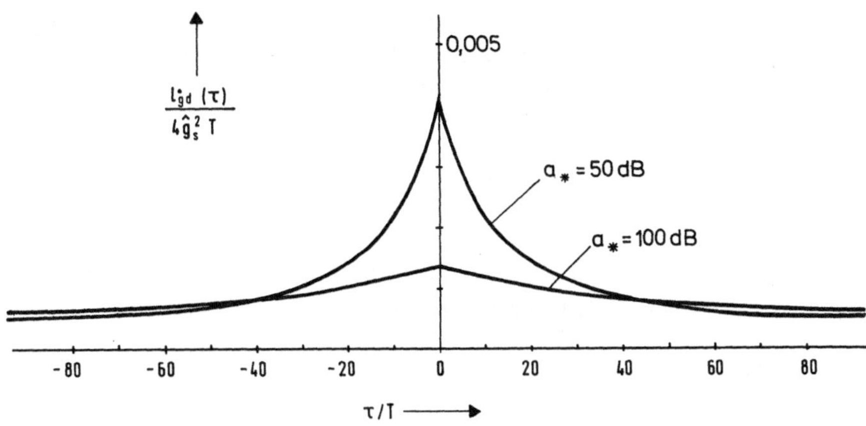

Bild 6.13:   Normierte Energie-AKF bei einem Koaxialkabel mit der charakteristischen
Kabeldämpfung a_*.

Bild 6.14 zeigt den auf $4\hat{g}_s^2 T$ normierten Energieabstand ΔE_{min} in Abhängigkeit der charakteristischen Kabeldämpfung a_*. Die mit (a) gekennzeichnete Kurve gilt für zwei Symbolfolgen, die sich nur in einem Symbol unterscheiden, so daß $\alpha_n^{(k,j)}=\pm 2$ ist und alle anderen Differenzkoeffizienten $\alpha_{\nu\neq n}^{(k,j)}=0$ sind. Für den Energieabstand ΔE_{kj} dieser beiden Symbolfolgen gilt nach Gl. 6-126:

$$\Delta E_{kj}^{(a)} = 4\,l_{gd}^{\cdot}(0).\tag{6-132}$$

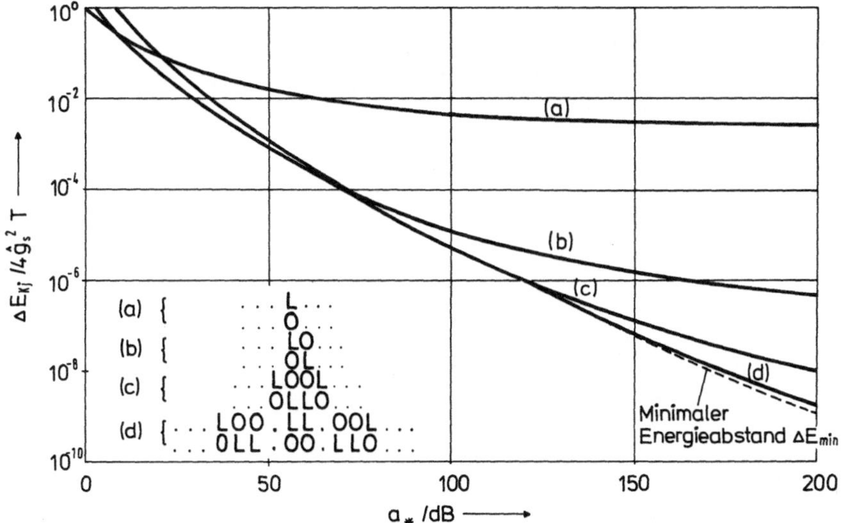

Bild 6.14:   Zur Bestimmung des minimalen Energieabstands in Abhängikeit der charakteristischen Kabeldämpfung a_* eines binären Koaxialkabelsystems.

Dieser Energieabstand ist nur dann der minimale Energieabstand, wenn a_* sehr klein ist ($a_*<10$ dB). Betrachten wir nun aber zwei Symbolfolgen, die sich in zwei benachbarten Symbolen unterscheiden, wobei für die Differenzkoeffizienten gilt:

$$\alpha_\nu^{(k,j)} = \begin{cases} \pm\, 2 & \text{für } \nu = n \\ \mp\, 2 & \text{für } \nu = n + 1 \\ 0 & \text{sonst.} \end{cases} \tag{6-133}$$

Der Energieabstand dieser beiden Symbolfolgen ist in Bild 6.14 mit (b) gekennzeichnet und berechnet sich nach Def. 6-121 und Gl. 6-122 zu:

$$\Delta E_{kj}^{(b)} = 8\left(1_{gd}^{\bullet}(0) - 1_{gd}^{\bullet}(T)\right). \tag{6-134}$$

Liegt die charakteristische Kabeldämpfung a_* zwischen 10 dB und 70 dB, so ist $\Delta E_{kj}^{(b)}$ gleich dem minimalen Energieabstand ΔE_{min}. Dagegen gilt für 70 dB$<a_*<$130 dB:

$$\Delta E_{min} = \Delta E_{kj}^{(c)} = 16\ 1_{gd}^{\bullet}(0) - 8\ 1_{gd}^{\bullet}(T) - 16\ 1_{gd}^{\bullet}(2\,T) + 8\ 1_{gd}^{\bullet}(3\,T). \tag{6-135}$$

Die Kurve (c) gilt dabei für zwei Symbolfolgen, die sich entsprechend Bild 6.14 in vier benachbarten Symbolen unterscheiden.

Für noch größere Kabeldämpfungen treten immer neue ungünstige Symbolfolgen auf, die sich in immer mehr Symbolen unterscheiden. Das bedeutet, daß der in Bild 6.14 gestrichelt eingezeichnete minimale Energieabstand ΔE_{min} abschnittsweise von unterschiedlichen ungünstigsten Symbolfolgen herrührt. Bemerkenswert ist, daß in dieser logarithmischen Darstellung die Abhängigkeit des minimalen Energieabstandes von der charakteristischen Kabeldämpfung für $a_*>80$ dB mit guter Näherung durch eine Gerade gegeben ist.

Bei mehrstufigen Systemen ist die exakte Berechnung von ΔE_{min} noch aufwendiger. Auch in diesem Fall ergibt sich für große Dämpfungen jedoch näherungsweise ein linearer Zusammenhang, vgl. [6.20].

7 Leistungsmerkmale und Grenzen digitaler Übertragungssysteme

<u>Inhalt:</u> Im Kapitel 7 werden die theoretischen Grundlagen für die Systemoptimierung und den Systemvergleich erarbeitet. Der Abschnitt 7.1 gibt eine Übersicht über die wichtigsten Optimierungs- und Vergleichskriterien. Anschließend wird im Abschnitt 7.2 mit dem Systemwirkungsgrad ein sehr allgemeines Vergleichskriterium eingeführt, das ein äquivalentes Maß für die mittlere Bitfehlerwahrscheinlichkeit darstellt und das den erreichbaren Signalstörabstand auf ein optimales System - bestehend aus optimalem Sender, idealem Kanal und optimalem Empfänger - bezieht. Daraus werden im Abschnitt 7.3 die maximale Regeneratorfeldlänge sowie die maximal übertragbare Bitrate bestimmt. Im Abschnitt 7.4 wird die Kanalkapazität berechnet, die eine informationstheoretische obere Schranke für die fehlerfrei übertragbare Bitrate ist.

<u>Voraussetzungen:</u> Die Ergebnisse von Kapitel 7 gelten für M-stufige Digitalsysteme, bei denen die Nachrichten in den Amplitudenwerten enthalten sind (Pulsamplitudenmodulation). Die möglichen Amplitudenkoeffizienten $a_1, \ldots, a_M$ seien äquidistant, siehe Gl. 2-10. Die Störungen werden als stationär, additiv und gaußverteilt angenommen. Als Empfänger werden sowohl Schwellwertempfänger ohne bzw. mit Quantisierter Rückkopplung (QR) als auch der optimale Digitalempfänger nach Kapitel 6 betrachtet. Die Schwellenwerte des Empfängers und das Taktsignal werden meist als ideal vorausgesetzt. Der Einfluß von Toleranzen wird in Abschnitt 8.7 untersucht.

7.1 Optimierungskriterien und Systemparameter

Seit dem Beginn der digitalen Übertragungstechnik steht die Systemoptimierung im Mittelpunkt einer Vielzahl von Arbeiten. Ein Vergleich der einzelnen Optimierungsergebnisse zeigt, daß die jeweiligen Autoren zu teilweise recht unterschiedlichen optimalen Systemen gelangen. Das ist jedoch nicht weiter verwunderlich, da sich die einzelnen Optimierungen sowohl hinsichtlich der dabei getroffenen Voraussetzungen als auch in den Zielsetzungen ganz erheblich unterscheiden.

Bei einem Vergleich der vielfältigen Optimierungsarbeiten lassen sich folgende grundlegende Optimierungsziele erkennen, die jeweils zu anderen Optimierungsergebnissen, d.h. zu anderen optimalen Werten für die Systemparameter führen:

(a) Maximierung der Regeneratorfeldlänge bei vorgegebener Bitrate bzw. Maximierung
    der Bitrate bei gegebener Regeneratorfeldlänge, wobei die Fehlerwahrscheinlich-
    keit einen vorzugebenden Grenzwert nicht überschreiten darf,
(b) Minimierung der Fehlerwahrscheinlichkeit bei vorgegebener Bitrate und Regenera-
    torfeldlänge,
(c) Maximierung der zulässigen Toleranzen bei gegebener Bitrate, Regeneratorfeld-
    länge und Grenzfehlerwahrscheinlichkeit (vgl. Abschnitt 8.7),
(d) Minimierung des Realisierungsaufwands bei gegebenen Randbedingungen.

Die Maximierung der Regeneratorfeldlänge (bzw. der Bitrate) eignet sich für eine
allgemeine Systemplanung. Sie liefert theoretische Grenzwerte, die von realisierbaren Systemen, je nach Aufwand, mehr oder weniger gut angenähert werden können, vgl.
Abschnitt 7.3. Eine solche Grenze stellt z.B. auch die Kanalkapazität dar, die sich
aus der Informationstheorie ableiten läßt und die in Abschnitt 7.4 unter verschiedenen Randbedingungen berechnet wird.

Im allgemeinen ergeben sich für die einzelnen Systemparameter andere optimale
Werte, wenn bei der Systemoptimierung statt der Maximierung der Regeneratorfeldlänge (a) die Minimierung der (Bit-)Fehlerwahrscheinlichkeit (b) angestrebt wird. In
Abschnitt 7.3 wird jedoch gezeigt, daß die beiden Optimierungskriterien ineinander
übergeführt werden können.

Da die Fehlerwahrscheinlichkeit einfacher zu berechnen ist als die maximal überbrückbare Regeneratorfeldlänge (bzw. die maximal zu übertragende Bitrate), wird sie
für die Systemoptimierung in den Kapiteln 8 und 9 als Optimierungskriterium zugrunde gelegt. Im folgenden soll deshalb unter dem Begriff **"Systemoptimierung"** verstanden werden, die das Digitalsystem beschreibenden Parameter und Frequenzgänge so zu
bestimmen, daß die (mittlere) Fehlerwahrscheinlichkeit den minimalen Wert annimmmt.

Nicht alle der in Kapitel 2 eingeführten Systemparameter sind für eine Optimierung geeignet. So wird z.B. die Fehlerwahrscheinlichkeit umso geringer, je größer
die Sendeimpulsamplitude $\hat{g}_s$ oder je kleiner die Bitrate R gewählt wird. Diese Grös-
sen werden im folgenden als **nicht optimierbare Systemgrößen** bezeichnet. Sie müssen
für die Systemoptimierung als konstant vorausgesetzt werden.

Im Gegensatz dazu sind die **optimierbaren Systemgrößen** diejenigen Systemparameter
und -funktionen, für die es - abhängig von den nicht optimierbaren Systemgrößen -
optimale Werte bzw. optimale Funktionsverläufe gibt, die zur minimalen Fehlerwahrscheinlichkeit führen.

Darüber hinaus müssen für die Optimierung noch gewisse Randbedingungen angegeben
werden. So wird z.B. die Optimierung der Systemgrößen entscheidend dadurch beeinflußt, ob als Nebenbedingung Leistungs- oder Spitzenwertbegrenzung des Sendesignals
gefordert wird. **Leistungsbegrenzung** des Senders bedeutet, daß die mittlere Sendeleistung einen vorgegebenen Maximalwert S_s nicht überschreiten darf. In diesem Fall
muß für den quadratischen Mittelwert des Sendesignals gelten:

$$\text{Def.:} \qquad \overline{s^2(t)} = \int\limits_{-\infty}^{+\infty} s^2 f_s(s)\,ds \le S_s\,. \qquad\qquad (7\text{-}1)$$

Hierbei ist $f_s(s)$ die Wahrscheinlichkeitsdichtefunktion des Sendesignals.

Dagegen versteht man unter **Spitzenwertbegrenzung (Amplitudenbegrenzung)**, daß der Aussteuerbereich $\Delta s = s_{max} - s_{min}$ des Sendesignals begrenzt ist, vgl. Bild 2.3. Für ein symmetrisches Sendesignal ist $s_{min} = -s_{max}$ und es gilt:

$$\text{Def.:} \qquad |s(t)| \le s_{max} \quad \text{für alle } t \qquad\qquad (7\text{-}2)$$

bzw.

$$\text{Def.:} \qquad f_s(s) = 0 \quad \text{für } |s| > s_{max}. \qquad\qquad (7\text{-}3)$$

Die Frage, ob als Nebenbedingung der Optimierung Leistungs- oder Spitzenwertbegrenzung zu fordern ist, hängt von den technischen Randbedingungen ab und ist von Fall zu Fall zu entscheiden. Wird z.B. die Dimensionierung und die Verlustleistung des Senders entscheidend durch die mittlere Sendeleistung S_s beeinflußt, so muß für die Optimierung von Leistungsbegrenzung ausgegangen werden. Ist dagegen der Aussteuerbereich Δs des Senders begrenzt, z.B. wegen der Verlustleistung oder der Linearität der Bauelemente, so ist Spitzenwertbegrenzung eine sinnnvolle und notwendige Nebenbedingung. Spitzenwertbegrenzung ist auch dann zu fordern, wenn die Störung anderer Teilnehmer durch Nebensprechen einen gewissen Wert nicht überschreiten darf.

In Tabelle 7.1 im Abschnitt 7.2.5 sind die optimierbaren und nicht optimierbaren Systemgrößen für ein Digitalsystem mit Schwellwertempfänger zusammengestellt, wobei eine mögliche Codierung (Kapitel 4) und eine Quantisierte Rückkopplung (Kapitel 5) ebenfalls berücksichtigt sind. Kann der Einfluß eines Parameters auch durch andere Größen ausgedrückt werden, so sind diese mit (a),(b),... markiert. Beispielsweise kann die Amplitude des Sendesignals durch die drei (voneinander abhängigen) Größen s_{max}, S_s und $\hat{g}_s$ beschrieben werden.

7.2 Systemtheoretische Grundlagen für den Systemvergleich

Beim Systemvergleich muß im Gegensatz zur Systemoptimierung auch der Einfluß der nicht optimierbaren Systemgrößen auf die Fehlerwahrscheinlichkeit diskutiert werden. An das hierzu benötigte Vergleichskriterium müssen wesentlich strengere Anforderungen als an ein Optimierungskriterium gestellt werden. Während es für die Optimierung ausreicht, wenn das Kriterium zum richtigen Optimum führt, muß beim Systemvergleich auch der Wert des Optimums richtig wiedergegeben werden.

Grundsätzlich sind für den Vergleich von Nachrichtensystemen zwei unterschiedliche Vergleichsphilosophien denkbar:

(a) Vergleich der Systeme bei übereinstimmender Bandbreite der Übertragungskanäle,
(b) Vergleich der Systeme bei übereinstimmendem Informationsfluß oder Nachrichtenfluß (Bitrate) der Nachrichtenquellen, vgl. Def. 2-8 und 2-9.

Die erste Art des Systemvergleichs hat den Nachteil, daß Kanäle mit unterschiedlicher Bandbreite auf einen Vergleichskanal konstanter Bandbreite umgerechnet werden
müssen, was zu einer erheblichen Verfälschung der Ergebnisse führen kann. Bei Digitalsystemen ist der Vergleich bei übereinstimmendem Informationsfluß bzw. Nachrichtenfluß naheliegend und wird dem Folgenden zugrunde gelegt.

Bild 7.1 zeigt das Blockschaltbild des betrachteten Übertragungssystems. Um einen gerechten Vergleich unterschiedlicher Systeme zu gewährleisten, wird immer von
der gleichen Quelle, nämlich von einer redundanzfreien Binärquelle ausgegangen, so
daß der Informationsfluß ϕ und die Bitrate R übereinstimmen. Als Optimierungskriterium wird die (mittlere) Bitfehlerwahrscheinlichkeit p_B entsprechend Def. 4-19 verwendet, so daß der Einfluß des Übertragungscodes bzw. der Stufenzahl ebenfalls mit
berücksichtigt wird.

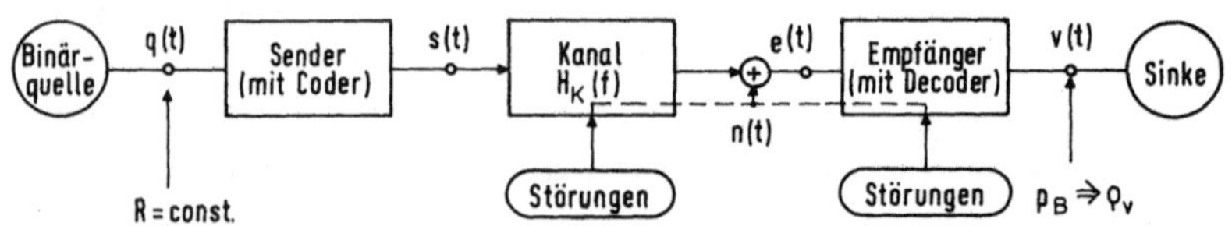

Bild 7.1:   Allgemeines Blockschaltbild eines Nachrichtenübertragungssystems.

Im folgenden wird mit dem Systemwirkungsgrad ein sehr allgemeines Optimierungs-
und Vergleichskriterium eingeführt, das bei digitalen Systemen ein äquivalentes Maß
für die mittlere Bitfehlerwahrscheinlichkeit p_B darstellt. Durch eine geringfügige
Modifikation ist es auch möglich, modulierte Digitalsysteme und beliebige Analogsy-
steme mit Hilfe des Systemwirkungsgrades zu analysieren. Durch die Einführung des
Systemwirkungsgrades kann deutlich gemacht werden, wie weit ein Nachrichtensystem
bezüglich seiner Leistungsfähigkeit vom theoretisch erreichbaren Optimum entfernt
ist und welche Verbesserungen bei Sender, Kanal und Empfänger noch möglich sind.

7.2.1 Definition der Systemwirkungsgrade

Bei analogen Nachrichtensystemen wird als Maß für die Übertragungsqualität meist
das Signalstörleistungsverhältnis ρ_v = S_v/N_v an der Sinke herangezogen. Hierbei ist
S_v die Nutzleistung und N_v die Störleistung des Sinkensignals v(t). Um ein einheit-
liches Vergleichskriterium für die analogen und die digitalen Nachrichtensysteme zu
schaffen, wird bei Digitalsystemen die mittlere Bitfehlerwahrscheinlichkeit p_B als
das entscheidende Gütekriterium in ein äquivalentes **Sinken-Signalstörleistungsverhältnis** ρ_v umgerechnet, wobei bei gaußverteilten Störungen gilt:

$$\text{Def.:} \qquad p_B = Q\left(\sqrt{\rho_v}\right) \quad \text{bzw.} \quad \rho_v = \left[Q^{-1}\left(p_B\right)\right]^2. \tag{7-4}$$

Hierbei ist Q(x) das komplementäre Gauß'sche Fehlerintegral gemäß Tabelle A-2, und

$Q^{-1}(x)$ ist dessen Umkehrfunktion. Da $Q(x)$ eine monoton fallende Funktion darstellt, ist das Sinken-Signalstörleistungsverhältnis ein zur mittleren Bitfehlerwahrscheinlichkeit äquivalentes Maß für die Übertragungsqualität. Beispielsweise entspricht $p_B = 10^{-10}$ dem **Sinken-Störabstand** $10 \lg \rho_v = 16,1$ dB.

Das Sinken-Signalstörleistungsverhältnis ρ_v hängt von den Eigenschaften des Senders, des Kanals und des Empfängers ab. Unter einem **optimalen Empfänger** soll hier ein rauschfreier Empfänger verstanden werden, der bei gegebenem Sender und gegebenem Übertragungskanal zum maximalen Sinken-Signalstörleistungsverhältnis $\rho_{v,E}$ führt:

$$\text{Def.:} \qquad \rho_{v,E} = \rho_v \{\text{optimaler Empfänger}\}. \qquad\qquad (7\text{-}5)$$

Darauf aufbauend ergibt sich für den **Empfängerwirkungsgrad**:

$$\text{Def.:} \qquad \boxed{\eta_E = \frac{\rho_v}{\rho_{v,E}} = \frac{\rho_v \{\text{gegebener Empfänger}\}}{\rho_v \{\text{optimaler Empfänger}\}}} \qquad 0 \leq \eta_E \leq 1. \qquad (7\text{-}6)$$

η_E gibt an, wie gut es dem gegebenen Empfänger gelingt, das anliegende Empfangssignal in ein möglichst großes Sinken-Signalstörleistungsverhältnis ρ_v umzusetzen; er ist deshalb ein Maß für die Leistungsfähigkeit des Empfängers. Bei einem Übertragungssystem mit optimalem Empfänger ist η_E definitionsgemäß gleich 1.

Als Kenngröße für die Güte des Übertragungskanals wird der Kanalwirkungsgrad η_K verwendet, der sich auf den idealen Kanal bezieht. Darunter versteht man einen Kanal, der das Sendesignal unverändert überträgt ($\tilde{e}(t)=s(t)$) und die minimale thermische Rauschleistungsdichte L_{th} (Gl. 2-48) aufweist. Für den Frequenzgang bzw. die Störleistungsdichte eines **idealen Kanals** folgt somit:

$$\text{Def.:} \qquad \text{(a)} \quad H_K(f) = 1 \qquad \text{(b)} \quad L_n(f) = L_{th}. \qquad\qquad (7\text{-}7)$$

Bezeichnet man das Sinken-Signalstörleistungsverhältnis bei einem idealen Kanal und gegebenem Sender sowie bei Verwendung eines optimalen Empfängers mit

$$\text{Def.:} \qquad \rho_{v,KE} = \rho_v \{\text{idealer Kanal; optimaler Empfänger}\}, \qquad\qquad (7\text{-}8)$$

so gilt mit Def. 7-5 für den **Kanalwirkungsgrad**:

$$\text{Def.:} \qquad \boxed{\eta_K = \frac{\rho_{v,E}}{\rho_{v,KE}} = \left. \frac{\rho_v \{\text{gegebener Kanal}\}}{\rho_v \{\text{idealer Kanal}\}} \right| \text{opt.Empfänger}} \qquad 0 \leq \eta_K \leq 1. \quad (7\text{-}9)$$

Ein **optimaler Sender** ist ein Sender, der bei einem idealen Kanal und einem optimalen Empfänger das größte Sinken-Signalströleistungsverhältnis $\rho_{v,SKE}$ hervorbringt:

$$\text{Def.:} \qquad \rho_{v,SKE} = \rho_v \{\text{optimaler Sender; idealer Kanal; optimaler Empfänger}\} \qquad (7\text{-}10)$$

Der **Senderwirkungsgrad** bezieht sich auf den optimalen Sender. Es gilt:

$$\text{Def.:} \quad \boxed{n_S = \frac{\rho_{v,KE}}{\rho_{v,SKE}} = \frac{\rho_v \; \{\text{gegebener Sender}\}}{\rho_v \; \{\text{optimaler Sender}\}} \;\Bigg|\; \begin{array}{l}\text{idealer Kanal}\\ \text{opt. Empfänger}\end{array}} \quad 0 \le n_S \le 1. \quad (7\text{-}11)$$

Das Sinken-Signalstörleistungsverhältnis $\rho_{v,SKE}$ hängt allerdings entscheidend davon ab, ob die mittlere Leistung S_S oder der Spitzenwert s_{max} des Sendesignals begrenzt ist, vgl. Def. 7-1 und Def. 7-2. Mit der Abkürzung

$$\text{Def.:} \quad \rho_L = \rho_{v,SKE} \;\big|\; \text{Leistungsbegrenzung} \qquad\qquad (7\text{-}12)$$

erhält man für den **Senderwirkungsgrad bei Leistungsbegrenzung**:

$$\text{Def.:} \quad \boxed{n_{S,L} = \frac{\rho_{v,KE}}{\rho_L} = \frac{\rho_v \; \{\text{gegebener Sender}\}}{\rho_v \; \{\text{optimaler Sender}\}} \;\Bigg|\; \begin{array}{l}\text{Leistungsbegrenzung}\\ \text{idealer Kanal}\\ \text{opt. Empfänger}\end{array}} \qquad (7\text{-}13)$$

Für den **Senderwirkungsgrad bei Spitzenwertbegrenzung (Amplitudenbegrenzung)** gilt:

$$\text{Def.:} \quad \boxed{n_{S,A} = \frac{\rho_{v,KE}}{\rho_A} = \frac{\rho_v \; \{\text{gegebener Sender}\}}{\rho_v \; \{\text{optimaler Sender}\}} \;\Bigg|\; \begin{array}{l}\text{Spitzenwertbegrenzung}\\ \text{idealer Kanal}\\ \text{opt. Empfänger}\end{array}} \qquad (7\text{-}14)$$

Hierbei ist ρ_A analog zu Def. 7-12 das maximale Sinken-Signalstörleistungsverhältnis bei Spitzenwertbegrenzung:

$$\text{Def.:} \quad \rho_A = \rho_{v,SKE} \;\big|\; \text{Spitzenwertbegrenzung.} \qquad\qquad (7\text{-}15)$$

Bei einem nicht idealen Kanal oder einem nicht optimalen Empfänger führt die Maximierung des hier definierten Senderwirkungsgrades n_S nicht notwendigerweise auf das größte Sinken-Signalstörleistungsverhältnis. Vielmehr müssen hierzu die das Gesamtsystem nach Bild 7.1 beschreibenden Wirkungsgrade maximiert werden, wobei gilt:

Systemwirkungsgrad bei Leistungsbegrenzung:

$$\text{Def.:} \quad \boxed{n_L = n_{S,L}\, n_K\, n_E} \qquad\qquad 0 \le n_L \le 1. \qquad\qquad (7\text{-}16)$$

Systemwirkungsgrad bei Spitzenwertbegrenzung (Amplitudenbegrenzung):

$$\text{Def.:} \quad \boxed{n_A = n_{S,A}\, n_K\, n_E} \qquad\qquad 0 \le n_A \le 1. \qquad\qquad (7\text{-}17)$$

Der Systemwirkungsgrad n_L bzw. n_A ist ein zum Sinken-Signalstörleistungsverhältnis ρ_v äquivalentes Maß, der die sonst nur schwer formulierbare Nebenbedingung der Leistungsbegrenzung (Spitzenwertbegrenzung) implizit berücksichtigt. Eine ausführliche Interpretation dieser Systemwirkungsgrade erfolgt im Abschnitt 7.2.5.

Die hier definierten Systemwirkungsgrade können sowohl auf digitale wie auch auf analoge Nachrichtensysteme angewandt werden. Im folgenden werden diese Größen für Digitalsysteme berechnet.

7.2.2 Empfängerwirkungsgrad

Für das Verständnis der Kapitel 8 und 9 ist die Kenntnis der folgenden Abschnitte 7.2.2 bis 7.2.4 nicht erforderlich. Der Leser, der an der Betrachtung des theoretisch optimalen Systems nicht interessiert ist, kann diese Abschnitte übergehen.

Bild 7.2a zeigt ein digitales Übertragungssystem mit symbolweiser Schwellwertentscheidung. Die Bitrate des binären redundanzfreien Quellensignals sei R, während die Symbolrate des im allgemeinen codierten Sendesignals $1/T$ beträgt. Bei redundanzfreier Codierung gilt mit der Stufenzahl M: $RT = ld\ M$. Die Sendeimpulsform wird durch den Sender-Frequenzgang $H_S(f)$ charakterisiert, die Sendeimpulsamplitude sei $\hat{g}_S$. Die Übertragungseigenschaften des Kanals werden durch seinen Frequenzgang $H_K(f)$ beschrieben, die Störungen $n(t)$ werden als additiv und gaußverteilt angenommen und besitzen die spektrale Leistungsdichte $L_n(f)=F(f)L_{th}$. Die Spektralrauschzahl $F(f){\geq}1$ gemäß Gl. 2-50 gibt die Vergrößerung der Störleistungsdichte gegenüber dem unvermeidbaren thermischen Rauschen an und hängt von der Beschaffenheit des Kanals und des Empfängers ab.

Der in Bild 7.2a betrachtete Empfänger beinhaltet den Entzerrer $H_E(f)$ sowie den Schwellwertentscheider (SWE) und die Taktgewinnungseinrichtung (TGE). Die mittlere Bitfehlerwahrscheinlichkeit p_B dieses Übertragungssystems kann mit den Gleichungen

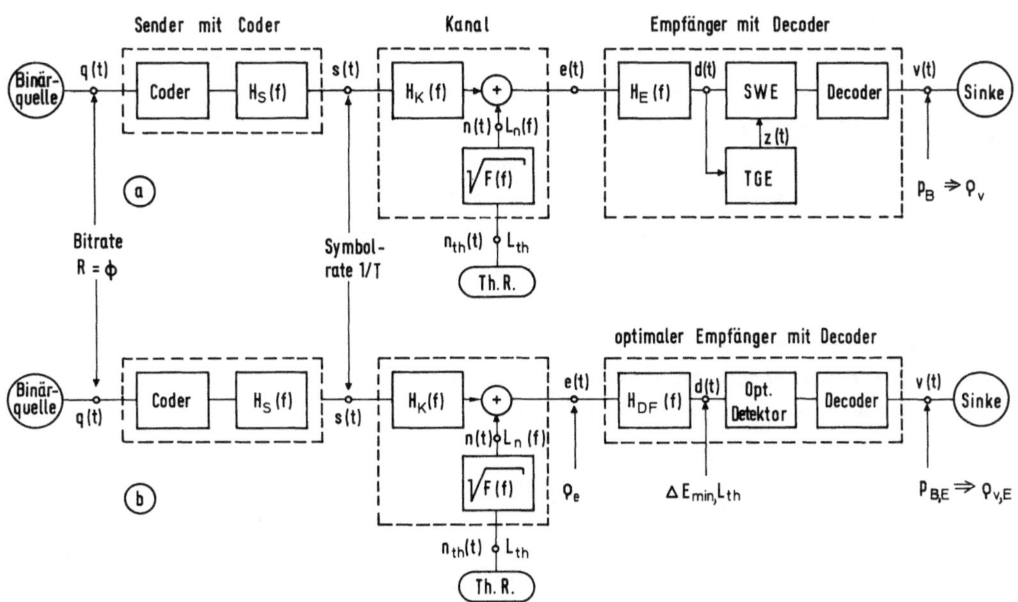

Bild 7.2: Blockschaltbild des betrachteten Digitalsystems mit Schwellwertempfänger (a) bzw. mit optimalem Empfänger (b).

3-53, 3-55 und 4-20 exakt berechnet werden. Mit der Einschränkung, daß die Taktgewinnungseinrichtung ideal arbeitet, erhält man mit Gl. 3-22:

$$\text{Def} \qquad p_B = K_B\left(Q\,\sqrt{\rho_U}\right). \tag{7-18}$$

ρ_U ist das ungünstigste Signalstörleistungsverhältnis gemäß Def 3-23, das sich aus der vertikalen Augenöffnung $\ddot{o}(T_D)$ und der Detektionsstörleistung N_d berechnen läßt. Bei optimalen Schwellenwerten gilt mit Gl. 2-69 und Gl. 3-24:

$$\text{Def.} \qquad \rho_U = \frac{[\ddot{o}(T_D)/2]^2}{N_d}. \tag{7-19}$$

Die Korrekturgröße K_B berücksichtigt unter anderem den Fehlerfortpflanzungseffekt des Codes und ist von der Stufenzahl M und der Größe der Impulsinterferenzen abhängig. Für kleine Fehlerwahrscheinlichkeiten ist K_B näherungsweise eine Konstante.

Da die mittlere Bitfehlerwahrscheinlichkeit p_B auch mit dem Sinken-Signalstörleistungsverhältnis ρ_v über das komplementäre Gauß'sche Fehlerintegral $Q(x)$ zusammenhängt, folgt mit Def. 7-4 und Gl. 7-18:

$$\rho_v = \left[Q^{-1}(K_B\,Q(\sqrt{\rho_U}))\right]^2 = K_\rho \rho_U \tag{7-20}$$

mit

$$K_\rho = \frac{1}{\rho_U}\left[Q^{-1}(K_B\,Q(\sqrt{\rho_U}))\right]^2. \tag{7-21}$$

Ist die Korrekturgröße $K_B=1$, so besitzt auch die Korrekturgröße K_ρ des S/N-Verhältnisses den Wert 1. Durch die Eigenschaften des komplementären Gauß'schen Fehlerintegrals nähert sich jedoch die Korrekturgröße K_ρ auch für $K_B{\neq}1$ hinreichend gut dem Wert 1 an, wenn nur ρ_U genügend groß und damit die Fehlerwahrscheinlichkeit hinreichend klein ist. Bild 7.3 zeigt den Zusammenhang zwischen K_B und K_ρ.

Zur Ableitung des Empfängerwirkungsgrades $\eta_E = \rho_v/\rho_{v,E}$ nach Def. 7-6 wird nun ein Digitalsystem mit einem optimalen Empfänger betrachtet, vgl. Bild 7.2b. Dieser beinhaltet nach den Ergebnissen von Kapitel 6 ein ideales Dekorrelationsfilter $H_{DF}(f)$ und einen optimalen Detektor, wie z. B. einen Viterbi-Empfänger.

Bei gegebenem Sender und gegebem Kanal führt dieses Digitalsystem zur minimalen mittleren Bitfehlerwahrscheinlichkeit $p_{B,E}$. Mit keinem anderen Empfänger kann eine kleinere Bitfehlerwahrscheinlichkeit erzielt werden, d.h. es ist stets $p_B{\geq}p_{B,E}$. Bei gaußverteilten Störungen gilt, vgl. Gl. 6-114:

$$p_{B,E} = K_{B,E}\,Q\!\left(\sqrt{\frac{\Delta E_{min}}{4L_{th}}}\right) = K_{B,E}\,Q(\sqrt{\rho_e}). \tag{7-22}$$

Hierbei ist ΔE_{min} der minimale Energieabstand zwischen den beiden Detektionsnutzsignalen $\tilde{d}_k(t)\circ\!\!-\!\!\bullet\tilde{D}_k(f)$ und $\tilde{d}_j(t)\circ\!\!-\!\!\bullet\tilde{D}_j(f)$ nach Def. 6-112. Die frequenzunabhängige Störleistungsdichte nach dem idealen Dekorrelationsfilter ist gleich der thermischen Rauschleistungsdichte L_{th}, vgl. Gl. 6-28:

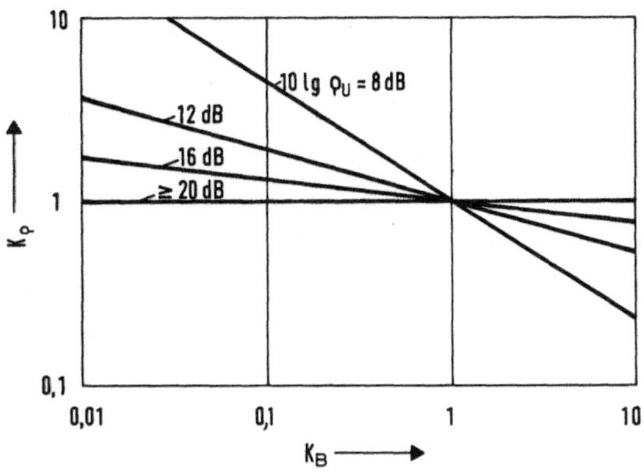

Bild 7.3:
Korrekturgröße K_ρ in Abhängigkeit der Korrekturgröße K_B und des ungünstigsten Störabstands $10 \lg \rho_U$.

$$H_{DF}(f) = \sqrt{L_{th}/L_n(f)} = 1/\sqrt{F(f)}. \qquad (7\text{-}23)$$

Als **minimales Empfangs-Signalstörleistungsverhältnis** bezeichnet man den Quotienten:

$$\text{Def.:} \qquad \rho_e = \frac{\Delta E_{min}}{4L_{th}} \qquad (7\text{-}24)$$

ρ_e ist der kleinste Energieabstand, den zwei zulässige Detektionsnutzsignale besitzen können, bezogen auf die thermische Rauschleistungsdichte. Er ist ein Maß für die Detektiersicherheit der beiden ungünstigsten Empfangssignale.

Analog zur Gl. 7-20 kann für das Sinken-Signalstörleistungsverhältnis $\rho_{v,E}$ des optimalen Empfängers geschrieben werden, vgl. Def. 7-5:

$$\rho_{v,E} = K_{\rho,E}\,\rho_e. \qquad (7\text{-}25)$$

Die Konstante $K_{\rho,E}$ kann aus $K_{B,E}$ und ρ_e analog zu Gl. 7-21 bestimmt werden. Ist das minimale Empfangs-Signalstörleistungsverhältnis hinreichend groß, so kann auch die Korrekturgröße $K_{\rho,E}$ mit guter Näherung zu 1 gesetzt werden, und es ist $\rho_{v,E}\approx\rho_e$.

Durch Anwendung des Satzes von Parseval (Gl. 6-25) erhält man für das minimale Empfangs-Signalstörleistungsverhältnis, vgl. Def. 6-112:

$$\rho_e = \underset{k}{\text{Min}}\ \underset{j\neq k}{\text{Min}}\ \int_{-\infty}^{+\infty} \frac{|\tilde{D}_k(f)-\tilde{D}_j(f)|^2}{4L_{th}}\, df = \underset{k}{\text{Min}}\ \underset{j\neq k}{\text{Min}}\ \int_{-\infty}^{+\infty} \frac{|\tilde{E}_k(f)-\tilde{E}_j(f)|^2}{4L_{th}F(f)}\, df. \qquad (7\text{-}26)$$

$\tilde{E}_k(f)$ und $\tilde{E}_j(f)$ sind hierbei die Spektren der Empfangsnutzsignale $\tilde{e}_k(t)$ bzw. $\tilde{e}_j(t)$, vgl. Abschnitt 6.4. Mit Def. 7-6, Gl. 7-20 und Gl. 7-25 folgt somit für den Empfängerwirkungsgrad des Schwellwertempfängers entsprechend Bild 7.2a:

$$n_E = \frac{\rho_v}{\rho_{v,E}} = \frac{K_\rho \rho_U}{K_{\rho,E}\rho_e} \approx \frac{\rho_U}{\rho_e}. \qquad (7\text{-}27)$$

Da in jedem Fall $\rho_U \leq \rho_e$ ist, ist der Wirkungsgrad η_E eines jeden Empfängers kleiner oder gleich 1. Der Grenzwert $\eta_E=1$ gilt dabei für einen optimalen Empfänger gemäß Bild 7.2b und zwar unabhängig von den Eigenschaften des Senders und des Kanals. Der Empfängerwirkungsgrad η_E ist somit ein Maß dafür, wie gut es dem Empfänger gelingt, das an seinem Eingang anliegende Empfangssignal in ein möglichst großes Sinken-Signalstörleistungsverhältnis ρ_V umzusetzen. Bei einem gegebenen Schwellwertempfänger beinhaltet der Empfängerwirkungsgrad die Verluste durch die nichtideale Entzerrung, durch eine nicht vorhandene oder nicht ideale Kompensation der Impulsinterferenzen sowie die Verluste durch einen nicht optimalen Detektor (Schwellendrift, Taktjitter). Schließlich wird η_E auch dadurch vermindert, daß der Empfänger zusätzliche (Rausch-)Störungen erzeugt.

7.2.3 Kanalwirkungsgrad

Der Übertragungskanal übt drei verschiedenartige Wirkungen auf das zu übertragende Signal aus: er dämpft das Signal, er verzerrt das Signal, und es überlagern sich Störungen. Diese Eigenschaften des Übertragungskanals können durch den Frequenzgang $H_K(f)$ und die Spektralrauschzahl $F(f)$ ausreichend genau beschrieben werden.

Der Kanalwirkungsgrad $\eta_K = \rho_{v,E}/\rho_{v,KE}$ (Def. 7-9) ist ein Maß dafür, wie sich diese unerwünschten Effekte im Vergleich zu einem idealen Kanal auf das Sinken-Signalstörleistungsverhältnis auswirken, wobei der optimale Empfänger von Bild 7.2b vorausgesetzt wird. $\rho_{v,E}$ ist durch Gl. 7-25 und Gl. 7-26 gegeben. Berechnet werden muß somit noch das Sinken-Signalstörleistungsverhältnis $\rho_{v,KE}$ eines Digitalsystems bei idealem Kanal und optimalem Empfänger.

Der Frequenzgang eines idealen Kanals (Def. 7-7) ist $H_K(f)=1$, so daß in diesem Sonderfall das Empfangsnutzsignal $\tilde{e}(t)$ gleich dem Sendesignal $s(t)$ ist. Mit $F(f)=1$ folgt daraus für das Sinken-Signalstörleistungsverhältnis, vgl. Gl. 7-26:

$$\rho_{v,KE} \simeq \frac{1}{4L_{th}} \min_{k} \min_{j \neq k} \int_{-\infty}^{+\infty} |S_k(f) - S_j(f)|^2 df. \qquad (7\text{-}28)$$

$S_k(f)$ und $S_j(f)$ sind die Spektren der möglichen Sendesignale $s_k(t)$ bzw. $s_j(t)$. Für den Kanalwirkungsgrad von Def. 7-9 gilt somit:

$$\eta_K = \frac{\rho_{v,E}}{\rho_{v,KE}} \simeq \frac{\displaystyle\min_{k} \min_{j \neq k} \int \frac{|H_K(f)|^2}{F(f)} |S_k(f) - S_j(f)|^2 df}{\displaystyle\min_{k} \min_{j \neq k} \int |S_k(f) - S_j(f)|^2 df}. \qquad (7\text{-}29)$$

Im allgemeinen unterscheiden sich die beiden Wertepaare (k,j), die den jeweiligen minimalen Energieabstand ΔE_{min} angeben, im Zähler und im Nenner, so daß die Berechnung des Kanalwirkungsgrades sehr umfangreich werden kann.

Aus Gl. 7-29 wird deutlich, daß der Kanalwirkungsgrad nicht nur von den Kanaleigenschaften $H_K(f)$ und $F(f)$, sondern auch von den Sender-Kenngrößen abhängt.

7.2.4 Senderwirkungsgrad

Zur Berechnung des Senderwirkungsgrades nach Def. 7-11 wird das maximale Sinken-Signalstörleistungsverhältnis $\rho_{v,SKE}$ benötigt, das sich bei einem Digitalsystem mit optimalem Sender (S), idealem Kanal (K) und optimalem Empfänger (E) ergibt. Es besteht nun die Aufgabe, das normierte Leistungsspektrum $L_a(f)$ der Amplitudenkoeffizienten (als Kenngröße für den Übertragungscode) sowie den Sende-Grundimpuls $g_s(t)$ so zu bestimmen, daß das Sinken-Signalstörleistungsverhältnis $\rho_{v,KE}$ in Gl. 7-28 den größtmöglichen Wert annimmt. Mit dem Theorem von Parseval (Gl. 6-25) gilt somit:

$$\rho_{v,SKE} = \max_{L_a(f),\,g_s(t)} \left\{ \frac{1}{4L_{th}} \min_{k} \min_{j\neq k} \int_{-\infty}^{+\infty} \left[s_k(t) - s_j(t) \right]^2 dt \right\}. \tag{7-30}$$

Da diese Optimierungsaufgabe ohne weitere Einschränkungen nicht gelöst werden kann, wird für das Folgende ein bipolares redundanzfreies M-stufiges Sendesignal vorausgesetzt. Außerdem wird angenommen, daß am Sender keine Impulsinterferenzen auftreten, d.h., daß sich die einzelnen Sendeimpulse gegenseitig nicht beeinflussen. Aus Gl. 7-30 folgt mit Gl. 2-11:

$$\rho_{v,SKE} = \max_{\substack{a_\nu^{(k)},\,a_\nu^{(j)} \\ g_s(t)}} \left\{ \frac{\int_{-\infty}^{+\infty} [g_s(t)]^2 dt}{4L_{th}} \min_{k} \min_{j\neq k} \left[a_\nu^{(k)} - a_\nu^{(j)} \right]^2 \right\}. \tag{7-31}$$

Es ist einzusehen, daß das optimale Sendesignal äquidistante Amplitudenkoeffizienten besitzt. Mit Gl. 2-10 und Def. 2-15 erhält man somit:

$$\rho_{v,SKE} = \max_{M,\,H_s(f)} \left\{ \frac{\hat{g}_s^2 T^2}{(M-1)^2 L_{th}} \int_{-\infty}^{+\infty} |H_s(f)|^2 df \right\}. \tag{7-32}$$

Bei der Berechnung des Senderwirkungsgrades η_s muß nun zwischen leistungsbegrenzten und spitzenwertbegrenzten Systemen unterschieden werden. Im Fall der Leistungsbegrenzung ist die nach Gl. 2-20 berechenbare mittlere Sendeleistung

$$S_s = \hat{g}_s^2 T \int_{-\infty}^{+\infty} L_a(f) |H_s(f)|^2 df = \frac{\hat{g}_s^2 (M+1)}{3(M-1)} T \int_{-\infty}^{+\infty} |H_s(f)|^2 df \tag{7-33}$$

eine fest vorgegebene Größe. Setzt man dieses Ergebnis in Gl. 7-32 ein, so ergibt sich mit der Beziehung $RT = ld\,M$ und Def. 7-12:

$$\boxed{\rho_L = \rho_{v,SKE} = \max_{M} \left\{ \frac{3 \cdot ld M}{M^2 - 1} \frac{S_s}{L_{th} R} \right\} = \frac{S_s}{L_{th} R}.} \tag{7-34}$$

Der Maximalwert von ρ_L tritt für die Stufenzahl M=2 auf. Da der Wert $\rho_L = S_S/(L_{th}R)$ auch bei redundanter Codierung oder unipolaren Amplitudenkoeffizienten nicht überschritten werden kann, ist die Bezugsgröße für den Senderwirkungsgrad $\eta_{S,L}$ bei Leistungsbegrenzung festgelegt.

Unter der Voraussetzung äquidistanter Amplitudenkoeffizienten und äquidistanter Schwellenwerte folgt daraus für den Senderwirkungsgrad nach Def. 7-13:

$$\eta_{S,L} = \frac{\rho_{v,KE}}{\rho_L} = \frac{RT}{(M-1)^2} \, \frac{\int |H_S(f)|^2 df}{\int L_a(f)|H_S(f)|^2 df} \, . \qquad (7\text{-}35)$$

Der Faktor $1/(M-1)^2$ berücksichtigt, daß der Abstand zweier benachbarter Amplitudenwerte bei einer mehrstufigen Übertragung kleiner ist als bei Binärübertragung. Bei einem idealen Kanal und einem optimalen Empfänger ist damit auch das Sinken-Signalstörleistungsverhältnis um den gleichen Faktor kleiner. Dagegen beschreibt der Faktor RT den Einfluß der Symbolrate, die bei mehrstufiger Übertragung (RT>1) kleiner gewählt werden kann als bei der redundanzfreien Binärübertragung (RT=1), so daß die Kanalbandbreite und damit auch die eingedrungenen Störungen vermindert werden. Der letzte Anteil von Gl. 7-35 berücksichtigt schließlich, daß bei konstanter Sendeleistung S_S auch die Sendeimpulsamplitude $\hat{g}_S$ vergrößert werden kann, wenn vom redundanzfreien Binärcode auf eine mehrstufige und/oder redundante Codierung übergegangen wird. Obwohl dieser Term (ebenso wie RT) größer als 1 sein kann, ist $\eta_{S,L}\leq 1$.

Im allgemeinen hängt $\eta_{S,L}$ von der Sendeimpulsform, d.h. von $H_S(f)$ ab. Im Sonderfall eines redundanzfreien Codes ($L_a(f)$=const.) ist jedoch $\eta_{S,L}$ unabhängig von $H_S(f)$ und man erhält, vgl. Bild 7.4a:

$$\eta_{S,L} = \begin{cases} 3\cdot ld(M)/(M^2-1) & \text{bipolar} \\[2mm] 3\cdot ld(M)/(4M^2-6M+2) & \text{unipolar.} \end{cases} \qquad (7\text{-}36)$$

Für die in Kapitel 4 beschriebenen redundanten Übertragungscodes gilt bei rechteckförmigen Sendeimpulsen, vgl. Gl. 7-35 und Tab. 4.2:

$$\text{Pseudoternärcodes:} \; \eta_{S,L} = \frac{1}{(3-1)^2} \, \frac{1}{0,5} = 0,5 \qquad (7\text{-}37)$$

$$\text{4B3T-Codes} \quad : \eta_{S,L} \simeq \frac{1,33}{(3-1)^2} \, \frac{1}{0,688} = 0,483 \, . \qquad (7\text{-}38)$$

Betrachten wir abschließend den Senderwirkungsgrad bei Spitzenwertbegrenzung. Hier muß folgende Bedingung erfüllt sein, vgl. Def. 7-2:

$$\underset{<a_\nu>,t}{\text{Max}} \left\{ \sum_{\nu=-\infty}^{+\infty} a_\nu g_S(t-\nu T) \right\} = s_{max} \, . \qquad (7\text{-}39)$$

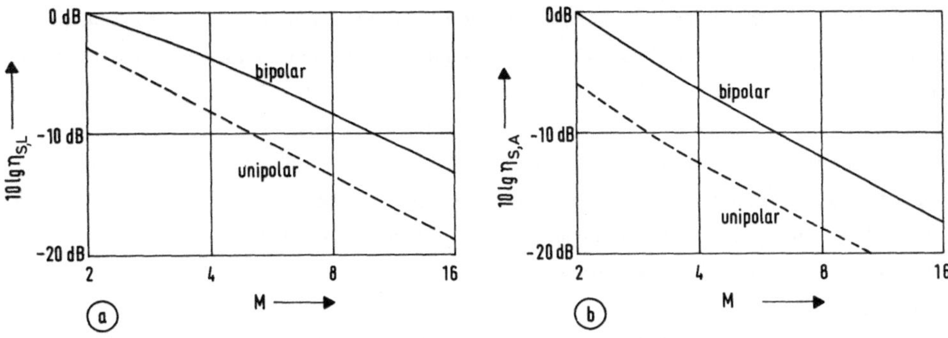

Bild 7.4:   Senderwirkungsgrad bei redundanzfreien M-stufigen NRZ-Rechtecksignalen
            (a) Leistungsbegrenzung,   (b) Spitzenwertbegrenzung.

Berücksichtigt man die sendeseitigen Impulsinterferenzen durch den Faktor

$$\text{Def.:}\qquad \gamma_S = \frac{\hat{g}_S}{s_{max}} = f(L_a(f), H_S(f)), \tag{7-40}$$

so kann mit Gl. 7-32 und Gl. 7-33 geschrieben werden:

$$\rho_A = \rho_{v,SKE} = \underset{M,H_S(f)}{\text{Max}} \left\{ \frac{\gamma_S^2 s_{max}^2}{(M-1)^2 L_{th}} T^2 \int_{-\infty}^{+\infty} |H_S(f)|^2 df \right\}. \tag{7-41}$$

Dieser Ausdruck wird für ein redundanzfreies bipolares NRZ-Rechtecksignal maximal,
vgl. [8.33]. Damit wird $\gamma_S = 1$ und das Integral liefert den Wert $1/T$, so daß für das
maximale Sinken-Signalstörleistungsverhältnis bei Spitzenwertbegrenzung gilt:

$$\rho_A = \underset{M}{\text{Max}} \left\{ \frac{1dM}{(M-1)^2} \frac{s_{max}^2}{L_{th}R} \right\} = \frac{s_{max}^2}{L_{th}R}. \tag{7-42}$$

Der Maximalwert hiervon ergibt sich wieder wie in Gl. 7-34 für die Stufenzahl M=2.
Daraus folgt für den Senderwirkungsgrad bei Spitzenwertbegrenzung, vgl. Def.7-14:

$$\eta_{S,A} = \frac{\rho_{v,KE}}{\rho_A} = \gamma_S^2 \frac{RT}{(M-1)^2} T \int_{-\infty}^{+\infty} |H_S(f)|^2 df. \tag{7-43}$$

Diese Gleichung gilt für ein redundanzfreies bipolares Sendesignal, bei einem unipolaren Signal ist $\eta_{S,A}$ um den Faktor 4 kleiner. Bei einem zeitlich auf die Symboldauer T begrenzten Sende-Grundimpuls ist $\gamma_S = 1$, ansonsten besitzt γ_S einen kleineren
Wert. Der mittlere Term berücksichtigt den prinzipiellen Störabstandsverlust durch
eine M-stufige Übertragung unter der Nebenbedingung der Spitzenwertbegrenzung. Der

letzte Term schließlich gibt den Störabstandsverlust an, der darauf zurückzuführen ist, daß nicht der rechteckförmige NRZ-Sende-Grundimpuls verwendet wird und deshalb die mögliche Sendeleistung nicht voll ausgenutzt wird.

Bild 7.4b zeigt den Senderwirkungsgrad bei Spitzenwertbegrenzung in Abhängigkeit von der Stufenzahl eines redundanzfreien Übertragungssystems. Während das entsprechende Bild 7.4a für Leistungsbegrenzung für jede Sendeimpulsform gültig ist, gilt Bild 7.4b nur für den NRZ-Rechteckimpuls.

7.2.5 Berechnung und Interpretation der Systemwirkungsgrade

Die Senderwirkungsgrade $\eta_{S,L}$ bzw. $\eta_{S,A}$ geben die Leistungsfähigkeit des Senders bei idealem Kanal und optimalem Empfänger wieder. Sie sind Teil der das Gesamtsystem beschreibenden Systemwirkungsgrade η_L bzw. η_A und so definiert, daß diese für die gegenseitige Optimierung von Sender und Empfänger geeignet sind.

Die Optimierung von $\eta_{S,L}$ bzw. $\eta_{S,A}$ führt deshalb bei einem gegebenen Kanal und einem gegebenen (nicht optimalen) Empfänger nicht notwendigerweise zum günstigsten Sender. Deshalb ist für die Lösung dieser Optimierungsaufgabe stets der Systemwirkungsgrad η_L bzw. η_A zu betrachten.

Setzt man die Gleichungen 7-6, 7-9, 7-13 und 7-14 in Def. 7-16 bzw. in Def. 7-17 ein, so erhält man für den Systemwirkungsgrad bei Leistungsbegrenzung:

$$\boxed{\eta_L = \eta_{S,L} \; \eta_K \; \eta_E = \frac{\rho_V}{\rho_L}} \tag{7-44}$$

und für den Systemwirkungsgrad bei Spitzenwertbegrenzung (Amplitudenbegrenzung):

$$\boxed{\eta_A = \eta_{S,A} \; \eta_K \; \eta_E = \frac{\rho_V}{\rho_A}} \; . \tag{7-45}$$

ρ_L bzw. ρ_A stellt die auf die Bezugsstörleistung $N_{th}=L_{th}R$ normierte mittlere bzw. maximale Leistung dar, die dem Sender zur Übertragung der Bitrate R zur Verfügung steht, vgl. Gl. 7-34 sowie Gl. 7-42. Bei gegebener Regeneratorfeldlänge l wird das Sinken-Signalstörleistungserhältnis ρ_V jedoch ebenfalls umso größer, je größer die aufgebrachte mittlere bzw. maximale Sendeleistung ist. Ist die mittlere Bitfehlerwahrscheinlichkeit p_B hinreichend klein (z.B. $p_B<10^{-6}$) und damit das Sinken-Signalstörleistungsverhältnis hinreichend groß, so ist ρ_V näherungsweise proportional zur Sendeleistung. Der Quotient $\eta_L=\rho_V/\rho_L$ ist deshalb ein Maß dafür, wie gut es dem vorliegenden Digitalsystem gelingt, die mittlere Sendeleistung in ein möglichst großes Sinken-Signalstörleistungsverhältnis ρ_V umzusetzen. Er ist ein "Leistungsübertragungsfaktor", der angibt, wieviel Sinken-Nutzleistung ein Nachrichtensystem aus der Sendeleistung bei gleichzeitiger Unterdrückung der Störleistung gewinnt.

Besitzt die tatsächlich in das System eindringende Störung eine größere Störleistungsdichte als L_{th}, so führt dies zu einem kleineren als dem möglichen Sinken-Signalstörleistungsverhältnis. In der vorliegenden Betrachtung wird dies dem System als Mangel angelastet. Der angestrebte Systemvergleich berücksichtigt deshalb nicht nur die Größe der Sendeleistung, sondern auch die Qualität der Störunterdrückung. Wichtig für den Systemvergleich ist, daß die Bezugsstörleistung $N_{th}=L_{th}R$ für alle Systeme gleich ist, wodurch der Systemvergleich auf dem unvermeidbaren thermischen Rauschen aufbaut.

Die Systemwirkungsgrade η_L und η_A sind grundsätzlich von allen optimierbaren und nicht optimierbaren Systemgrößen abhängig, vgl. Tabelle 7.1. Sie sind jedoch so de-

	Zeile	Systemparameter	opti-mierbar	Einfluß auf η_L	η_A	$\eta_{S,L}$	$\eta_{S,A}$	η_K	η_E	Bemer-kung
Sender	1	Bitrate R	nein	nein	nein	nein	nein	nein	nein	(a)
	2a	Sendespitzenwert s_{max}	nein	ja	nein	ja	nein	nein	nein	(b)
	2b	mittl. Sendeleistung S_S	nein	nein	ja	nein	ja	nein	nein	(b)
	2c	Sendeimpulsamplitude $\hat{g}_S$	nein	ja	ja	ja	ja	nein	nein	
	3	Übertragungscode $L_a(f)$	ja	ja	ja	ja	ja	ja	ja	
	4	Sender-Frequenzg. $H_S(f)$	ja	ja	ja	ja	ja	ja	ja	
Kanal	5	Kanal-Frequenzgang $H_K(f)$	nein	ja	ja	nein	nein	ja	ja	
	6a	Störleistungssp. $L_n(f)$	nein	ja	ja	nein	nein	ja	ja	
	6b	Spektralrauschzahl $F(f)$	nein	ja	ja	nein	nein	ja	ja	
Empfänger	7a	Entzerrer-Fr. $H_E(f)$	ja	ja	ja	nein	nein	nein	ja	
	7b	Impulsformer-Fr. $H_I(f)$	ja	ja	ja	nein	nein	nein	ja	
	8	Schwellenwerte $E_1...E_{M-1}$	ja	ja	ja	nein	nein	nein	ja	(c)
	9	Detektionszeitpunkt T_D	ja	ja	ja	nein	nein	nein	ja	
	10	QR-Netzwerk $H_{QR}(f)$	ja	ja	ja	nein	nein	nein	ja	

Bemerkungen:

(a) Im allgemeinen hängen die Systemwirkungsgrade von der Bitrate R ab. Werden jedoch die Frequenzgänge auf R normiert, so sind die Wirkungsgrade näherungsweise unabhängig von R. Voraussetzung für diese Näherung ist ein großes Sinken-Signalstörleistungsverhältnis bzw. eine kleine Fehlerwahrscheinlichkeit.

(b) Bei Spitzenwertbegrenzung wird s_{max} als unabhängiger Systemparameter betrachtet; das entsprechende Optimierungskriterium η_A ist hiervon unabhängig. Ebenso ist η_L unabhängig von S_S.

(c) Die Schwellenwerte werden in diesem Kapitel stets als optimal vorausgesetzt. Der Einfluß einer Schwellenverschiebung wird im Abschnitt 8.7 behandelt.

Tab. 7.1: Optimierbare und nicht optimierbare Systemgrößen und ihr Einfluß auf die Systemwirkungsgrade.

finiert, daß der Einfluß der nicht optimierbaren Systemgrößen so weit wie möglich reduziert wird bzw. ganz verschwindet.

η_L ist bei kleiner Bitfehlerwahrscheinlichkeit näherungsweise unabhängig von der mittleren Sendeleistung S_s. Er eignet sich deshalb speziell als Optimierungs- und Vergleichskriterium bei Leistungsbegrenzung. In gleicher Weise ist η_A unabhängig von der Sendespitzenleistung s_{max}^2 und daher das geeignete Optimierungskriterium unter der Nebenbedingung der Spitzenwertbegrenzung.

Formt der Sender das Sendesignal s(t) derart, daß es zu jedem Zeitpunkt die maximal mögliche Sendeleistung $S_s=s_{max}^2$ abgibt, ist auch der Übertragungskanal ideal und nutzt der Empfänger die gesamte ihm zur Verfügung stehende Information aus, so nehmen beide Systemwirkungsgrade den maximalen Wert an: $\eta_L=\eta_A=1$. Dagegen entspricht $\eta_L=0$ bzw. $\eta_A=0$ dem Sinken-Signalstörleistungsverhältnis $\rho_V=0$ und damit der mittleren Bitfehlerwahrscheinlichkeit $p_B=0,5$. Es gilt immer:

$$0 \le \eta_L \le 1 \text{ bzw. } 0 \le \eta_A \le 1, \tag{7-46}$$

so daß die Bezeichnung "Systemwirkungsgrad" gerechtfertigt ist. Bildet man das Verhältnis der beiden Wirkungsgrade

$$\frac{\eta_A}{\eta_L} = \frac{\rho_L}{\rho_A} = \frac{S_s}{s_{max}^2} \le 1, \tag{7-47}$$

so erkennt man, daß der Systemwirkungsgrad bei Spitzenwertbegrenzung immer kleiner oder gleich dem Systemwirkungsgrad bei Leistungsbegrenzung ist. Daraus folgt:

$$\boxed{0 \le \eta_A \le \eta_L \le 1.} \tag{7-48}$$

Das bedeutet, daß die Forderung der Spitzenwertbegrenzung (Def. 7-2) strenger ist als die Forderung der Leistungsbegrenzung (Def. 7-1).

Bei einem Digitalsystem mit Schwellenwertentscheidung ist das Sinken-Signalstörleistungsverhältnis näherungsweise gleich dem ungünstigsten Signalstörleistungsverhältnis ρ_U, wenn die Fehlerwahrscheinlichkeit hinreichend klein ist, siehe Gl. 7-20 und Bild 7.3. Somit erhält man für den Systemwirkungsgrad bei Spitzenwertbegrenzung unter der Voraussetzung eines bipolaren Sendesignals:

$$\eta_A = \frac{\rho_V}{\rho_A} = \frac{[\ddot{o}(T_D)/2]^2}{N_d} \frac{L_{th}R}{s_{max}^2} \tag{7-49}$$

Betrachtet man ein Tiefpaßsystem mit den Gleichsignalübertragungsfaktoren $|H_K(0)|$ und $|H_E(0)|$, so kann mit $|H_I(0)|=|H_K(0)H_E(0)|$ hierfür auch geschrieben werden:

$$\eta_A = \left[\frac{\ddot{o}(T_D)}{2s_{max}|H_I(0)|}\right]^2 \frac{L_{th}R|H_E(0)|^2}{N_d} |H_K(0)|^2. \tag{7-50}$$

Der erste Term entspricht dem Quadrat der normierten Augenöffnung gemäß Def. 3-25. Der Kehrwert des zweiten Terms wird im folgenden als die **normierte Störleistung** bezeichnet:

$$\text{Def.:} \qquad N_{norm} = \frac{N_d}{L_{th}R|H_E(0)|^2} = \frac{1}{R} \int_{-\infty}^{+\infty} F(f) \frac{|H_E(f)|^2}{|H_E(0)|^2} \, df \tag{7-51}$$

Daraus folgt für den Systemwirkungsgrad bei Spitzenwertbegrenzung:

$$\boxed{\eta_A = \frac{\ddot{o}^2_{norm}(T_D)}{N_{norm}} \, |H_K(0)|^2 \, . } \tag{7-52}$$

Diese Gleichung gilt für bipolare Signale. Bei unipolaren Signalen ist der Systemwirkungsgrad um den Faktor 4 kleiner. Mit dem **Sendespitzenwertfaktor (Crestfaktor)**

$$\text{Def.:} \qquad \kappa_S = \frac{s_{max}}{s_{eff}} = \frac{s_{max}}{\sqrt{S_S}} \tag{7-53}$$

ergibt sich daraus für den Systemwirkungsgrad bei Leistungsbegrenzung:

$$\boxed{\eta_L = \kappa_S^2 \, \frac{\ddot{o}^2_{norm}(T_D)}{N_{norm}} \, |H_K(0)|^2 . } \tag{7-54}$$

Im allgemeinen Fall muß der Sendespitzenwertfaktor κ_S aus Gl. 7-33 und Gl. 7-40 berechnet werden. Für den Sonderfall redundanzfreier bipolarer Signale und sich nicht überlappender Sendeimpulse gilt:

$$\kappa_S = \left[\frac{M+1}{3(M-1)} \, T \int_{-\infty}^{+\infty} |H_S(f)|^2 df \right]^{-1/2} . \tag{7-55}$$

Bild 7.5 verdeutlicht den Zusammenhang zwischen den oben definierten Größen ρ_V, ρ_A, η_A und der mittleren Bitfehlerwahrscheinlichkeit p_B. Es gilt für Spitzenwertbegrenzung; bei Leistungsbegrenzung ist ρ_A durch ρ_L und η_A durch η_L zu ersetzen.

In diesem Diagramm ist der Sinkenstörabstand $10 \lg \rho_V$ nach oben, der Störabstand $10 \lg \rho_A$ als Maß für die zur Verfügung stehende Sendeamplitude nach rechts und die mittlere Bitfehlerwahrscheinlichkeit p_B nach links aufgetragen. In der logarithmischen Darstellung des rechten Diagramms sind die Kurven mit gleichem Wirkungsgrad (η_A=const.) wegen der Beziehung

$$10 \lg \rho_V = 10 \lg \rho_A + 10 \lg \eta_A. \tag{7-56}$$

Gerade (dünn gezeichnetes Raster), deren Steigungen durch die Maßstäbe von ρ_V bzw. ρ_A festgelegt sind.

Da der Systemwirkungsgrad η_A nie größer als 1 werden kann, liegen die Kurven für alle Systeme unterhalb der schraffierten Gerade durch den Ursprung. Die dick eingezeichnete Kurve gilt für ein binäres Übertragungssystem mit gaußförmigem Impulsfor-

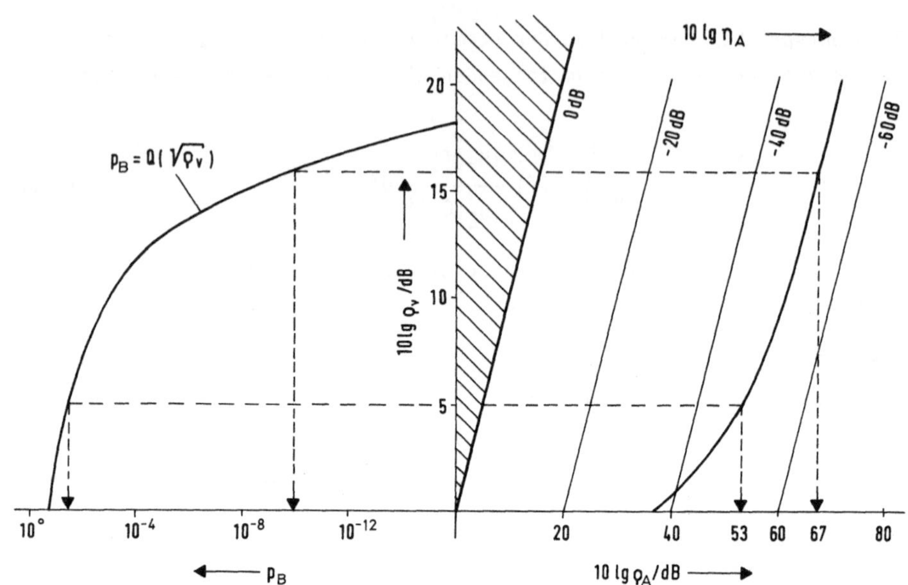

Bild 7.5:   Zusammenhang zwischen p_B, ρ_V, ρ_A und η_A.

mer, das bereits in Abschnitt 3.5.2 betrachtet wurde. Soll die Fehlerwahrscheinlichkeit 10^{-10} betragen, so ergibt sich für die Leistungskenngröße 10 lg $\rho_A \approx 67$ dB. Mit Gl. 7-42 kann daraus die notwendige Sendeamplitude bestimmt werden. Für die angegebenen Zahlenwerte ist $s_{max}^2 = 10^{6,7} L_{th} R$. Ist die Sendeamplitude größer als dieser Wert, so steigt das Sinken-Signalstörleistungsverhältnis ρ_V etwa proportional mit s_{max}^2 an. Ist dagegen s_{max} und damit auch das Signalstörleistungsverhältnis ρ_A sehr viel kleiner als der obige Wert, so ist der lineare Zusammenhang zwischen ρ_V und ρ_A nicht mehr gegeben. Beispielsweise ergibt sich für 10 lg $\rho_A = 53$ dB der Sinkenstörabstand zu 5 dB, was der mittleren Bitfehlerwahrscheinlichkeit $p_B \approx 4,5\%$ entspricht.

7.3 Maximal zulässige Bitrate und Regeneratorfeldlänge

Die oben definierten Systemwirkungsgrade η_L und η_A beziehen sich auf einen gegebenen Kanal-Frequenzgang und gelten somit für eine ganz bestimmte Regeneratorfeldlänge l. Nun wird die Frage behandelt, wie groß die Regeneratorfeldlänge l bei den gegebenen Randbedingungen maximal sein darf, ohne daß die Fehlerwahrscheinlichkeit einen vorgeschriebenen Grenzwert überschreitet.

Die folgenden Überlegungen gelten für Übertragungskanäle, bei denen die Dämpfung

$$a_K(f) = 10 \lg |H_K(f)| = \alpha l \qquad\qquad (7\text{-}57)$$

proportional mit der Regeneratorfeldlänge ansteigt. Diese Bedingung trifft bei sehr

vielen Übertragungsmedien zu, z.B. bei symmetrischen Leitungen und bei Koaxialka-
beln. Im folgenden wird als Beispiel ein Koaxialkabel betrachtet, für dessen Amplitudengang nach Abschnitt 2.4.4 mit guter Näherung gilt:

$$|H_K(f)| = e^{-a_*\sqrt{2|f|/R}} \qquad \text{mit } a_* = \alpha_2\sqrt{R/2} \; 1. \qquad (7\text{-}58)$$

Die Gleichsignaldämpfung $e^{-\alpha_0 l}$ wird als vernachlässigbar klein angenommen, was bei
nicht extrem langen Kabeln (l<100 km) erlaubt ist, vgl. [6.20]. In Bild 7.6 ist der
logarithmierte Systemwirkungsgrad in Abhängigkeit der charakteristischen Kabeldämpfung a_* aufgetragen. Dieses Bild gilt für weißes Rauschen mit der Rauschleistungsdichte L_{th} (Rauschzahl F=1) und einen optimalen Empfänger, so daß der Empfängerwirkungsgrad η_E=1 ist. Außerdem sind hier ein redundanzfreier Code und rechteckförmige
bipolare NRZ-Sendeimpulse vorausgesetzt, so daß für die beiden Systemwirkungsgrade
bei Spitzenwert- bzw. Leistungsbegrenzung mit Gl. 7-24, 7-25, 7-36 und 7-43 gilt:

$$\eta_A(M,a_*) = \eta_{S,A}\eta_K = \frac{\text{ldM}}{(M-1)^2} \frac{\Delta E_{min}(M,a_*)}{4\hat{g}_S^2 T} \qquad (7\text{-}59)$$

bzw.

$$\eta_L(M,a_*) = \eta_{S,L}\eta_K = \frac{3\cdot\text{ldM}}{M^2-1} \frac{\Delta E_{min}(M,a_*)}{4\hat{g}_S^2 T}. \qquad (7\text{-}60)$$

Hierbei ist ΔE_{min} der minimale Energieabstand nach Def. 6-112. Die Nomenklatur soll
deutlich machen, daß ΔE_{min} und damit auch die Systemwirkungsgrade η_A und η_L von der
Stufenzahl M und von der charakteristischen Kabeldämpfung a_* abhängen.

Zunächst wird das Binärsystem (M=2) betrachtet, bei dem die Systemwirkungsgrade
η_A und η_L identisch sind ($\eta_{S,A}$=$\eta_{S,L}$=1). Der minimale Energieabstand ΔE_{min} ist für

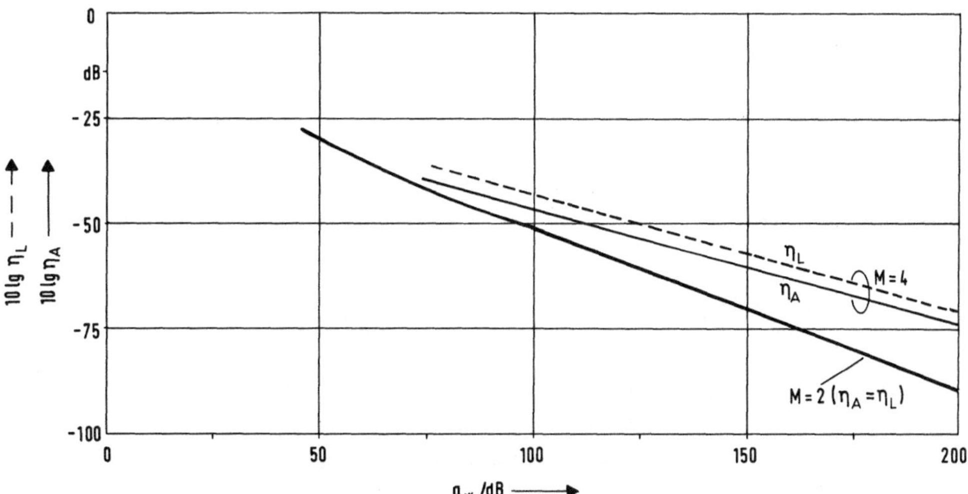

Bild 7.6: Systemwirkungsgrad eines optimalen Digitalempfängers in Abhängigkeit von
der charakteristischen Kabeldämpfung a_* eines Koaxialkabels (F(f)=1).

binäre Koaxialkabelsysteme in Bild 6.14 abhängig von der charakteristischen Kabeldämpfung dargestellt, woraus die Systemwirkungsgrade $\eta_A = \eta_L$ ermittelt werden können.

Bild 7.6 zeigt, daß zwischen dem logarithmierten Systemwirkungsgrad und der Kabeldämpfung a_* näherungsweise ein linearer Zusammenhang besteht, so daß die Kurven
für $a_* \geq 50\,dB$ durch Gerade approximiert werden können:

$$10 \lg \eta_A \simeq K_A - K_* a_* \tag{7-61}$$

$$10 \lg \eta_L \simeq K_L - K_* a_*. \tag{7-62}$$

Dieser (näherungsweise) lineare Zusammenhang besteht auch bei mehrstufigen Systemen
und, wie sich später zeigen wird, bei Systemen mit nicht optimalen Empfängern. Berechnet man den Systemwirkungsgrad für zwei verschiedene Kabeldämpfungen, so können
daraus die Konstanten $K_A (K_L)$ und K_* ermittelt werden. Beispielsweise erhält man für
den optimalen Binärempfänger bei weißem Rauschen mit der Rauschzahl $F=1$:

$$K_A = K_L = - 13{,}6 \, dB; \quad K_* = 0{,}38. \tag{7-63}$$

Berücksichtigt man die zusätzlichen Störungen (des Kanals und des Empfängers) durch
die konstante Rauschzahl $F \geq 1$, so erhält man:

$$10 \lg \eta_A = K_A - K_* a_* - 10 \lg F. \tag{7-64}$$

Analoges gilt bei Leistungsbegrenzung.

Zur Berechnung der maximal überbrückbaren Regeneratorfeldlänge bei Spitzenwertbegrenzung wird von Gl. 7-45 ausgegangen. Diese lautet in logarithmierter Form:

$$10 \lg \eta_A = 10 \lg \rho_V - 10 \lg \rho_A. \tag{7-65}$$

Soll die mittlere Bitfehlerwahrscheinlichkeit p_B einen vorgegebenen Grenzwert (p_{Gr})
nicht überschreiten, so muß für den Systemwirkungsgrad gelten:

$$10 \lg \eta_A \geq 10 \lg \rho_{Gr} - 10 \lg \rho_A. \tag{7-66}$$

Der Zusammenhang zwischen dem **Grenzstörabstand** $10 \lg \rho_{Gr}$ und der zugehörigen **Grenz-
fehlerwahrscheinlichkeit** p_{Gr} ist durch das komplementäre Gauß'sche Fehlerintegral
gegeben, vgl. Def. 7-4:

$$p_{Gr} = Q\left(\rho_{Gr}^{1/2}\right) \text{ bzw. } 10 \lg \rho_{Gr} = 20 \lg\left[Q^{-1}\left(p_{Gr}\right)\right]. \tag{7-67}$$

Beispielsweise folgt aus der Forderung $p_{Gr} = 10^{-10}$ für den erforderlichen Grenzstörabstand: $10 \lg \rho_{Gr} = 16{,}1 \, dB$. Mit Gl. 7-42 und der Geradengleichung 7-64 erhält man
somit für die maximal überbrückbare Kabeldämpfung bei Spitzenwertbegrenzung:

$$a_* \leq a_{*,max} = \frac{1}{K_*}\left(K_A + 10 \lg \frac{s_{max}^2}{FL_{th}R} - 10 \lg \rho_{Gr}\right). \tag{7-68}$$

Mit Gl. 7-58 folgt daraus für die **maximale Regeneratorfeldlänge**:

$$1 \leq 1_{max} = \frac{1}{K_* \alpha_2 \sqrt{R/2}} \left(K_A + 10 \lg \frac{s^2_{max}}{FL_{th}R} - 10 \lg \rho_{Gr} \right). \tag{7-69}$$

Analog erhält man unter der Nebenbedingung der Leistungsbegrenzung:

$$1 \leq 1_{max} = \frac{1}{K_* \alpha_2 \sqrt{R/2}} \left(K_L + 10 \lg \frac{S_s}{FL_{th}R} - 10 \lg \rho_{Gr} \right). \tag{7-70}$$

<u>Beispiel</u>: Mit den Konstanten nach Gl. 7-63 und den weiteren Zahlenwerten

$$\text{Vor.:} \quad \begin{aligned} & s_{max} = 3 \text{ V bzw. } S_s = 9 \text{ V}^2; \ R = 1 \text{ GBit/s}; \ L_{th} = 1{,}5 \cdot 10^{-19} \text{ V}^2/\text{Hz}; \\ & F = 6; \ p_{Gr} = 10^{-10} \rightarrow 10 \lg \rho_{Gr} = 16{,}1 \text{ dB} \end{aligned} \tag{7-71}$$

erhält man für das optimale Binärsystem eine maximale Kabeldämpfung von $a_* \approx 185$ dB. Dies entspricht bei der angegebenen Bitrate R einer maximalen Regeneratorfeldlänge von 3,5 km Normalkoaxialkabel bzw. 1,6 km Kleinkoaxialkabel, vgl. Tabelle 2.3.

Die Auswertung der Gleichung 7-69 bzw. 7-70 zeigt, daß die maximale Regeneratorfeldlänge 1_{max} nur schwach von der aufgebrachten Sendeleistung abhängt. Verändert man die Sendeamplitude von s_{max}=3V auf 1V bzw. 10V, so ergibt sich die maximale Regeneratorfeldlänge des Normalkoaxialkabels zu 3 km bzw. 4 km. Ebenso ist der Einfluß der Rauschzahl auf die erreichbare Regeneratorfeldlänge relativ gering.

In Bild 7.7 ist die maximale Regeneratorfeldlänge 1_{max} über der Bitrate R aufgetragen, wobei das Normalkoaxialkabel (2,6/9,5 mm) zugrunde liegt. Für das Kleinkoaxialkabel (1,2/4,4 mm) ergeben sich um den Faktor 0,45 kürzere Feldlängen.

Es ist ersichtlich, daß in dieser doppelt logarithmischen Darstellung die Kurven durch Gerade angenähert werden können. Mit den Abkürzungen

$$A_o = K_A + 10 \lg \frac{s^2_{max}}{FL_{th}\text{MHz}} - 10 \lg \rho_{Gr} \qquad \text{Einheit: dB} \tag{7-72}$$

und

$$A_1 = \frac{1}{\sqrt{2}} K_* \alpha_2 \text{ km } \sqrt{\text{MHz}} \qquad \text{Einheit: dB} \tag{7-73}$$

kann für Gl. 7-70 auch geschrieben werden:

$$\lg\left(\frac{1_{max}}{\text{km}}\right) = \lg\left(\frac{A_o}{A_1}\right) - \frac{1}{2} \lg\left(\frac{R}{\text{MHz}}\right) + \lg\left(1 - \frac{10 \lg (R/\text{MHz})}{A_o}\right). \tag{7-74}$$

Bei Leistungsbegrenzung ist in Gl. 7-72 die Konstante K_A durch K_L sowie s^2_{max} durch S_s zu ersetzen. Mit der für kleine Werte von x gültigen Näherung

$$\lg(1-x) \approx - x \lg (e) \tag{7-75}$$

erhält man schließlich für die maximale Regeneratorfeldlänge:

$$\lg\!\left(\frac{l_{max}}{km}\right) \simeq \lg\!\left(\frac{A_o}{A_1}\right) - \left(\frac{1}{2} + \frac{10\,\lg e}{A_o/dB}\right)\lg\!\left(\frac{R}{MHz}\right)\,. \tag{7-76}$$

Daraus folgt für die maximal übertragbare Bitrate R_{max} bei gegebener Regeneratorfeldlänge 1:

$$\lg\!\left(\frac{R_{max}}{MHz}\right) \simeq \frac{\lg(A_o/A_1) - \lg(l/km)}{0,5 + 10\,\lg e/(A_o/dB)}\,. \tag{7-77}$$

Zum Vergleich ist in Bild 7.7 auch die Kanalkapazität (bei Leistungsbegrenzung)
eingezeichnet, die eine informationstheoretische Schranke für die fehlerfrei übertragbare Bitrate angibt, vgl. Abschnitt 7.4. Es zeigt sich, daß bei gegebener Regeneratorfeldlänge die maximal übertragbare Bitrate R_{max} bei einem optimalen Binärempfänger etwa halb so groß ist wie die Kanalkapazität. Allerdings ist zu berücksichtigen, daß die Kanalkapazität für gegen Null gehende Fehlerwahrscheinlichkeit gilt,
während beim optimalen Binärempfänger eine Fehlerwahrscheinlichkeit von 10^{-10} zugrunde gelegt wurde.

Bei mehrstufiger redundanzfreier Codierung gelten für die Wirkungsgrade η_A bzw.
η_L folgende Näherungen (obere Schranken),vgl. [6.20]:

$$\eta_A(M,a_*) \lessgtr \frac{ld\,M}{(M-1)^2}\,\eta_A(M=2,a_*/\sqrt{ld\,M}) \tag{7-78}$$

$$\eta_L(M,a_*) \lessgtr \frac{3\,ld\,M}{M^2-1}\,\eta_L(M=2,a_*/\sqrt{ld\,M})\,. \tag{7-79}$$

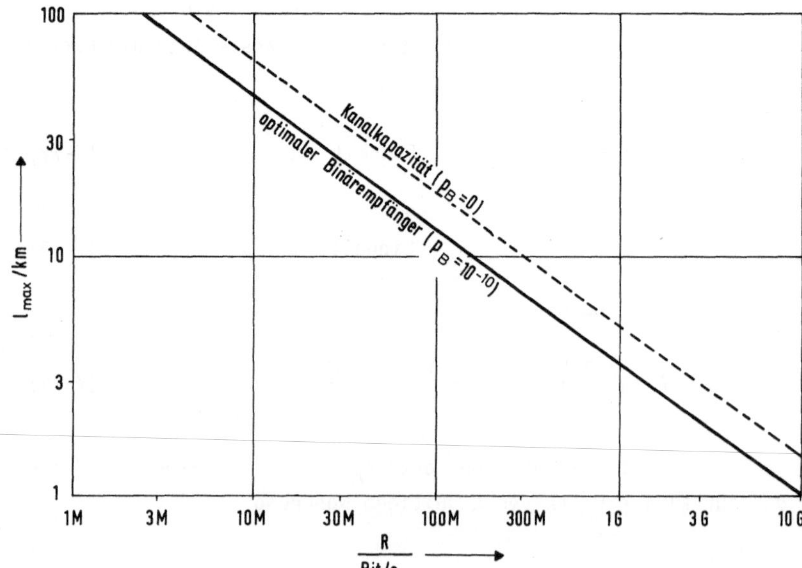

Bild 7.7:   Maximale Regeneratorfeldlänge l_{max} eines Normalkoaxialkabels 2,6/9,5 mm
            in Abhängigkeit von der Bitrate R (Zahlenwerte nach Voraussetzung 7-71).

Diese beiden Wirkungsgrade sind für die Stufenzahl M=4 in Bild 7.6 eingetragen. η_L liegt im gesamten Bereich um den Faktor $3(M-1)/(M+1)$ über dem Systemwirkungsgrad η_A. Bezüglich der maximalen Regeneratorfeldlänge l_{max} bzw. der maximal übertragbaren Bitrate R_{max} liegen die Kurven für die optimalen Mehrstufen-Empfänger zwischen dem optimalen Binärempfänger und der Kanalkapazität. Die entsprechenden Werte können mit den Gleichungen 7-72 bis 7-77 ermittelt werden.

7.4 Informationstheoretische Grenzen der Digitalübertragung

Die von Shannon [7.7],[7.8] eingeführte Kanalkapazität ist eine aus der Informationstheorie ableitbare obere Schranke für den maximal übertragbaren Informationsfluß ϕ, der bei redundanzfreien Quellen mit der Bitrate R identisch ist.

7.4.1 Kanalkapazität eines diskreten Nachrichtenkanals

Zur Definition der informationstheoretischen Größen wird zunächst ein **diskreter Kanal** betrachtet, der nur endlich viele Eingangszustände (mögliche Quellensysmbole q_μ) und Ausgangszustände (mögliche Sinkensymbole v_μ) annehmen kann. Der Symbolvorrat sei für die Quelle und die Sinke identisch und umfaßt die M Symbole $q_1,...,q_M$. Der mittlere Informationsgehalt eines Quellensymbols wird durch die Quellenentropie

$$H_q = \sum_{\mu=1}^{M} P(q_\nu=q_\mu) \; \text{ld} \; \frac{1}{P(q_\nu=q_\mu)} \tag{7-80}$$

quantitativ erfaßt. Im Gegensatz zur allgemeinen Def. 2-3 sind hier statistisch unabhängige Quellensysmbole vorausgesetzt. Für die Entropie der Sinke gilt analog:

$$H_v = \sum_{\mu=1}^{M} P(v_\nu=v_\mu) \; \text{ld} \; \frac{1}{P(v_\nu=v_\mu)} \; . \tag{7-81}$$

Mit den M^2 verschiedenen Übergangswahrscheinlichkeiten des digitalen Kanals

$$P(v_m|q_\mu) = P(v_\nu=v_m|q_\nu=q_\mu) \qquad \begin{array}{l} m = 1...M \\ \mu = 1...M \end{array} \tag{7-82}$$

kann die **Streuentropie** $H_{v|q}$ definiert werden:

$$\text{Def.:} \qquad H_{v|q} = \sum_{\mu=1}^{M} P(q_\mu) \sum_{m=1}^{M} P(v_m|q_\mu) \; \text{ld} \frac{1}{P(v_m|q_\mu)} \; . \tag{7-83}$$

Die Streuentropie ist der mittlere bedingte Informationsgehalt der Sinkensymbole v_ν unter der Voraussetzung, daß die Quellensymbole bekannt sind. Bei den hier betrachteten additiven Störungen ist die Streuentropie gleich der Entropie (d.h. dem mittleren Informationsgehalt) des Störsignals n(t). Mit Gl. 7-81 kann daraus die **Synentropie**, d.h. der mittlere Transinformationsgehalt eines Symbols berechnet werden:

Def.: $H_T = H_V - H_{V|q}.$ (7-84)

H_T ist somit der mittlere Informationsgehalt eines Sinkensymbols, vermindert um den Informationsgehalt, den die Störungen vortäuschen. Teilt man diese Größe durch die Symboldauer T, so erhält man den **mittleren Transinformationsfluß** ϕ_T. Der Maximalwert hiervon ist die von Shannon eingeführte **Kanalkapazität**, wobei über alle freien Parameter zu maximieren ist:

Def.: $\boxed{C = \text{Max } \phi_T = \text{Max}\left[H_T/T\right].}$ (7-85)

Die Kanalkapazität C gibt somit den maximalen mittleren Transinformationsgehalt pro Zeiteinheit an, der über den betrachteten Kanal übertragen werden kann. Shannon hat gezeigt, daß ein von der Quelle abgegebener Informationsfluß ϕ über diesen Kanal fehlerfrei, d.h. mit der Bitfehlerwahrscheinlichkeit $p_B=0$ übertragen werden kann, solange $\phi \leq C$ ist. Bei einer redundanzfreien Quelle entspricht die Kanalkapazität somit der maximalen Bitrate $R_{max}=\phi_{max}$, bei der eine fehlerfreie Übertragung noch möglich ist. Voraussetzung hierfür ist eine optimale Codierung, über deren Realisierung keine Aussage getroffen wird und die beliebig kompliziert sein kann.

<u>Beispiel</u>: Ein symmetrischer Binärkanal (M=2) sei durch folgende Wahrscheinlichkeiten charakterisiert:

$$P(v_1|q_2) = P(v_2|q_1) = p$$
$$P(v_1|q_1) = P(v_2|q_2) = 1-p$$

Mit den Auftrittswahrscheinlichkeiten $p_1=P(q_\nu=q_1)$ bzw. $p_2=P(q_\nu=q_2)=1-p_1$ der Quellensymbole gilt für die empfangsseitigen Auftrittswahrscheinlichkeiten:

(a) $P(v_\nu=v_1) = P(q_\nu=q_1)\, P(v_1|q_1) + P(q_\nu=q_2)\, P(v_1|q_2) = p_1(1-p) + p_2\, p$

(b) $P(v_\nu=v_2) = P(q_\nu=q_1)\, P(v_2|q_1) + P(q_\nu=q_2)\, P(v_2|q_2) = p_1\, p + p_2\,(1-p).$ (7-86)

Daraus folgt mit Gl. 7-81 für den mittleren Informationsgehalt eines Sinkensymbols:

$$H_V = -\left[p_1(1-p) + p_2\, p\right]\, \text{ld}\left[p_1(1-p) + p_2\, p\right]$$
$$-\left[p_1\, p + p_2(1-p)\right]\, \text{ld}\left[p_1\, p + p_2(1-p)\right].$$ (7-87)

Die Streuentropie gemäß Def. 7-83 hängt beim symmetrischen Kanal nur von den Eigenschaften der Störung, jedoch nicht von den Quellensymbolwahrscheinlichkeiten p_1 und p_2 ab:

$$H_{v|q} = p_1 \left[- P(v_1|q_1) \, \mathrm{ld}(P(v_1|q_1)) - P(v_2|q_1) \, \mathrm{ld}(P(v_2|q_1)) \right] +$$
$$+ p_2 \left[- P(v_1|q_2) \, \mathrm{ld}(P(v_1|q_2)) - P(v_2|q_2) \, \mathrm{ld}(P(v_2|q_2)) \right] = \qquad (7\text{-}88)$$
$$= p \, \mathrm{ld} \frac{1}{p} + (1-p) \, \mathrm{ld} \frac{1}{1-p} \, .$$

Deshalb ist es für die Maximierung des mittleren Transinformationsgehaltes H_T ausreichend, die Sinkenentropie H_v zu maximieren, da nur diese von den zu optimieren-
den statistischen Eigenschaften der Quelle abhängt. Durch partielles Differenzieren
erhält man für die optimalen Wahrscheinlichkeiten der Quellensymbole $\overset{\circ}{p}_1=\overset{\circ}{p}_2=1/2$ und
für die maximale Sinkenentropie $H_{v,max}=1$ bit. Daraus folgt für die Kanalkapazität
des symmetrischen Binärkanals:

$$C = \frac{1}{T} \left[1 - p \, \mathrm{ld} \frac{1}{p} - (1-p) \, \mathrm{ld} \frac{1}{1-p} \right] . \qquad (7\text{-}89)$$

7.4.2 Kanalkapazität eines wertkontinuierlichen Kanals

   Zur Berechnung der Kanalkapazität eines wertkontinuierlichen Kanals wird das Modell von Bild 7.8 zugrunde gelegt. Die Quelle sei redundanzfrei, so daß der Informationsfluß (ϕ) und die Bitrate (R) übereinstimmen. Durch eine geeignete Codierung,
über deren Realisierung keine Aussagen getroffen werden, und die beliebig kompliziert sein kann, wird die Bitrate auf $R_c \geq R$ erhöht. Dagegen bleibt der zu übertragende Informationsfluß ϕ unverändert. Der hier betrachtete dämpfungsfreie Kanal sei
ideal bandbegrenzt (**"Küpfmüller-Kanal"**, vgl. Tabelle A-3 im Anhang):

$$\text{Def.:} \qquad H_K(f) = \begin{cases} 1 & |f| < B, \\ 1/2 & |f| = B, \\ 0 & |f| > B, \end{cases} \qquad (7\text{-}90)$$

wobei B die einseitige Bandbreite des Kanals angibt. Nach dem Abtasttheorem ist ein
kontinuierlicher Nachrichtenfluß voneinander unabhängiger Symbole über diesen Kanal
nur möglich, wenn die Symbolrate nicht größer als die doppelte Kanalbandbreite ist.
Somit gilt für die maximale Symbolrate:

$$\frac{1}{T} = 2 B \, . \qquad (7\text{-}91)$$

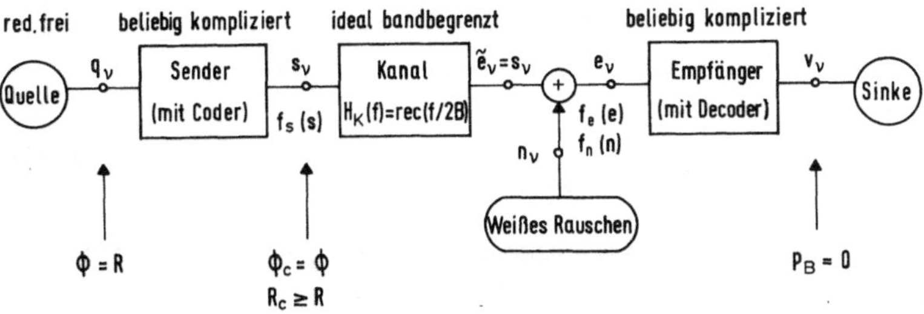

Bild 7.8:   Modell zur Berechnung der Kanalkapazität eines frequenzunabhängigen, auf
±B ideal bandbegrenzten Kanals bei weißem Rauschen ($L_n(f)=L_0$).

Im folgenden werden nur die diskreten Detektionszeitpunkte $t_\nu = \nu T$ betrachtet, so daß die (zeit-)kontinuierlichen Signale $s(t)$, $n(t)$ und $e(t)$ durch ihre Abtastwerte s_ν, n_ν und e_ν ersetzt werden können. Ist die obige Gl. 7-91 erfüllt, so werden die Abtastwerte des Sendesignals bei der Übertragung über den Küpfmüller-Kanal nicht verändert, und man erhält für die Abtastwerte des Empfangssignals :

$$e_\nu = s_\nu + n_\nu \, . \tag{7-92}$$

Für die Kanalkapazität dieses kontinuierlichen und zeitdiskreten Kanals gilt analog zu Def. 7-84 und 7-85:

$$C = \mathrm{Max}\left[\frac{1}{T}\,(H_e - H_{e|s})\right] \, . \tag{7-93}$$

H_e ist die Entropie des kontinuierlichen Empfangssignals $e(t)$ bzw. der Abtastwerte e_ν. Unterteilt man den gesamten Wertebereich des Empfangssignals in schmale Intervalle der Breite Δe, so berechnet sich die Entropie in gleicher Weise wie beim diskreten Kanal, vgl. Gl. 7-81:

$$H_e = \lim_{\Delta e \to 0}\left\{\sum_{\mu=-\infty}^{+\infty} P(e_\nu = e_\mu \pm \Delta e/2)\ \mathrm{ld}\ \frac{1}{P(e_\nu = e_\mu \pm \Delta e/2)}\right\} \, . \tag{7-94}$$

Wählt man nun Δe hinreichend klein, so kann folgende Näherung angesetzt werden:

$$P(e_\nu = e_\mu \pm \Delta e/2) = \int_{e_\mu - \Delta e/2}^{e_\mu + \Delta e/2} f_e(e)\,de \simeq \Delta e\, f_e(e_\mu) \, . \tag{7-95}$$

Setzt man diese Wahrscheinlichkeit in Gl. 7-94 ein und führt man den Grenzübergang $\Delta e \to 0$ durch, so geht die Summe in ein Integral sowie Δe in de über, und man erhält für die Entropie des Empfangssignals mit der WDF $f_e(e)$:

$$H_e = \int_{-\infty}^{+\infty} f_e(e)\ \mathrm{ld}\,\frac{1}{f_e(e)}\ de + \lim_{de \to 0} \mathrm{ld}\,\frac{1}{de} \, . \tag{7-96}$$

Der zweite Summand strebt gegen Unendlich. Der gleiche Ausdruck tritt jedoch auch in der Streuentropie $H_{e|s}$ auf, so daß er für die Berechnung der Kanalkapazität nach Gl. 7-93 nicht weiter berücksichtigt werden muß.

Bei additiven Störungen (Gl. 7-92) ist die Streuentropie $H_{e|s}$ gleich der Entropie H_n des Störsignals, die analog zu Gl. 7-96 berechnet werden kann:

$$H_{e|s} = H_n = \int_{-\infty}^{+\infty} f_n(n)\ \mathrm{ld}\,\frac{1}{f_n(n)}\ dn + \lim_{dn \to 0} \mathrm{ld}\,\frac{1}{dn} \, . \tag{7-97}$$

Läßt man de und dn (gleichzeitig) gegen Null gehen, so erhält man für den mittleren Transinformationsgehalt gemäß Def. 7-84:

$$H_T = H_e - H_n = \int_{-\infty}^{+\infty} f_e(e)\, \mathrm{ld}\frac{1}{f_e(e)}\, de - \int_{-\infty}^{+\infty} f_n(n)\, \mathrm{ld}\frac{1}{f_n(n)}\, dn. \qquad (7\text{-}98)$$

Für diese Gleichung ist lediglich vorausgesetzt, daß die Abtastwerte s_ν und n_ν von Sende- und Störsignal sowohl untereinander als auch gegenseitig unkorreliert sind. Weitergehende Einschränkungen sind nicht notwendig. Bei gaußverteilter Störung ist die WDF $f_n(n)$ durch Gl. 2-46 gegeben. Die Spektralanteile, die nicht in den Übertragungsbereich des Kanals fallen, können durch ein Empfangsfilter unterdrückt werden und müssen daher nicht berücksichtigt werden. Somit erhält man für die Störleistung des auf $\pm B$ bandbegrenzten Störsignals bei weißem Rauschen L_o:

$$N_B = 2\,B\,L_o. \qquad (7\text{-}99)$$

Die Abtastwerte des bandbegrenzten Störsignals sind untereinander ebenfalls unkorreliert, da das Leistungsspektrum bei den Vielfachen von $\pm 2B$ Nullstellen aufweist. Somit erhält man für die Entropie eines gaußverteilten, ideal auf $\pm B$ bandbegrenzten Rauschsignals mit der konstanten Leistungsdichte L_o, vgl. Gl. 7-97:

$$H_n = \frac{1}{\sqrt{2\pi N_B}} \int_{-\infty}^{+\infty} e^{-n^2/2\,N_B} \left[\mathrm{ld}(\sqrt{2\pi N_B}) + \frac{n^2}{2\,N_B \ln 2}\right] dn = \frac{1}{2}\, \mathrm{ld}(2\pi e N_B). \qquad (7\text{-}100)$$

<u>Anmerkung</u>: Hier und im folgenden wird unter der Entropie eines kontinuierlichen Signals $n(t)$ jeweils nur das erste Integral verstanden, das einen endlichen Wert besitzt. Der zweite Anteil, $\lim \mathrm{ld}(1/dn)$, von Gl. 7-97 ist für das Folgende nicht von Bedeutung und wird deshalb nicht weiter betrachtet.

Kanalkapazität bei Leistungsbegrenzung

Da die Abtastwerte von Sendesignal und Störsignal sowohl untereinander als auch gegenseitig unkorreliert sind, gilt für die Wahrscheinlichkeitsdichtefunktion des Empfangssignals $e(t) = s(t) + n(t)$:

$$f_e(e) = f_s(s) * f_n(n) = \int_{-\infty}^{+\infty} f_s(s) f_n(e\text{-}s)\,ds. \qquad (7\text{-}101)$$

Zur Berechnung der Kanalkapazität gemäß Def. 7-85 muß nun diejenige WDF $f_s(s)$ des Sendesignals ermittelt werden, die zum maximalen Transinformationsfluß führt. Bei Leistungsbegrenzung muß dabei die folgende Bedingung erfüllt sein:

$$\int_{-\infty}^{+\infty} s^2 f_s(s)\,ds \leq S_s. \qquad (7\text{-}102)$$

Shannon [7.8] konnte für diesen Sonderfall zeigen, daß bei gaußverteilten Störungen ein Sendesignal mit ebenfalls Gauß'scher WDF (Mittelwert 0, Leistung S_s)

$$f_s(s) = \frac{1}{\sqrt{2\pi S_s}}\, e^{-s^2/2S_s} \tag{7-103}$$

zum maximalen mittleren Transinformationsfluß $\phi_{T,max}$ führt. Das Empfangssignal $e(t)$ besitzt in diesem Fall ebenfalls eine Gauß'sche Wahrscheinlichkeitsdichtefunktion, wobei die Leistung S_s+N_B beträgt, vgl. Gl. 7-99. Die Entropie des Empfangssignals kann analog zu Gl. 7-100 berechnet werden:

$$H_e = \frac{1}{2}\, ld(2\pi e(S_s + N_B)). \tag{7-104}$$

Mit Gl. 7-98 und Gl. 7-100 erhält man somit für die Kanalkapazität (maximaler mittlerer Transinformationsfluß ϕ_T) eines wertkontinuierlichen und zeitdiskreten Kanals bei additiven gaußverteilten weißen Störungen:

$$\boxed{C_L = Max\ \phi_T = \frac{1}{2T}\, ld\left(1 + \frac{S_s}{N_B}\right).} \tag{7-105}$$

Der Index L soll deutlich machen, daß dieses Ergebnis nur unter der Voraussetzung der Leistungsbegrenzung gültig ist. Mit Gl. 7-91 und Gl. 7-99 gilt weiterhin:

$$C_L = B\ ld\left(1 + \frac{S_s}{N_B}\right) = B\ ld\left(1 + \frac{S_s}{2\,B\,L_0}\right). \tag{7-106}$$

Die Kanalkapazität C_L hängt also nur von der zur Verfügung stehenden Sendeleistung S_s, von der Rauschleistungsdichte L_0 (weißes Rauschen vorausgesetzt) sowie von der Bandbreite B ab. Bild 7.9 zeigt, daß C_L für $B\rightarrow\infty$ einem festen Grenzwert zustrebt:

$$C_\infty = \lim_{B\rightarrow\infty} C_L = \frac{1}{2\ln(2)}\frac{S_s}{L_0} \approx 0{,}721\,\frac{S_s}{L_0}. \tag{7-107}$$

Es ist anzumerken, daß diese Gleichung und das dazugehörige Bild 7.9 nur für einen frequenzunabhängigen Kanal gilt, bei dem sich ein sehr großer Wert für die optimale Bandbreite ergibt. Bei realen Kanälen trifft dies nicht zu, vgl. Abschnitt 7.4.3.

Shannon [7.8] hat weiter gezeigt, daß bei einem Kanal mit der Kanalkapazität C_L eine unendlich lange Folge von Nachrichtensymbolen mit Gauß'scher Wahrscheinlichkeitsdichtefunktion $f_s(s)$ so codiert werden kann, daß die Symbole mit der Bitrate $R\leq C_L$ fehlerfrei übertragen werden können. Mit einer realisierbaren, also endlichen Codierung läßt sich die Fehlerrate entscheidend verkleinern, solange $R\leq C_L$ ist, eine fehlerfreie Übertragung ist jedoch prinzipiell nicht möglich.

Ist das Sendesignal ein gaußverteiltes Analogsignal und der Kanal frequenzunabhängig, so kann die Bitrate R ohne Informationsverlust bis zum obigen Grenzwert C_L erhöht werden. Weicht dagegen die Wahrscheinlichkeitsdichtefunktion $f_s(s)$ von der optimalen Gauß'schen WDF ab, so ist die maximale (fehlerfrei übertragbare) Bitrate kleiner als die Kanalkapazität C_L. Im folgenden soll bei einer M-stufigen bipolaren Digitalübertragung mit rechteckförmigen Impulsen und gleichwahrscheinlichen Symbo-

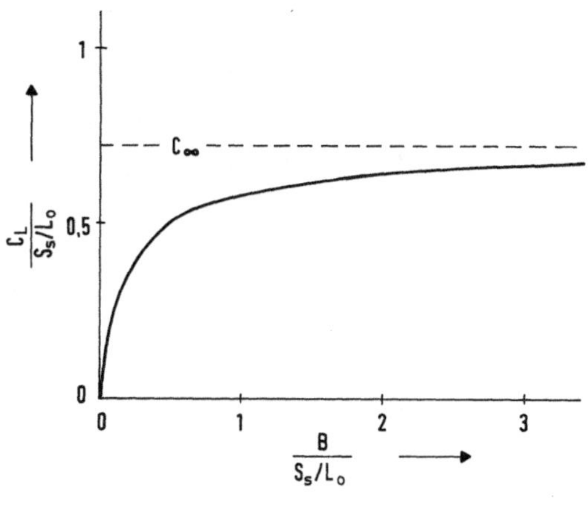

Bild 7.9:

Kanalkapazität (bei Leistungsbegrenzung)
in Abhängigkeit von der einseitigen
Kanalbandbreite B.

len die maximale Bitrate R_{max} ermittelt werden. Die WDF $f_S(s)$ ist somit eine Summe
von Diracfunktionen:

$$f_S(s) = \sum_{\mu=1}^{M} \frac{1}{M}\, \delta\left(s - \frac{2\mu-M-1}{M-1}\,\hat{g}_S\right). \tag{7-108}$$

Die Sendeimpulsamplitude $\hat{g}_S$ ist aufgrund der Leistungsbegrenzung von der Stufenzahl
M abhängig, vgl. Gl. 7-33:

$$\hat{g}_S = \sqrt{\frac{3(M-1)}{M+1}\, S_S} \tag{7-109}$$

Durch Einsetzen dieser WDF in die Gleichungen 7-101, 7-96 und 7-98 erhält man den
mittleren Transinformationsgehalt H_T eines Symbols, womit die maximal übertragbare
Bitrate $R_{max}=H_T/T$ eines M-stufigen rechteckförmigen Signals bestimmt werden kann.
In Bild 7.10a ist R_{max} in Abhängigkeit des Signalstörabstands 10 lg (S_S/N_B) dargestellt. Es zeigt sich, daß bei kleinem Signalstörabstand die Stufenzahl M nur einen
geringen Einfluß auf die maximal übertragbare Bitrate besitzt. Bei größeren Signal-
störabständen nähert sich R_{max} dem Wert (ld M)/T an.
   Die mit M→∞ gekennzeichnete Kurve gilt für ein zwischen $\pm\sqrt{3S_S}$ gleichverteiltes
Analogsignal. In diesem Sonderfall gilt für $S_S \gg 2BL_0$ folgende Näherung, vgl. [7.8]:

$$R_{max} = \frac{1}{2T}\, \text{ld}\, \frac{6}{\pi e}\, \frac{S_S}{N_B}\ . \tag{7-110}$$

Vergleicht man dieses Ergebnis mit dem zur maximalen Bitrate $R_{max}=C_L$ führenden Sendesignal mit Gauß'scher WDF (gestrichelter Kurvenzug in Bild 7.10a), so zeigt sich,
daß hier eine um den Faktor $\pi e/6$ ($\hat{=}1,53$ dB) höhere Sendeleistung aufgebracht werden
muß, damit die gleiche Information übertragen werden kann, vgl. Gl. 7-106.

Kanalkapazität bei Spitzenwertbegrenzung

Bei Leistungsbegrenzung ist das optimale Sendesignal gaußverteilt und kann deshalb beliebig hohe Amplitudenwerte annehmen, vgl. Gl. 7-103. Bei Spitzenwertbegrenzung (Amplitudenbegrenzung) ist diese Wahrscheinlichkeitsdichtefunktion ungeeignet.

Die Berechnung der Kanalkapazität bei Spitzenwertbegrenzung und gaußverteilten Störungen ist analytisch nicht möglich. Hier muß die WDF

$$f_s(s) = \sum_{\mu=1}^{M} p_\mu \delta(s-s_\mu) \text{ mit } |s_\mu| \leq s_{max} \tag{7-111}$$

durch eine Summe von Diracfunktionen approximiert werden, wobei die Summe über alle p_μ den Wert 1 ergeben muß. Mit dem Grenzübergang M→∞ und Variation der Wahrscheinlichkeiten p_μ kann somit die Wahrscheinlichkeitsdichtefunktion eines jeden spitzenwertbegrenzten Sendesignals angenähert werden. Mit Gl. 7-101 folgt daraus für die WDF des Empfangssignals e(t)=s(t)+n(t):

$$f_e(e) = \sum_{\mu=1}^{M} p_\mu f_n(e-s_\mu). \tag{7-112}$$

Durch Einsetzen dieser WDF in Gl. 7-98 und Variation der Wahrscheinlichkeiten p_μ läßt sich die Kanalkapazität C_A bei Spitzenwertbegrenzung angeben. Färber und Appel [7.3], [7.4] haben gezeigt, daß für den Fall der Spitzenwertbegrenzung sowie eines frequenzunabhängigen Kanals (mit unkorrelierten Störungen) diskrete Wahrscheinlichkeiten zum maximalen Transinformationsfluß und damit zur Kanalkapazität führen.

Bild 7.10b zeigt die maximal übertragbare Bitrate R_{max} unter der Voraussetzung, daß der Aussteuerbereich des Sendesignals auf $\pm s_{max}$ begrenzt ist. Die M Amplitudenstufen sind dabei als gleichwahrscheinlich angenommen, so daß in Gl. 7-111 p_μ=1/M ist. Beim Binärsystem ist $S_s = s_{max}^2$, so daß für M=2 die Kurven in Bild 7.10a bzw. 7.10b identisch sind. Dagegen ist bei mehrstufigen Systemen die maximal übertragbare Bitrate geringer, wenn anstelle der mittleren Sendeleistung die maximale Sendeleistung (Sendespitzenwert) begrenzt ist. Für ein gegebenes M sind die Kurven in Bild 7.10b (Spitzenwertbegrenzung) gegenüber Bild 7.10a (Leistungsbegrenzung) um den Wert 10 lg (3(M-1)/(M+1)) nach rechts verschoben.

Bei großen Bandbreiten (d.h. bei gegebener Störleistungsdichte ein kleines S/N-Verhältnis) ist das Binärsignal (M=2) den mehrstufigen Signalen überlegen, während bei kleinen Bandbreiten (d.h. großes S/N-Verhältnis) das gleichverteilte Analogsignal (M→∞) zum maximalen Transinformationsfluß führt. Für jede Bandbreite B gibt es somit eine optimale Stufenzahl. Durch eine zusätzliche Optimierung der Symbolwahrscheinlichkeiten p_μ entsprechend [7.3] kann der Transinformationsfluß ϕ_T gegenüber gleichwahrscheinlichen Symbolen (p_μ=1/M) nur geringfügig erhöht werden, vgl. [7.1].

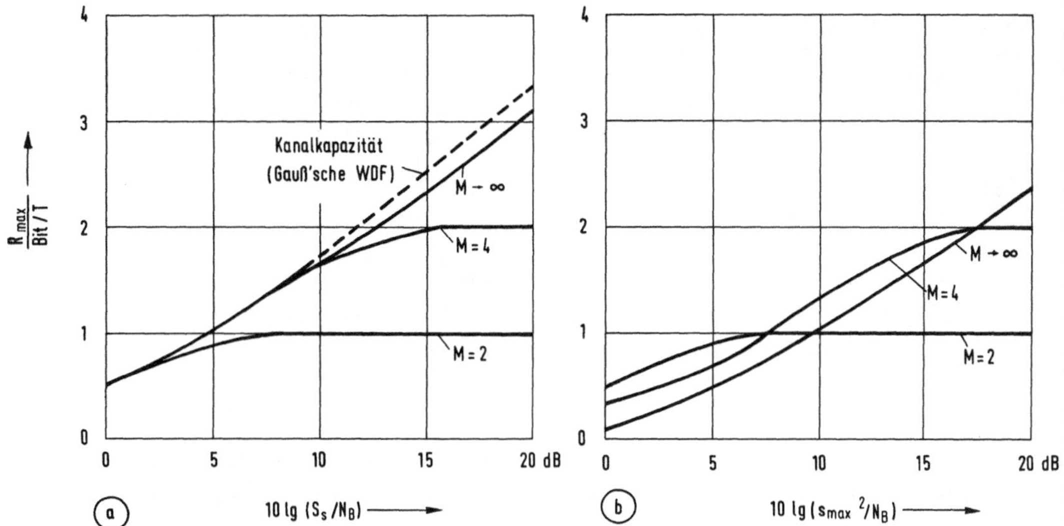

Bild 7.10: Maximal übertragbare Bitrate bei M-stufiger Digitalsignalübertragung
mit NRZ-Rechteckimpulsen, abhängig vom Signalstörabstand am Kanalaus-
gang: (a) Leistungsbegrenzung, (b) Spitzenwertbegrenzung.

7.4.3 Kanalkapazität bei frequenzabhängigem Kanal und korrelierten Störungen

Ist der Kanal-Frequenzgang $H_K(f)$ frequenzabhängig oder sind die Störabtastwerte n_ν miteinander korreliert ($L_n(f)\neq$const.), so gestaltet sich die Berechnung der Kanalkapazität schwieriger als bei einem Kanal mit konstantem Frequenzgang und weißem Rauschen. Während bei einem frequenzunabhängigen Kanal bzw. bei einem auf $\pm B=1/(2T)$ ideal bandbegrenzten Kanal der Empfangsabtastwert $e_\nu=s_\nu+n_\nu$ ist und somit bei unkorrelierten Störungen die WDF $f_e(e)=f_s(s)*f_n(n)$ als Faltungsintegral dargestellt werden kann, gilt für den allgemeinen Fall entsprechend Bild 7.11a:

$$f_e(e) = f_{\tilde{e}}(\tilde{e}) * f_n(n). \qquad (7\text{-}113)$$

Die WDF $f_{\tilde{e}}(\tilde{e})$ des Empfangsnutzsignals $\tilde{e}(t)=s(t)*h_K(t)$ läßt sich aus den Kenngrößen des Senders und des Kanals nur in ganz wenigen Sonderfällen bestimmen. Ein solcher Fall ist z. B. ein gaußverteiltes Sendesignal, das auch nach der linearen Filterung mit $H_K(f)$ eine Gauß'sche WDF $f_{\tilde{e}}(\tilde{e})$ zur Folge hat.

Shannon hat gezeigt, daß auch bei einem frequenzabhängigen Kanal ein Sendesignal mit Gauß'scher Wahrscheinlichkeitsdichtefunktion gemäß Gl. 7-103 optimal ist, wenn die mittlere Sendeleistung begrenzt ist (Leistungsbegrenzung). Im Gegensatz zum Abschnitt 7.4.2 muß jedoch bei einem frequenzabhängigen Kanal (oder bei korrelierten Störungen) auch die spektrale Verteilung der Sendeleistung, d.h. die spektrale Leistungsdichte $L_s(f)$ optimiert werden.

Zur Berechnung der Kanalkapazität ist es zweckmäßig, das Blockschaltbild (Bild 7.11a) umzugestalten. Bringt man den Kanal-Frequenzgang $H_K(f)$ auf die rechte Seite

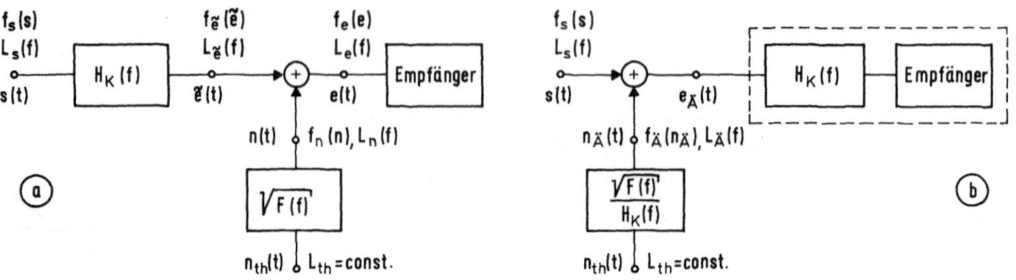

Bild 7.11: Zwei Modelle für die Berechnung der Kanalkapazität bei frequenzabhängigem Kanal und korrelierten Störungen.

der Störadditionsstelle, d. h. rechnet man die Störungen auf die Sendeseite zurück,
so ergibt sich das Blockschaltbild nach Bild 7.11b. $n_{\ddot{A}}(t)$ wird im weiteren als das
äquivalente Störsignal bezeichnet. Sein Leistungsspektrum beträgt:

$$L_{\ddot{A}}(f) = \frac{L_n(f)}{|H_K(f)|^2} = \frac{F(f)}{|H_K(f)|^2}\, L_{th}. \tag{7-114}$$

Ist das Störsignal $n(t)$ gaußverteilt, so gilt dies auch für das mit $1/H_K(f)$ gefil-
terte Störsignal $n_{\ddot{A}}(t)$. Die Störleistung im Frequenzbereich von $-B$ bis $+B$ ergibt
sich hier zu:

$$N_B = \int\limits_{-B}^{+B} L_{\ddot{A}}(f)\,df = \int\limits_{-B}^{+B} \frac{L_n(f)}{|H_K(f)|^2}\, df. \tag{7-115}$$

Diese Modifizierung des Blockschaltbildes ist nur möglich, wenn der Kanal-Frequenzgang $H_K(f)$ im interessierenden Frequenzbereich keine Nullstellen aufweist, was für
das Folgende vorausgesetzt wird. Für die Bestimmung der Kanalkapazität braucht nun
der Einfluß des Kanals auf das Nutzsignal nicht weiter betrachtet zu werden. Dieser
Einfluß kann im Empfänger ohne Informationsverlust wieder ausgeglichen werden, vgl.
Abschnitt 6.2.1. Man kann deshalb den Kanal $H_K(f)$ und den Empfänger zu einem re-
sultierenden Empfänger zusammenfassen, für dessen Eingangssignal gilt:

$$e_{\ddot{A}}(t) = s(t) + n_{\ddot{A}}(t). \tag{7-116}$$

Für die folgenden Überlegungen ist es deshalb ausreichend, die Kanalkapazität eines
frequenzunabhängigen und dämpfungsfreien Kanals zu betrachten, bei dem die Übertragung durch gaußverteilte farbige Störungen mit dem Leistungsspektrum $L_{\ddot{A}}(f)$ beeinträchtigt wird. In Abschnitt 7.4.2 wurde gezeigt, daß bei Leistungsbegrenzung und
einem auf $\pm 1/(2T)$ ideal bandbegrenzten frequenzunabhängigen Kanal mit unkorrelierten Störungen ein Sendesignal mit Gauß'scher WDF $f_s(s)$ zum maximalen Transinformationsfluß $\phi_{T,max} = H_{T,max}/T$ führt. Betrachtet man ein solches Sendesignal in einem
schmalen Frequenzbereich (von f_K bis $f_K+\Delta f$), so besitzt das äquivalente Störsignal

$n_{\ddot{A}}(t)$ näherungsweise ein frequenzunabhängiges Leistungsspektrum $L_{\ddot{A}}(f_\kappa)$. Sowohl die Störung $n_{\ddot{A}}(t)$ als auch das Nutzsignal $s(t)$ weisen dabei eine Gauß'sche WDF auf, so daß der Transinformationsfluß in diesem schmalen Frequenzbereich Δf maximal ist und analog zu Gl. 7-106 berechnet werden kann:

$$\Delta\phi_\kappa = \frac{\Delta f}{2}\,\mathrm{ld}\!\left(1 + \frac{\Delta f\,L_s(f_\kappa)}{\Delta f\,L_{\ddot{A}}(f_\kappa)}\right). \tag{7-117}$$

Hierbei ist $\Delta f L_s(f_\kappa)$ die in den Frequenzbereich $f_\kappa,\dots,\ f_\kappa+\Delta f$ fallende Nutzleistung und $\Delta f L_{\ddot{A}}(f_\kappa)$ die entsprechende Störleistung. Summiert man über alle κ und führt man den Grenzübergang $\Delta f \to 0$ durch, so erhält man für den gesamten Transinformationsfluß:

$$\phi = \frac{1}{2}\lim_{\Delta f\to 0}\sum_{\kappa=-\infty}^{\infty}\mathrm{ld}\!\left(1 + \frac{L_s(f_\kappa)}{L_{\ddot{A}}(f_\kappa)}\right)\Delta f = \frac{1}{2}\int_{-\infty}^{+\infty}\mathrm{ld}\!\left(1 + \frac{L_s(f)}{L_{\ddot{A}}(f)}\right)df. \tag{7-118}$$

Für die Bestimmung der Kanalkapazität $C_L = \phi_{T,max}$ muß nun dasjenige Sendeleistungsspektrum $\overset{\circ}{L}_s(f)$ ermittelt werden, bei dem der Transinformationsfluß ϕ_T maximal wird. Als Nebenbedingung der Optimierung wird zusätzlich gefordert, daß die mittlere Sendeleistung den vorgegebenen Wert S_s nicht überschreitet (Leistungsbegrenzung):

$$\int_{-\infty}^{+\infty} L_s(f)df \leq S_s. \tag{7-119}$$

Shannon [7.8] hat bewiesen, daß für das optimale Sendeleistungsspektrum gilt:

$$\overset{\circ}{L}_s(f) = \begin{cases} L_{max} - L_{\ddot{A}}(f) & \text{falls } L_{\ddot{A}}(f) \leq L_{max} \\[2mm] 0 & \text{falls } L_{\ddot{A}}(f) > L_{max}. \end{cases} \tag{7-120}$$

Dies bedeutet, daß die Summe der Leistungsspektren von Sendesignal und äquivalentem Störsignal konstant sein muß:

$$\overset{\circ}{L}_s(f) + L_{\ddot{A}}(f) = L_{max} \qquad \text{falls } L_{\ddot{A}}(f) \leq L_{max}. \tag{7-121}$$

Setzt man dieses Ergebnis in Gl. 7-118 ein, so erhält man die Kanalkapazität eines frequenzabhängigen Kanals $H_K(f)$ mit farbigen Störungen $L_n(f)$ unter der Nebenbedingung der Leistungsbegrenzung:

$$\boxed{\,C_L = \phi_{max} = \int_{0}^{+\infty}\mathrm{ld}\!\left(1 + \frac{\overset{\circ}{L}_s(f)\,|H_K(f)|^2}{L_n(f)}\right)df.\,} \tag{7-122}$$

Die Schwierigkeit bei der numerischen Auswertung dieser Gleichung liegt in der Bestimmung von L_{max}. Wegen Gl. 7-119 und Gl. 7-120 muß gelten:

$$\int_{-\infty}^{+\infty}\overset{\circ}{L}_s(f)df = \int_{L_{\ddot{A}}(f)\leq L_{max}}\left[L_{max} - L_{\ddot{A}}(f)\right]df = S_s. \tag{7-123}$$

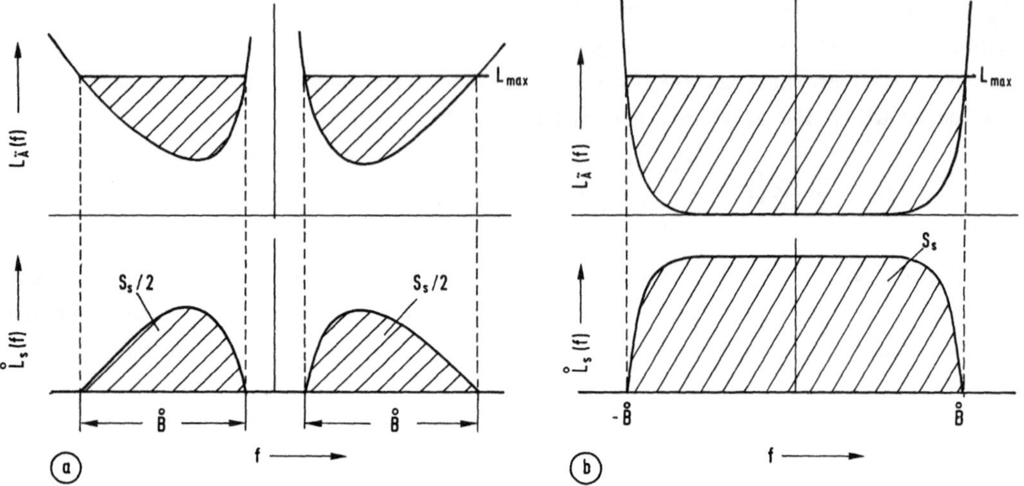

Bild 7.12:   Zur Bestimmung der Kanalkapazität eines frequenzabhängigen Kanals mit
             korrelierten Störungen: (a) allgemein,   (b) Koaxialkabel.

Bild 7.12a zeigt das optimale Sendeleistungsspektrum $\overset{\circ}{L}_s(f)$ für das hier vorgegebene
äquivalente Störleistungsspektrum $L_\ddot{A}(f)=L_n(f)/|H_K(f)|^2$. Der Wert von L_{max} wurde da-
bei numerisch so bestimmt, daß die schraffierte Fläche der mittleren Sendeleistung
S_s entspricht.

Beispiel: Kanalkapazität eines Koaxialkabels.

   Im folgendem wird die Kanalkapazität für ein Koaxialkabel der Länge 1 berechnet.
Bei thermischem Rauschen mit der Rauschzahl F gilt mit Gl. 2-53 und Gl. 7-114:

$$L_\ddot{A}(f) = \frac{F\,L_{th}}{|H_K(f)|^2} = F\,L_{th}\,e^{2\alpha_2\sqrt{|f|\,l}}. \tag{7-124}$$

In diesem Spezialfall ist das äquivalente Störleistungsspektrum $L_\ddot{A}(f)$ für positive
Frequenzen eine monoton ansteigende Funktion, vgl. Bild 7.12b. Der Frequenzbereich,
in dem nach Gl. 7-123 das optimale Sendeleistungsspektrum $\overset{\circ}{L}_s(f)$ liegt, ist dement-
sprechend zusammenhängend von $-\overset{\circ}{B}$ bis $+\overset{\circ}{B}$. Die optimale Bandbreite $\overset{\circ}{B}$ und der Wert von
$L_{max}=L_\ddot{A}(\overset{\circ}{B})$ können in diesem Sonderfall aus der vorgegebenen Sendeleistung S_s analytisch bestimmt werden. S_s entspricht der schraffierten Fläche in Bild 7.12b:

$$S_s = 2\overset{\circ}{B}\,L_\ddot{A}(\overset{\circ}{B}) - \int_{-\overset{\circ}{B}}^{\overset{\circ}{B}} L_\ddot{A}(f)\,df. \tag{7-125}$$

Mit Gl. 7-124 und der Näherung $\alpha_2 lB\gg1$ erhält man daraus, vgl. [7.1]:

$$S_s = 2\,F\,L_{th}\,\overset{\circ}{B}\,e^{2\alpha_2 l\sqrt{\overset{\circ}{B}}}\left(1 - \frac{1}{\alpha_2\,l\,\overset{\circ}{B}}\right) \simeq 2\,F\,L_{th}\,\overset{\circ}{B}\,e^{2\alpha_2 l\sqrt{\overset{\circ}{B}}}. \tag{7-126}$$

Aus Gl. 7-120, Gl. 7-122 und Gl. 7-124 folgt somit für die Kanalkapazität:

$$C_L = \int_0^\infty \mathrm{ld}\left(1 + \frac{\overset{\circ}{L}_s(f)}{L_{\ddot{A}}(f)}\right) = \int_0^{\overset{\circ}{B}} \mathrm{ld}\,\frac{L_{max}}{L_{\ddot{A}}(f)}\, df = \frac{2\alpha_2 l}{3\ln 2}\,\overset{\circ}{B}^{3/2}. \qquad (7\text{-}127)$$

Löst man diese Beziehung nach der optimalen Bandbreite auf und setzt man daraufhin $\overset{\circ}{B}$ in Gl. 7-126 ein, so erhält man:

$$S_s = 2\,F\,L_{th}\left(\frac{3\ln 2}{2\alpha_2 l}\,C_L\right)^{2/3} \exp\left[(2\alpha_2)^{2/3}\,(3\ln 2\,C_L)^{1/3}\right]. \qquad (7\text{-}128)$$

Nach einigen nicht ganz trivialen Umformungen ergibt sich daraus unter Berücksichtigung der Näherung 7-75, vgl. [7.1]:

$$\lg\frac{C_L}{MHz} \approx (1 - \frac{2}{K})\lg K^3 - 2(1 - \frac{3}{K})\lg(2\alpha_2\,l\,\sqrt{MHz}) - \lg(3\ln 2), \qquad (7\text{-}129)$$

wobei die Konstante K ein Maß für die aufgewendete Sendeleistung darstellt:

$$\text{Def.:}\qquad K = \ln\left(\frac{S_s}{2\,F\,L_{th}\,MHz}\right). \qquad (7\text{-}130)$$

Für Kabellängen zwischen 1 km und 20 km gilt als weitere Näherung mit einem relativen Fehler kleiner als 10%:

$$\frac{C_L}{MHz} \approx \left[\frac{K^3}{3\ln 2\,(2\alpha_2 l)^2 MHz}\right]^{(1 - \frac{2}{K})}. \qquad (7\text{-}131)$$

Die Gleichungen 7-129 bzw. 7-131 gelten nur für den Fall der Leistungsbegrenzung. Bei Spitzenwertbegrenzung und frequenzabhängigem Kanal ist die Berechnung der Kanalkapazität aufwendiger und führt auf etwas kleinere Werte, vgl. [7.1]. In [7.9] wird gezeigt, daß bei einem Koaxialkabel die Kanalkapazität C_A näherungsweise ebenfalls mit den Gleichungen 7-129 bis 7-131 berechnet werden kann, wenn man anstelle von S_s den Wert $2s_0^2/(\pi e)$ einsetzt. Wegen der frequenzansteigenden Dämpfung erhält man für die optimale Bandbreite $\overset{\circ}{B}$ einen relativ kleinen Wert, so daß das optimale Sendesignal bei Spitzenwertbegrenzung gleichverteilt zwischen $-s_0$ und $+s_0$ ist (vgl. Interpretation zu Bild 7.10b). Dieses Signal führt auch bei einem frequenzabhängigen Kanal zum gleichen mittleren Transinformationsfluß wie ein gaußverteiltes Signal mit einer um den Faktor $\pi e/6$ niedrigeren Leistung. Berücksichtigt man weiter, daß für das gleichverteilte Signal $S_s = s_0^2/3$ ist, so folgt das obige Ergebnis.

8 Optimierung und Vergleich digitaler Übertragungssysteme

Inhalt: Im folgenden wird die Optimierung der Systemparameter an einigen Beispielen verdeutlicht, wobei die in Kapitel 7 definierten Systemwirkungsgrade als Gütekriterien herangezogen werden. Zunächst erfolgt in den Abschnitten 8.1 und 8.2 die Optimierung der Kenngrößen von Sender und Empfänger. Der Abschnitt 8.3 beschreibt dann die Empfängeroptimierung bei impulsinterferenzfreien Systemen ("Nyquist-Systemen"). In den Abschnitten 8.4 bzw. 8.5 folgt die gegenseitige Optimierung von Sender und Empfänger, die bei impulsinterferenzfreien Systemen analytisch durchgeführt werden kann. Der Abschnitt 8.6 bringt einen Vergleich der vorher optimierten Systemvarianten, anschließend werden im Abschnitt 8.7 einige Methoden zur Untersuchung der Toleranzeinflüsse angegeben.

Voraussetzungen: Die Voraussetzungen von Kapitel 7 gelten weiterhin, d.h. die nachfolgenden Ergebnisse gelten nur für additive gaußverteilte Störungen. Der Empfänger entscheidet symbolweise und kann zusätzlich mit einer Quantisierten Rückkopplung ausgestattet sein. Die Systemparameter (z.B. Grenzfrequenz, Schwellenwerte und Detektionszeitpunkt) werden außer im Abschnitt 8.7 als toleranzfrei angenommen.

8.1 Optimierung der Empfänger-Kenngrößen

Eine der wichtigsten optimierbaren Systemgrößen ist der Entzerrer-Frequenzgang $H_E(f)$ bzw. der Impulsformer-Frequenzgang $H_I(f)=H_K(f)H_E(f)$. Im folgenden werden die den Impulsformer bestimmenden Kenngrößen, z. B. Grenzfrequenz und roll-off-Faktor, in Abhängigkeit von den weiteren Systemgrößen optimiert, wobei die Struktur des Impulsformer-Frequenzgangs $H_I(f)$ fest vorgegeben ist. Dabei wird vorausgesetzt:

    (a) optimale Entscheiderschwellen $\overset{\circ}{E}_1,\ldots,\overset{\circ}{E}_{M-1}$ in den Augenmitten,

    (b) optimaler Detektionszeitpunkt $\overset{\circ}{T}_D$ im Augenmaximum,

    (c) Empfänger ohne QR bzw. Empfänger mit idealer QR.

Für die numerischen Ergebnisse werden weiterhin ein bipolares Sendesignal mit NRZ-Rechteckimpulsen, ein Koaxialkabel sowie weißes Rauschen zugrunde gelegt.

8.1.1 Redundanzfreie Systeme mit gaußförmigem Impulsformer

Für viele Anwendungsfälle kann der Impulsformer durch einen **Gauß-Tiefpaß (GTP)** angenähert werden, so daß für den Impulsformer-Frequenzgang gilt, vgl. Tabelle A-3:

$$H_I(f) = H_K(f)H_E(f) = e^{-\pi(f/2f_I)^2}. \tag{8-1}$$

Der Gleichsignalübertragungsfaktor ist somit $H_I(0)=1$. Der einzige Optimierungsparameter dieses Impulsformers ist seine Grenzfrequenz f_I. Der Flankenabfall ist im Bereich der Grenzfrequenz relativ sanft; man spricht von **"weicher Bandbegrenzung"**.

Augenöffnung bei einem System ohne Quantisierte Rückkopplung

Bei Verwendung von rechteckförmigen Sendeimpulsen ist der Detektions-Grundimpuls $g_d(t)$ durch die Rechteckantwort gemäß Gl. 2-78 (bzw. Bild 2.11b) gegeben. Zunächst werden bipolare redundanzfreie M-stufige Systeme ohne QR betrachtet. Somit gilt für die halbe vertikale Augenöffnung, vgl. Def. 3-11 und Gl. 3-51:

$$\frac{\ddot{o}(T_D)}{2} = \frac{|g_d(T_D)|}{M-1} - \sum_{\nu=1}^{\infty} |g_d(T_D-\nu T)| - \sum_{\nu=1}^{\infty} |g_d(T_D+\nu T)|. \tag{8-2}$$

Auf die Betragsbildung kann verzichtet werden, da der hier vorliegende Detektions-Grundimpuls nicht negativ ist. Nach Erweiterung um $\pm g_d(T_D)$ erhält man:

$$\frac{\ddot{o}(T_D)}{2} = \frac{M}{M-1} g_d(T_D) - \sum_{\nu=-\infty}^{+\infty} g_d(T_D-\nu T). \tag{8-3}$$

Ist der Sende-Grundimpuls ein NRZ-Rechteckimpuls ($T_s=T$, $\hat{g}_s=s_{max}$), was für das Weitere vorausgesetzt wird, so kann die unendliche Summe als Gleichsignalwert berechnet werden und ergibt unabhängig vom betrachteten Detektionszeitpunkt T_D den konstanten Wert $s_{max}H_I(0)$. Daraus folgt für $H_I(0)=1$:

$$\frac{\ddot{o}(T_D)}{2} = \frac{M}{M-1} g_d(T_D) - s_{max}. \tag{8-4}$$

Bei einem System ohne QR ergibt sich der optimale Detektionszeitpunkt zu $\overset{\circ}{T}_D=0$. Mit

$$g_d(0) = \hat{g}_s[1 - 2Q(\sqrt{2\pi}f_I T)] \tag{8-5}$$

nach Gl. 2-79 und der für redundanzfreie Systeme gültigen Beziehung $RT=ld\,M$ erhält man somit für die maximale halbe Augenöffnung:

$$\frac{\ddot{o}(\overset{\circ}{T}_D=0)}{2} = \frac{s_{max}}{M-1}\left[1 - 2MQ\left(\sqrt{2\pi}\,ld\,M\,\frac{f_I}{R}\right)\right]. \tag{8-6}$$

$Q(x)$ ist das komplementäre Gauß'sche Fehlerintegral gemäß Tabelle A-2. Daraus folgt für die normierte Augenöffnung nach Def. 3-25:

$$\ddot{o}_{norm}(\overset{\circ}{T}_D=0) = \frac{\ddot{o}(\overset{\circ}{T}_D=0)}{2\,s_{max}\,H_I(0)} = \frac{1}{M-1}\left[1 - 2\,M\,Q\left(\sqrt{2\pi}\,\,\mathrm{ld}\,M\,\frac{f_I}{R}\right)\right].\qquad(8\text{-}7)$$

Gl. 8-6 gilt für bipolare Signale, bei unipolaren Signalen ist die Augenöffnung nur
halb so groß. Dagegen ist der rechte Teil von Gl. 8-7 wegen der geeigneten Normierung sowohl für bipolare als auch für unipolare Signale gültig.

In Bild 8.1a ist die normierte Augenöffnung über der Grenzfrequenz f_I des Gauß-
Tiefpasses aufgetragen, und zwar für die Stufenzahlen M=2 und M=4. Die durchgezogenen Kurven gelten für die Systeme ohne QR. Dieses Bild zeigt, daß das Binärsystem

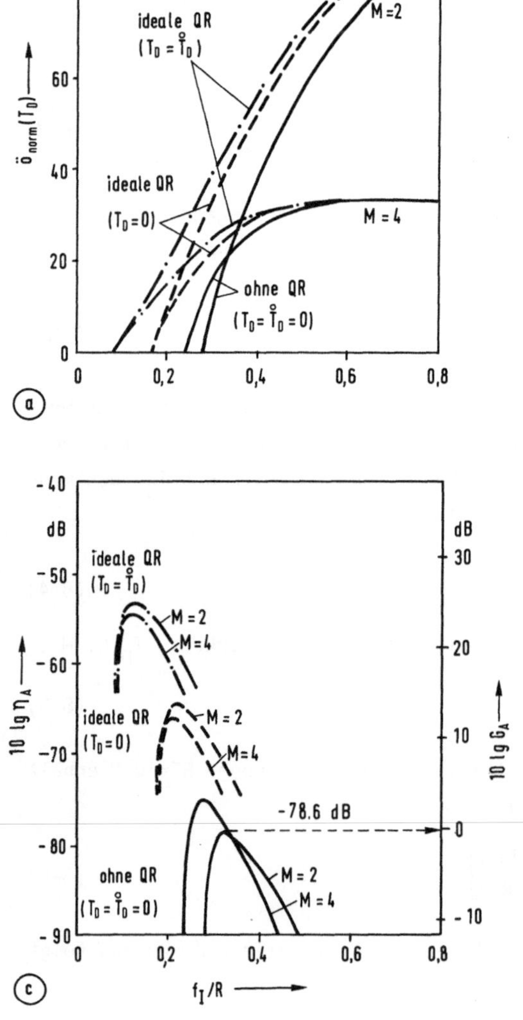

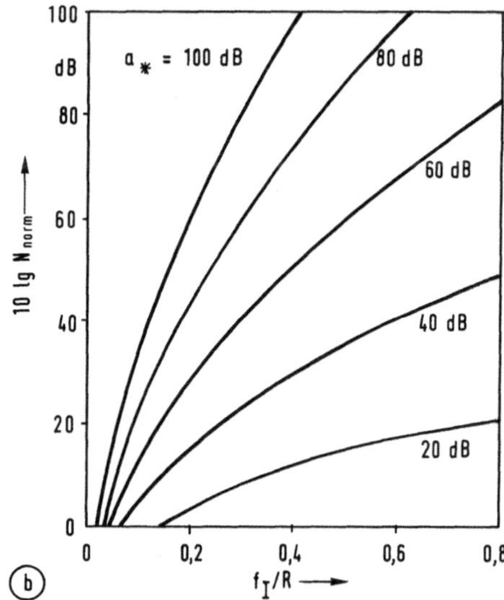

Bild 8.1:

Zur Optimierung der Grenzfrequenz f_I
eines redundanzfreien Übertragungssystems mit gaußförmigem Impulsformer:

(a) Normierte Augenöffnung,

(b) Normierte Detektionsstörleistung
    (F(f)=1),

(c) Logarithmierter Systemwirkungsgrad
    (a_*=80 dB, F(f)=1).

eine größere Augenöffnung besitzt als die mehrstufigen Systeme, solange die Grenzfrequenz hinreichend groß ist. Im Grenzfall $f_I \to \infty$ verschwinden die Impulsinterferenzen, so daß die normierte Augenöffnung den für ein M-stufiges System maximalen Wert

$$\ddot{o}_{norm}(\overset{\circ}{T}_D=0)\Big|_{f_I \to \infty} = \frac{1}{M-1} \tag{8-8}$$

annimmt. Ist dagegen die Impulsformer-Grenzfrequenz $f_I < 0{,}35R$, so führt das Quaternärsystem (M=4) zu einer größeren Augenöffnung als das Binärsystem (M=2).

Als Kenngröße für den Bandbreitenbedarf der einzelnen Codes wird nun die **minimale Grenzfrequenz** $\overset{\vee}{f}_I$ eines gaußförmigen Impulsformers definiert, für die das Auge
gerade noch geöffnet ist. Für ein M-stufiges (redundanzfreies) Übertragungssystem
ohne Quantisierte Rückkopplung kann die minimale Grenzfrequenz direkt aus Gl. 8-7
berechnet werden. Aus der Bedingung $\ddot{o}_{norm}(\overset{\circ}{T}_D=0)=0$ folgt:

$$\overset{\vee}{f}_I = \frac{1}{\sqrt{2\pi}} \frac{R}{\operatorname{ld} M} \; Q^{-1}\left(\frac{1}{2M}\right) . \tag{8-9}$$

Hierbei ist $Q^{-1}(x)$ die Umkehrfunktion von $Q(x)$, vgl. Tabelle A-2 im Anhang.

Die Werte für $\overset{\vee}{f}_I$ in Tabelle 8.1, Spalte 2 machen deutlich, daß die Impulsformer-
Grenzfrequenz umso niedriger gewählt werden kann, je größer die Stufenzahl M ist.
Dies ist darauf zurückzuführen, daß bei einem redundanzfreien M-stufigen System die
Symbolrate 1/T um den Faktor ld M kleiner ist als beim entsprechenden Binärsystem
(R = const. vorausgesetzt), so daß die Vor- und Nachläufer geringere Impulsinterfe-
renzen bewirken als bei der Binärübertragung. Bei niedriger Grenzfrequenz f_I macht
sich dieser Einfluß stärker bemerkbar als der Verlust durch die kleinere Augenöffnung der Mehrstufensysteme um den Faktor 1/(M-1).

Augenöffnung bei einem System mit idealer Quantisierter Rückkopplung

Für die normierte Augenöffnung eines redundanzfreien M-stufigen Übertragungssystems mit idealer QR erhält man mit den Gleichungen 2-78, 3-25 und 5-12:

$$\ddot{o}_{norm}(T_D) = \frac{1}{M-1}\left[1 -\left(M Q\;\; 2\sqrt{2\pi}f_I\left(\frac{T}{2} - T_D\right)\right) - Q\left(2\sqrt{2\pi}f_I\left(\frac{T}{2} + T_D\right)\right) \right]. \tag{8-10}$$

Bild 8.1a zeigt, daß die vertikale Augenöffnung durch die Quantisierte Rückkopplung
für jede Grenzfrequenz und jede Stufenzahl vergrößert wird. Bereits mit dem hier
nicht optimalen Detektionszeitpunkt $T_D=0$ führt die QR zu einer merklichen Vergrös-
serung der Augenöffnung. Der Gewinn durch die (ideale) QR ist bei niedriger Impulsformer-Grenzfrequenz besonders groß. Für die minimale Grenzfrequenz $\overset{\vee}{f}_I$ ergibt sich
bei idealer QR und $T_D=0$:

$$\overset{\vee}{f}_I = \frac{1}{\sqrt{2\pi}} \frac{R}{\operatorname{ld} M} \; Q^{-1}\left(\frac{1}{M+1}\right) . \tag{8-11}$$

	Code	$\check{f}_I/R$	$\mathring{f}_I/R$	$\mathring{T}_D/T$	$\dfrac{S_S}{s^2_{max}}$	$\ddot{O}_{norm}$ in %	N_{norm} in dB	η_A/dB	G_A/dB	η_L/dB	G_L/dB
ohne QR ($T_D=\mathring{T}_D=0$)	red.frei $\begin{cases} M= 2 \\ M= 3 \\ M= 4 \\ M= 8 \\ M=16 \end{cases}$	0,27 0,24 0,23 0,20 0,18	0,32 0,30 0,28 0,24 0,22	0,00 0,00 0,00 0,00 0,00	1,00 0,67 0,55 0,43 0,38	15,5 12,7 11,9 6,2 3,7	62,4 58,0 56,4 50,0 46,7	-78,6 -75,9 -74,9 -74,2 -75,3	0,0 2,7 3,7 4,4 3,3	-78,6 -74,1 -72,3 -70,5 -71,1	0,0 4,5 6,3 8,1 7,5
	AMI-Code	0,36	0,40	0,00	0,50	11,3	73,6	-92,6	-14,0	-89,6	-11,0
	Duobinär	0,22	0,28	0,00	0,50	11,3	56,4	-75,3	3,3	-72,3	6,3
	4B3T	0,29	0,35	0,00	0,69	13,8	66,7	-83,9	-5,3	-82,3	-3,7
ideale QR ($T_D=0$)	red.frei $\begin{cases} M= 2 \\ M= 3 \\ M= 4 \\ M= 8 \\ M=16 \end{cases}$	0,17 0,17 0,17 0,17 0,16	0,22 0,22 0,21 0,20 0,19	- - - - -	1,00 0,67 0,55 0,43 0,38	13,2 11,9 9,0 5,8 3,3	46,9 46,7 45,0 43,3 41,1	-64,5 -65,2 -65,9 -68,0 -70,7	14,1 13,4 12,7 10,6 7,9	-64,5 -63,4 -63,3 -64,3 -66,5	14,1 15,2 15,3 14,3 12,1
	AMI-Code	0,26	0,32	-	0,50	9,0	62,4	-83,3	-4,7	-80,3	-1,7
	Duobinär	0,20	0,24	-	0,50	7,7	50,0	-72,4	6,2	-69,4	9,2
	4B3T	0,20	0,24	-	0,69	8,5	50,0	-71,4	7,2	-69,8	8,8
ideale QR ($T_D=\mathring{T}_D$)	red.frei $\begin{cases} M= 2 \\ M= 3 \\ M= 4 \\ M= 8 \\ M=16 \end{cases}$	0,09 0,09 0,08 0,08 0,08	0,13 0,12 0,12 0,12 0,11	-1,64 -1,22 -0,96 -0,68 -0,52	1,00 0,67 0,55 0,43 0,38	6,6 4,8 4,4 3,2 2,2	29,7 27,8 27,5 26,8 26,4	-53,3 -53,8 -54,6 -56,7 -59,5	25,3 24,8 24,0 21,9 19,1	-53,3 -52,0 -52,0 -53,0 -55,3	25,3 26,6 26,6 25,6 23,3
	AMI-Code	0,08	0,13	-2,4	0,50	1,7	29,7	-64,8	13,8	-61,8	16,8
	Duobinär	0,08	0,13	-1,9	0,50	2,6	29,7	-61,3	17,3	-58,3	20,3
	4B3T	0,08	0,13	-1,7	0,69	3,6	29,7	-58,5	20,1	-56,9	21,7

Tab. 8.1: Optimierungsergebnisse für Systeme mit gaußförmigem Impulsformer.
Voraussetzungen: NRZ-Rechteckimpulse, Koaxialkabel (a_*=80 dB), weißes
Rauschen (F=1), optimale Schwellenwerte.

Ein Vergleich der Zahlenwerte von Tabelle 8.1 zeigt, daß bei einem redundanzfreien
System mit idealer QR (T_D=0) die minimale Grenzfrequenz $\check{f}_I \approx 0{,}17R$ in erster Näherung
unabhängig von der Stufenzahl M ist.

Der Detektionszeitpunkt T_D=0 ist bei einem System mit (idealer) QR jedoch nicht
optimal, da der korrigierte Detektions-Grundimpuls $g_k(t)$ stark unsymmetrisch ist,
vgl. Bild 5.2. Durch Differenzieren von Gl. 8-10 nach T_D und Nullsetzen erhält man
folgende Bedingungen für den optimalen Detektionszeitpunkt $\mathring{T}_D$:

$$M \exp\left[- 4\pi f_I^2\left(\frac{T}{2} - \mathring{T}_D\right)^2\right] \overset{!}{=} \exp\left[- 4\pi f_I^2\left(\frac{T}{2} + \mathring{T}_D\right)^2\right] . \qquad (8\text{-}12)$$

Hierbei ist berücksichtigt, daß für die Ableitung der Q-Funktion gilt:

$$\frac{d\,Q(x)}{dx} = - \frac{1}{\sqrt{2\pi}}\, e^{-x^2/2} . \qquad (8\text{-}13)$$

Daraus folgt für den optimalen Detektionszeitpunkt bei einem redundanzfreien M-stufigen System mit idealer QR und gaußförmigem Impulsformer:

$$\overset{\circ}{T}_D = \frac{-\ln(2)}{8\pi\,\mathrm{ld}\,M(f_I/R)^2}\,T \simeq \frac{-0,028}{\mathrm{ld}\,M\,(f_I/R)^2}\,T\;. \tag{8-14}$$

Wie aus dieser Gleichung hervorgeht, führt die Optimierung von T_D auf einen negativen Wert. Das bedeutet, daß es bei einem System mit (idealer) QR vorteilhaft ist, die einzelnen Impulse vor ihren Maxima zu detektieren. Dadurch wird zwar der Hauptwert $g_d(T_D)$ verkleinert, der störende Einfluß der Impulsvorläufer wird jedoch in noch stärkerem Maße vermindert. Allerdings ist zu beachten, daß die Quantisierte Rückkopplung umso genauer realisiert werden muß, je kleiner die Grenzfrequenz f_I ist und je früher die Impulse detektiert werden. Deshalb ist bei einer Systemrealisierung die Verschiebung des Detektionszeitpunktes aus Toleranzgründen begrenzt, vgl. Abschnitt 8.7.

Durch Einsetzen von Gl. 8-14 in Gl. 8-10 erhält man für die normierte Augenöffnung zum optimalen Detektionszeitpunkt $\overset{\circ}{T}_D$ bei idealer QR:

$$\ddot{o}_{norm}(\overset{\circ}{T}_D) = \frac{1}{M-1}\left[1 - M\,Q\left(\frac{f_I'}{2}\,\mathrm{ld}\,M + \frac{\ln 2}{f_I'}\right) - Q\left(\frac{f_I'}{2}\,\mathrm{ld}\,M - \frac{\ln 2}{f_I'}\right)\right]\;, \tag{8-15}$$

wobei $f_I'=2\sqrt{2\pi}f_I/R$ ist.

Die strichpunktierten Kurvenzüge in Bild 8.1a zeigen, daß durch die Optimierung des Detektionszeitpunktes die Impulsformer-Grenzfrequenz bis zum Grenzwert $\check{f}_I\approx 0,09R$ herabgesetzt werden kann, ohne daß sich das Auge schließt. Wie sich diese Reduzierung der Grenzfrequenz auf den Störabstand und damit auf die Fehlerwahrscheinlichkeit auswirkt, wird deutlich, wenn die Störungen mit berücksichtigt werden.

Störleistung und Störabstandsgewinn

Dazu wird als Beispiel ein Koaxialkabel mit der charakteristischen Kabeldämpfung a_* betrachtet. Bei einem gaußförmigen Impulsformer mit der Grenzfrequenz f_I erhält man für die normierte Störleistung am Entscheider, vgl. Gl. 2-70 und Def. 7-51:

$$N_{norm} = \frac{1}{R}\int\limits_{-\infty}^{+\infty} F(f)\exp\left[2a_*\sqrt{\frac{2|f|}{R}} - 2\pi\left(\frac{f}{2\,f_I}\right)^2\right]df\;. \tag{8-16}$$

In Bild 8.1b ist die (logarithmierte) Störleistung $10\,\lg N_{norm}$ abhängig von der Impulsformer-Grenzfrequenz und der charakteristischen Kabeldämpfung aufgetragen, wobei die Rauschzahl $F(f)=1$ beträgt. Dieses Bild gilt für jede Stufenzahl M und ist auch unabhängig davon, ob ein System mit oder ohne QR vorliegt. Berücksichtigt man den logarithmischen Maßstab, so wird deutlich, daß die Störleistung mit zunehmender Kabeldämpfung a_* und wachsender Grenzfrequenz f_I sehr stark ansteigt.

Wegen des gegenläufigen Einflusses der Impulsformer-Grenzfrequenz auf die vertikale Augenöffnung und die Störleistung gibt es für f_I einen optimalen Wert, der den

Systemwirkungsgrad zu einem Maximum und damit die Fehlerwahrscheinlichkeit zu einem Minimum macht. Die Lage und der Wert dieses Maximums hängen von den anderen System-parametern ab, z. B. von der Stufenzahl M und von der Kabeldämpfung a_*.

In Bild 8.1c ist der Systemwirkungsgrad bei Spitzenwertbegrenzung (Def. 7-17)

$$10 \lg \eta_A = 20 \lg \ddot{o}_{norm}(T_D) - 10 \lg N_{norm} \qquad (8\text{-}17)$$

über der Grenzfrequenz f_I aufgetragen, wobei a_*=80 dB und F(f)=1 ist. Beim Binärsy-stem ohne QR ergibt sich für die optimale Grenzfrequenz des Impulsformers mit den hier getroffenen Voraussetzungen $\overset{\circ}{f}_I\approx0,32R$. Ist f_I kleiner als $\overset{\circ}{f}_I$, so nimmt der Ein-fluß der Impulsinterferenzen sehr stark zu; für $f_I<\overset{\smile}{f}_I\approx0,27R$ ist das Auge geschlos-sen. Bei zu großer Impulsformer-Grenzfrequenz werden dagegen die Störungen nur un-zureichend unterdrückt.

Bei der optimalen Grenzfrequenz $\overset{\circ}{f}_I$ beträgt der Systemwirkungsgrad etwa -78,6dB. Das bedeutet, daß das binäre Koaxialkabelsystem (a_*=80dB) mit optimalem gaußförmi-gem Impulsformer um 78,6 dB schlechter ist als ein System mit idealem Kanal (Def. 7-7) und optimalem Empfänger (Kapitel 6).

Soll die (ungünstigste) Fehlerwahrscheinlichkeit den Grenzwert 10^{-10} nicht über-schreiten, so muß der Grenzstörabstand 10 lg $\rho_{Gr}\geq16,1$ dB sein und dementsprechend muß gelten, vgl. Gl. 7-42 und Gl. 7-66:

$$\frac{s_{max}^2}{L_{th}R} \geq 10^{9,47}. \qquad (8\text{-}18)$$

Der Systemwirkungsgrad η_L bei Leistungsbegrenzung ist in diesem Fall identisch mit η_A, da bei binären NRZ-Rechteck-Sendeimpulsen die beiden Senderwirkungsgrade $\eta_{S,L}$ und $\eta_{S,A}$ gleich 1 sind, vgl. Abschnitt 7.2.4.
Dieses System (binär; redundanzfrei; NRZ-Rechteck-Sendeimpuls; gaußförmiger Impuls-former mit optimierter Grenzfrequenz; toleranzfreier Schwellwert-Detektor ohne QR) wird im folgenden als **Vergleichssystem** herangezogen, so daß für ein gegebenes Sy-stem der **Störabstandsgewinn bei Spitzenwertbegrenzung** definiert werden kann:

$$\text{Def.:} \qquad G_A = \frac{\eta_A \text{ (gegebenes System)}}{\eta_A \text{ (Vergleichssystem)}}. \qquad (8\text{-}19)$$

In gleicher Weise gilt für den **Störabstandsgewinn bei Leistungsbegrenzung**:

$$\text{Def.:} \qquad G_L = \frac{\eta_L \text{ (gegebenes System)}}{\eta_L \text{ (Vergleichssystem)}}. \qquad (8\text{-}20)$$

Bei diesen Definitionen ist zu berücksichtigen, daß die nicht optimierbaren System-größen für die Optimierung und den Systemvergleich konstant gehalten werden müssen. Das bedeutet beispielsweise, daß die Störabstandsgewinne G_A bzw. G_L von der Kabel-dämpfung a_* abhängen.

Der Störabstandsgewinn G_A des Quaternärsystems ohne QR beträgt bei der Kabeldämpfung a_*=80dB etwa 3,7dB (siehe rechte Skalierung von Bild 8.1c), wobei die optimale Grenzfrequenz $\overset{\circ}{f}_I$ etwas niedriger liegt als beim Binärsystem.

Bei gleicher Impulsformer-Grenzfrequenz (f_I=0,32R) und gleichem Detektionszeitpunkt (T_D=0) ist beim Binärsystem (M=2) durch die ideale QR ein Störabstandsgewinn von nahezu 7 dB zu erzielen. Optimiert man die Grenzfrequenz bei festem Detektionszeitpunkt T_D=0, so ergibt sich für f_I=0,22R ein zusätzlicher Störabstandsgewinn von weiteren 7 dB. Durch die gegenseitige Optimierung von f_I und T_D kommt man schließlich für $\overset{\circ}{f}_I \approx$0,13R und $\overset{\circ}{T}_D \approx$-1,66T auf den maximalen Gewinn von 25,3 dB.

Die Kurven für das Quaternärsystem (M=4) mit QR zeigen ähnliches Verhalten. Hier beträgt der maximale Gewinn gegenüber dem (quaternären) System ohne QR etwa 20 dB.

Die Optimierungsergebnisse der Systeme mit gaußförmigem Impulsformer sind in der Tabelle 8.1 zusammengestellt, wobei die Kabeldämpfung a_*= 80 dB zugrunde liegt. In der letzten Spalte ist der Störabstandsgewinn G_L bei Leistungsbegrenzung angegeben. Unter dieser Nebenbedingung schneiden die mehrstufigen Systeme im Vergleich zu den Binärsystemen etwas günstiger ab als bei Spitzenwertbegrenzung, da ein mehrstufiger Sender bei gleicher Leistung eine größere Amplitude besitzt als ein binärer Sender. Die optimalen Parameter des Empfängers ($\overset{\circ}{f}_I$ und $\overset{\circ}{T}_D$) sind jedoch unabhängig davon, ob von Leistungs- oder Spitzenwertbegrenzung des Senders ausgegangen wird.

Abhängigkeit der optimalen Parameterwerte von der Kabeldämpfung

Bild 8.2a zeigt die optimale Grenzfrequenz $\overset{\circ}{f}_I$ des gaußförmigen Impulsformers abhängig von der charakteristischen Kabeldämpfung a_* eines Koaxialkabels. Je größer a_* ist, d. h. je größer die Regeneratorfeldlänge l gewählt wird, desto kleiner ist der optimale Wert $\overset{\circ}{f}_I$ für die Impulsformer-Grenzfrequenz. Dies ist darauf zurückzuführen, daß mit wachsender Kabeldämpfung die Detektions-Störleistung N_d stark ansteigt, was durch eine kleinere Grenzfrequenz teilweise ausgeglichen werden kann.

In Bild 8.2b ist der für Spitzenwertbegrenzung (Amplitudenbegrenzung) gültige Systemwirkungsgrad η_A über der charakteristischen Kabeldämpfung a_* aufgetragen. Es zeigt sich ebenso wie beim optimalen Digitalempfänger, daß für die üblichen Kabeldämpfungen $a_* \geq$50 dB der logarithmierte Systemwirkungsgrad 10 lg η_A etwa proportional mit der Kabeldämpfung a_* abnimmt, so daß die maximale Regeneratorfeldlänge nach den Gleichungen von Abschnitt 7.3 ermittelt werden kann. Die Steigungen der Kurven sind für die Systeme mit Quantisierter Rückkopplung sehr viel flacher als für die Systeme ohne QR, was zu größeren Regeneratorfeldlängen führt. Dies ist darauf zurückzuführen, daß bei einem System mit QR die Bandbreite wesentlich stärker reduziert werden kann als beim vergleichbaren System ohne QR, so daß der starke Anstieg der Störleistung mit wachsender Kabeldämpfung teilweise kompensiert wird.

Zum Vergleich ist in Bild 8.2b auch die Kurve für den optimalen Binärempfänger (Viterbi-Empfänger, vgl. Kapitel 6) eingezeichnet. Bei der charakteristischen Kabeldämpfung a_*=80 dB liegt der (binäre) Schwellwertempfänger ohne QR um etwa 35 dB

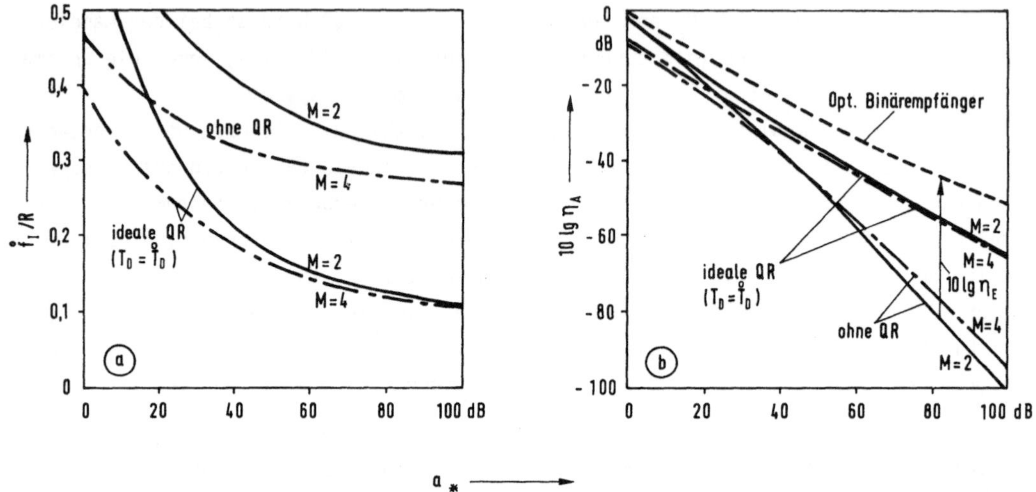

Bild 8.2:   Optimale Grenzfrequenz (a) und Systemwirkungsgrad bei Spitzenwertbegrenzung (b) in Abhängigkeit von der charakterisitschen Kabeldämpfung a_*
eines Koaxialkabels und der Stufenzahl M (NRZ-Rechteck-Sendeimpuls,
weißes Rauschen (F=1), gaußförmiger Impulsformer).

unterhalb des optimalen Binärempfängers. Das bedeutet, daß sein Empfängerwirkungsgrad 10 lg η_E= -35 dB beträgt. Dagegen ist der Schwellwertempfänger mit Quantisierter Rückkopplung vom theoretischen Optimum weniger als 10 dB entfernt.

8.1.2 Codierte Systeme mit gaußförmigem Impulsformer

In Kapitel 4 wurden die wichtigsten Übertragungscodes zusammengestellt und ihre
Codieralgorithmen sowie weitere Kenngrößen (z. B. Redundanz, Leistungsspektren und
Augenöffnung) angegeben. Im folgenden werden diese Codes hinsichtlich des erreichbaren Störabstands einander vergleichend gegenübergestellt, wobei wie in Abschnitt
8.1.1 von einem Koaxialkabel und einem gaußförmigen Impulsformer ausgegangen wird.
Da die Störleistung durch die Codierung nicht direkt verändert wird, sind Gl. 8-16
sowie Bild 8.1b weiterhin gültig.

In Bild 8.3a ist für redundant-codierte Systeme ohne QR die normierte Augenöffnung (zum optimalen Detektionszeitpunkt $T̊_D$=0) in Abhängigkeit von der Grenzfrequenz
f_I aufgetragen. Zum Vergleich sind die Kurven für den redundanzfreien Binärcode und
den redundanzfreien Ternärcode mit eingezeichnet.

Es ist zu erkennen, daß der weitverbreitete AMI-Code bei den hier getroffenen
Vereinbarungen eine sehr kleine Augenöffnung besitzt. Die Kurve, die mit Def. 3-25
und Gl. 4-15 berechnet werden kann, gilt näherungsweise auch für den HDB3- und den
B6ZS-Code, vgl. Abschnitt 4.2.4.

Die kleine Augenöffnung dieser Pseudoternärcodes ist darauf zurückzuführen, daß
trotz der sehr großen Redundanz von nahezu 37% die bezüglich der Augenöffnung be-

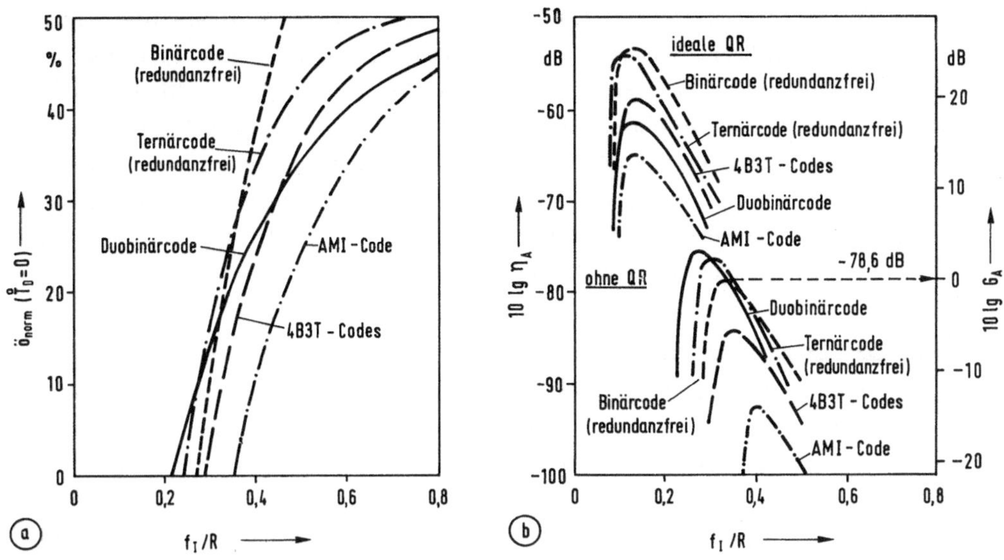

Bild 8.3:   Zur Optimierung der Grenzfrequenz f_I eines redundant-codierten Übertragungssystems mit gaußförmigem Impulsformer:

(a) Normierte Augenöffnung bei einem System ohne QR,

(b) Logarithmierter Systemwirkungsgrad ($a_* = 80$ dB; $F(f)=1$).

sonders ungünstigen Symbolfolgen von der Übertragung nicht ausgeschlossen werden. Wegen der ternären Auswertung (ohne gleichzeitige Reduzierung der Symbolrate) liegt bei diesen Codes die minimale Grenzfrequenz $\check{f}_I \approx 0,36R$ sehr hoch. Bei einem Koaxialkabelsystem mit 30 dB Kabeldämpfung führt die Optimierung der Impulsformer-Grenzfrequenz f_I auf den Wert $\overset{\circ}{f}_I \approx 0,4R$, vgl. Bild 8.3b. Der Störabstandsverlust gegenüber dem redundanzfreien Binärsystem (Vergleichssystem) beträgt nahezu 14 dB, wenn von Spitzenwertbegrenzung ausgegangen wird. Bei Leistungsbegrenzung ergibt sich nur ein Störabstandsverlust von 11 dB, da ein pseudoternäres Sendesignal nur die halbe Sendeleistung besitzt wie das redundanzfreie Binärsignal, vgl. Tab. 4.2 und Tab. 8.1.

Auch die ebenfalls "gleichsignalfreien" 4B3T-Codes schneiden bei diesem Codevergleich unter der Nebenbedingung der Spitzenwertbegrenzung um 5 bis 6 dB schlechter ab als der redundanzfreie Binärcode. Das Auge ist bei dieser Codierung für $f_I < 0,29R$ geschlossen. Dagegen ist der Duobinärcode bei einem System ohne QR noch geringfügig besser als der redundanzfreie Ternärcode. Der Grund hierfür ist, daß die bezüglich Impulsinterferenzen besonders ungünstigen Symbolfolgen durch die Codiervorschrift ausgeschlossen sind, was einen sehr niedrigen Bandbreitenbedarf zur Folge hat. Die minimale Grenzfrequenz $\check{f}_I$ des gaußförmigen Impulsformers kann aus Gl. 4-16 bestimmt werden. Man erhält für den Duobinärcode mit $\check{f}_I \approx 0,22R$ den kleinstmöglichen Wert.

Die entsprechenden Werte für die codierten Systeme mit Quantisierter Rückkopplung sind aus Tabelle 8.1 zu entnehmen. Alle Systeme mit redundanter Codierung wei-

sen hier eine kleinere Augenöffnung auf als das redundanzfreie Binär- bzw. Ternär-
system. Bei koaxialem Übertragungskanal (a_*=80 dB) sind deshalb auch alle redundanten Systeme um 5 dB bis 12 dB schlechter als das Binärsystem, vgl. Bild 8.3b. Der
Störabstandsgewinn durch die Anwendung der idealen QR beträgt beim AMI-Code nahezu
28 dB, bei den 4B3T-Codes ca. 25 dB, beim Duobinärcode jedoch nur 14 dB. Dies ist
darauf zurückzuführen, daß beim Duobinärcode die besonders ungünstigen Symbolfolgen
bereits durch die Codiervorschrift ausgeschlossen werden, so daß durch die nichtlineare Entzerrung mittels QR nur noch verhältnismäßig wenig zu verbessern ist.

8.1.3 Empfangsseitige Pseudoternärcodierung

Bei den Systemen ohne Quantisierte Rückkopplung führt der Duobinärcode unter den
hier getroffenen Voraussetzungen zu recht günstigen Ergebnissen, vgl. Bild 8.3. Der
Systemwirkungsgrad kann jedoch noch weiter vergrößert werden, wenn die Codierung
von der Senderseite auf die Empfängerseite gebracht wird.

Der Duobinärcode ist ebenso wie der AMI-Code ein Pseudoternärcode. In Abschnitt
4.2 wurde gezeigt, daß bei dieser Art der Codierung der Coder unabhängig von seiner
Realisierung durch einen nichtlinearen Vorcodierer (VC) sowie ein lineares Codiernetzwerk $H_C(f)$ beschrieben werden kann. Somit gilt für ein System mit Pseudoternärcodierung das Blockschaltbild von Bild 8.4a. Für das Detektionssignal folgt daraus:

$$d_S(t) = \sum_{\nu=-\infty}^{+\infty} a_\nu g_{dS}(t-\nu T) + \overset{\times}{d}_S(t).$$ (8-21)

Der Index S kennzeichnet hierbei die sendeseitige Codierung. Die Amplitudenkoeffizienten a_ν des Sendesignals sind -1, 0 oder +1. Der Detektions-Grundimpuls ist nach
Def. 2-60 und Gl. 2-62 zu berechnen:

$$g_{dS}(t) = g_S(t)*h_K(t)*h_E(t).$$ (8-22)

Wird nun im Blockschaltbild das lineare Codiernetzwerk $H_C(f)$ vom Sender zum Empfänger verlagert, so spricht man von **empfangsseitiger Pseudoternärcodierung**, vgl. Bild
8.4b. Hinsichtlich des zu übertragenden Nutzsignals ändert sich nichts, d.h. es ist

$$\tilde{d}_S(t) = \tilde{d}_E(t) = \sum_{\nu=-\infty}^{+\infty} b_\nu g_{dE}(t-\nu T).$$ (8-23)

Hierbei sind die Amplitudenkoeffizienten $b_\nu \in \{-1; +1\}$ des binär-vorcodierten Signals
einzusetzen, während für den Detektions-Grundimpuls mit Gl. 4-9 gilt:

$$g_{dE}(t) = g_{dS}(t)*h_C(t) = \frac{1}{2}\left(g_{dS}(t) - k_N g_{dS}(t-NT)\right).$$ (8-24)

Diese Beziehung gilt sowohl für den AMI-Code (k_N=+1) als auch für den Duobinärcode
(k_N=-1). Da $\tilde{d}_E(t)=\tilde{d}_S(t)$ ist, ergeben sich für die beiden unterschiedlichen Systeme
nach Bild 8.4a bzw. 8.4b auch gleiche (ternäre) Augendiagramme, vgl. Bild 4.7. Insbesondere besitzen beide Systeme die gleiche normierte Augenöffnung, die für einen

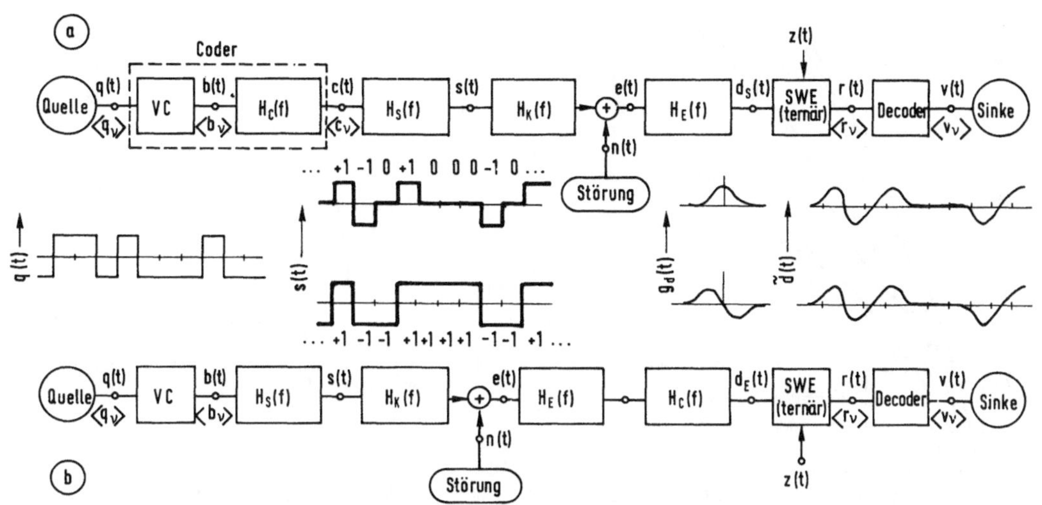

Bild 8.4: Blockschaltbild und Signale eines Digitalsystems mit Pseudoternärcodierung: (a) sendeseitig,   (b) empfangsseitig.

gaußförmigen Impulsformer in Bild 8.3a dargestellt ist.

Dagegen unterscheiden sich die beiden Systeme gemäß Bild 8.4a und 8.4b hinsichtlich der Störungen. Bei sendeseitiger Pseudoternärcodierung erhält man für die Detektions-Störleistung nach Gl. 2-69:

$$N_{dS} = \int_{-\infty}^{+\infty} L_n(f)\,|H_E(f)|^2\,df, \tag{8-25}$$

während für den Fall der empfangsseitigen Codierung gilt, vgl. [4-13]:

$$N_{dE} = \int_{-\infty}^{+\infty} L_n(f)\,|H_E(f)|^2\,|H_C(f)|^2\,df. \tag{8-26}$$

Da entsprechend Gl. 4-11 für alle Frequenzen $|H_C(f)| \leq 1$ ist, ist N_{dE} stets kleiner als N_{dS}. Das bedeutet, daß das Codiernetzwerk $H_C(f)$ neben dem Entzerrer $H_E(f)$ zur Störleistungsbegrenzung beiträgt, wenn es vom Sender zum Empfänger verlagert wird.

In Bild 8.5a ist die normierte Detektionsstörleistung $10 \lg N_{norm}$ über der Grenzfrequenz f_I des gaußförmigen Impulsformers aufgetragen. Parameter ist die charakteristische Dämpfung a_* des Koaxialkabels. Die durchgezogenen Kurven gelten für alle redundanzfreien Systeme sowie für die Systeme mit sendeseitiger Pseudoternärcodierung, vgl. Bild 8.1b. Demgegenüber wird durch eine empfangsseitige Realisierung des AMI-Codes bzw. des Duobinärcodes die Störleistung bis zu 8 dB, d.h. um mehr als den Faktor 6 verkleinert. Die Verminderung der Störungen verläuft dabei mit der Impulsformer-Grenzfrequenz nicht monoton, sondern sie schwankt wegen des cosinus-förmigen Verlaufs von $H_C(f)$ mit der Grenzfrequenz f_I. Während die empfangsseitige AMI-Codie-

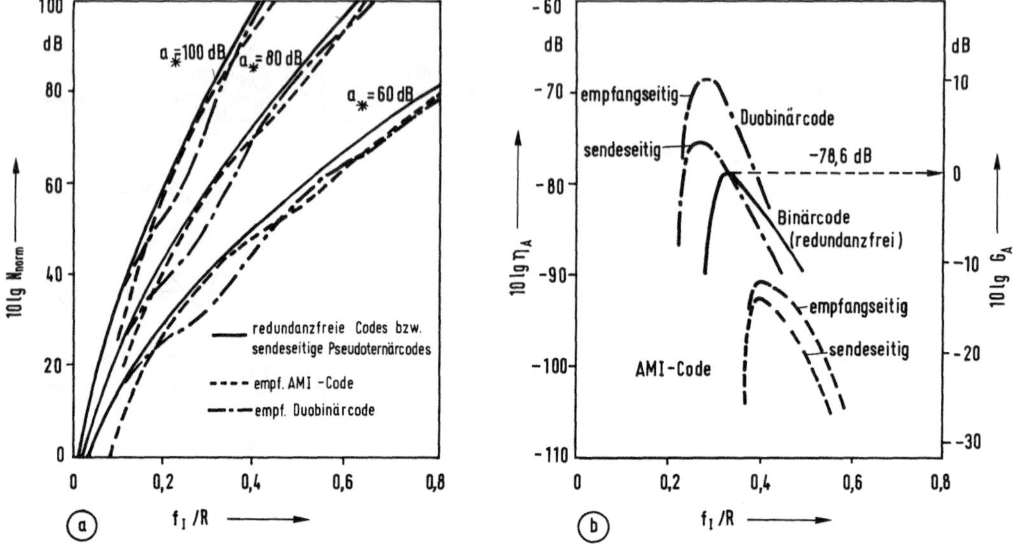

Bild 8.5:   Systeme mit gaußförmigem Impulsformer und empfangsseitiger Pseudoternär-
            codierung: (a) Normierte Detektionsstörleistung (F(f)=1),   (b) System-
            wirkungsgrad bei Spitzenwertbegrenzung (a_*=80 dB, F(f)=1).

rung speziell für sehr kleine Grenzfrequenzen und für $f_I \approx 0,5R$ eine merkliche Verminderung der Störungen bewirkt, ist die empfangsseitige Duobinärcodierung für f_I=
0,2R...0,4R sehr günstig. Da die optimale Grenzfrequenz $\overset{\circ}{f}_I$ jedoch gerade in diesem
Bereich liegt, ergeben sich bei empfangsseitiger Duobinärcodierung für den Systemwirkungsgrad sehr günstige Werte. Bild 8.5b macht deutlich, daß bei gaußförmigem
Impulsformer mit "empfangsseitiger Duobinärcodierung" gegenüber dem redundanzfreien
Binärsystem (Vergleichssystem) ein Störabstandsgewinn von etwa 10 dB möglich ist.
Dieser Code ist somit unter den hier getroffenen Voraussetzungen günstiger als alle
redundanzfreien Codes, vgl. Bild 8.1c. Er bietet außerdem den Vorteil, daß durch
die Redundanz des Detektionssignals eine Fehlerüberwachung möglich ist.

    Bild 8.5b gilt für Spitzenwertbegrenzung. Bei Leistungsbegrenzung ist der Gewinn
durch die empfangsseitige Codierung gegenüber der sendeseitigen Pseudoternärcodierung um 3 dB geringer, da das binäre Sendesignal von Bild 8.4b die doppelte Leistung des redundanten ternären Sendesignals von Bild 8.4a besitzt.

Anmerkung: Bei empfangsseitiger Pseudoternärcodierung wird ein Binärsignal gesendet
und ein dreistufiges Signal ausgewertet. Hiermit ist, wie gerade gezeigt wurde, ein
Störabstandsgewinn möglich. Dieser Störabstandsgewinn ist sicherlich noch zu ver-
größern, wenn die möglichen Amplitudenstufen von Sender und Empfänger nicht vorgegeben, sondern als optimierbare Systemparameter behandelt werden, vgl. Kapitel 8.5.

8.1.4 Einfluß der unteren Bandbegrenzung

Die Anwendung von redundanten Übertragungscodes ist dann sinnvoll, wenn über den Kanal kein Gleichsignal übertragen werden kann. Ein redundanzfreies Signal ist über einen solchen Bandpaßkanal mit üblicherweise geforderter Fehlerwahrscheinlichkeit im allgemeinen nur übertragbar, wenn beim Empfänger besondere Maßnahmen zur Rekonstruktion der niederfrequenten Spektralanteile getroffen werden, z.B. eine Gleichsignalwiedergewinnung entsprechend Abschnitt 5.3.

Zur Untersuchung der unteren Bandbegrenzung wird nun ein Hochpaß 1. Ordnung (HP-Grenzfrequenz f_{un}) in den Übertragungskanal eingefügt. Zur Störleistungsbegrenzung wird weiterhin ein Entzerrer mit gaußförmigem Impulsformer (TP-Grenzfrequenz f_{ob}) verwendet. Somit gilt für den Impulsformer-Frequenzgang, vgl. Bild 5.10a:

$$H_I(f) = H_{HP}(f)H_{TP}(f) = \frac{-j\,\pi f/2\,f_{un}}{1+j\,\pi f/2\,f_{un}}\,e^{-\pi(f/2\,f_{ob})^2}. \tag{8-27}$$

Die Grenzfrequenzen f_{un} bzw. f_{ob} sind dabei nicht die 3dB-Grenzfrequenzen des Bandpasses. Vielmehr entspricht f_{ob} der systemtheoretischen Grenzfrequenz des Gaußtiefpasses gemäß Def. 2-38, während f_{un} die entsprechende Grenzfrequenz des zum Hochpaß $H_{HP}(f)$ äquivalenten Tiefpasses $1-H_{HP}(f)$ angibt. Deshalb ist auch für $f_{un}>f_{ob}$ eine Digitalsignalübertragung möglich.

In Bild 8.6 ist der Detektions-Grundimpuls $g_d(t)=g_s(t)*h_I(t)$ dargestellt, wobei sendeseitig NRZ-Rechteckimpulse vorausgesetzt sind. Parameter in dieser Darstellung ist die Hochpaß-Grenzfrequenz f_{un}, die Grenzfrequenz des Gaußtiefpasses beträgt dabei immer $f_{ob}=0{,}5R$. Ist $f_{un}\neq0$, so klingt $g_d(t)$ wegen des fehlenden Gleichanteils sehr lange nach. Der Nachläufer ist umso ausgedehnter, je kleiner die Grenzfrequenz des Hochpasses ist. Für relativ große Werte von f_{un} ergibt sich dagegen ein kleiner Hauptwert $g_d(0)$, während die Amplituden der ersten Nachläufer besonders groß sind.

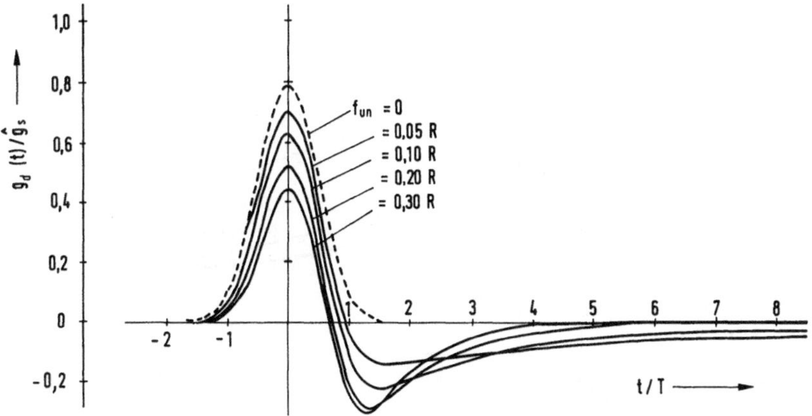

Bild 8.6: Detektions-Grundimpuls bei einem binären Bandpaßsystem gemäß Gl. 8-27 für verschiedene untere Grenzfrequenzen f_{un} ($f_{ob}=0{,}5R$).

Bild 8.7 zeigt die (normierte) Augenöffnung, die sich für diesen bandpaßartigen Impulsformer ergibt. Für die redundanzfreien Codes kann die normierte Augenöffnung mit Gl. 3-51 (ohne QR) bzw. Gl. 5-12 (ideale QR) berechnet werden. Dagegen wurden die Ergebnisse für die codierten Systeme numerisch ermittelt.

Ist die untere Grenzfrequenz $f_{un}\neq0$, so ist bei einem System ohne QR das Auge der redundanzfreien Codes und des Duobinärcodes geschlossen, vgl. Bild 8.7a. Dagegen ist der AMI-Code relativ unempfindlich gegenüber einer unteren Bandbegrenzung, da bei diesem Code die Anzahl gleichartiger aufeinanderfolgender Symbole "+" bzw. "-" auf 1 beschränkt ist. Auch die 4B3T-Codes können über diesen Bandpaßkanal noch gut übertragen werden, solange die untere Grenzfrequenz relativ klein ist, was im allgemeinen vorausgesetzt werden kann. Die einzelnen 4B3T-Codes, nämlich der MS43-, der FOMOT- und der 4B3T-Code nach Jessop/Waters unterscheiden sich nur geringfügig.

Wie ein Blick auf die spektrale Leistungsdichte von Bild 4-10 deutlich macht, besitzt der AMI-Code nur sehr wenig Spektralanteile bei tiefen Frequenzen. Deshalb ist es verständlich, daß dieser Code relativ unempfindlich gegenüber einer unteren Bandbegrenzung ist. Der MS43-, der FOMOT- und der 4B3T-Code nach Jessop/Waters weisen mehr niederfrequente Spektralanteile auf. Deshalb macht sich bei ihnen die untere Bandbegrenzung in der angegebenen Reihenfolge immer störender bemerkbar.

Bei den Systemen mit (idealer) QR ergibt sich ein grundsätzlich anderer Sachverhalt, vgl. Bild 8.7b. Durch die Quantisierte Rückkopplung, die sowohl die von der oberen als auch die von der unteren Bandbegrenzung ("Gleichsignalwiedergewinnung") herrührenden Impulsinterferenzen kompensiert, können auch redundanzfreie Signale ohne großen Störabstandsverlust über den Bandpaßkanal übertragen werden. Beispiels-

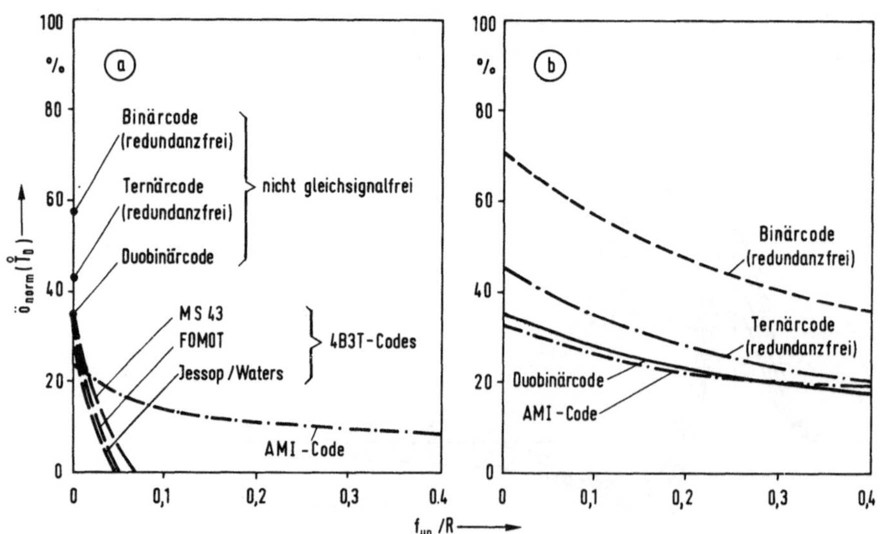

Bild 8.7: Normierte Augenöffnung in Abhängigkeit von der unteren Grenzfrequenz f_{un} des Bandpaßsystems nach Gl. 8-27 (f_{ob}=0,5R): (a) ohne QR (b) ideale QR.

weise beträgt die normierte Augenöffnung des redundanzfreien Binärsignals für die Kanalparameter f_{ob}=0,5R und f_{un}=0,1R etwa 57% und ist mehr als doppelt so groß wie die Augenöffnung des nach der AMI-Regel codierten Ternärsignals. Hinsichtlich des erreichbaren Störabstandes unterscheiden sich somit die beiden Systeme um mehr als 6 dB. Bei optimaler Dimensionierung der oberen Grenzfrequenz f_{ob} ist der Störabstandsverlust des AMI-Codes gegenüber dem (redundanzfreien) Binärcode noch größer. Dadurch ist gezeigt, daß der AMI-Code auch bei einem Bandpaßsystem den redundanzfreien Codes unterlegen ist. Er hat jedoch den Vorteil, daß durch die Redundanz eine Fehlerüberwachung leichter möglich ist.

Für Bild 8.7 wurde von der fest vorgegebenen oberen Grenzfrequenz f_{ob}=0,5R ausgegangen. Interessant ist jedoch auch die Frage, wie die normierte Augenöffnung und der Systemwirkungsgrad von den beiden freien Systemparametern f_{un} und f_{ob} abhängen. Dazu betrachten wir das redundanzfreie Binärsystem mit idealer QR. Die Untersuchung der redundanzfreien Mehrstufensysteme führt qualitativ zu den gleichen Ergebnissen.

In Bild 8.8 ist die normierte Augenöffnung $\ddot{o}_{norm}(\overset{\circ}{T}_D)$ über der oberen sowie über der unteren Grenzfrequenz aufgetragen. Aus beiden Bildern geht hervor, daß sich die normierte Augenöffnung auch für $f_{un}$$\neq$0 dem Grenzwert 100% annähert, wenn die obere Grenzfrequenz genügend groß ist. Im Grenzfall $f_{ob}$$\rightarrow\infty$ ("Hochpaßsystem") kann auch die untere Grenzfrequenz sehr hoch gewählt werden, vgl. Abschnitt 5.3. Ein Heraufschieben der unteren Grenzfrequenz kann also durch gleichzeitiges Heraufsetzen der oberen Grenzfrequenz kompensiert werden, ohne daß sich die Augenöffnung ändert.

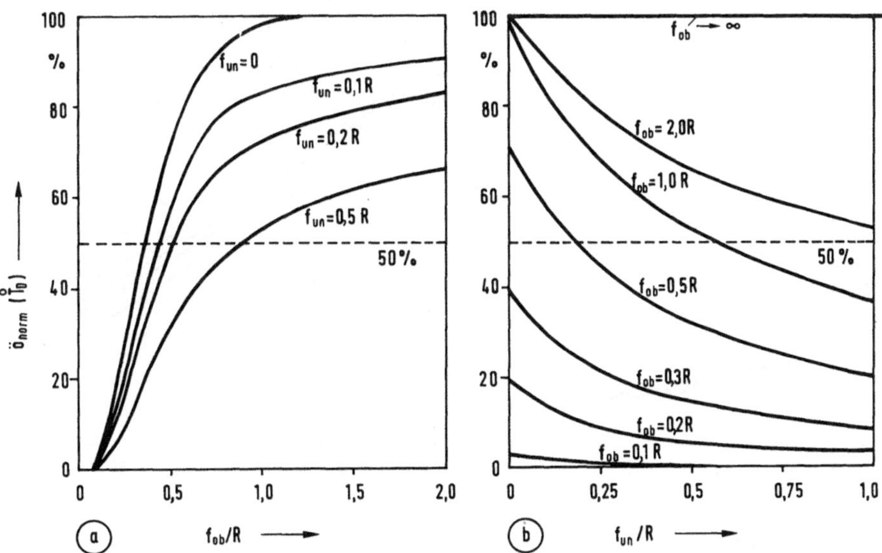

Bild 8.8: Normierte Augenöffnung bei einem redundanzfreien Binärsystem mit idealer QR in Abhängigkeit der unteren und der oberen Grenzfrequenz des Bandpaßsystems nach Gl. 8-27.

Zur Verdeutlichung dieser Aussage gehen wir von der Augenöffnung $\ddot{o}_{norm}(\overset{\circ}{T}_D)=50\%$ aus, wie es durch die horizontale Linie in Bild 8.8 angedeutet ist. Bei einem Tiefpaßkanal ($f_{un}=0$) muß die obere Grenzfrequenz f_{ob} größer als $0,36R$ sein, damit die Forderung $\ddot{o}_{norm}(\overset{\circ}{T}_D)=50\%$ zu erfüllen ist. Ist $f_{un}=0,1R$, so muß die obere Grenzfrequenz (bei gleicher Augenöffnung) auf $f_{ob}=0,43R$ erhöht werden. Für $f_{un}=0,5R$ lautet die Bedingung: $f_{ob}\geq0,9R$.

Diese Vergrößerung der oberen Grenzfrequenz bewirkt natürlich auch ein Ansteigen der Störleistung, so daß der Systemwirkungsgrad verkleinert wird. Bei frequenzunabhängigem Übertragungskanal wächst die Störleistung N_d proportional mit f_{ob} an, bei einem Koaxialkabel nahezu exponentiell, vgl. Bild 8.1b. Deshalb gibt es für jede Hochpaß-Grenzfrequenz f_{un} eine optimale Impulsformer-Grenzfrequenz $\overset{\circ}{f}_{ob}$, die mit f_{un} größer wird. Zur Verdeutlichung betrachten wir wieder ein Koaxialkabelsystem.

In Bild 8.9a ist für einige Werte von f_{un} die jeweils optimale obere Grenzfrequenz $\overset{\circ}{f}_{ob}$ in Abhängigkeit von der charakteristischen Kabeldämpfung aufgetragen. Ist a_* hinreichend groß, so hängt die optimale Grenzfrequenz $\overset{\circ}{f}_{ob}$ nur noch wenig von der unteren Grenzfrequenz ab.

Bild 8.9b zeigt den Systemwirkungsgrad $10\ \lg\ \eta_A$ in Abhängigkeit von a_*. Parameter ist die untere Grenzfrequenz f_{un}, die obere Grenzfrequenz $f_{ob}=\overset{\circ}{f}_{ob}$ ist entsprechend Bild 8.9a optimal dimensioniert. Für die Werte $a_*=80$ dB und $f_{un}=0,1R$ ergibt sich gegenüber dem entsprechenden Tiefpaßsystem ($f_{un}=0$) ein Störabstandsverlust von etwa 4 dB. Da jedoch im allgemeinen f_{un} niedriger angesetzt werden kann, ist der tatsächliche Störabstandsverlust durch die untere Bandbegrenzung geringer.

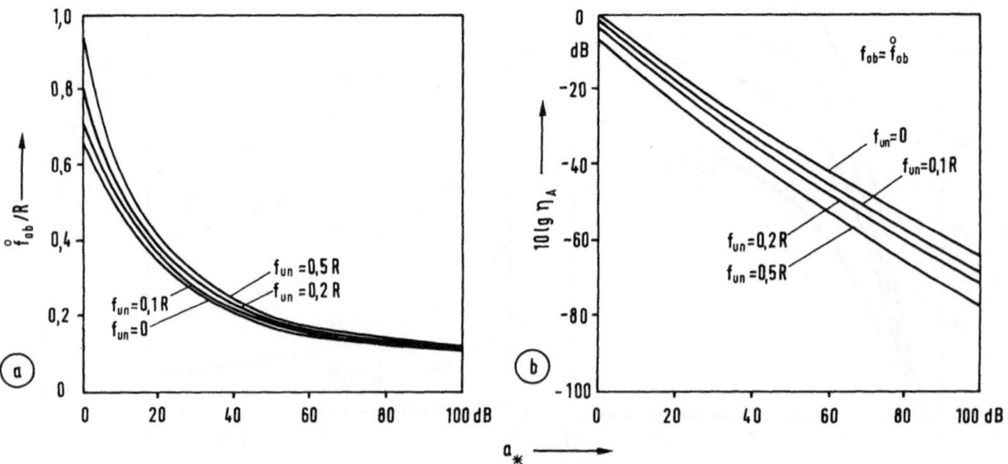

Bild 8.9: Optimale obere Grenzfrequenz (a) und Systemwirkungsgrad (b),
abhängig von der unteren Grenzfrequenz f_{un} des Bandpaßsystems und von
der Kabeldämpfung a_* eines Koaxialkabels (Binäre NRZ-Rechteck-Sendeimpulse, weißes Rauschen (F=1), gaußförmiger Impulsformer).

Anmerkung: Die hier dargestellten Ergebnisse sollen den prinzipiellen Einfluß der
unteren Grenzfrequenz verdeutlichen. Sie setzen eine ideale Gleichsignalwiedergewinnung voraus. Bei einer weitergehenden Betrachtung ist jedoch auch die begrenzte
Realisierungsgenauigkeit der Quantisierten Rückkopplung bzw. der Gleichsignalwiedergewinnung unbedingt zu berücksichtigen.

8.1.5 Cosinus-roll-off-Impulsformer

Der Gauß-Tiefpaß besitzt nur einen variierbaren Parameter. Um den grundsätzli-
chen Zusammenhang zwischen Grenzfrequenz und Flankensteilheit aufzuzeigen, wird nun
der Cosinus-roll-off-Tiefpaß betrachtet, vgl. Bild 8.10a. Die Gleichung für den Impulsformer-Frequenzgang findet sich in Tab. A-3 (Zeile 10). Für niedrige Frequenzen
$|f| \leq f_1$ ist $H_I(f)=1$, außerhalb der Frequenz $\pm f_2$ ist der Frequenzgang identisch Null.
Im Frequenzbereich von f_1 bis f_2 erfolgt der Flankenabfall cosinusförmig. Variierbarer Parameter ist neben der Grenzfrequenz $f_I=(f_1+f_2)/2$ der **roll-off-Faktor:**

$$\text{Def.:} \qquad r_I = \frac{f_2 - f_1}{f_2 + f_1}. \qquad\qquad (8\text{-}28)$$

Als Sonderfälle sind in der allgemeinen Darstellung des Cosinus-roll-off-Tiefpasses
der **Küpfmüller-Tiefpaß** ($r_I=0$) sowie der **$\cos^2$-Tiefpaß** ($r_I=1$) mit enthalten.

Während die Impulsantwort $h_I(t)$ dieses Tiefpasses unabhängig vom roll-off-Faktor
äquidistante Nulldurchgänge im Abstand $t=1/(2f_I)$ aufweist (vgl. Tab. A-3), besitzt
die NRZ-Rechteckantwort $g_d(t)=\hat{g}_s\,\mathrm{rec}(t/T)*h_I(t)$ diese Eigenschaft nicht. Vielmehr
führen die Impulsvor- und Impulsnachläufer zu Impulsinterferenzen, vgl. Bild 8.10b.
Diese sind umso größer, je kleiner die Grenzfrequenz f_I und je kleiner der roll-
off-Faktor r_I ist, d.h. je steiler der Impulsformer-Frequenzgang abfällt. Ist dagegen die Grenzfrequenz sehr groß oder erfolgt der Flankenabfall relativ flach, so
werden die Störungen nur unzureichend unterdrückt. Deshalb gibt es bezüglich der
beiden Parameter f_I und r_I optimale Werte.

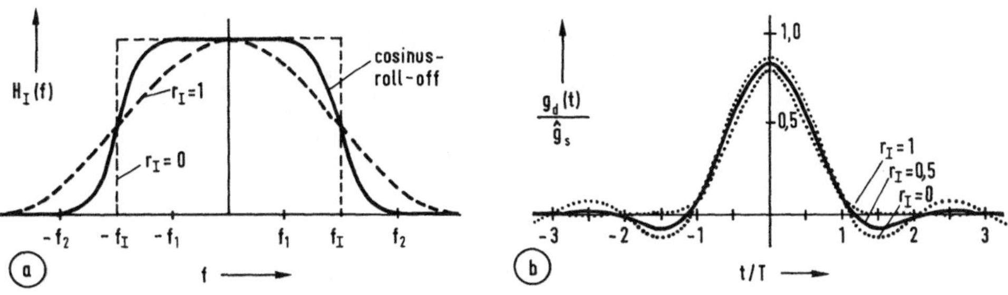

Bild 8.10: Impulsformer-Frequenzgang (a) sowie Detektions-Grundimpuls (b) bei
einem System mit Cosinus-roll-off-Tiefpaß ($f_I=0,5R$).

In Bild 8.11 ist für das Beispiel eines redundanzfreien binären Koaxialkabelsystems mit der charakteristischen Kabeldämpfung a_*=80dB der Störabstandsgewinn G_A in Form von Höhenlinien über der Grenzfrequenz f_I und dem roll-off-Faktor r_I aufgetragen. Bild 8.11a gilt dabei für ein System ohne Quantisierte Rückkopplung ($T_D=\overset{\circ}{T}_D=0$). Für die optimalen Impulsformer-Parameter ergeben sich $\overset{\circ}{f}_I\approx0,5R$ bzw. $\overset{\circ}{r}_I\approx0,2$. Mit diesen Parameterwerten ist gegenüber dem Vergleichssystem (Gauß-Tiefpaß) ein Störabstandsgewinn von etwa 5,8 dB zu erzielen.

Variiert man die Impulsformer-Grenzfrequenz f_I bei optimalem roll-off-Faktor, so ergibt sich sehr schnell ein beträchtlicher Störabstandsverlust gegenüber der optimalen Grenzfrequenz $\overset{\circ}{f}_I$, was in Bild 8.11a durch die dicht beieinander liegenden Höhenlinien deutlich wird. Für $f_I<0,42$ R ist das Auge geschlossen, für $f_I>\overset{\circ}{f}_I$ wächst die Detektions-Störleistung beträchtlich an.

Vergrößert man den roll-off-Faktor ($r_I>\overset{\circ}{r}_I$) bei optimaler Grenzfrequenz $f_I=\overset{\circ}{f}_I$, so ergibt sich gegenüber dem Optimum ebenfalls ein Störabstandsverlust bis zu 10 dB. Dieser Verlust ist darauf zurückzuführen, daß wegen des flachen Flankenabfalls die Störleistung sehr stark zunimmt, während die Impulsinterferenzen nur wenig vermindert werden. Bei zu kleinem roll-off-Faktor ($r_I<\overset{\circ}{r}_I$) klingen die Detektionsimpulse sehr langsam ab, so daß die Impulsinterferenzen geringfügig zunehmen. Außerdem ist die zeitliche Augenöffnung sehr klein, so daß auch der störende Einfluß des Phasenjitters stärker wird.

Interessant ist der grundsätzliche Zusammenhang zwischen der Grenzfrequenz und der Flankensteilheit. Je flacher der Flankenabfall erfolgt, d.h. je größer r_I ist, desto kleiner kann die Grenzfrequenz gewählt werden.

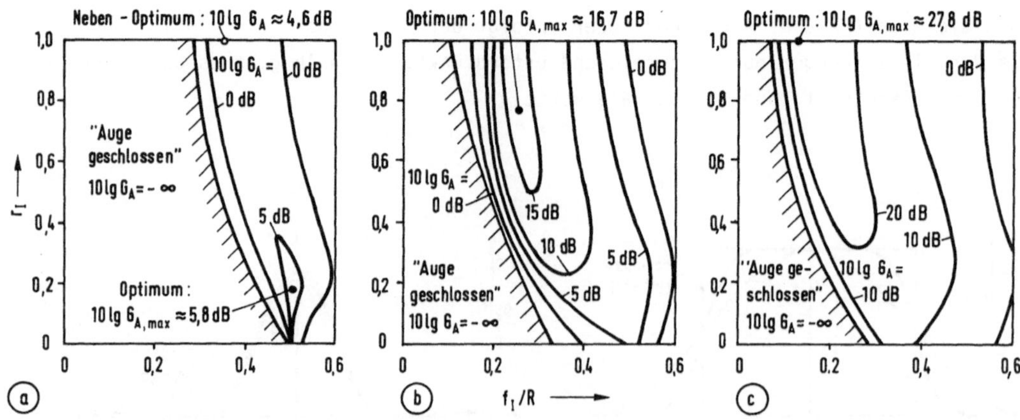

Bild 8.11: Störabstandgewinn 10 lg G_A, abhängig von der Grenzfrequenz f_I und vom roll-off-Faktor r_I eines Cosinus-roll-off-Tiefpasses (M=2, a_*=80 dB):
(a) Empfänger ohne QR,   (b) Empfänger mit idealer QR ($T_D=0$),
(c) Empfänger mit idealer QR ($T_D=\overset{\circ}{T}_D$).

Der Darstellung in Bild 8.11a ist weiter zu entnehmen, daß für einen $\cos^2$-Tiefpaß (r_I=1) mit der Grenzfrequenz $f_I \approx 0{,}35R$ ein lokales Maximum existiert. Gegenüber dem optimalen System ist bei diesem suboptimalen System der Einfluß der Impulsinterferenzen wesentlich größer. Dagegen wird wegen der kleineren Grenzfrequenz die Störleistung sehr viel geringer.

Bei einem System mit idealer QR wird dieses Suboptimum zum globalen Optimum. Bei nicht optimalem Detektionszeitpunkt T_D=0 ergeben sich für die optimalen Parameterwerte $\mathring{f}_I \approx 0{,}26R$ und $\mathring{r}_I \approx 0{,}7$; der maximale Störabstandsgewinn $G_{A,max}$ beträgt hierbei ca. 16,7 dB, vgl. Bild 8.11b.

Durch die zusätzliche Optimierung des Detektionszeitpunktes T_D kann die Impulsformer-Grenzfrequenz weiter verkleinert werden. Für diesen Fall führt die Optimierung auf folgende Werte: $\mathring{f}_I \approx 0{,}13R$; $\mathring{r}_I \approx 1$; $\mathring{T}_D \approx -1{,}8T$; $G_{A,max} \approx 27{,}8$ dB.

Die Optimierungsergebnisse für die redundanzfreien Mehrstufensysteme mit Cosinus-roll-off-Tiefpaß können aus Bild 8.33 im Abschnitt 8.6 entnommen werden. Dieses Bild zeigt, daß bei einem System ohne Quantisierte Rückkopplung durch eine Erhöhung der Stufenzahl M ein beträchtlicher Störabstandsgewinn möglich ist. Dagegen ist bei einem System mit idealer QR das Binärsystem am besten.

8.1.6 Einfluß von Phasenverzerrungen

Bisher wurden aus Darstellungsgründen meist reelle Frequenzgänge und damit symmetrische Grundimpulse betrachtet. Die Ergebnisse der Abschnitte 8.1.1 bis 8.1.5 gelten somit nur unter der Voraussetzung einer **idealen Phasenentzerrung**. Darunter versteht man, daß der Phasengang des Impulsformers $H_I(f)=H_K(f)H_E(f)$ linear mit der Frequenz ansteigt und damit die Gruppenlaufzeit konstant ist:

$$\text{Def.:} \quad \text{(a)} \quad b_I(f) = kf \qquad \text{(b)} \quad \tau_I = \frac{1}{2\pi}\frac{db(f)}{df} = \frac{k}{2\pi}. \qquad (8\text{-}29)$$

Bei der Realisierung eines digitalen Übertragungssystems ist eine ideale Phasenentzerrung nur mit unendlich großem Aufwand möglich. Der störende Einfluß der Phasenverzerrung wird z.B. in [5.17], [8.9] diskutiert. Ziel dieser Arbeiten war es, den Entzerrer für ein redundanzfreies 140 Mbit/s-Binärsystem (a_*=96 dB) so zu dimensionieren, daß der resultierende Impulsformer-Frequenzgang $H_I(f)$ einen Cosinus-roll-off-Tiefpaß (f_I=0,5R, r_I=0,25) betragsmäßig möglichst gut approximiert.

Bild 8.12a zeigt, daß der Betrag des Impulsformer-Frequenzgangs den gewünschten Verlauf sehr gut annähert. Dagegen ist die Gruppenlaufzeit nicht ideal ($\tau_I \neq$const.), vgl. Bild 8.12b. Dies hat zur Folge, daß der Detektions-Grundimpuls unsymmetrisch ist und sehr viel größere Nachläufer als Vorläufer besitzt, siehe Bild 8.12c. Die normierte Augenöffnung, die mit den Gln. 3-24 bzw. 3-25 berechnet werden kann, beträgt somit nur etwa 13%, vgl. Bild 8.12d.

Durch eine ideale Phasenentzerrung, z.B. durch die Verwendung von Allpässen, ergibt sich der symmetrische Detektions-Grundimpuls von Bild 8.12e. Die normierte Augenöffnung (Bild 8.12f) vergrößert sich auf etwa 73% und ist somit fast so groß wie

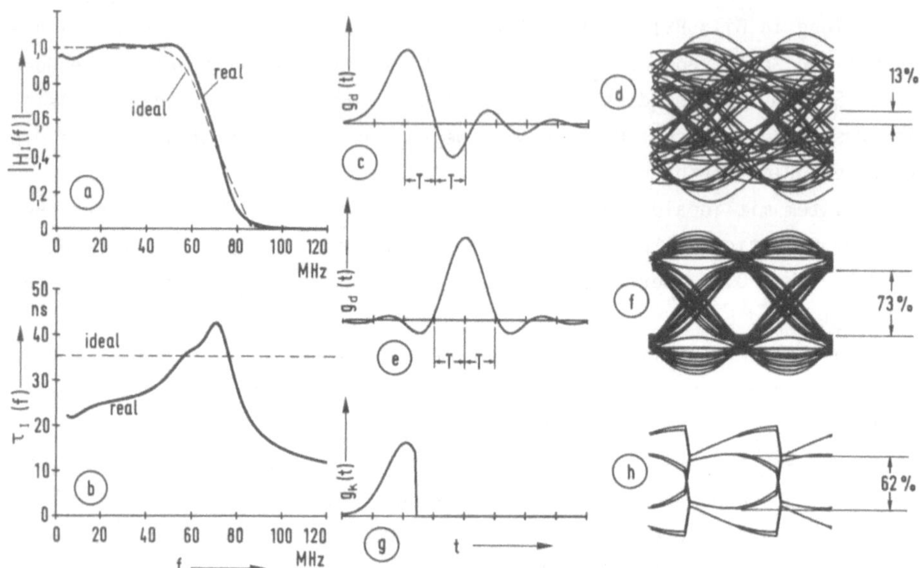

Bild 8.12: Einfluß von Phasenverzerrungen auf die Digitalsignalübertragung [8.9]:
            (a)(b) Amplitudengang, Gruppenlaufzeit des betrachteten Impulsformers,
            (c)(d) Grundimpuls und Augendiagramm, ohne Phasenentzerrung, ohne QR,
            (e)(f) Grundimpuls und Augendiagramm, ideale Phasenentzerrung, ohne QR,
            (g)(h) Grundimpuls und Augendiagramm, ohne Phasenentzerrung, ideale QR.

beim idealen Cosinus-roll-off-Tiefpaß. Das bedeutet, daß die verbleibende Restab-
weichung des Betrages von $H_I(f)$ sich in der Augenöffnung nicht bemerkbar macht.

Eine zweite Möglichkeit zur Vergrößerung der Augenöffnung bietet die Quantisierte Rückkopplung, die sich bei diesem Detektions-Grundimpuls sehr einfach realisieren läßt. Bild 8.12h zeigt, daß bei idealer QR die normierte Augenöffnung etwa 63%
beträgt. Da die Detektions-Störleistung N_d weder durch eine Phasenentzerrung noch
durch eine Quantisierte Rückkopplung verändert wird, ist die normierte Augenöffnung
ein äquivalentes Maß für den Systemwirkungsgrad und damit für die Fehlerwahrscheinlichkeit. Im vorliegenden Fall wird der Störabstand durch die ideale Phasenentzerrung um 15 dB, durch die ideale QR um etwa 13,7 dB verbessert.

Bei einem System ohne QR ist die Anwendung einer Phasenentzerrung stets notwendig. Dagegen ist eine vollständige Phasenentzerrung nicht sinnvoll, wenn ein Empfänger mit QR eingesetzt wird. Durch eine gezielte, an die QR angepaßte Phasenentzerrung, die vom linearen Phasenverlauf abweicht, kann eine weitere Verbesserung
erzielt werden, so daß auch hier die Systeme mit QR den Systemen ohne QR deutlich
überlegen sind, vgl. [8.9]. Der Grund hierfür ist, daß durch eine gezielte Phasenverzerrung weniger Vorläufer und mehr Nachläufer erzeugt werden, wobei die Letzte-
ren durch eine Quantisierte Rückkopplung kompensiert werden können.

8.1.7 Optimierung der Pol-Nullstellenverteilung

Realisierbare Entzerrerschaltungen lassen sich durch die Angabe der Nullstellen $p_N^{(j)}$ und der Pole $p_P^{(k)}$ vollständig beschreiben, vgl. [1.17]. Mit der komplexen Frequenz $p=\sigma+j2\pi f$ gilt somit für den **komplexen Entzerrer-Frequenzgang**:

$$H_E(p) = K_E \frac{\prod\limits_{j=1}^{J}\left(p-p_N^{(j)}\right)}{\prod\limits_{k=1}^{K}\left(p-p_P^{(k)}\right)} = K_E \frac{\left(p-p_N^{(1)}\right)\left(p-p_N^{(2)}\right)\ldots\left(p-p_N^{(J)}\right)}{\left(p-p_P^{(1)}\right)\left(p-p_P^{(2)}\right)\ldots\left(p-p_P^{(K)}\right)}. \tag{8-30}$$

Die Konstante K_E ist aus Normierungsgründen notwendig; sie hat jedoch keinen Einfluß auf den Systemwirkungsgrad und damit auf die Fehlerwahrscheinlichkeit.

Ist die Anzahl J bzw. K der Nullstellen und Pole vorgegeben , so lassen sich die optimalen Werte für die Pole und Nullstellen numerisch ermitteln. Da die Nullstellen $p_N^{(j)}$ und die Pole $p_P^{(k)}$ entweder reell oder zueinander konjugiert komplex sind, gibt es genau J+K voneinander unabhängige (reelle) Parameter. Bei der Optimierung dieser Pole und Nullstellen im Hinblick auf minimale Fehlerwahrscheinlichkeit kann nach folgendem Prinzip vorgegangen werden, vgl. [8.7],[8.9],[8.32]:

(a) Anzahl der Nullstellen und Pole festlegen.

Dabei ist es zweckmäßig, die Werte für J und K (und damit die Anzahl der frei wählbaren Parameter) zunächst möglichst niedrig zu halten.

(b) Startwerte für die Pole und Nullstellen festlegen.

Die Nullstellen $p_N^{(1)}\ldots p_N^{(J)}$ sowie die Pole $p_P^{(1)}\ldots p_P^{(K)}$ sind zu Beginn der Optimierung so zu wählen, daß für niedrige Frequenzen der Kanal-Frequenzgang möglichst gut ausgeglichen wird ($H_E(f)\approx 1/H_K(f)$). Dagegen muß bei höheren Frequenzen der Entzerrer-Frequenzgang stärker abfallen als der Kanal-Frequenzgang, so daß der Impulsformer $H_I(f)=H_K(f)H_E(f)$ Tiefpaßcharakter besitzt.

(c) Berechnung der normierten Störleistung gemäß Def. 7-51.

Bei weißem Rauschen ist die normierte Störleistung N_{norm} durch den Entzerrer-Frequenzgang $H_E(f)$ vollständig bestimmt. Diesen erhält man aus dem komplexen Frequenzgang $H_E(p)$ über die Substitution $p=j2\pi f$.

(d) Berechnung der normierten Augenöffnung gemäß Def. 3-25 und Gl. 3-51.

Die normierte Augenöffnung $ö_{norm}(T_D)$ hängt außer vom Übertragungscode nur noch vom Detektions-Grundimpuls (Def. 2-62) ab, der aus den Frequenzgängen $H_S(f)$, $H_K(f)$ und $H_E(f)$ über die (Fast-)Fourier-Rücktransformation berechenbar ist:

$$g_d(t) = \hat{g}_s T \int\limits_{-\infty}^{+\infty}\left(H_S(f)H_K(f)H_E(f)\right) e^{j2\pi ft}\, df. \tag{8-31}$$

Eine weitere elegante Möglichkeit zur Bestimmung von $g_d(t)$ bietet die Laplace-Transformation, bei der die Impulsantwort $h_E(t)$ des Entzerrers nach einer Partialbruchzerlegung des komplexen Frequenzganges $H_E(p)$ direkt abgelesen werden kann, vgl. [1.17],[1.29]. Daraus kann der Detektions-Grundimpuls $g_d(t)$ über eine Faltungsoperation ebenfalls bestimmt werden.

(e) Berechnung des Systemwirkungsgrades nach Gl. 7-52.

Der Systemwirkungsgrad $\eta_A = \ddot{o}^2_{norm}(T_{D_o})/N_{norm}$ ist ein Maß für die Fehlerwahrscheinlichkeit. Der Detektionszeitpunkt T_D ergibt sich aus der Maximierung von η_A.

(f) Variation der Pole und Nullstellen, Fortsetzung mit (c).

Die Pole und Nullstellen sind so zu verändern, daß der Systemwirkungsgrad maximal wird. Dazu können verschiedene Optimierungsalgorithmen (Gradientenverfahren bzw. stochastische Suchverfahren) verwendet werden. Außerdem können verschiedene Nebenbedingungen berücksichtigt werden, z.B. die Bedingung, daß alle Pole negativ und reell sein sollen.

(g) Anzahl der Pole und Nullstellen erhöhen, Fortsetzung mit (b).

Erhöht man die Werte für J und K, so ergibt sich im allgemeinen eine Verbesserung. Als neue Startwerte für die Pole und Nullstellen können die in (f) ermittelten Werte benutzt werden. Wird durch eine weitere Erhöhung von J und K keine wesentliche Verbesserung erzielt, so kann das iterative Optimierungsverfahren beendet werden.

Auch mit den heute vorhandenen schnellen Digitalrechnern kann dieses Optimierungsproblem zu sehr großen Rechenzeiten führen, wenn J und K sehr große Werte besitzen oder die Startwerte ungeeignet festgelegt wurden. Deshalb ist die Auswahl geeigneter Startwerte von großer Wichtigkeit.

<u>Beispiel</u>: Es ist ein Entzerrer für ein Koaxialkabelsystem zu dimensionieren, so daß der Kabelfrequenzgang $H_K(f)$ durch Gl. 2-53 gegeben ist. In [8.20] wird gezeigt, daß $H_K(f)$ durch eine Reihenentwicklung angenähert werden kann:

$$(a) \qquad H_K(f) = e^{-\alpha_2 l\sqrt{2jf}} \simeq \frac{1 + jf/f_0}{1 + j2f/f_0} \; \frac{1}{\displaystyle\prod_{\kappa=1}^{Z}\left(1 + jf/f_\kappa\right)}$$

mit   (8-32)

$$(b) \qquad f_0 = \frac{0,231}{\alpha_2^2 \, l^2} \quad \text{und} \quad f_\kappa = \frac{\pi^2}{8\alpha_2^2 \, l^2}(2\kappa-1)^2.$$

Die kabelspezifische Konstante α_2 ist hierbei in Neper einzusetzen, vgl. Tab. 2.3. l ist die Regeneratorfeldlänge.

Die daraus resultierende Pol-Nullstellenverteilung besteht aus Z reellen Polen an den Stellen $p_\kappa=-2\pi f_\kappa$, $\kappa=1,\ldots,Z$ und einem zusätzlichen Pol-Nullstellenpaar zur Verbesserung der Approximation bei tiefen Frequenzen. In [8.32] wird gezeigt, daß bereits mit Z=8 der Frequenzgang eines Normalkoaxialkabels der Länge l=5km bis ca. 100 MHz gut nachgebildet wird.

Berücksichtigt man Gl. 8-32, so kann als Startwert für den komplexen Entzerrer-Frequenzgang angesetzt werden:

$$H_E(p) = K_E \frac{(p-0,5\,p_0)\,\prod\limits_{\kappa=1}^{Z}(p-p_\kappa)\;\prod\limits_{j}\left(p-p_N^{(j)}\right)}{(p-p_0)\;\prod\limits_{k}\left(p-p_P^{(k)}\right)} \,. \tag{8-33}$$

Der für die Form des Detektions-Grundimpulses entscheidende komplexe Impulsformer-Frequenzgang $H_I(p)$ ist somit allein durch den letzten Term bestimmt. Als Ausgangs-funktion für die Optimierung ist es meistens ausreichend, daß der Impulsformer-Fre-quenzgang nur Pole besitzt. Wählt man alle Pole gleich und reell ($p_P^{(k)}=-\sigma_P$), so ist der Impulsformer durch die beiden unabhängigen Parameter K und $\sigma_P>0$ bestimmt:

$$H_I(p) = 1/\prod\limits_{k=1}^{K}\left(p-p_P^{(K)}\right) = 1/\left(p+\sigma_P\right)^K. \tag{8-34}$$

Häufig erhält man mit mehrfachen konjungiert komplexen Polpaaren ($p_P^{(k)}=-\sigma_P\pm j\omega_P$) et-was günstigere Ergebnisse, vgl. [8.17]. In diesem Fall besitzt die Ausgangsfunktion des Impulsformers drei freie Parameter:

$$H_I(p) = \frac{1}{\left[p^2 + \sigma_P p + \left(\sigma_P^2 + \omega_P^2\right)\right]^{K/2}} \,. \tag{8-35}$$

Ein Vergleich verschiedener Arbeiten, die sich mit der Pol-Nullstellen-Optimierung auseinandersetzen, zeigt, daß schon mit 4 Nullstellen und 7 Polen ein Störabstands-gewinn gegenüber einem Entzerrer mit gaußförmigem Impulsformer zu erzielen ist.

8.2 Optimierung der Sender-Kenngrößen

Neben dem Entzerrer-Frequenzgang stellt der Sende-Grundimpuls $g_s(t)$ eine weitere optimierbare Systemgröße dar. Im folgenden werden einige häufig verwendete Sendeim-pulse (Rechteck-Impuls, Gauß-Impuls, $\cos^2$-Impuls und Trapez-Impuls) untersucht und ihre Kenngrößen optimiert.

Der optimale Sende-Grundimpuls $\overset{\circ}{g}_s(t)$ hängt unter anderem vom Übertragungscode sowie von den Kenngrößen des Kanals und des Empfängers ab. Aus Darstellungsgründen wird hier wie im Abschnitt 8.1.1 von einem redundanzfreien Code (Stufenzahl M) und einem Entzerrer mit gaußförmigem Impulsformer (Grenzfrequenz f_I) ausgegangen. Für andere Entzerrer erhält man etwas abweichende Ergebnisse, vgl. Abschnitt 8.4.

8.2.1 Einfluß der Sendeimpulsdauer

Zunächst wird der rechteckförmige Sende-Grundimpuls betrachtet:

$$g_s(t) = \hat{g}_s\,\text{rec}\,(t/\Delta t_s) \,. \tag{8-36}$$

Δt_S ist die (äquivalente) Sendeimpulsdauer gemäß Def. 2-13, die sowohl die mittlere Sendeleistung (Def. 2-20) als auch die (normierte) Augenöffnung (Def. 3-25) beeinflußt. Die normierte Augenöffnung kann mit den Gln. 2-78, 3-51 bzw. 5-12 berechnet werden. Sie ist in Bild 8.13 in Abhängigkeit der Sendeimpulsdauer Δt_S dargestellt. Für das linke Bild sind Systeme ohne QR zugrunde gelegt, so daß der optimale Detektionszeitpunkt $\overset{\circ}{T}_D=0$ ist.

Die durchgezogenen Kurvenverläufe gelten für das Binärsystem (M=2). Ist die Impulsformer-Grenzfrequenz genügend groß (z.B. f_I=0,5R), so ergibt sich für die optimale Sendeimpulsdauer der Grenzwert $\Delta \overset{\circ}{t}_S$=T. Das bedeutet, daß bei großer Grenzfrequenz der NRZ-Sendeimpuls optimal ist. Bei Verwendung von rechteckförmigen RZ-Sendeimpulsen (Δt_S<T) wird der Hauptwert $g_d(0)$ des Detektions-Grundimpulses kleiner, was auch zu einer Verkleinerung der Augenöffnung führt, vgl. Gl. 2-79. Ist dagegen Δt_S>T, so überlappen sich benachbarte Sendeimpulse, so daß bei gegebener Sendeimpulsamplitude $\hat{g}_S$ der Aussteuerbereich doppelt so groß wird.

Wird dagegen die Impulsformer-Grenzfrequenz herabgesetzt (z.B. f_I=0,3R), so ergeben sich für die optimale Sendeimpulsdauer $\Delta \overset{\circ}{t}_S$ kleinere Werte. Der Grund hierfür ist, daß durch den schmaleren Sende-Grundimpuls auch der Detektions-Grundimpuls weniger breit ist als bei NRZ-Sendeimpulsen. Die damit verbundene Verminderung der Impulsinterferenzen macht sich dabei stärker bemerkbar als die Verminderung des Impulshauptwertes, der in erster Näherung proportional zu Δt_S ist.

Bild 8.13a läßt jedoch auch erkennen, daß beim Binärsystem die Vergrößerung der Augenöffnung durch die Verkleinerung der Sendeimpulsdauer relativ gering ist. Dage-

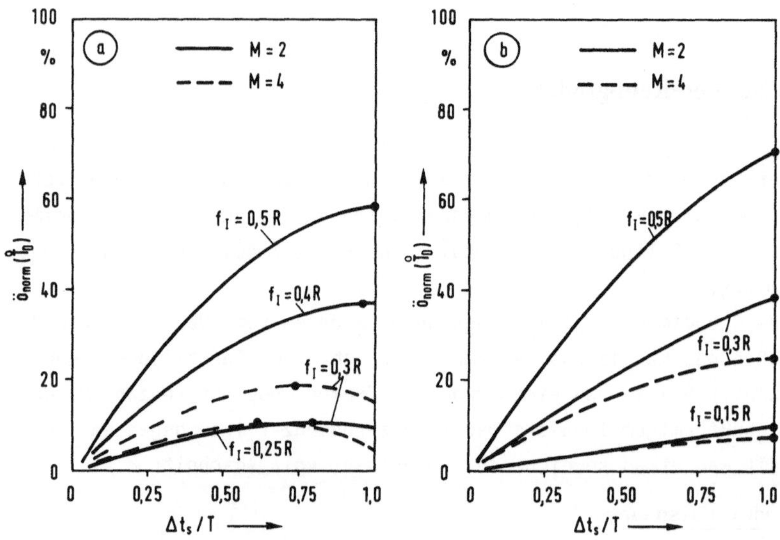

Bild 8.13:   Normierte Augenöffnung in Abhängigkeit der Impulsdauer Δt_S rechteckförmiger Sendeimpulse: (a) System ohne QR, (b) System mit idealer QR.

gen kann beim Quaternärsystem (M=4) durch die Verwendung von RZ-Sendeimpulsen die Augenöffnung merklich vergrößert werden, wenn ein System ohne QR vorliegt.

Bild 8.13b gilt für Systeme mit idealer QR. In diesem Fall ist die optimale Sendeimpulsdauer $\overset{\circ}{\Delta t}_s=T$ und zwar unabhängig von der Stufenzahl M und der Grenzfrequenz f_I. Das bedeutet, daß bei Anwendung der Quantisierten Rückkopplung der NRZ-Rechteckimpuls immer der optimale Sendeimpuls ist. Deshalb werden für den Rest von Abschnitt 8.2 ausschließlich Systeme ohne QR behandelt.

Bild 8.14 zeigt, wie sich das günstigere Einschwingverhalten der Impulse bei einem System ohne QR auf die Systemwirkungsgrade auswirkt. In Bild 8.14a ist der für Spitzenwertbegrenzung gültige Wirkungsgrad 10 lg η_A über der Sendeimpulsdauer Δt_s aufgetragen, der sich entsprechend Gl. 8-17 aus der normierten Augenöffnung (Bild 8.13a) und der normierten Störleistung (Bild 8.1b) berechnet. Dabei ist vorausgesetzt, daß die Grenzfrequenz des gaußförmigen Impulsformers optimal an die jeweilige Sendeimpulsdauer angepaßt ist. Ansonsten gelten die gleichen Voraussetzungen wie für das vergleichbare Bild 8.1c (redundanzfreier Übertragungscode; Koaxialkabelsystem mit a_*=80dB; weißes Rauschen mit F(f)=1; Systeme ohne QR).

Beim Binärsystem ergibt sich für einen RZ-Impuls (der Dauer $\overset{\circ}{\Delta t}_s$=0,9T) gegenüber dem NRZ-Rechteckimpuls ein Störabstandsgewinn von 0,2dB. Demgegenüber ist beim Quaternärsystem (M=4) durch eine Verkleinerung der Sendeimpulsdauer auf $\overset{\circ}{\Delta t}_s$=0,6T ein Störabstandsgewinn von etwa 3,8dB zu erzielen.

Unter der Nebenbedingung der Leistungsbegrenzung ergeben sich erheblich größere Störabstandsgewinne, vgl. Bild 8.14b. Weiterhin zeigt diese Darstellung, daß die optimalen Werte für die Sendeimpulsdauer unter der Nebenbedingung der Leistungsbegrenzung kleiner sind als bei Spitzenwertbegrenzung. Der Grund hierfür ist, daß die

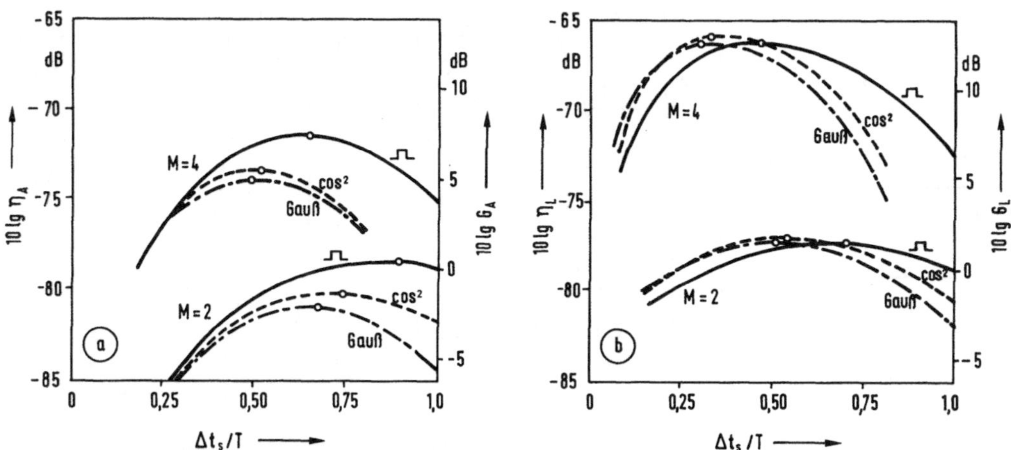

Bild 8.14: Systemwirkungsgrad und Störabstandsgewinn in Abhängigkeit von der äquivalenten Impulsdauer von Rechteck-, Gauß- und $\cos^2$-Sendeimpulsen bei (a) Spitzenwertbegrenzung,   (b) Leistungsbegrenzung.

mittlere Sendeleistung S_S bei rechteckförmigen Sendeimpulsen proportional mit Δt_S zunimmt. Da der Systemwirkungsgrad η_L gemäß Gl. 7-54 auf S_S bezogen ist, erhält man für Δt_S^o einen kleineren Wert als bei Spitzenwertbegrenzung.

Anmerkung: Bild 8.14 beinhaltet der Vollständigkeit halber auch die Kurven für den **cos^2-Sendeimpuls** (gestrichelt) sowie für den **Gauß-Sendeimpuls** (strichpunktiert). Im Gegensatz zur Spitzenwertbegrenzung ist bei Leistungsbegrenzung durch einen cos^2- oder einen gaußförmigen Sendeimpuls ein weiterer, wenn auch nur geringfügiger Störabstandsgewinn zu erzielen.

8.2.2 Einfluß der Flankensteilheit

Bei schneller Impulsübertragung sind (exakt) rechteckförmige Sendeimpulse häufig nicht realisierbar. Um den Einfluß der Flankensteilheit realer Impulse abzuschätzen, wird als weiterer Sende-Grundimpuls der Trapez-Impuls von Bild 8.15a betrachtet. Als Maß für die Steilheit des Flankenabfalls wird der **roll-off-Faktor**

$$\text{Def.:} \qquad r_S = \frac{T_S - \Delta t_S}{\Delta t_S} \qquad (0 \leq r_S \leq 1), \qquad (8\text{-}37)$$

herangezogen, der mit der absoluten und der äquivalenten Sendeimpulsdauer T_S bzw. Δt_S (Def. 2-13) berechnet werden kann. Als Sonderfälle sind in dieser Darstellung der Rechteckimpuls ($r_S=0$) und der Dreieckimpuls ($r_S=1$) mit enthalten.

In Bild 8.15b ist der Störabstandsgewinn G_A bei Spitzenwertbegrenzung (vgl. Def. 8-19) in Form von Höhenlinien über den zwei Parametern Δt_S und r_S aufgetragen. Dieses Bild gilt für die Stufenzahl M=2; ansonsten gelten die gleichen Voraussetzungen wie für Bild 8.14.

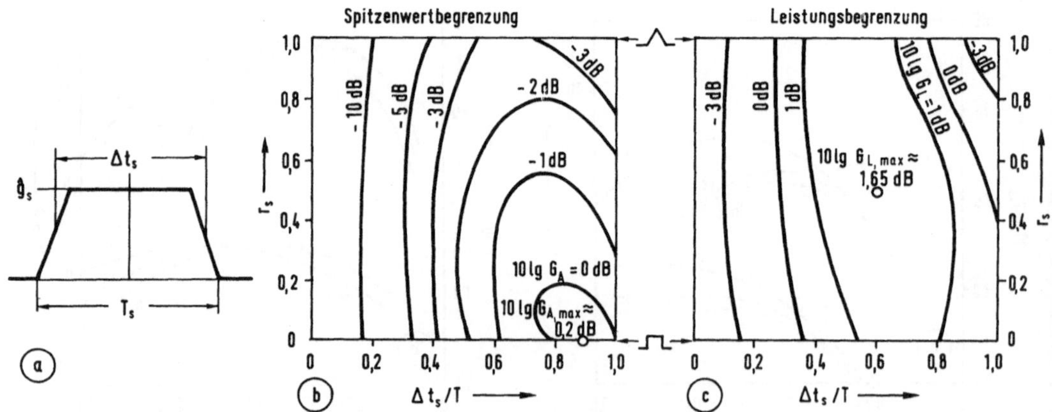

Bild 8.15:   (b)(c) Störabstandsgewinn bei Spitzenwertbegrenzung (10 lg G_A) und bei Leistungsbegrenzung (10 lg G_L) in Form von Höhenlinien, abhängig von der äquivalenten Sendeimpulsdauer Δt_S und vom roll-off-Faktor r_S eines trapezförmigen Sende-Grundimpulses nach (a).

Es zeigt sich, daß bei Spitzenwertbegrenzung der optimale roll-off-Faktor der Sendeimpulse $\overset{\circ}{r}_S$=0 ist. Das bedeutet, daß unter dieser Nebenbedingung der Rechteck-impuls günstiger ist als ein Sendeimpuls mit endlicher Flankensteilheit. Mit einem Dreieckimpuls (r_S=1) ist gegenüber dem Rechteckimpuls (r_S=0) ein Störabstandsver-lust von mehr als 3 dB zu erwarten.

Bei Leistungsbegrenzung ergibt sich mit optimaler Impulsdauer (Δt_S<T) und opti-maler Flankensteilheit (r_S>0) der Sendeimpulse ein geringfügiger Gewinn gegenüber dem NRZ-Rechteckimpuls, vgl. Bild 8.15c. Für die optimalen Parameterwerte des Sen-de-Grundimpulses erhält man hier: $\Delta \overset{\circ}{t}_S$≃0,6T; $\overset{\circ}{r}_S$≃0,5. Variiert man bei fester Sende-impulsdauer (Δt_S=0,6T=const.) den roll-off-Faktor zwischen den beiden Extremwerten r_S=0 (Rechteck) und r_S=1 (Dreieck), so ergibt sich gegenüber dem optimalen roll-off-Faktor $\overset{\circ}{r}_S$=0,5 ein Störabstandsverlust von weniger als 0,5 dB.

Die Untersuchung des Trapez-Impulses bei mehrstufigen Systemen und bei Systemen mit Quantisierter Rückkopplung führt zu quantitativ ähnlichen Ergebnissen.

8.2.3 Unsymmetrischer Sende-Grundimpuls mit Unterschwinger

In [8.18] wird gezeigt, daß durch einen Sende-Grundimpuls mit Unterschwinger ge-mäß Bild 8.16a ein beträchtlicher Störabstandsgewinn zu erzielen ist. Voraussetzung hierfür ist allerdings ein Empfänger ohne QR und ein gaußförmiger Impulsformer.

Bei vorgegebener Sendeimpulsamplitude $\hat{g}_S$ ist dieser unsymmetrische Impuls durch die drei voneinander unabhängigen Parameter T_+, T_- und α bestimmt. Der Rechteckim-puls ist in dieser allgemeinen Darstellung für α=0 als Sonderfall mit enthalten.

Der Detektions-Grundimpuls kann aus der Sprungantwort des Gauß-Tiefpasses (vgl. Tab. A-3 im Anhang) durch Anwendung des Verschiebungssatzes ermittelt werden. Mit der Abkürzung f_I'=$2\sqrt{2\pi}\,f_I$ erhält man, vgl. Bild 8.16b:

$$g_d(t) = \hat{g}_S\left[\phi(f_I'(t+T_+)) - (1+\alpha)\phi(f_I't) + \alpha\phi(f_I'(t-T_-))\right] . \qquad (8\text{-}38)$$

Daraus läßt sich mit Hilfe von Gl. 3-51 die Augenöffnung berechnen. Da die Störlei-stung weiterhin durch Gl. 8-16 bzw. Bild 8.1b gegeben ist, kann der Systemwirkungs-grad η_A mit Gl. 8-17 bestimmt werden.

Die Optimierung der Sender-Parameter bei Spitzenwertbegrenzung (d.h. Maximierung von η_A) führt in allen Fällen auf die Werte:

$$\text{(a)} \qquad T_+ = T - T_- \qquad\qquad \text{(b)} \qquad \alpha = 1. \qquad\qquad (8\text{-}39)$$

Das bedeutet, daß der optimale Sende-Grundimpuls stets die bei Spitzenwertbegren-zung maximale Energie $\hat{g}_S^2 T$ besitzt.

Bild 8.16.c zeigt den Störabstandsgewinn G_A in Abhängigkeit des Parameters T_-, wobei das Binärsystem zugrunde liegt. Ansonsten gelten die gleichen Voraussetzungen wie für die Bilder 8.14 und 8.15.

Ist f_I=0,32R (=optimale Impulsformer-Grenzfrequenz bei NRZ-Rechteck-Sendeimpuls) und T_-=0, so beträgt der Störabstandsgewinn definitionsgemäß G_A=0 dB. Bei gleicher

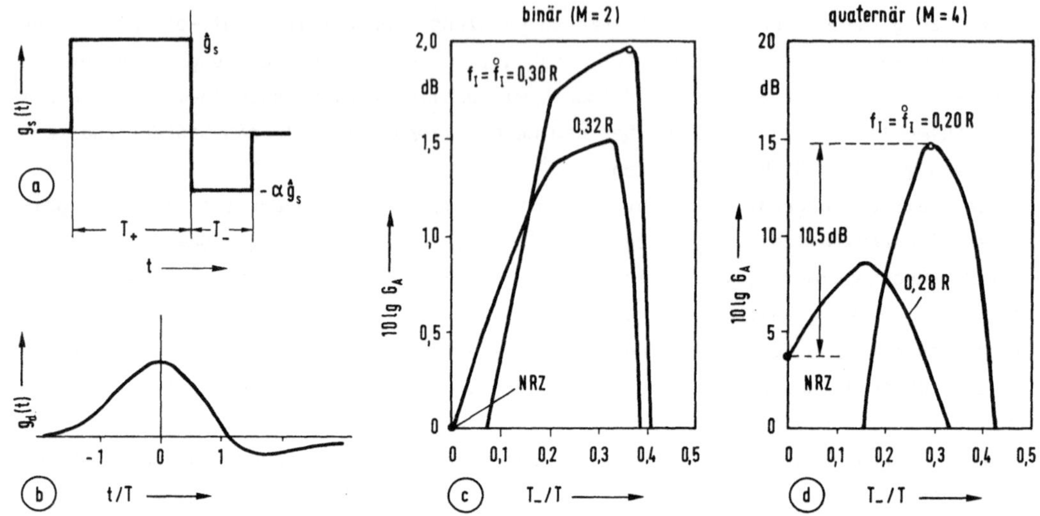

Bild 8.16:   (a)(b) Sende-Grundimpuls mit Unterschwinger und dazugehöriger Detek-
             tions-Grundimpuls, vgl. [8.19],
             (c)(d) Störabstandsgewinn $10\lg G_A$ bei Spitzenwertbegrenzung in Abhän-
             gigkeit der Dauer T_- des Unterschwingers (M=2 bzw. M=4; $a_* $=80 dB).

Grenzfrequenz gibt es für $T_-\approx0{,}3T$ ein Optimum.   Durch die Verwendung dieses unsymmetrischen Sende-Grundimpulses mit Unterschwinger ist es jedoch auch möglich, die
Impulsformer-Grenzfrequenz f_I zu verkleinern, was sich auf die Begrenzung der Detektions-Störleistung günstig auswirkt. Mit den optimalen Parameterwerten $\overset{\circ}{f}_I$=0,3R
und $\overset{\circ}{T}_-$=0,35T ist gegenüber dem optimalen System mit NRZ-Rechteck-Sendeimpulsen ein
Störabstandsgewinn von ca. 2 dB zu erzielen.

    Bild 8.16d macht deutlich, daß bei einem mehrstufigen System durch diesen Unter-
schwinger ein sehr viel größerer Gewinn möglich ist (anderer Maßstab!). Beispielsweise beträgt dieser Gewinn für die Stufenzahl M=4 mehr als 10 dB, vgl. [3.12].

    Der Nachschwinger des Sende-Grundimpulses bewirkt eine gewisse Kompensation der
Nachläufer des Detektions-Grundimpulses. Deshalb ist ein solcher Sende-Grundimpuls
nur bei einem System ohne QR sinnvoll. Bei einem System mit QR ist dagegen der NRZ-
Rechteck-Sendeimpuls optimal. Ebenso kann gezeigt werden, daß bei einem optimalen
Entzerrer der NRZ-Rechteckimpuls auch ohne QR optimal ist, wenn von Spitzenwertbe-
grenzung ausgegangen wird, vgl. Abschnitt 8.4.

8.3 Optimierung des Entzerrers von impulsinterferenzfreien Systemen

    Durch eine geeignete Dimensionierung des Entzerrer-Frequenzgangs ist es möglich,
die Impulsinterferenzen vollständig zu beseitigen. Ein solches System wird häufig

als "Nyquist-System" bezeichnet. Im folgenden werden die Nyquist-Bedingungen formuliert und der optimale Nyquist-Entzerrer für Systeme ohne bzw. mit QR berechnet.

8.3.1 Nyquist-Bedingungen im Zeit- und Frequenzbereich

Besitzt der Detektions-Grundimpuls $g_d(t)$ äquidistante Nulldurchgänge im Zeitabstand T (=Symboldauer), so spricht man von einem **"impulsinterferenzfreien Impuls"** bzw. von einem **"Nyquist-Impuls"**. Solche Impulse werden im folgenden mit dem Index N gekennzeichnet:

$$\text{Def.:} \quad \boxed{g_d(t) = g_N(t) \text{ falls } g_d(\nu T) = 0 \text{ für alle } \nu \neq 0.} \tag{8-40}$$

Hierbei ist aus Darstellungsgründen der Detektionszeitpunkt $T_D = 0$ zugrunde gelegt. Die folgenden Aussagen können jedoch in einfacher Weise auf den Fall $T_D \neq 0$ erweitert werden, wenn man den Verschiebungssatz anwendet.

Das 1. Nyquist-Kriterium

Für viele Anwendungsfälle ist es notwendig, die Nyquist-Bedingung im Frequenzbereich zu formulieren. Ist der Detektions-Grundimpuls $g_d(t)=\hat{g}_s T \cdot [h_S(t) \ast h_K(t) \ast h_E(t)]$ ein Nyquist-Impuls nach obiger Definition, so wird der Gesamt-Frequenzgang von Sender, Kanal und Entzerrer als **Nyquist-Frequenzgang** $H_N(f) \bullet\!\!-\!\!-\!\!\circ g_N(t)/\hat{g}_s T$ bezeichnet:

$$\text{Def.:} \quad H_S(f)H_K(f)H_E(f) = H_S(f)H_I(f) \overset{!}{=} H_N(f). \tag{8-41}$$

Die Bedingung, die ein Nyquist-Frequenzgang erfüllen muß, wurde von Nyquist [8.28] im Jahre 1928 angegeben. Sie lautet ("1. **Nyquist-Kriterium**"):

$$\boxed{\sum_{K=-\infty}^{+\infty} H_N\!\left(f - \frac{K}{T}\right) = K_N = \text{const.}} \tag{8-42}$$

T ist der Zeitabstand der äquidistanten Nulldurchgänge des Nyquist-Impulses $g_N(t)$, die Konstante K_N berechnet sich aus Gl. 8-48.

Beweis: Ausgehend von der Nyquist-Bedingung im Zeitbereich erhält man mit Gl. 8-41:

$$\text{(a)} \quad g_N(\nu T) = \hat{g}_s T \int_{-\infty}^{+\infty} H_N(f)\, e^{j2\pi f \nu T} df \overset{!}{=} 0 \qquad (\nu \neq 0).$$

Zerlegt man das Fourier-Integral in Teilintegrale der Breite 1/T, so lauten die Bedingungsgleichungen:

$$\text{(b)} \quad \sum_{K=-\infty}^{+\infty} \int_{(K-1/2)/T}^{(K+1/2)/T} H_N(f)\, e^{j2\pi f \nu T} df \overset{!}{=} 0 \qquad (\nu \neq 0).$$

Mit der Substitution $f'=f+\kappa/T$ folgt daraus:

(c)
$$\sum_{\kappa=-\infty}^{+\infty} \int_{-1/2T}^{1/2T} H_N\left(f' - \frac{\kappa}{T}\right) e^{j2\pi(f'-\kappa/T)\nu T} df' \overset{!}{=} 0 \qquad (\nu \neq 0).$$

Für ganzzahlige Werte von κ und ν ist $\exp(-j2\pi\kappa\nu)=1$. Durch Vertauschen von Summation und Integration erhält man für $f' \rightarrow f$:

(d)
$$\int_{-1/2T}^{1/2T} \sum_{\kappa=-\infty}^{+\infty} H_N\left(f - \frac{\kappa}{T}\right) e^{j2\pi f\nu T} df \overset{!}{=} 0 \qquad (\nu \neq 0).$$

Diese Forderung ist für alle $\nu \neq 0$ nur dann erfüllbar, wenn die unendliche Summe unabhängig von f ist, also einen konstanten Wert besitzt.   w.z.b.w.

Der Frequenzgang mit der kleinsten Bandbreite, der das 1. Nyquist-Kriterium erfüllt, ist der Küpfmüller-Tiefpaß mit der Grenzfrequenz $f_N=1/(2T)$, vgl. Tab. A-3:

$$H_N(f) = K_N \, \text{rec}\,(fT) = K_N \, \text{rec}\left(\frac{f}{2f_N}\right) . \qquad (8\text{-}43)$$

Für den dazugehörigen Nyquist-Impuls gilt:

$$g_N(t) = K_N \, \hat{g}_s \, \text{si}\left(\pi \, \frac{t}{T}\right) . \qquad (8\text{-}44)$$

Dieser Impuls klingt sehr langsam (asymptotisch mit $1/t$) ab, so daß hier die Augenöffnung zu einem unendlich schmalen Spalt entartet, d.h. es ist $\ddot{o}(T_D)=0$ für $T_D \neq 0$. Eine Übertragung mit hinreichend kleiner Fehlerwahrscheinlichkeit ist somit nur bei idealem (jitterfreiem) Taktsignal möglich.

Ist die absolute (einseitige) Bandbreite eines Kanals kleiner als die halbe Symbolrate ("**Nyquist-Frequenz**")

Def.: $f_N = \dfrac{1}{2T}$, $(8\text{-}45)$

so ist die Nyquist-Bedingung nach Gl. 8-42 nicht erfüllbar; eine impulsinterferenzfreie Übertragung ist in diesem Fall nicht möglich. Es kann darüber hinaus gezeigt werden, daß über einen solchen Kanal auch bei Abwesenheit von Störungen nicht alle Symbolfolgen (z.B. die lange "**LOLOLO**"-Folge) fehlerfrei übertragen werden können. Das bedeutet, daß bei einer Kanalbandbreite, die kleiner als die Nyquist-Frequenz f_N ist, das Auge geschlossen ist, wenn nicht besondere Maßnahmen getroffen werden, z.B. eine Quantisierte Rückkopplung oder eine Viterbi-Entscheidung.

Ausgehend vom rechteckförmigen Nyquist-Frequenzgang lassen sich andere Nyquist-Frequenzgänge ableiten, die ein größeres Frequenzband ausnützen.

<u>Beispiel:</u> Der reelle rechteckförmige Nyquist-Frequenzgang gemäß Bild 8.17a wird in sechs Teil-Frequenzgänge zerlegt. Verschiebt man diese Teil-Frequenzgänge längs der

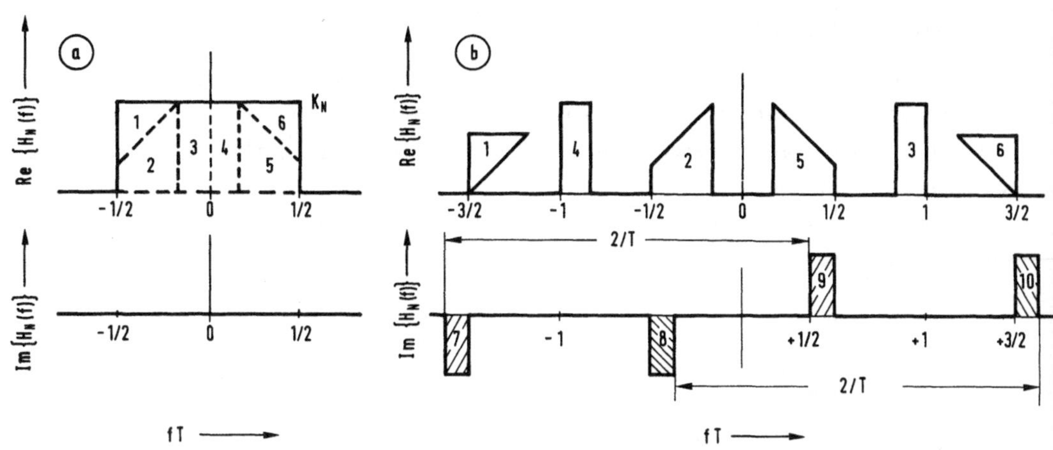

Bild 8.17:   Beispiele für Nyquist-Frequenzgänge (Real- und Imaginärteil):
             (a) rechteckförmig, reell,   (b) beliebig, komplex.

Frequenzachse um ganzzahlige Vielfache der Symbolrate $1/T=2f_N$, so entsteht wieder ein Nyquist-Frequenzgang, vgl. Bild 8.17b. Da hier ausschließlich reelle Zeitfunktionen betrachtet werden, ist die Aufteilung und Verschiebung nach Gl. 8-42 so vorzunehmen, daß sich ein gerader Realteil ergibt.

Im allgemeinen kann der Nyquist-Frequenzgang auch einen (ungeraden) Imaginärteil besitzen, solange die Forderung

$$\sum_{K=-\infty}^{+\infty} \mathrm{Im}\left\{H_N\left(f-\frac{K}{T}\right)\right\} = 0 \tag{8-46}$$

nicht verletzt wird. Der zum komplexen Nyquist-Frequenzgang nach Bild 8.17b gehörige Nyquist-Impuls $g_N(t)$ ist unsymmetrisch.

Für den Zeitpunkt $t=0$ erhält man unter Berücksichtigung von Gl. 8-42:

$$g_N(0) = \hat{g}_S\, T \int_{-\infty}^{+\infty} H_N(f)df = \hat{g}_S\, T \int_{-1/2T}^{1/2T} \sum_{K=-\infty}^{+\infty} H_N\left(f-\frac{K}{T}\right)df = K_N\, \hat{g}_S \; . \tag{8-47}$$

Das bedeutet, daß die bisher unbestimmte Konstante

$$K_N = \sum_{K=-\infty}^{+\infty} H_N\left(\frac{K}{T}\right) = g_N(0)/\hat{g}_S \tag{8-48}$$

das Verhältnis der Amplituden von Detektions- und Sende-Grundimpuls angibt.

1/T-Nyquist-Frequenzgänge

Besondere Bedeutung für die digitale Übertragungstechnik besitzen die Nyquist-Frequenzgänge, die auf den Frequenzbereich $-1/T \leq f \leq +1/T$ beschränkt und zusammenhängend sind. Diese Frequenzgänge werden in der Literatur häufig als **"1/T-Nyquist-Frequenzgänge"** bezeichnet.

Wie aus Gl. 8-42 abgeleitet werden kann, muß für den Real- und den Imaginärteil eines 1/T-Nyquist-Frequenzgangs mit der Nyquist-Frequenz $f_N=1/(2T)$ für reelle Impulse gelten (1. Nyquist-Kriterium):

$$\text{(a)} \qquad \text{Re}\left\{H_N(f_N+f)\right\} + \text{Re}\left\{H_N(f_N-f)\right\} = H_N(0) = K_N$$
$$\text{(b)} \qquad \text{Im}\left\{H_N(f_N+f)\right\} + \text{Im}\left\{H_N(f_N-f)\right\} = 0. \tag{8-49}$$

Diese beiden Gleichungen geben an, daß der Realteil eines 1/T-Nyquist-Frequenzgangs punktsymmetrisch zu den beiden Punkten $\{f=\pm f_N;\ H_N(\pm f_N)=K_N/2\}$ verläuft, wohingegen der Imaginärteil achsensymmetrisch zu den beiden Geraden $f=\pm f_N$ ist, vgl. Bild 8.18.

<u>Beispiel:</u> Der Trapez-Tiefpaß und der Cosinus-roll-off-Tiefpaß nach Tabelle 8.2 erfüllen die obige Bedingung, solange ihre Grenzfrequenz gleich der Nyquist-Frequenz $f_N=1/(2T)$ ist. Der **roll-off-Faktor**

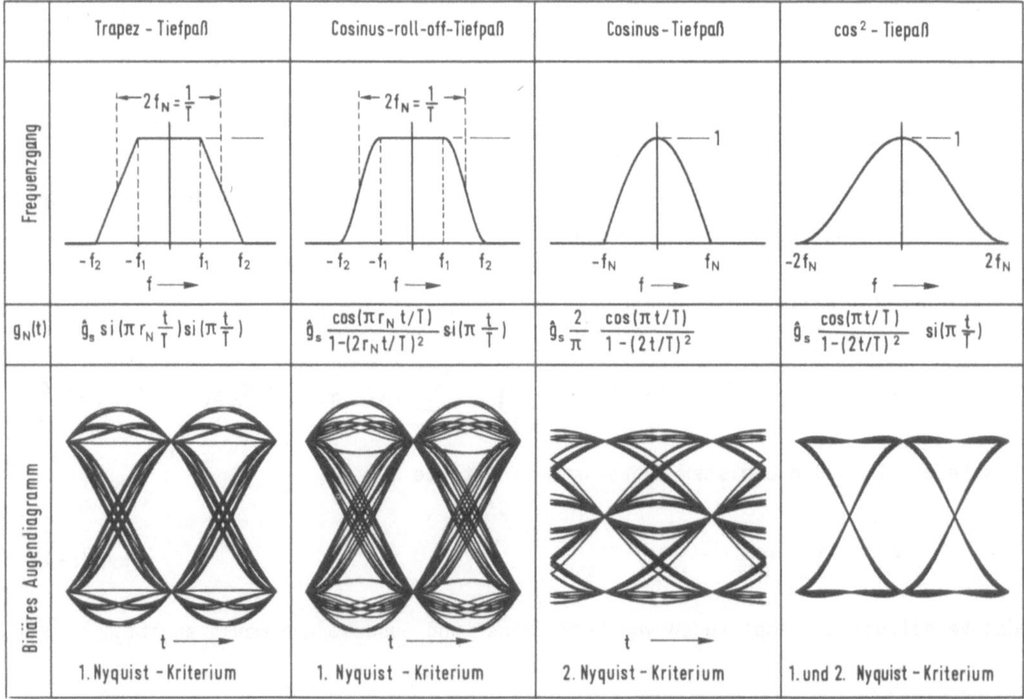

	Trapez - Tiefpaß	Cosinus-roll-off-Tiefpaß	Cosinus - Tiefpaß	$\cos^2$ - Tiepaß
$g_N(t)$	$\hat{g}_s\, \text{si}\left(\pi r_N \frac{t}{T}\right)\text{si}\left(\pi \frac{t}{T}\right)$	$\hat{g}_s\, \dfrac{\cos(\pi r_N t/T)}{1-(2r_N t/T)^2}\,\text{si}\left(\pi \frac{t}{T}\right)$	$\hat{g}_s\, \dfrac{2}{\pi}\, \dfrac{\cos(\pi t/T)}{1-(2t/T)^2}$	$\hat{g}_s\, \dfrac{\cos(\pi t/T)}{1-(2t/T)^2}\,\text{si}\left(\pi \frac{t}{T}\right)$

Tab. 8.2: Nyquist-Frequenzgänge und dazugehörige Augendiagramme.

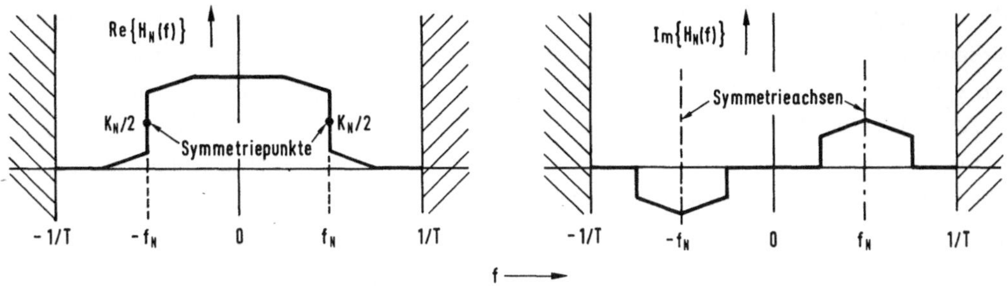

Bild 8.18:   Symmetrieeigenschaften von Real- und Imaginärteil eines 1/T-Nyquist-
             Frequenzgangs.

$$\text{Def.:} \qquad r_N = \frac{f_2 - f_1}{f_2 + f_1} \qquad\qquad\qquad (8\text{-}50)$$

kann dabei jeden beliebigen Wert zwischen 0 und 1 annehmen. Die Impulsantworten der
beiden Tiefpässe besitzen äquidistante Nulldurchgänge im Abstand T. Die Überschwin-
ger außerhalb der Zeitpunkte νT sind umso kleiner, je größer der roll-off-Faktor r_N
ist. Die Impulsantwort des Trapez-Tiefpasses klingt asymptotisch mit $1/t^2$ ab, was
gegenüber dem si-Impuls (r_N=0) zu einer zeitlichen Öffnung des Auges führt. Dieses
günstigere Einschwingverhalten hängt mit der kleineren Flankensteilheit des Trapez-
Tiefpasses gegenüber dem rechteckförmigen Nyquist-Frequenzgang zusammen. Beim Tiefpaß mit cosinusförmigem roll-off klingt die Impulsantwort asymptotisch mit $1/t^3$ ab,
da sein Frequenzgang im Gegensatz zum Trapez-Tiefpaß auch keine Ecken aufweist.

Das 2. Nyquist-Kriterium

Das 1. Nyquist-Kriterium ist erfüllt, wenn der Detektions-Grundimpuls $g_d(t)$ zu
den Zeitpunkten $\pm$T, $\pm$2T, usw. Nulldurchgänge aufweist. In diesem Fall ist das Auge
vertikal vollständig geöffnet, vgl. Tabelle 8.2, Spalte 1 und 2.

Dagegen wird ein Detektions-Grundimpuls dann als ein **Nyquist-2-Impuls** $g_{N2}(t)$ bezeichnet, wenn er zu den Zeitpunkten $\pm$1,5T, $\pm$2,5T, $\pm$3,5T usw. Nulldurchgänge besitzt. Bei einem Nyquist-2-Impuls werden die Nulldurchgänge des Detektionssignals
nicht aus ihren Sollagen (ν+1/2)T verschoben, so daß die horizontale Augenöffnung
maximal gleich der Sendesymboldauer T ist, vgl. Tabelle 8.2, Spalte 3 und 4. Allerdings kann bei dieser Art der Entzerrung die Detektion der Impulse zu den Zeitpunkten νT von den Vor- und Nachläufern der Nachbarimpulse beeinflußt werden.

Ein Nyquist-2-Impuls läßt sich immer als Summe zweier (eventuell unterschiedlicher) und um $\pm$T/2 verschobener Nyquist-1-Impulse darstellen. Beschränkt man sich
auf symmetrische Impulse, so erhält man folgende Bedingung im Zeitbereich:

$$g_{N2}(t) = g_N\!\left(t + \frac{T}{2}\right) + g_N\!\left(t - \frac{T}{2}\right). \qquad\qquad (8\text{-}51)$$

Bild 8.19a verdeutlicht dieses Ergebnis, wobei hier für den Nyquist-1-Impuls $g_N(t)$

ein si-Impuls angenommen ist. Der entstehende Nyquist-2-Impuls $g_{N2}(t)$ weist wie ge-
wünscht Nulldurchgänge zu den Zeitpunkten $\pm 1{,}5T$, $\pm 2{,}5T\ldots$ auf. Zum Zeitpunkt $t=\pm T/2$
ist $g_d(t)=g_N(0)$ ungleich Null. Der Maximalwert $2g_N(T/2)$ tritt bei $t=0$ auf.

Zur Ableitung des 2. Nyquist-Kriteriums im Frequenzbereich wird wieder von symmetrischen Impulsen ausgegangen, so daß Gl. 8-51 verwendet werden kann. Für den zu-
gehörigen Nyquist-2-Frequenzgang $H_{N2}(f)\bullet\!\!-\!\!-\!\!\circ g_{N2}(t)/(\hat{g}_s T)$ ergibt sich durch Anwendung des Verschiebungssatzes:

$$H_{N2}(f) = H_N(f)\, e^{j\pi fT} + H_N(f)\, e^{-j\pi fT} = 2\, H_N(f)\cos(\pi fT). \tag{8-52}$$

Da jedoch $H_N(f)\bullet\!\!-\!\!-\!\!\circ g_N(t)/(\hat{g}_s T)$ das 1. Nyquist-Kriterium gemäß Gl. 8-42 erfüllen
muß, lautet das 2. Nyquist-Kriterium für symmetrische Impulse:

$$\sum_{\kappa=-\infty}^{+\infty}\frac{H_{N2}(f-\kappa/T)}{\cos(\pi fT-\kappa\pi)} = \frac{\displaystyle\sum_{\kappa=-\infty}^{+\infty}(-1)^\kappa\, H_{N2}(f-\kappa/T)}{\cos(\pi fT)} = \text{const.} \tag{8-53}$$

In Bild 8.19 wurde für den Nyquist-1-Impuls ein si-Impuls vorausgesetzt, so daß der
dazugehörige Nyquist-1-Frequenzgang $H_N(f)$ ein Küpfmüller-Tiefpaß mit der Grenzfrequenz $f_N=1/(2T)$ ist. Daraus folgt für den Nyquist-2-Frequenzgang, vgl. Gl. 8-52:

$$H_{N2}(f) = 2\, K_N\, \text{rec}(fT)\cos(\pi fT). \tag{8-54}$$

Besondere Bedeutung für die digitale Übertragungstechnik besitzt der $\cos^2$-Tiefpaß,
vgl. Tabelle 8.2 (Spalte 4). Dieser ist in der allgemeinen Darstellung des Cosinus-
roll-off-Tiefpasses (Spalte 2) für $r_N=1$ als Sonderfall mit enthalten, und erfüllt
sowohl das 1. als auch das 2. Nyquist-Kriterium. Somit wird bei diesem Impulsformer
weder die Symboldetektion (Fehlerwahrscheinlichkeit) noch die Taktwiedergewinnung
(Phasenjitter) durch die Ausläufer der Nachbarimpulse beeinträchtigt.

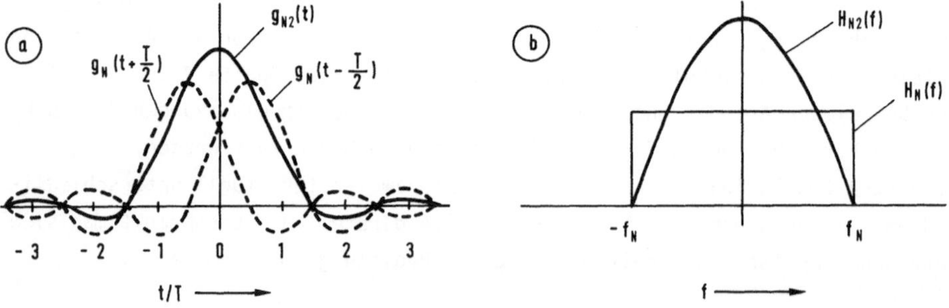

Bild 8.19:   Zur Verdeutlichung des 2.Nyquist-Kriteriums im Zeitbereich (a) und im
             Frequenzbereich (b).

8.3.2 Optimaler Nyquist-Entzerrer bei einem System ohne Quantisierte Rückkopplung

Im folgenden wird der optimale Entzerrer-Frequenzgang $\overset{\circ}{H}_E(f)$ für Systeme ohne QR ermittelt, wobei als Optimierungskriterium der in Abschnitt 7.2 definierte Systemwirkungsgrad herangezogen wird. Die Optimierung erfolgt zunächst unter der Nebenbedingung, daß der Gesamt-Frequenzgang $H_S(f)H_K(f)H_E(f)$ ein Nyquist-Frequenzgang ist. Es kann jedoch gezeigt werden, daß bei den gebräuchlichen Übertragungskanälen das optimale Nyquist-System besser ist als alle "impulsinterferenzbehafteten" Systeme, wenn eine symbolweise Detektion ohne QR zugrunde gelegt wird, vgl. Abschnitt 8.3.3.

Die Kenngrößen des Senders (Frequenzgang $H_S(f)$, Stufenzahl M) werden als gegeben vorausgesetzt. Deshalb gelten die hier gewonnenen Optimierungsergebnisse sowohl für Leistungsbegrenzung als auch für Spitzenwertbegrenzung. Das bedeutet, daß die beiden Systemwirkungsgrade η_L (Def. 7-16) und η_A (Def. 7-17) in gleicher Weise als Optimierungskriterien herangezogen werden können. Beide Kriterien führen zum gleichen optimalen Entzerrer-Frequenzgang $\overset{\circ}{H}_E(f)$.

Im folgenden wird von dem für Spitzenwertbegrenzung gültigen Systemwirkungsgrad η_A ausgegangen. Da hier ausschließlich bipolare Nyquist-Systeme betrachtet werden, ist $\ddot{o}(T_D)=2g_d(T_D)/(M-1)$, und man erhält aus Gl. 7-49:

$$\eta_A = \frac{\left[g_d(0)\right]^2}{(M-1)^2 s_{max}^2} \frac{L_{th} R}{N_d} = \frac{\gamma_S^2 K_N^2 L_{th} R}{(M-1)^2 N_d} . \tag{8-55}$$

Hierbei ist der für symmetrische Impulse optimale Detektionszeitpunkt $\overset{\circ}{T}_D=0$ vorausgesetzt. Der Faktor $\gamma_S=\hat{g}_S/s_{ma}$ gemäß Def. 7-40 berücksichtigt die sendeseitigen Impulsinterferenzen und ist für die Empfängeroptimierung ebenso wie der Term $1/(M-1)^2$ eine Konstante. $K_N=g_d(0)/\hat{g}_S$ ist das Verhältnis der Impulsamplituden nach Gl. 8-48. Mit der normierten Störleistung (Def. 7-51) ergibt sich für den Systemwirkungsgrad:

$$\eta_A = \frac{\gamma_S^2}{(M-1)^2} \frac{K_N^2}{|H_E(0)|^2} \frac{1}{N_{norm}} . \tag{8-56}$$

Für die Optimierung des Empfängers bei gegebenem Sender und Kanal kann der Quotient

$$\alpha = \frac{K_N}{|H_E(0)|} \tag{8-57}$$

als eine Konstante betrachtet werden. Somit ist die Maximierung von η_A gleichbedeutend mit der Minimierung der normierten Detektionsstörleistung nach Def. 7-51:

$$N_{norm} = \frac{1}{|H_E(0)|^2 R} \int_{-\infty}^{+\infty} F(f)|H_E(f)|^2 df \overset{!}{=} \text{Minimum.} \tag{8-58}$$

Zu berücksichtigen ist hierbei, daß der Gesamt-Frequenzgang $H_S(f)H_K(f)H_E(f)=H_N(f)$ das 1. Nyquist-Kriterium (Gl. 8-42) erfüllen muß. Mit der Konstanten α von Gl. 8-57 kann deshalb für die obige Optimierungsbedingung auch geschrieben werden:

$$N_{norm} = \frac{\alpha^2}{K_N^2 R} \int_{-\infty}^{+\infty} \frac{F(f)|H_N(f)|^2}{|H_S(f)|^2|H_K(f)|^2} \, df \overset{!}{=} \text{Minimum.} \qquad (8\text{-}59)$$

Der optimale Nyquist-Frequenzgang $\overset{o}{H}_N(f)$, der diese Bedingung erfüllt, läßt sich mit Hilfe der Variationsrechnung bestimmen und lautet, vgl. [1.15], [8.22]:

$$\boxed{\overset{o}{H}_N(f) = K_N \frac{|H_S(f)|^2|H_K'(f)|^2}{\displaystyle\sum_{K=-\infty}^{+\infty} |H_S(f-\kappa/T)|^2|H_K'(f-\kappa/T)|^2}.} \qquad (8\text{-}60)$$

Zur Vereinfachung der Schreibweise ist hierbei der auf die Rauschzahl $F(f)$ bezogene Kanal-Frequenzgang

Def.: $H_K'(f) = H_K(f)/\sqrt{F(f)}$ \qquad\qquad\qquad (8-61)

verwendet, so daß Gl. 8-60 sowohl für weiße als auch für farbige Störungen gilt.

<u>Beweis:</u> Ein jeder Nyquist-Impuls (vgl. Def. 8-40) kann in der Form

(a) $g_N(t) = \hat{g}_S \, \text{si} \, (\pi \frac{t}{T}) \, b(t)$

dargestellt werden. Die äquidistanten Nulldurchgänge zu den Zeitpunkten $\nu T \neq 0$ werden durch die si-Funktion erzwungen, außerhalb dieser Zeitpunkte wird $g_N(t)$ durch die beliebige dimensionslose Zeitfunktion $b(t)$ bestimmt. Für t=0 muß gelten: $b(0) \neq 0$.

   Durch Anwendung des Faltungssatzes erhält man für jeden beliebigen Nyquist-Frequenzgang $H_N(f) \bullet\!\!-\!\!-\!\!-\!\!\circ g_N(t)/(\hat{g}_S T)$:

(b) $H_N(f) = \text{rec}(fT) * B(f) = \displaystyle\int_{f-1/2T}^{f+1/2T} B(f')df'$.

B(f) ist die Fourier-Transformierte von b(t). Durch Einsetzen in Gl. 8-59 folgt daraus die Optimierungsbedingung:

(c) $N_{norm} = \frac{\alpha^2}{K_N^2 R} \displaystyle\int_{-\infty}^{+\infty} \frac{[\text{rec}(fT)*B(f)]^2}{|H_S(f)|^2|H_K'(f)|^2} \, df \overset{!}{=} \text{Minimum.}$

Nach der Methodik der Variationsrechnung setzt man nun die Funktion

(d) $B(f) = \overset{o}{B}(f) + \varepsilon B_\varepsilon(f)$

in diese Gleichung ein. $\overset{o}{B}(f)$ ist die gesuchte optimale Funktion, die die Bedingung (c) erfüllt, während $\varepsilon B_\varepsilon(f)$ eine beliebige Abweichung von dieser optimalen Funktion darstellt. Ist die Variable $\varepsilon \neq 0$, so weicht die resultierende Frequenzfunktion $B(f)$ vom optimalen Verlauf $\overset{\circ}{B}(f)$ ab, so daß die Störleistung nach (c) nicht minimal sein kann. Daraus folgt, daß für jede beliebige Funktion $B_\varepsilon(f)$ gelten muß:

$$\text{(e)} \qquad \lim_{\varepsilon \to 0} \frac{d\,N_{norm}}{d\varepsilon} \overset{!}{=} 0.$$

Führt man diese Operation durch, so ergibt sich aus (c) die Bedingung:

$$\text{(f)} \qquad \int_{-\infty}^{+\infty} \frac{\left[rec(fT)*\overset{\circ}{B}(f)\right]\left[rec(fT)*B_\varepsilon(f)\right]}{|H_S(f)|^2\,|H_K'(f)|^2} \, df \overset{!}{=} 0.$$

Weiterhin ist zu berücksichtigen, daß $rec(fT)*\overset{\circ}{B}(f)=\overset{\circ}{H}_N(f)$ ist. Mit (b) folgt daraus:

$$\text{(g)} \qquad \int_{-\infty}^{+\infty} \frac{\overset{\circ}{H}_N(f)}{|H_S(f)|^2\,|H_K'(f)|^2} \int_{f-1/2T}^{f+1/2T} B_\varepsilon(f')df'df \overset{!}{=} 0.$$

Zur Abkürzung werden nun der Frequenzgang

$$\text{(h)} \qquad H_{TF}(f) = \frac{\overset{\circ}{H}_N(f)}{K_N\,|H_S(f)|^2\,|H_K'(f)|^2}$$

und das unbestimmte Integral $B_I(f) = \int B_\varepsilon(f)df$ eingeführt. Damit kann für die Bedingung (g) geschrieben werden:

$$\text{(i)} \qquad \int_{-\infty}^{+\infty} H_{TF}(f)B_I\left(f + \frac{1}{2T}\right) df \overset{!}{=} \int_{-\infty}^{+\infty} H_{TF}(f)B_I\left(f - \frac{1}{2T}\right) df.$$

Substituiert man im Integral auf der linken Seite die Integrationsvariable f durch $f-1/(2T)$ und entsprechend im rechten Integral f durch $f+1/(2T)$, so ergibt sich:

$$\text{(j)} \qquad \int_{-\infty}^{+\infty} H_{TF}\left(f - \frac{1}{2T}\right)B_I(f)df \overset{!}{=} \int_{-\infty}^{+\infty} H_{TF}\left(f + \frac{1}{2T}\right)B_I(f)df.$$

Diese Bedingung (j) ist für jede beliebige Frequenzfunktion $B_\varepsilon(f)$ - und damit auch für jede beliebige Integralfunktion $B_I(f)$ - nur dann zu erfüllen, wenn $H_{TF}(f-1/2T)=H_{TF}(f+1/2T)$ ist. Das bedeutet aber, daß $H_{TF}(f)$ eine mit der Symbolrate $1/T$ periodische Funktion der Frequenz ist. Berücksichtigt man weiterhin das 1. Nyquist-Kriterium (Gl. 8-42), so folgt aus (h) die Bedingung:

$$\text{(k)} \qquad \sum_{K=-\infty}^{+\infty} \overset{\circ}{H}_N\left(f - \frac{K}{T}\right) = K_N \sum_{K=-\infty}^{+\infty} H_{TF}\left(f - \frac{K}{T}\right)\left|H_S\left(f - \frac{K}{T}\right)\right|^2\left|H_K'\left(f - \frac{K}{T}\right)\right|^2 \overset{!}{=} K_N.$$

Da nun $H_{TF}(f)$ periodisch mit $1/T$ ist, kann diese Funktion aus der Summe herausgezogen werden und man erhält:

$$(1) \qquad H_{TF}(f) = \frac{1}{\displaystyle\sum_{K=-\infty}^{+\infty} |H_S\left(f - \tfrac{K}{T}\right)|^2 |H_K'\left(f - \tfrac{K}{T}\right)|^2}$$

Aus (h) und (1) folgt direkt das Ergebnis von Gl. 8-60.   w.z.b.w.

Damit ist der optimale Nyquist-Frequenzgang $\overset{\circ}{H}_N(f)$ bestimmt. Für den Frequenzgang $\overset{\circ}{H}_E(f)=\overset{\circ}{H}_N(f)/(H_S(f)H_K(f))$ des optimalen Nyquist-Entzerrers erhält man mit Gl. 8-61:

$$\overset{\circ}{H}_E(f) = K_N \underbrace{\frac{H_S(f)^* H_K(f)^*}{F(f)}}_{\substack{\text{Matched-Filter}\\ H_{MF}(f)}} \underbrace{\frac{1}{\displaystyle\sum_{K=-\infty}^{+\infty} \frac{|H_S(f-\kappa/T)|^2 |H_K(f-\kappa/T)|^2}{F(f-\kappa/T)}}}_{\text{Transversal-Filter } H_{TF}(f)} . \qquad (8\text{-}62)$$

Interpretation des optimalen Nyquist-Entzerrers

Der erste Anteil von $\overset{\circ}{H}_E(f)$ ist gleich dem Frequenzgang $H_{MF}(f)$ des Matched-Filters für farbige Störungen, vgl. Gl. 6-51. Der zweite Anteil ist eine mit der Symbolrate 1/T periodische Funktion und läßt sich somit als Fourierreihe darstellen:

$$H_{TF}(f) = \sum_{\lambda=-\infty}^{+\infty} k_\lambda \, e^{-j2\pi f\lambda T}. \qquad (8\text{-}63)$$

k_λ sind die Koeffizienten der Fourierreihe. Ein Vergleich mit Bild 5.6 zeigt, daß $H_{TF}(f)$ dem Frequenzgang eines (nichtkausalen) Transversal-Filters mit den Filterkoeffizienten k_λ entspricht.

Der optimale Nyquist-Entzerrer bei einem System ohne QR setzt sich also aus einem Matched-Filter und einem unendlichen Transversal-Filter zusammen (Bild 8.20a):

$$\overset{\circ}{H}_E(f) = H_{MF}(f)H_{TF}(f). \qquad (8\text{-}64)$$

Die Eigenschaften eines Matched-Filters wurden bereits in Abschnitt 6.3 diskutiert. Wird an den Eingang des Matched-Filters ein Empfangsimpuls $g_e(t)=g_S(t)*h_K(t)$ angelegt, so ist der Ausgangsimpuls des Matched-Filters durch Gl. 6-54 gegeben:

$$g_m(t) = g_e(t)*h_{MF}(t) = K_N \, \hat{g}_S \, T \int_{-\infty}^{+\infty} \frac{|H_S(f)|^2 |H_K(f)|^2}{F(f)} \, e^{-j2\pi ft} df. \qquad (8\text{-}65)$$

Besitzt das Störsignal das Leistungsspektrum $L_n(f)=F(f)L_{th}$, so ist zum Detektionszeitpunkt $\overset{\circ}{T}_D=0$ das Störleistungsverhältnis maximal:

$$\rho_m = \frac{g_m^2(0)}{N_m} = \frac{\hat{g}_S^2 \, T}{L_{th}} \, T \int_{-\infty}^{+\infty} \frac{|H_S(f)|^2 |H_K(f)|^2}{F(f)} \, df. \qquad (8\text{-}66)$$

Mit keinem anderen (linearen) Entzerrer ist zum betrachteten Zeitpunkt ein größeres S/N-Verhältnis erreichbar. Allerdings ist der Ausgangsimpuls $g_m(t)$ des Matched-Filters häufig sehr breit, so daß bei Digitalsignalübertragung große Impulsinterferenzen auftreten und das Auge des Signals m(t) geschlossen ist.

Aufgabe des Transversal-Filters ist es nun, die im Signal m(t) auftretenden Impulsinterferenzen vollständig zu beseitigen. Diese lineare Kompensation der Impulsinterferenzen hat jedoch im Gegensatz zu einer nichtlinearen Kompensation durch QR oder durch einen Viterbi-Detektor eine oft beträchtliche Vergrößerung der Störleistung zur Folge, d. h. im allgemeinen ist die Detektionsstörleistung N_d sehr viel größer als die Störleistung N_m im Signal m(t).

Beispiel: Zur Verdeutlichung der obigen Ergebnisse wird ein binäres Koaxialkabelsystem mit optimalem Nyquist-Entzerrer betrachtet. Gesendet werden rechteckförmige NRZ-Impulse, die Rauschzahl F(f) sei 1. Bild 8.20b zeigt den Impuls $g_m(t)$ am Ausgang des Matched-Filters, der bereits bei der hier vorliegenden Kabeldämpfung ($a_* =$ 20dB) sehr breit ist und eine sehr kleine Amplitude besitzt. Dagegen ist der Detektions-Grundimpuls am Ausgang des Transversal-Filters ein Nyquist-Impuls mit dem Maximalwert $g_d(0)=\hat{g}_s$ und äquidistanten Nulldurchgängen.

In Bild 8.21a sind die Amplitudengänge des Matched-Filters und des Transversal-Filters für verschiedene Kabeldämpfungen dargestellt. Daraus wird deutlich, daß das Matched-Filter mit zunehmender Kabeldämpfung a_* (d.h. mit anwachsender Kabellänge) immer schmalbandiger wird. Das hat zur Folge, daß mit steigendem a_* der Ausgangsimpuls $g_m(t)$ des Matched-Filters immer mehr amplitudengedämpft und zeitlich verbreitert wird. Beispielsweise beträgt für die Kabeldämpfung 80 dB die Impulsamplitude $g_m(0)$ nur noch etwa 0,6% von der Sendeimpulsamplitude $\hat{g}_s$, und ein einzelner Impuls erstreckt sich über Hunderte von Symbolen.

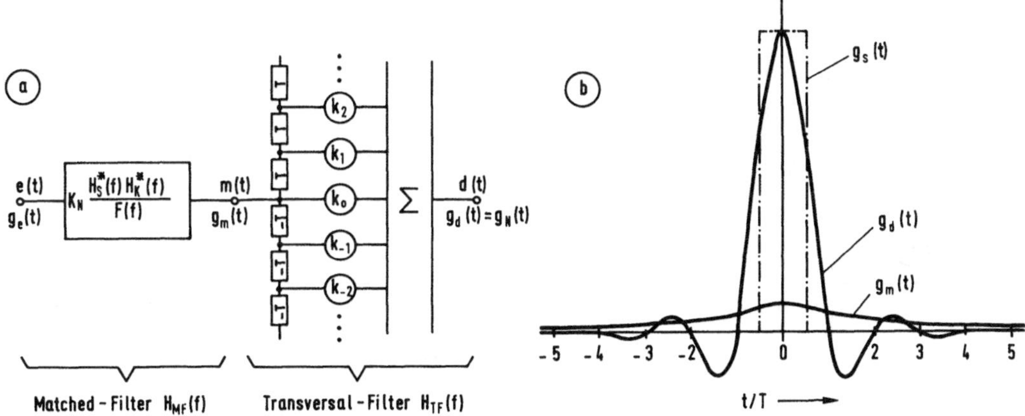

Bild 8.20:   (a) Blockschaltbild des optimalen Nyquist-Entzerrers,
             (b) Grundimpulse $g_m(t)$ und $g_d(t)$ bei einem Koaxialkabelsystem
                 (M=2, a_*=20 dB; F(f)=1).

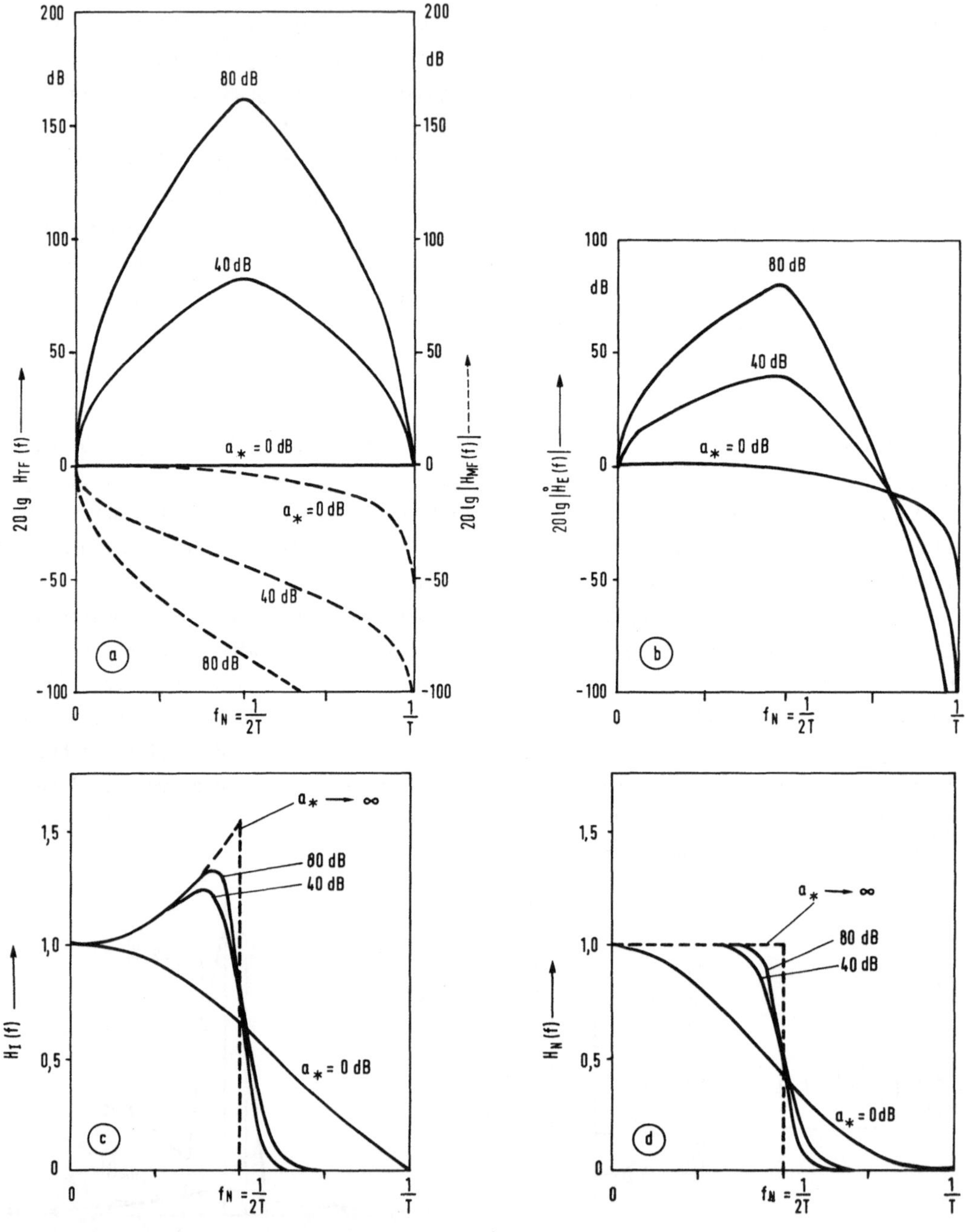

Bild 8.21:   (a) Frequenzgang von Matched-Filter und Transversal-Filter (log.),
             (b) Entzerrer-Frequenzgang (logarithmisch),
             (c) Impulsformer-Frequenzgang (linear),
             (d) Nyquist-Frequenzgang (linear).

Zu bemerken ist, daß der Ausgangsimpuls $g_m(t)$ des Matched-Filters im Gegensatz zum Eingangsimpuls $g_e(t)$ symmetrisch ist. Dies ist darauf zurückzuführen, daß das Matched-Filter die Phasenverzerrungen des Kanals wegen des konjungiert komplexen Frequenzgangs $H_K^*(f)$ vollständig kompensiert.

Der Frequenzgang $H_{TF}(f)$ des Transversal-Filters ist reell und periodisch, sein Maximum liegt exakt bei der Nyquist-Frequenz. Je größer die Kabeldämpfung a_* ist, desto breiter ist der Eingangsimpuls $g_m(t)$ des Transversal-Filters und dementsprechend mehr Leistungsanteile muß dieses Filter zur vollständigen Nyquist-Entzerrung aufwenden. Für $a_*=80$ dB ist $20 \lg H_{TF}(f_N)\approx 160$ dB.

Bild 8.21b macht deutlich, daß das Maximum des optimalen Entzerrer-Frequenzgangs $\overset{\circ}{H}_E(f)=H_{MF}(f)H_{TF}(f)$ mit ansteigender Kabeldämpfung a_* immer näher bei der Nyquist-Frequenz liegt. Der optimale Impulsformer-Frequenzgang $\overset{\circ}{H}_I(f)=H_K(f)\overset{\circ}{H}_E(f)$ besitzt eine leichte Überhöhung in der Nähe der Nyquist-Frequenz, bevor er zu hohen Frequenzen hin abfällt (Bild 8.21c). Dagegen ist der optimale Nyquist-Frequenzgang $\overset{\circ}{H}_N(f)$ in einem größeren Frequenzbereich konstant. Der Flankenabfall erfolgt umso steiler, je größer die charakteristische Kabeldämpfung a_* ist, wodurch die Störungen besser unterdrückt werden.

Approximation des optimalen Nyquist-Entzerrers

Der Ausdruck für den Frequenzgang des optimalen Nyquist-Entzerrers (Gl. 8-62) ist kompliziert. Ein Vergleich von Bild 8.21d und Tab. 8.2 in Abschnitt 8.3.1 macht jedoch deutlich, daß bei Übertragungskanälen mit frequenzansteigender Dämpfung der optimale Nyquist-Frequenzgang $\overset{\circ}{H}_N(f)$ sehr gut durch einen Cosinus-roll-off-Tiefpaß mit der Grenzfrequenz $f_N=1/(2T)$ angenähert werden kann, wodurch der optimale Entzerrer-Frequenzgang $\overset{\circ}{H}_E(f)=\overset{\circ}{H}_N(f)/(H_S(f)H_K(f))$ ebenfalls festliegt.

Voraussetzung für die Gültigkeit dieser Näherung ist, daß die Bedingung

$$|H_S(\kappa/T)|^2|H_K(\kappa/T)|^2 \ll |H_S(0)|^2|H_K(0)|^2 \tag{8-67}$$

für alle $\kappa\neq0$ erfüllt ist, was bei den meisten Übertragungskanälen zutrifft.

Zu bestimmen ist noch der optimale roll-off-Faktor $\overset{\circ}{r}_N$, der nur von den Systemgrößen M, $H_S(f)$ und $H_K(f)$ abhängt. In Bild 8.22 ist der optimale roll-off-Faktor $\overset{\circ}{r}_N$ für ein Koaxialkabel dargestellt. Es zeigt sich, daß $\overset{\circ}{r}_N$ näherungsweise hyperbolisch mit der Kabeldämpfung a_* abnimmt. Im Grenzfall $(a_*\to\infty)$ ergibt sich für den optimalen Nyquist-Frequenzgang ein Küpfmüller-Tiefpaß, vgl. Bild 8.21d. Außerdem wird deutlich, daß beim Binärsystem (M=2) der Flankenabfall steiler erfolgen muß als bei einem mehrstufigen System, und bei NRZ-Sendeimpulsen steiler als bei RZ-Impulsen.

Betrachten wir abschließend einen frequenzunabhängigen Kanal, der z.B. bei Funkverbindungen mit guter Näherung zugrunde gelegt werden kann. In Bild 8.21 ist der Sonderfall $H_K(f)=1$ für $a_*=0$ dB auch enthalten. Bei weißem Rauschen $(F(f)=1)$ erhält man aus Gl. 8-62 für das Matched-Filter: $H_{MF}(f)=K_N H_S^*(f)$.

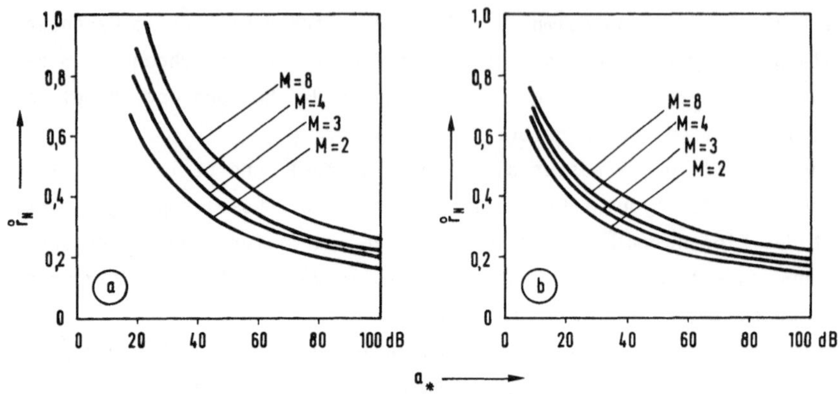

Bild 8.22: Optimaler roll-off-Faktor des approximierten Nyquist-Frequenzgangs, abhängig von der Stufenzahl und von der Kabeldämpfung eines Koaxialkabels
(a) RZ-Rechteck-Sendeimpuls (Δt_S=0.5T), (b) NRZ-Rechteck-Sendeimpuls.

Der Ausgangsimpuls $g_m(t)$ des Matched-Filters ist hier deshalb formgleich mit der
Energie-AKF $\overset{\bullet}{l}_{gs}(t)$ des Sende-Grundimpulses nach Def. 2-23. Ist $g_S(t)$ auf den Zeitbe-
reich $|t|\leq T/2$ beschränkt, so ist $g_m(t)$=0 für $|t|\geq T$ und es treten keine Impulsinter-
ferenzen auf. Somit kann das Transversalfilter $H_{TF}(f)$=1 entfallen. Bei rechteckförmigen Sendeimpulsen ergibt sich z.B. ein dreieckförmiger Detektions-Grundimpuls.

Berechnung der Systemwirkungsgrade

Nachdem die Struktur des optimalen Nyquist-Entzerrers durch Gl. 8-64 bzw. Bild
8.20a gegeben ist, müssen noch die Koeffizienten k_λ des Transversal-Filters $H_{TF}(f)$
geeignet bestimmt werden. Ein Vergleich von Gl. 8-60(1) und Gl. 8-63 führt auf die
folgende Bedingung:

$$\sum_{\mu=-\infty}^{+\infty} k_\mu \, e^{-j2\pi f\mu T} \overset{!}{=} \frac{1}{\displaystyle\sum_{\kappa=-\infty}^{+\infty} |H_S(f-\kappa/T)|^2 |H_K'(f-\kappa/T)|^2}. \tag{8-68}$$

Aus Darstellungsgründen wurde die Laufvariable λ durch μ ersetzt. Multipliziert man
beide Seiten dieser Gleichung mit $\exp(2\pi f\lambda T)$, integriert über eine Periode 1/T und
vertauscht die Summation mit der Integration, so erhält man:

$$\sum_{\mu=-\infty}^{+\infty} k_\mu \, T \int_{-1/2T}^{+1/2T} e^{j2\pi f(\lambda-\mu)T} df \overset{!}{=} T \int_{-1/2T}^{1/2T} \frac{e^{j2\pi f\lambda T}}{\displaystyle\sum_{\kappa=-\infty}^{+\infty} |H_S(f-\kappa/T)|^2 |H_K'(f-\kappa/T)|^2} df. \tag{8-69}$$

Das Integral auf der linken Seite ergibt für $\mu=\lambda$ den Wert 1, alle anderen Integrale ($\mu\neq\lambda$) sind 0. Berücksichtigt man weiterhin, daß der Nenner des Integranden auf der rechten Seite eine gerade Funktion der Frequenz ist, so findet man für die optimalen Filterkoeffizienten:

$$k_\lambda = T \int_{-1/2T}^{1/2T} \frac{\cos(2\pi f\lambda T)}{\sum_{\kappa=-\infty}^{+\infty} |H_S(f-\kappa/T)|^2 |H_K'(f-\kappa/T)|^2}\, df. \tag{8-70}$$

Somit ist der optimale Nyquist-Entzerrer vollständig bestimmt. Setzt man $\overset{\circ}{H}_E(f)$ gemäß Gl. 8-62 in Gl. 8-58 ein, so ergibt sich für die (minimale) normierte Störleistung:

$$N_{norm} = \frac{\alpha^2}{K_N^2\, R} \int_{-\infty}^{+\infty} F(f)|H_{MF}(f)|^2 |H_{TF}(f)|^2 df. \tag{8-71}$$

Mit Gl. 8-60(h) und Def. 8-61 folgt daraus:

$$N_{norm} = \frac{\alpha^2}{K_N\, R} \int_{-\infty}^{+\infty} \overset{\circ}{H}_N(f) H_{TF}(f)\, df. \tag{8-72}$$

Spaltet man dieses Integral wie beim Beweis von Gl. 8-60 in Teilintegrale der Breite 1/T auf, vertauscht anschließend die Summation mit der Integration und berücksichtigt die Periodizität von $H_{TF}(f)$, so erhält man:

$$N_{norm} = \frac{\alpha^2}{K_N\, R} \int_{-1/2T}^{1/2T} H_{TF}(f) \sum_{\kappa=-\infty}^{+\infty} \overset{\circ}{H}_N\left(f - \frac{\kappa}{T}\right) df = \frac{\alpha^2}{R} \int_{-1/2T}^{1/2T} H_{TF}(f)\, df. \tag{8-73}$$

Hierbei wurde das 1. Nyquist-Kriterium (Gl. 8-42) benutzt, das aussagt, daß die unendliche Summe im Integranden gleich K_N ist. Berücksichtigt man weiterhin, daß sich der Filterkoeffizient k_0 auch als Fourier-Koeffizient darstellen läßt (Gl. 8-63):

$$k_0 = T \int_{-1/2T}^{1/2T} H_{TF}(f)\, df, \tag{8-74}$$

so ergibt sich mit Gl. 8-73 für die normierte Störleistung bei Verwendung eines optimalen Nyquist-Entzerrers:

$$N_{norm} = \frac{\alpha^2}{RT}\, k_0. \tag{8-75}$$

Mit Gl. 8-56, Gl. 8-57 und Def. 7-53 folgt daraus für die zwei Systemwirkungsgrade bei Spitzenwert- bzw. bei Leistungsbegrenzung:

$$\eta_A = \frac{RT}{(M-1)^2}\,\gamma_S^2\,\frac{1}{k_0} = \frac{ld\,M}{(M-1)^2}\,\gamma_S^2\,\frac{1}{k_0}\,. \qquad (8\text{-}76)$$

$$\eta_L = \frac{RT}{(M-1)^2}\,\kappa_S^2\,\frac{1}{k_0} = \frac{3\,ld\,M}{(M^2-1)}\,\frac{1}{T\int|H_S(f)|^2 df}\,\frac{1}{k_0}\,. \qquad (8\text{-}77)$$

Die beiden linken Gleichungen gelten allgemein, die beiden rechten dagegen nur für redundanzfreie Sendesignale (RT=ld M). γ_S charakterisiert die sendeseitigen Impuls-interferenzen (vgl. Def. 7-40), für Rechtecksignale ist γ_S=1. κ_S ist der Sendespit-zenwertfaktor gemäß Def. 7-53. Der mittlere Filterkoeffizient k_0 des Transversal-Filters kann mit Gl. 8-70 berechnet werden.

Beispiel: In Tabelle 8.3 sind die optimalen Filterkoeffizienten k_λ für rechteckför-mige NRZ-Sendeimpulse und einen koaxialen Übertragungskanal angegeben. Da die cha-rakteristische Kabeldämpfung a_* geeignet normiert ist, gilt die Tabelle für binäre und mehrstufige sowie für redundanzfreie und redundante Systeme gleichermaßen.

$a_*/\sqrt{RT}$	$10\,lg\,k_0$	k_1/k_0	k_2/k_0	k_3/k_0	k_4/k_0	k_5/k_0	k_6/k_0	k_7/k_0	k_8/k_0	k_9/k_0
0 dB	0 dB	0	0	0	0	0	0	0	0	0
20 dB	16,61 dB	-0,590	0,168	-0,060	0,013	-0,007	0	-0,002	-0,001	-0,001
40 dB	34,60 dB	-0,793	0,438	-0,212	0,100	-0,047	0,022	-0,010	0,005	-0,001
60 dB	53,26 dB	-0,878	0,617	-0,381	0,224	-0,129	0,074	-0,042	0,024	-0,014
80 dB	72,25 dB	-0,919	0,727	-0,518	0,348	-0,228	0,148	-0,095	0,061	-0,039
100 dB	91,44 dB	-0,943	0,797	-0,621	0,458	-0,328	0,231	-0,172	0,112	-0,078

Tab. 8.3:   Koeffizienten k_λ des Transversal-Filters bei einem Koaxialkabel mit der charakteristischen Kabeldämpfung a_* und weißem Rauschen (F=1).

Bild 8.23 zeigt die dazugehörigen Systemwirkungsgrade η_A und η_L. Auch bei opti-maler Nyquist-Entzerrung verläuft der Abfall mit wachsendem a_* in erster Näherung linear, so daß die maximale Regeneratorfeldlänge wieder nach Abschnitt 7.3 berech-net werden kann. Dies gilt bei Leistungs- und auch bei Spitzenwertbegrenzung.

Die Kurven für die Pseudoternärcodes (AMI-Code, Duobinärcode) verlaufen parallel zu den mit M=2 gekennzeichneten Kurven. Der Grund hierfür ist, daß die Symbolrate 1/T gegenüber dem redundanzfreien Binärsystem nicht verändert wird, so daß sich die gleiche Störleistung ergibt. Bei Spitzenwertbegrenzung sind die Pseudoternärcodes um 6 dB schlechter als der redundanzfreie Binärcode, da die Augenöffnung nur halb so groß ist. Bei Leistungsbegrenzung beträgt der Abstand zwischen den beiden Kurven nur 3 dB, da die Sendeamplitude bei Pseudoternärcodierung um den Faktor $\sqrt{2}$ größer sein kann als bei redundanzfreier Binärcodierung (Voraussetzung: S_S=const.).

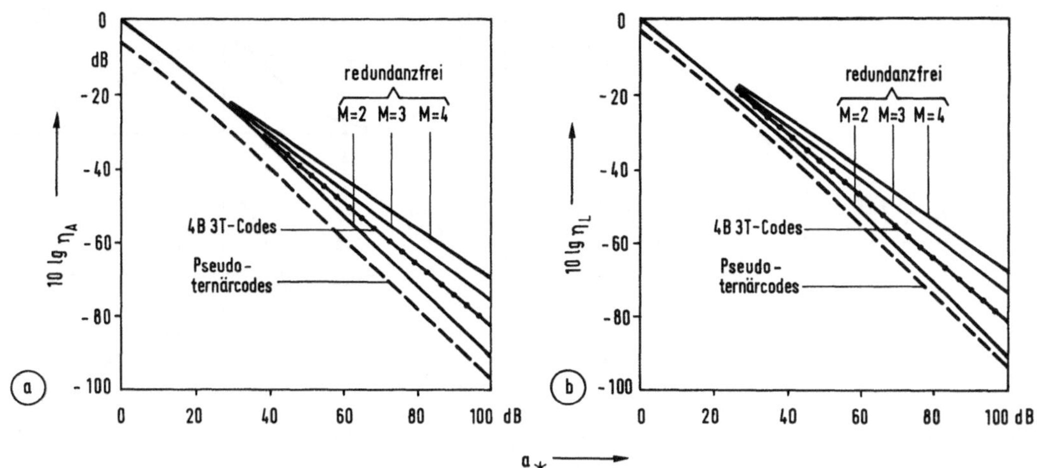

Bild 8.23: (a) Systemwirkungsgrad 10 lg η_A sowie (b) Systemwirkungsgrad 10 lg η_L bei optimaler Nyquist-Entzerrung in Abhängigkeit der charakteristischen Dämpfung a_* eines Koaxialkabels (F(f)=1).

Dagegen ist bei den redundanzfreien Mehrstufensystemen die Symbolrate gegenüber der Binärübertragung kleiner, so daß die Kurven flacher verlaufen. Ist die Kabeldämpfung hinreichend groß, so sind auch bei optimaler Nyquist-Entzerrung die Mehrstufensysteme dem redundanzfreien Binärsystem überlegen. Unter der Nebenbedingung der Leistungsbegrenzung ist der Störabstandsgewinn größer als bei Spitzenwertbegrenzung. Diese Aussagen gelten qualitativ auch für die Systeme mit 4B3T-Codierung.

8.3.3 Optimaler Entzerrer bei einem System mit Quantisierter Rückkopplung

In Abschnitt 8.1 wurde gezeigt, daß durch eine Quantisierte Rückkopplung im allgemeinen ein beträchtlicher Störabstandsgewinn zu erzielen ist. Bei einem Nyquist-System formt bereits der lineare Entzerrer einen impulsinterferenzfreien Impuls, so daß die vertikale Augenöffnung und damit der Systemwirkungsgrad durch die QR nicht weiter vergrößert werden kann. Die QR verbreitert hier lediglich die zeitliche Augenöffnung, vgl. [8.25].

Durch die Quantisierte Rückkopplung ist nur dann eine Verbesserung zu erzielen, wenn ein schmalbandigerer Entzerrer als der für Systeme ohne QR optimale Nyquist-Entzerrer $\overset{\circ}{H}_E(f)$ gemäß Gl. 8-62 eingesetzt wird. Dadurch ergibt sich eine kleinere Störleistung. Der Detektions-Grundimpuls $g_d(t)$ erfüllt allerdings die Nyquist-Bedingung (Def. 8-40) nicht mehr, so daß Impulsinterferenzen auftreten. Diese können jedoch bei geeigneter Dimensionierung der QR zu Null gemacht werden.

Bild 8.24a zeigt die Struktur eines optimalen Entzerrers für ein System mit QR. Dem für ein System ohne QR optimalen Nyquist-Entzerrer $\overset{\circ}{H}_E(f)=H_{MF}(f)H_{TF}(f)$ ist ein weiteres Transversal-Filter mit n positiven und v negativen Laufzeitgliedern nach-

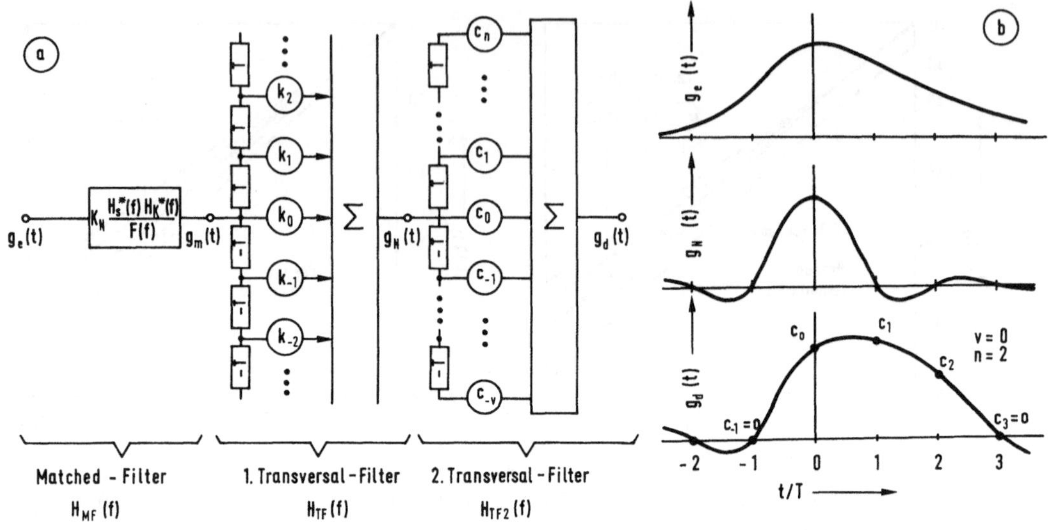

Bild 8.24:   Optimaler Entzerrer für ein Digitalsystem mit Quantisierter Rückkopp-
             lung: (a) Blockschaltbild,   (b) Grundimpulse $g_e(t)$, $g_N(t)$ und $g_d(t)$.

geschaltet. Die Koeffizienten dieses Filters seien $c_{-\nu}...c_\nu\ ...c_n$. Somit lautet der
Frequenzgang dieses 2. Transversal-Filters, vgl. Gl. 8-63:

$$H_{TF2}(f) = \sum_{\nu=-V}^{n} c_\nu\, e^{-j2\pi f\nu T}. \tag{8-78}$$

Zunächst sei v=0. In Bild 8.24b sind für diesen Sonderfall die Grundimpulse an verschiedenen Punkten des Blockschaltbildes dargestellt. $g_N(t)$ ist der Nyquist-Impuls,
der bei einem System ohne QR optimal wäre. Das "unsymmetrische" Transversal-Filter
$H_{TF2}(f)$ formt daraus den Detektions-Grundimpuls $g_d(t)$, für dessen Abtastwerte gilt:

$$g_d(\nu T) = c_\nu\, g_N(0). \tag{8-79}$$

Geht man nun davon aus, daß die ersten n Nachläufer $g_d(T)...g_d(nT)$ des Detektions-
Grundimpulses durch die Quantisierte Rückkopplung vollständig kompensiert werden,
so ist der korrigierte Detektions-Grundimpuls $g_k(t)$ wieder ein Nyquist-Impuls, und
dementsprechend ist zum optimalen Detektionszeitpunkt $\overset{\circ}{T}_D=0$ das Auge vollständig geöffnet, vgl. Abschnitt 5.1.

    Sind die Filterkoeffizienten c_ν geeignet dimensioniert, so ist der Detektions-
Grundimpuls $g_d(t)$ niederfrequenter als der Nyquist-Impuls $g_N(t)$, siehe Bild 8.24b.
Die Spektralanteile in der Nähe der Nyquist-Frequenz f_N werden also durch das Fil-
ter $H_{TF2}(f)$ stark gedämpft, wodurch die Störleistung entscheidend vermindert wird.

Optimierung der Koeffizienten des unsymmetrischen Transversal-Filters

Weiterhin sei $v=0$. Aus Darstellungsgründen wird außerdem vorausgesetzt, daß der Koeffizient $c_0=1$ sei. Nach Gl. 8-79 ist damit die Impulsamplitude $g_d(0)=g_N(0)$, so daß für den zu maximierenden Systemwirkungsgrad gilt, vgl. Gl. 8-56:

$$\eta_A = \frac{1}{(M-1)^2} \frac{1}{N_{norm}}. \tag{8-80}$$

Die Konstanten γ_S und α sind hier zu 1 gesetzt. Für eine gegebene Stufenzahl M ist die Maximierung des Systemwirkungsgrads η_A gleichbedeutend mit der Minimierung der normierten Störleistung N_{norm}. Für diese ergibt sich hier anstelle von Gl. 8-71:

$$N_{norm} = \frac{1}{K_N^2 R} \int_{-\infty}^{+\infty} F(f) |H_{MF}(f)|^2 |H_{TF}(f)|^2 |H_{TF2}(f)|^2 df. \tag{8-81}$$

Analog zu Gl. 8-72 kann hierfür auch geschrieben werden:

$$N_{norm} = \frac{1}{K_N R} \int_{-\infty}^{+\infty} \overset{o}{H}_N(f) \, H_{TF}(f) \, |H_{TF2}(f)|^2 df. \tag{8-82}$$

Da die Funktion $H_{TF}(f)|H_{TF2}(f)|^2$ ebenfalls periodisch mit der Symbolrate $1/T$ ist, folgt in Analogie zu Gl. 8-73:

$$N_{norm} = \frac{1}{RT} T \int_{-1/2T}^{1/2T} H_{TF}(f) |H_{TF2}(f)|^2 df. \tag{8-83}$$

Das bedeutet, daß die normierte Störleitung N_{norm} bis auf den Faktor $1/RT$ identisch ist mit dem nullten Fourier-Koeffizienten der periodischen Funktion:

$$H_{TF}(f)|H_{TF2}(f)|^2 = \underbrace{\sum_{\lambda=-\infty}^{+\infty} k_\lambda \, e^{-j2\pi f\lambda T}}_{H_{TF}(f)} \underbrace{\sum_{\nu=0}^{n} c_\nu \, e^{-j2\pi f\nu T}}_{H_{TF2}(f)} \underbrace{\sum_{\mu=0}^{n} e^{j2\pi f\mu T}}_{H_{TF2}^*(f)}. \tag{8-84}$$

k_λ sind dabei die Filterkoeffizienten des Transversal-Filters $H_{TF}(f)$, die mit der Gl. 8-70 ermittelt werden können.

Der nullte Fourierkoeffizient berechnet sich aus obiger Gleichung mit der Bedingung $\mu-\lambda-\nu=0$, vgl. [8.25] . Damit erhält man für die normierte Störleistung am Ausgang des Entzerrers nach Bild 8.24a:

$$\boxed{N_{norm} = \frac{1}{RT} \sum_{\nu=0}^{n} \sum_{\mu=0}^{n} k_{\mu-\nu} \, c_\nu \, c_\mu.} \qquad (c_0=1) \tag{8-85}$$

Durch Nullsetzen der n Differentialquotienten dN_{norm}/dc_λ erhält man n linear unabhängige Bestimmungsgleichungen für die optimalen Filterkoeffizienten $\overset{o}{c}_1,\ldots,\overset{o}{c}_n$:

$$\sum_{\nu=1}^{n} k_{\lambda-\nu}\, \overset{o}{c}_{\nu} \overset{!}{=} - k_{\lambda} \qquad\qquad \text{für } \lambda = 1\ldots n \; (\overset{o}{c}_{0}=1). \tag{8-86}$$

Das bedeutet, daß die Optimierung der Filterkoeffizienten $c_1,\ldots,c_n$ auf die Lösung eines linearen Gleichungssystems vom Grad n zurückgeführt werden kann.

<u>Beispiel:</u> Für n=1 entartet dieses lineare Gleichungssystem zu einer einzigen Gleichung, woraus der Filterkoeffizient $\overset{o}{c}_1=-k_1/k_0$ ermittelt werden kann. Eingesetzt in Gl. 8-85 erhält man:

$$N_{norm} = \frac{k_0}{RT}\left(1 - \frac{k_1^2}{k_0^2}\right). \tag{8-87}$$

Das bedeutet, daß bereits durch ein zusätzliches Transversal-Filter ersten Grades die (normierte) Störleistung um den Faktor $1-k_1^2/k_0^2$ vermindert wird. Für ein binäres Koaxialkabelsystem mit der charakteristischen Kabeldämpfung a_*=80 dB ist der Quotient k_1/k_0=-0,919, vgl. Tabelle 8.3. Daraus folgt, daß bei diesem System durch das zweite Transversal-Filter (n=1) die Störleistung etwa um den Faktor 6,4 ($\hat{=}$8,1 dB) vermindert und damit der Systemwirkungsgrad in gleicher Weise vergrößert wird.

Je größer n gewählt wird, desto größer ist der erreichbare Gewinn durch das unsymmetrische Transversal-Filter, vgl. durchgezogene Kurven von Bild 8.25a. Für n=10 nähert sich der Systemwirkungsgrad ungefähr seinem Maximalwert. Allerdings ist zu berücksichtigen, daß mit wachsendem n (= Anzahl der zu kompensierenden Nachläufer) auch der Realisierungsaufwand für die QR ansteigt und daß sich Ungenauigkeiten im QR-Netzwerk immer stärker bemerkbar machen, vgl. Bild 8.24b und Abschnitt 8.7.

Beim Quaternärsystem (M=4) verläuft der Anstieg des Systemwirkungsgrades mit zunehmendem n langsamer als beim Binärsystem. Das bedeutet, daß auch bei Nyquistentzerrung die Quantisierte Rückkopplung für ein Binärsystem am wirkungsvollsten ist. Trotzdem sind auch noch bei vollständiger QR (n→∞) die mehrstufigen Systeme dem Binärsystem überlegen.

Bild 8.25b zeigt für verschiedene Werte von n den Betrag des Frequenzgangs

$$\overset{o}{H}_{E,QR}(f) = H_{MF}(f)\, H_{TF}(f)\, H_{TF2}(f), \tag{8-88}$$

wobei die Stufenzahl M=2 vorausgesetzt ist. Es gilt $\nu=0$ und $c_0=1$. Bei einem System ohne QR (n=0) besitzt der Entzerrer-Frequenzgang $\overset{o}{H}_E(f)$ ein ausgeprägtes Maximum in der Nähe der Nyquist-Frequenz $f_N=1/(2T)$. Durch das zusätzliche Transversal-Filter $H_{TF2}(f)$ werden die höherfrequenten Spektralanteile immer mehr gedämpft, wodurch die (normierte) Störleistung immer kleiner wird. Im Grenzfall n→∞ verläuft der Amplitudengang $|\overset{o}{H}_{E,QR}(f)|$ in einem großen Frequenzbereich nahezu konstant. Das bedeutet, daß in diesem Fall das Störleistungsspektrum $L_d^\times(f)$ am Detektor näherungsweise frequenzunabhängig ist, so daß die einzelnen Störabtastwerte $\overset{\times}{d}(\nu T)$ miteinander unkorreliert sind.

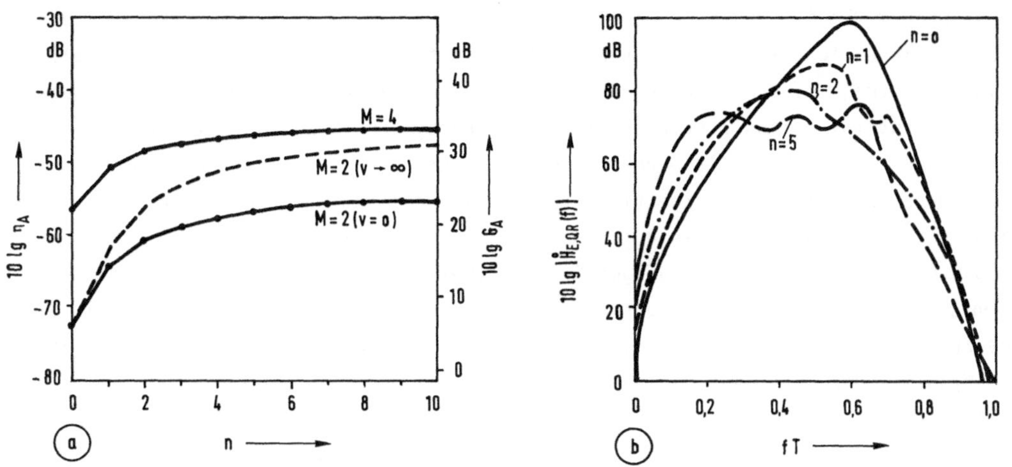

Bild 8.25: Optimaler Nyquist-Entzerrer für ein Koaxialkabelsysteme mit QR (a_*=80 dB):

(a) Systemwirkungsgrad 10 lg η_A, wobei F(f)=1

(b) Amplitudengang $|\overset{\circ}{H}_{E,QR}(f)|$, wobei M=2.

Verallgemeinerung auf impulsinterferenzbehaftete Systeme

Bisher wurde angenommen, daß das unsymmetrische Transversal-Filter $H_{TF2}(f)$ nur Nachläufer erzeugt, die durch die Quantisierte Rückkopplung kompensiert werden können (v=0). Damit ist der korrigierte Detektions-Grundimpuls ein Nyquist-Impuls. Besitzt das Filter auch negative Laufzeitglieder (d.h. v>0), so weist der Detektions-Grundimpuls neben den n Nachläufern auch Vorläufer $g_d(-T)...g_d(-vT)$ auf, die aus Kausalitätsgründen nicht eliminiert werden können und zu Impulsinterferenzen führen.

Für einen solchen Entzerrer (siehe Bild 8.24a) lautet die Optimierungsbedingung, vgl. Gl. 8-55 und Gl. 8-79:

$$\eta_A = \text{ld}\, M \,\frac{\left[\dfrac{c_o}{M-1} - \displaystyle\sum_{\nu=-v}^{-1} |c_\nu|\right]^2}{\displaystyle\sum_{\nu=-v}^{n} \sum_{\mu=-v}^{n} k_{\mu-\nu}\, c_\nu\, c_\mu} \overset{!}{=} \text{Maximum.} \tag{8-89}$$

Hierbei sind redundanzfreie Systeme mit idealer QR zugrunde gelegt. Ist ein Filterkoeffizient c_ν (v<0) von Null verschieden, so wird die Augenöffnung mit Sicherheit kleiner. Allerdings kann dadurch die Störleistung ebenfalls vermindert werden.

Die Bestimmung der optimalen Filterkoeffizienten $\overset{\circ}{c}_{-v},...,\overset{\circ}{c}_n$ kann prinzipiell auf analytischem Wege erfolgen, wobei man hier ein nichtlineares Gleichungssystem vom Grad n+v erhält. Für große Werte von n bzw. v ist deshalb eine numerisch-iterative Optimierung am Digitalrechner vorzuziehen, wobei als Startwerte die Koeffizienten $c_1,...,c_n$ gemäß dem Gleichungssystem 8-86 und $c_{-1}=...=c_{-v}=0$ geeignet sind.

In Bild 8.25a ist der nach Gl. 8-89 numerisch ermittelte Systemwirkungsgrad für M=2 mit eingezeichnet, wobei v sehr groß gewählt ist ($v\to\infty$, gestrichelte Kurve). Es zeigt sich, daß bei dem hier zugrunde gelegten Koaxialkabelsystem (a_*=80 dB) gegenüber dem optimalen impulsinterferenzfreien Binärsystem (M=2, v=0) ein Störabstandsgewinn von ca. 8 dB erzielt werden kann. Der Entzerrer von Bild 8.24a (mit $n\to\infty$ und $v\to\infty$) sowie optimalen Filterkoeffizienten $\overset{\circ}{c}_\nu$ ist der optimale Entzerrer für ein Digitalsystem mit Quantisierter Rückkopplung, vgl. [8.13].

Die Optimierung der mehrstufigen Systeme (M>2) mit QR führt auf die Filterkoeffizienten $\overset{\circ}{c}_{-1}=\ldots=\overset{\circ}{c}_{-v}=0$. Die anderen Koeffizienten ergeben sich gemäß Gl. 8-86. Dieses Ergebnis sagt aus, daß bei einem Mehrstufensystem mit QR der optimale Entzerrer ein Nyquist-Entzerrer ohne Vorläufer (v=0) entsprechend Gl. 8-88 ist.

In analoger Weise kann gezeigt werden, daß bei einem System ohne QR der optimale Nyquist-Entzerrer gemäß Gl. 8-62 stets (für alle M) der optimale Entzerrer ist. Bei dieser Beweisführung geht man von dem allgemeineren Entzerrer nach Bild 8.24a aus. Die Optimierungsbedingung lautet bei einem System ohne QR anstelle von Gl. 8-89:

$$\eta_A = \mathrm{ld}\,M\;\frac{\left[\dfrac{c_0}{M-1} - \displaystyle\sum_{\nu=-v}^{-1}|c_\nu| - \sum_{\nu=1}^{n}|c_\nu|\right]^2}{\displaystyle\sum_{\nu=-v}^{n}\sum_{\nu=-v}^{n} k_{\mu-\nu}\,c_\nu\,c_\mu}\;\overset{!}{=}\;\text{Maximum.} \tag{8-90}$$

Unter gewissen Einschränkungen, die jedoch für die in der Praxis benutzten Kanäle immer erfüllt sind, führt die (numerische) Optimierung der Filterkoeffizienten auf $\overset{\circ}{c}_\nu$=0 für $\nu\neq0$, und zwar für jede Stufenzahl M.

8.4 Gegenseitige Optimierung von Sender und Entzerrer

In den Abschnitten 8.1, 8.2 und 8.3 wurden entweder die Kenngrößen des Empfängers (bei gegebenem Sender) oder die des Senders (bei gegebenem Empfänger) für sich allein optimiert. Durch die gemeinsame Optimierung von Sender und Entzerrer erhält man das für einen vorliegenden Kanal optimale System unter der Voraussetzung einer symbolweisen Detektion. Lediglich mit komplizierteren Empfangsstrategien, z.B. dem Viterbi-Empfänger, ist eine weitere Verbesserung möglich, vgl. Kapitel 6.

Im folgenden wird die gegenseitige Optimierung von Sender und Entzerrer eines Nyquist-Systems beschrieben, wobei ein redundanzfreies Sendesignal und ein Detektor ohne QR vorausgesetzt werden. Hierbei ist zwischen leistungsbegrenzten und spitzenwertbegrenzten Systemen zu unterscheiden, vgl. Def. 7-1 und Def. 7-2.

8.4.1 Gegenseitige Optimierung bei Leistungsbegrenzung

Nach Kapitel 7 sind bei der gegenseitigen Optimierung von Sender und Empfänger bei Leistungsbegrenzung die Frequenzgänge $H_S(f)$ und $H_E(f)$ sowie die Stufenzahl M so zu bestimmen, daß der Systemwirkungsgrad η_L maximal wird. Mit Gl. 8-70 und Gl. 8-77 muß deshalb für ein redundanzfreies M-stufiges Nyquist-System gelten:

$$\eta_L = \frac{3\,\mathrm{ld}\,M}{M^2-1}\;\frac{1}{T\displaystyle\int_{-\infty}^{+\infty}|H_S(f)|^2 df \; T\displaystyle\int_{-\infty}^{+\infty}\frac{|H_N(f)|^2}{|H_S(f)|^2|H_K'(f)|^2}} \overset{!}{=} \text{Maximum.} \qquad (8\text{-}91)$$

Hierbei ist schon implizit berücksichtigt, daß der Gesamt-Frequenzgang ein Nyquist-Frequenzgang sein soll, vgl. Def. 8-41: $H_S(f)H_K(f)H_E(f)=H_N(f)$.   Farbige Störungen ($F(f)\neq\text{const.}$) sind durch den modifizierten Kanal-Frequenzgang $H_K'(f)$ nach Def. 8-61 ebenfalls berücksichtigt.

Geht man von einer festen Stufenzahl M aus, so kann die Optimierungsaufgabe auf die Minimierung des Nenners von Gl. 8-91 zurückgeführt werden. Dieses Optimierungsproblem läßt sich in 2 Schritten lösen: Zunächst wird der optimale Sender-Frequenzgang $\overset{o}{H}_S(f)$ in Abhängigkeit vom Nyquist-Frequenzgang $H_N(f)$ bestimmt. Anschließend wird $H_N(f)$ optimiert, vgl. [1.15]. Mit der Schwartz'schen Ungleichung (vgl. [1.4])

$$\int_{-\infty}^{+\infty}|H_1(x)|^2 dx \int_{-\infty}^{+\infty}|H_2(x)|^2 dx \geq \left[\int_{-\infty}^{+\infty}|H_1(x)H_2(x)|\,dx\right]^2 \qquad (8\text{-}92)$$

kann für den Nenner von Gl. 8-91 auch geschrieben werden:

$$\text{Nenner} = T\int_{-\infty}^{+\infty}|H_S(f)|^2 df\; T\int_{-\infty}^{+\infty}\frac{|H_N(f)|^2}{|H_S(f)|^2|H_K'(f)|^2}\,df \geq \left[T\int_{-\infty}^{+\infty}\frac{H_N(f)}{H_K'(f)}\,df\right]^2 .$$
$$(8\text{-}93)$$

Setzt man in diese Ungleichung für den Sender-Frequenzgang

$$|H_S(f)| = |\overset{o}{H}_S(f)| = \frac{1}{\gamma}\sqrt{\frac{|H_N(f)|}{|H_K'(f)|}} = \frac{1}{\gamma}\sqrt[4]{F(f)}\sqrt{\frac{|H_N(f)|}{|H_K(f)|}} \qquad (8\text{-}94)$$

ein, so gilt das Gleichheitszeichen, und für den zu minimierenden Nenner ist demzufolge der kleinstmögliche Wert gefunden. Das bedeutet aber, daß der gesuchte optimale Sender-Frequenzgang bei Leistungsbegrenzung durch Gl. 8-94 gegeben ist. γ ist aus Normierungsgründen notwendig und kann aus der Bedingung $T\int\overset{o}{H}_S(f)df=1$ ermittelt werden, vgl. Gl. 2-16.

Mit den Gleichungen 8-61, 8-91 und 8-93 erhält man für den Systemwirkungsgrad η_L bei optimalem Sender-Frequenzgang $\overset{o}{H}_S(f)$:

$$\eta_L = \frac{3\,\text{ld}\,M}{M^2-1}\left[T\int_{-\infty}^{+\infty}\sqrt{F(f)}\,\frac{|H_N(f)|}{|H_K(f)|}\,df\right]^{-2}.\tag{8-95}$$

Der zweite Schritt der Optimierungsaufgabe besteht nun darin, den Nyquist-Frequenzgang $H_N(f)$ so zu bestimmen, daß das Integral den kleinstmöglichen Wert annimmt.

Der optimale Nyquist-Frequenzgang $\overset{\circ}{H}_N(f)$ hängt allein von der Spektralrauschzahl $F(f)$ und vom Kanal-Frequenzgang $H_K(f)$ ab und kann im allgemeinen nicht in geschlossener Form angegeben werden. Wie Bild 8.26 zeigt, kann dieses Optimierungsproblem allerdings graphisch gelöst werden.

Der optimale Nyquist-Frequenzgang $\overset{\circ}{H}_N(f)$ in Bild 8.26b setzt sich aus rechteckförmigen Teilstücken zusammen. Bei weißem Rauschen liegen diese Teilstücke dort, wo der Kanal-Frequenzgang $H_K(f)$ seine größten Spektralanteile aufweist, vgl. [1.15]. Außerdem ist zu beachten, daß das 1. Nyquist-Kriterium (Gl. 8-42) erfüllt sein muß. Das bedeutet, daß die ausgewählten und um Vielfache von $2f_N{=}1/T$ verschobenen Teil-Frequenzgänge einen Küpfmüller-Tiefpaß mit der Bandbreite $\pm f_N$ ergeben müssen.

Mit Gl. 8-94 kann der Betrag des optimalen Sender-Frequenzgangs $\overset{\circ}{H}_S(f)$ ermittelt werden. Über die Phase von $\overset{\circ}{H}_S(f)$ ist dagegen keine Aussage möglich.

Aus Def. 8-41 erhält man für den optimalen Entzerrer-Frequenzgang bei Leistungsbegrenzung und optimalem Sender:

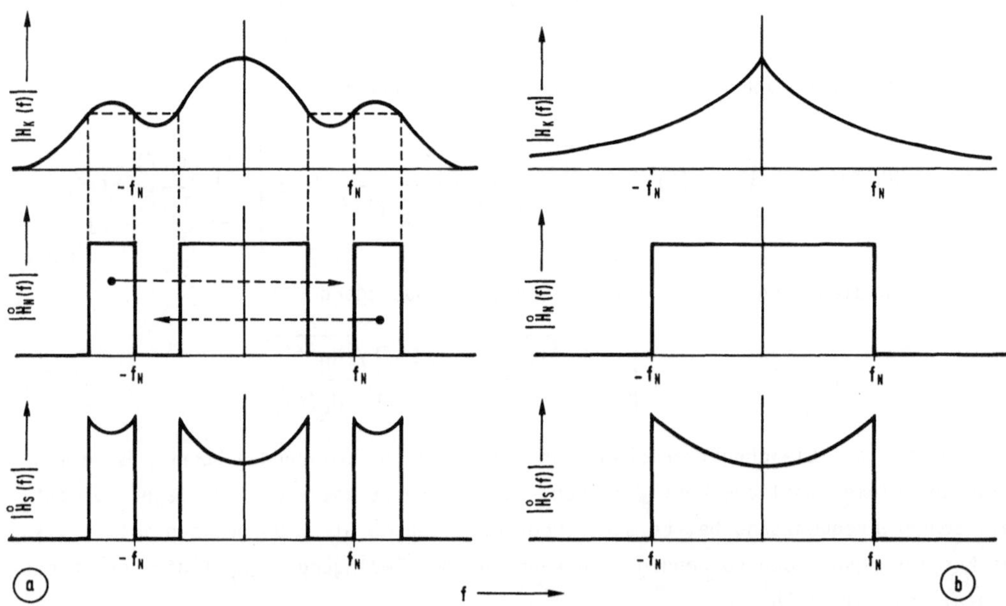

Bild 8.26: Zur gegenseitigen Optimierung von Sender- und Entzerrer-Frequenzgang
            bei weißem Rauschen und Leistungsbegrenzung
            (a) $|H_K(f)|$ beliebig,   (b) $|H_K(f)|$ monoton fallend.

$$|\overset{o}{H}_E(f)| = \frac{\overset{o}{H}_N(f)}{\overset{o}{H}_S(f)H_K(f)} = \frac{\gamma}{\sqrt[4]{F(f)}}\sqrt{\frac{|\overset{o}{H}_N(f)|}{|H_K(f)|}}. \tag{8-96}$$

Nimmt $|H_K(f)|$ monoton ab, so ergibt sich für den optimalen Nyquist-Frequenzgang ein Küpfmüller-Tiefpaß mit der (einseitigen) Bandbreite $f_N=1/(2T)$, vgl. Bild 8.26b. Bei weißem Rauschen gilt somit für die optimalen Frequenzgänge von Sender und Entzerrer im Frequenzbereich von $-f_N$ bis $+f_N$:

$$(a) \quad |\overset{o}{H}_S(f)| = \frac{1}{\gamma}\sqrt{\frac{1}{|H_K(f)|}} \qquad\qquad (b) \quad |\overset{o}{H}_E(f)| = \gamma\sqrt{\frac{1}{|H_K(f)|}}. \tag{8-97}$$

Außerhalb des Nyquistbandes ist $\overset{o}{H}_S(f)=\overset{o}{H}_E(f)=0$. Diese Gleichung sagt aus, daß unter der Voraussetzung von Leistungsbegrenzung und Nyquist-Entzerrung die optimalen Amplitudengänge von Sender und Entzerrer formgleich sind und somit je zur Hälfte zur Entzerrung des Kanal-Frequenzgangs $H_K(f)$ beitragen. Diese Art der Entzerrung wird häufig vereinfachend als **"Wurzel-Wurzel-Charakteristik"** bezeichnet. Mit keiner anderen Kombination von Sender- und Entzerrer-Frequenzgang ergibt sich ein größerer Systemwirkungsgrad η_L, d.h. unter der Nebenbedingung der Leistungsbegrenzung ist dieses System optimal.

Allerdings ist zu bemerken, daß der zu diesem optimalen System gehörende Detektions-Grundimpuls der si-Impuls ist und deshalb nur eine verschwindend kleine zeitliche Augenöffnung besitzt. Durch einen Nyquist-Frequenzgang mit endlicher Flankensteilheit (z.B. Cosinus-roll-off-Tiefpaß) kann die zeitliche Augenöffnung den praktischen Erfordernissen angepaßt werden, vgl. Tabelle 8.2. Da der damit verbundene Störabstandsverlust nur geringfügig ist, wird im folgenden Beispiel vereinfachend vom theoretischen Optimum ausgegangen.

Beispiel: Für ein redundanzfreies M-stufiges Koaxialkabelsystem (Kabeldämpfung a_*, Rauschzahl F) gilt bei optimaler Entzerrung entsprechend der "Wurzel-Wurzel-Charakteristik", vgl. Gl. 2-55 und Gl. 8-95:

$$\eta_L = \frac{3\,\mathrm{ld}\,M}{(M^2-1)F}\left[T\int_{-1/2T}^{1/2T}\exp(a_*\sqrt{2|f|/R})\,df\right]^{-2} \simeq \frac{3\,a_*^2}{4(M^2-1)F}\exp\!\left(\frac{-2a_*}{\sqrt{\mathrm{ld}\,M}}\right). \tag{8-98}$$

Die rechte Näherung gilt für a_* (in Np!)$\gg 1$. Bei $a_*=10$ Np ist der Fehler <1 dB.

Durch Differenzieren der rechten Näherung folgt für die optimale Stufenzahl:

$$\overset{o}{M} \simeq \exp\!\left[(\sqrt{\ln 2}\,a_*/2)^{2/3}\right] \qquad (\overset{o}{M}\ \text{ganzzahlig!}). \tag{8-99}$$

Für $a_*=80$ dB ergibt sich beispielsweise $\overset{o}{M}\approx 12$.

Bild 8.27 zeigt den Systemwirkungsgrad 10 lg η_L abhängig von der charakteristischen Kabeldämpfung a_* für das Binärsystem (M=2) sowie für die optimale Stufenzahl (M=$\overset{o}{M}$). Die gestrichelten Kurven gelten für den optimalen Sende-Grundimpuls bei Leistungsbegrenzung, vgl. Gl. 8-97a. Zum Vergleich sind zusätzlich die Kurven für Systeme mit rechteckförmigen NRZ-Sendeimpulsen und optimaler Nyquist-Entzerrung mit eingezeichnet (durchgezogene Kurvenverläufe).

Dieses Bild macht deutlich, daß mit der "Wurzel-Wurzel-Entzerrung" gegenüber einem Nyquist-System mit NRZ-Rechteck-Sendeimpulsen ein Störabstandsgewinn von einigen dB erzielt werden kann, wenn von Leistungsbegrenzung ausgegangen wird. Dieser Gewinn ist dabei umso größer, je größer die Kabeldämpfung ist. Für a_*=80 dB und M=2 beträgt dieser Gewinn beispielsweise etwa 6 dB.

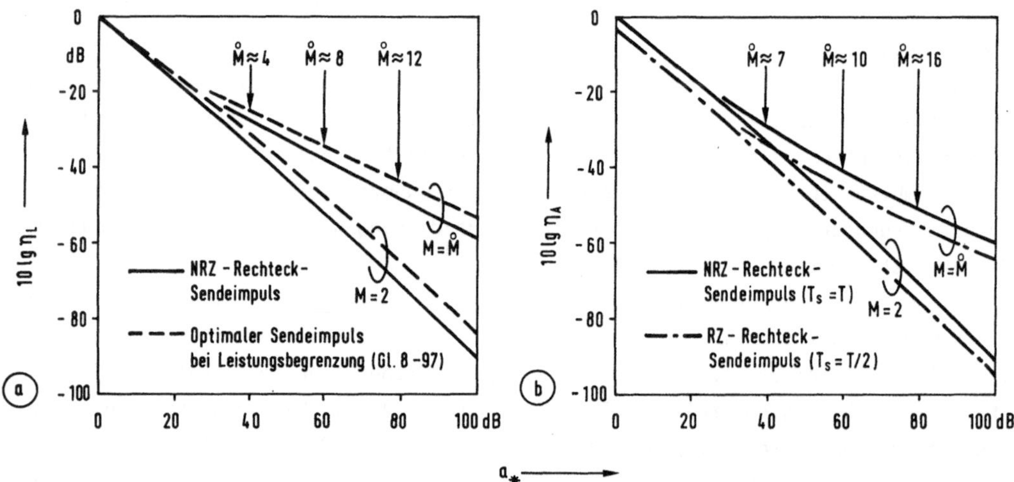

Bild 8.27:   Maximaler Systemwirkungsgrad bei einem Koaxialkabelsystem mit optimaler
             Nyquist-Entzerrung (F=1):
             (a) Leistungsbegrenzung, (b) Spitzenwertbegrenzung.

In Bild 8.28a ist für die Parameterwerte a_*=80 dB und M=2 der optimale Sender-Frequenzgang $\overset{o}{H}_S(f)$ bei Leistungsbegrenzung dargestellt, vgl. Gl. 8-97a. Der optimale Entzerrer-Frequenzgang $\overset{o}{H}_E(f)$ ist bei weißem Rauschen (F(f) = const.) formgleich mit $\overset{o}{H}_S(f)$, vgl. Gl. 8-97b.

Dieses Bild macht deutlich, daß bei den hier betrachteten Kabelsystemen $\overset{o}{H}_S(f)$ zu den Frequenzen $f=\pm f_N$ hin sehr stark ansteigt. Durch diese ausgeprägte "Preemphase" klingt der in Bild 8.28b dargestellte optimale Sende-Grundimpuls $\overset{o}{g}_S(t)$ langsamer ab als mit 1/t. Dadurch wird der Spitzenwert s_{max} des Sendesignals sehr groß, so daß dieses System auch dort ungeeignet sein dürfte, wo neben der Leistungsbegrenzung auch eine (zumindest schwache) Begrenzung des Spitzenwertes vorliegt.

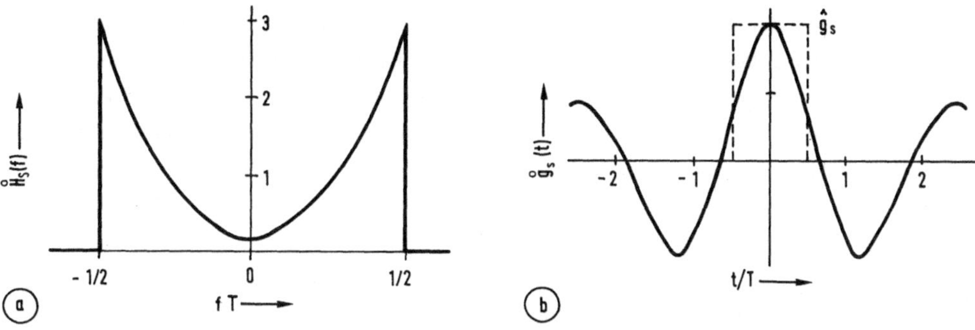

Bild 8.28: Zur Senderoptimierung eines binären Koaxialkabelsystems bei Leistungsbegrenzung (a_*=80 dB, F(f)=1):   (a) optimaler Sender-Frequenzgang,
(b) optimaler Sende-Grundimpuls (zum Vergleich: NRZ-Rechteckimpuls).

8.4.2 Gegenseitige Optimierung bei Spitzenwertbegrenzung

Die gemeinsame Optimierung von Sender und Entzerrer bei Spitzenwertbegrenzung
(Amplitudenbegrenzung) bedeutet, die beiden Frequenzgänge $H_S(f)$ und $H_E(f)$ so zu bestimmen, daß der Systemwirkungsgrad η_A maximal wird. Der für einen gegebenen Sender
optimale Entzerrer-Frequenzgang $\overset{\circ}{H}_E(f)$ ist durch Gl. 8-62 (System ohne QR) bzw. Gl.
8-88 (System mit QR) gegeben. Die gegenseitige Optimierung von $H_S(f)$ und $H_E(f)$ kann
somit auf die Optimierung des Sender-Frequenzgangs $H_S(f)$ in Abhängigkeit von $\overset{\circ}{H}_E(f)$
zurückgeführt werden. Für eine gegebene Stufenzahl M und einen Entscheider ohne QR
lautet hierbei die Optimierungsvorschrift, vgl. Gl. 8-70, Gl. 8-76 und Def. 7-40:

$$\frac{s_{max}^2}{\hat{g}_S^2} \, T \int_{-f_N}^{f_N} \frac{df}{\sum_{K=-\infty}^{+\infty} |H_S(f - \tfrac{K}{T})|^2 |H_K'(f - \tfrac{K}{T})|^2} \overset{!}{=} \text{Minimum.} \tag{8-100}$$

f_N=1/(2T) ist die Nyquist-Frequenz.

Für das Folgende wird festgelegt, daß der Sende-Grundimpuls zeitlich nur auf die
Symboldauer T beschränkt ist, d.h. es sei $g_S(t)$=0 für $|t|$>T/2. Mit dieser Voraus-
setzung ist $s_{max}=\hat{g}_S$, so daß sich die Optimierungsbedingung von Gl. 8-100 vereinfacht. Der optimale Sender-Frequenzgang $\overset{\circ}{H}_S(f)$ ist in Abhängigkeit von dem - auf die
Rauschzahl F(f) bezogenen - Kanal-Frequenzgang $H_K'(f)$ (vgl. Def.8-61) so zu bestimmen, daß das Integral minimal wird. Wenn gezeigt werden kann, daß für ein bestimmtes $H_S(f)$ der Integrand selbst im gesamten Integrationsbereich von $-f_N$ bis $+f_N$ den
kleinstmöglichen Wert annimmt, so ist dieses $H_S(f)$ der gesuchte optimale Sender-
Frequenzgang $\overset{\circ}{H}_S(f)$. Hierbei ist berücksichtigt, daß der Nenner wegen der Betragsbildung nur positiv sein kann. Daraus kann eine weiter vereinfachte, hinreichende,
nicht notwendige Optimierungsbedingung abgeleitet werden:

$$\text{Nenner} = \sum_{K=-\infty}^{+\infty} |H_S(f - \tfrac{K}{T})|^2 |H_K'(f - \tfrac{K}{T})|^2 \overset{!}{=} \text{Maximum für } -f_N \leq f \leq f_N.$$

$$\tag{8-101}$$

Die Nebenbedingung der Spitzenwertbegrenzung (Def. 7-2) ist im Frequenzbereich sehr schwer formulierbar. Deshalb wird vom Zeitbereich ausgegangen, und der Sende-Grundimpuls durch eine Treppenfunktion gemäß Bild 8.29a angenähert. Auf diese Weise kann der Grundimpuls $g_s(t)$ als Summe von 2L+1 gewichteten Elementar-Rechteckimpulsen der Dauer $T_\varepsilon=T/(2L+1)$ dargestellt werden:

$$g_s(t) = \sum_{l=-L}^{+L} \alpha_1 \hat{g}_s \, rec\left(\frac{t-1\,T_\varepsilon}{T_\varepsilon}\right).$$ (8-102)

α_1 (l=-L,...,L) sind die **Sendeimpulskoeffizienten**, die wegen der Spitzenwertbegrenzung zwischen -1 und +1 liegen müssen. Mit dem Grenzübergang L→∞ kann jeder beliebige kontinuierliche Sende-Grundimpuls hinreichend genau beschrieben werden, wenn er sowohl zeitlich als auch im Spitzenwert begrenzt ist.

Mit dieser Approximation gilt für den Sender-Frequenzgang gemäß Def. 2-15:

$$H_S(f) = \sum_{l=-L}^{+L} \alpha_1 \frac{T_\varepsilon}{T} \, si(\pi f T_\varepsilon) \, e^{-j2\pi f l T_\varepsilon}.$$ (8-103)

Nach einigen trigonometrischen Umformungen erhält man daraus für das Betragsquadrat des Sender-Frequenzgangs:

$$|H_S(f)|^2 = H_S(f)H_S^*(f) = \frac{T_\varepsilon^2}{T^2} \, si^2(\pi f T_\varepsilon) \sum_{k=-L}^{+L} \sum_{l=-L}^{+L} \alpha_k \alpha_1 \cos\left[2\pi(1-k)fT_\varepsilon\right].$$ (8-104)

so daß die Optimierungsbedingung von Gl. 8-101 lautet:

$$Nenner = \sum_{k=-L}^{L} \sum_{l=-L}^{L} \alpha_k \alpha_1 y_{1-k} \overset{!}{=} Maximum \text{ für } -f_N \le f \le f_N.$$ (8-105)

Die 2L+1 verschiedenen Koeffizienten (i= 0,...,2L)

$$y_i = \frac{T_\varepsilon^2}{T^2} \sum_{K=-\infty}^{+\infty} |H_K'(f - \tfrac{K}{T})|^2 si^2\left(\pi(f - \tfrac{K}{T})T_\varepsilon\right) \cos\left(2\pi i(f - \tfrac{K}{T})T_\varepsilon\right)$$ (8-106)

hängen außer von T_ε nur vom (bezogenen) Kanal-Frequenzgang $H_K'(f)$ ab und werden im folgenden als die **Kanalkoeffizienten** bezeichnet.

Die Sendeimpulskoeffizienten α_1 (l=-L,...,L) sind nun so zu bestimmen, daß der Nenner nach Gl. 8-105 maximal wird, und zwar für jede Frequenz im Bereich von $-f_N$ bis $+f_N$. Diese Optimierungsaufgabe ist in [3.12] und [8.33] ausführlich beschrieben und soll hier nur kurz skizziert werden.

Betrachtet man den Nenner jeweils abhängig von einem bestimmten Sendeimpulskoeffizienten α_1 (l=-L,...,L), wobei man die anderen 2L Koeffizienten ($\alpha_{i\ne1}$) konstant läßt, so ergeben sich parabelförmige Kurven, vgl. Bild 8.29b. Die einzelnen Kurvenverläufe hängen von den Sendeimpulskoeffizienten $\alpha_{i\neq l}$ und den Kanalkoeffizienten y_i ab. Da nach Gl. 8-106 der Koeffizient y_o immer größer als 0 ist, sind alle diese Parabeln nach oben geöffnet. Daraus folgt wegen der Spitzenwertbegrenzung (d.h. : $-1\leq\alpha_l\leq+1$), daß der optimale Wert für den Sendeimpulskoeffizienten $\alpha_l=\pm 1$ ist, und zwar unabhängig von den anderen Koeffizienten $\alpha_{i\neq l}$. Diese Aussage gilt für alle l ($l=-L,\ldots,+L$) und für alle Frequenzen von $-f_N$ bis $+f_N$. Der Nenner ist also im interessierenden Frequenzbereich genau dann maximal, wenn alle Sendeimpulskoeffizienten $\alpha_{-L}\ldots\alpha_L$ entweder +1 oder -1 sind. Das bedeutet, daß der optimale Sende-Grundimpuls bei Spitzenwertbegrenzung mäanderförmig ist. Darunter soll ein Impuls verstanden werden, der von $-T/2$ bis $+T/2$ die Amplitude $+\hat{g}_s$ oder $-\hat{g}_s$ besitzt und außerhalb dieses Zeitbereichs Null ist. Ein solcher Impuls ist in Bild 8.29a gestrichelt eingezeichnet. Alle mäanderförmigen Impulse haben gemeinsam, daß ihre Sendeenergie $\hat{g}_s^2 T$ bei Spitzenwertbegrenzung maximal ist. Der NRZ-Rechteck-Sendeimpuls ist ein Sonderfall der mäanderförmigen Impulse.

Berücksichtigt man dieses Ergebnis, so gehen die 2L+1 wertkontinuierlichen Optimierungsparameter ($-1\leq\alpha_l\leq+1$) in ebenso viele zweiwertige ($\alpha_l=\pm 1$) über, wodurch die Maximierung von Gl. 8-105 wesentlich einfacher wird und für jeden beliebigen Übertragungskanal am Digitalrechner gelöst werden kann.

Für viele Übertragungskanäle ist es möglich, die Optimierung der Sendeimpulskoeffizienten α_l auf eine Analyse der Kanalkoeffizienten y_i zurückzuführen. Kann z.B. bei einem Funkkanal der Frequenzgang $H_K'(f)=K$ als konstant angesetzt werden, so sind für $i\neq 0$ die Kanalkoeffizienten $y_i=0$, vgl. Gl. 8-106 und [8.33]. Dagegen erhält man für $y_0 = K^2 T_\varepsilon / T = K^2/(2L+1)$. Der Nenner nach Gl. 8-105 ist somit unabhängig von den Sendeimpulskoeffizienten $\alpha_l=\pm 1$ gleich

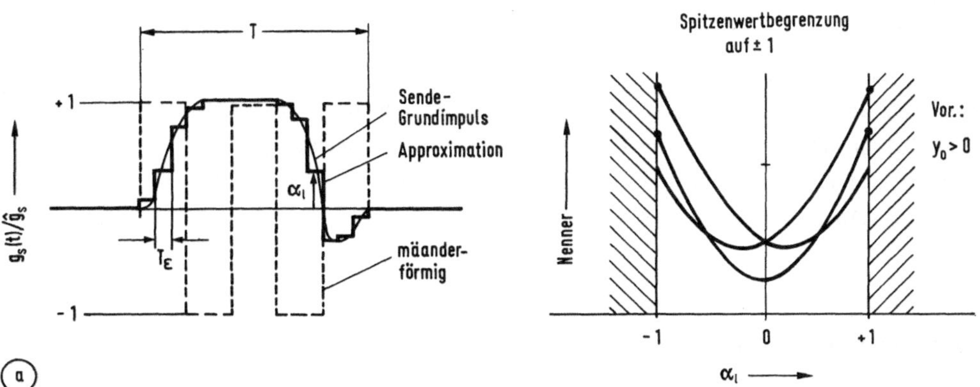

Bild 8.29: Zur Optimierung der Sendeimpulsform bei Spitzenwertbegrenzung (Amplitudenbegrenzung) und optimaler Nyquist-Entzerrrung:
(a) Approximation des Sende-Grundimpulses, (b) Nenner nach Gl. 8-105 in Abhängigkeit eines Sendeimpulskoeffizienten α_l ($\alpha_{i\neq l}$=const.).

$$\text{Nenner} = \sum_{l=-L}^{L} \alpha_l^2 y_0 = K^2, \tag{8-107}$$

woraus der Systemwirkungsgrad $\eta_A = K^2 \, ldM/(M-1)^2$ berechnet werden kann, vgl. Gl. 8-76 und Gl. 8-100. Somit ist gezeigt, daß bei frequenzunabhängigem Kanal sowie weißem Rauschen jeder mäanderförmige, zeitlich auf T begrenzte Sendeimpuls optimal ist, solange er die maximale Energie $\hat{g}_S^2 T$ besitzt. Der NRZ-Rechteckimpuls ist unter diesen Voraussetzungen als Sonderfall eines Mäanders ebenfalls optimal.

Dieses Ergebnis wird verständlich, wenn man die Spektren eines "hochfrequenten" Mäanders und eines NRZ-Recktecks vergleicht. Der hochfrequente Mäander weist gegenüber dem NRZ-Reckteckimpuls weniger Spektralanteile bei tiefen Frequenzen, dafür mehr Anteile bei den höheren Frequenzen auf. Da alle Frequenzen gleich gut über den Kanal übertragen werden, ist es jedoch gleichgültig. ob der Sende-Grundimpuls im wesentlichen hoch- oder niederfrequente Spektralanteile besitzt.

In [3.12] wird weiterhin gezeigt, daß bei Spitzenwertbegrenzung der rechteckförmige NRZ-Impuls allein der optimale Sende-Grundimpuls ist, wenn die Kanalkoeffizienten für alle Frequenzen $-f_N \leq f \leq f_N$ die folgenden Bedingungen erfüllen:

(a) $y_i > 0$ für $1 \leq i \leq L$

(b) $y_i \leq y_{i-1}$ für $1 \leq i \leq L$ (8-108)

(c) $y_i \geq -y_{2L+1-i}$ für $1 \leq i \leq L.$

Alle untersuchten Kanäle mit (schwach) monoton ansteigender Dämpfung (Küpfmüller-Kanal, Gauß-Kanal, Koaxialkabel, symmetrische Kabel) erfüllen diese Voraussetzung. Deshalb ist bei diesen Kanälen der NRZ-Rechteck-Sendeimpuls optimal, wenn von Spitzenwertbegrenzung des Sendesignals ausgegangen wird. Bild 8.27b zeigt z.B., daß bei einem binären Koaxialkabelsystem durch einen (rechteckförmigen) RZ-Sendeimpuls mit dem Tastverhältnis $T_S/T=0{,}5$ (strichpunktierte Kurve) gegenüber dem NRZ-Rechteckimpuls (durchgezogene Kurve) ein Störabstandsverlust von etwa 4 dB in Kauf genommen werden muß. Bei optimaler Stufenzahl ($M=\overset{\circ}{M}$) erhält man qualitativ ähnliche Ergebnisse. Es ist anzumerken, daß für eine gegebene Kabeldämpfung a_* die optimale Stufenzahl $\overset{\circ}{M}$ im Fall der Spitzenwertbegrenzung etwas größer ist als bei Leistungsbegrenzung, vgl. Bild 8.27a und Gl. 8-99.

8.5 Optimierung der Codierung

Für die bisherigen Abschnitte wurde meist vorausgesetzt, daß die Stufenzahl M an Sender und Empfänger übereinstimmt. Eine Ausnahme hiervon stellten nur die im Abschnitt 8.1.3 beschriebenen "empfangsseitigen Pseudoternärcodes" dar, die zu recht günstigen Ergebnissen führten. Dabei waren allerdings einige frei wählbare Systemparameter fest vorgegeben (z.B. ein redundanzfreies Sendesignal sowie ein "lineares Codiernetzwerk" am Empfänger), was eine nicht notwendige Einschränkung bedeutet.

In [8.34] wird ein auf alle Digitalsysteme anwendbarer Optimierungsalgorithmus vorgestellt, der von dem allgemeinsten Blockschaltbild nach Bild 8.30 ausgeht. Der Sender beinhaltet eine beliebige Codiereinrichtung, die jeweils N_q binäre Quellensymbole einem Block von N Codesymbolen zuordnet. Somit gilt für die Zeitdauer, die zur Übertragung eines Codesymbols bzw. eines Sendeimpulses zur Verfügung steht:

$$T = \frac{N_q}{N}\, T_q.\qquad\qquad\qquad\qquad (8\text{-}109)$$

Eine weitere Kenngröße des Codes ist die Stufenzahl M_C, die meist sehr groß ist und die im Grenzfall gegen unendlich gehen kann, wodurch ein nahezu wertkontinuierliches Sendesignal entsteht. Insgesamt könnte der Coder innerhalb der Blockdauer $NT = N_q T_q$ bis zu M_C^N verschiedene Folgen abgeben. Da jedoch nur 2^{N_q} dieser Codesymbolfolgen durch die Codiervorschrift einer Quellensymbolfolge zugeordnet sind, gilt für die relative Coderedundanz gemäß Def. 4-4:

$$r_C = 1 - \frac{N_q}{N\,\mathrm{ld}\,M_C}.\qquad\qquad\qquad\qquad (8\text{-}110)$$

Im folgenden wird analog zu der Bezeichnungsweise von Kapitel 6 die aus N_q Symbolen bestehende Quellensymbolfolge mit Q_{N_q} abgekürzt. Ebenso kennzeichnet C_N die N Symbole umfassende Codesymbolfolge.

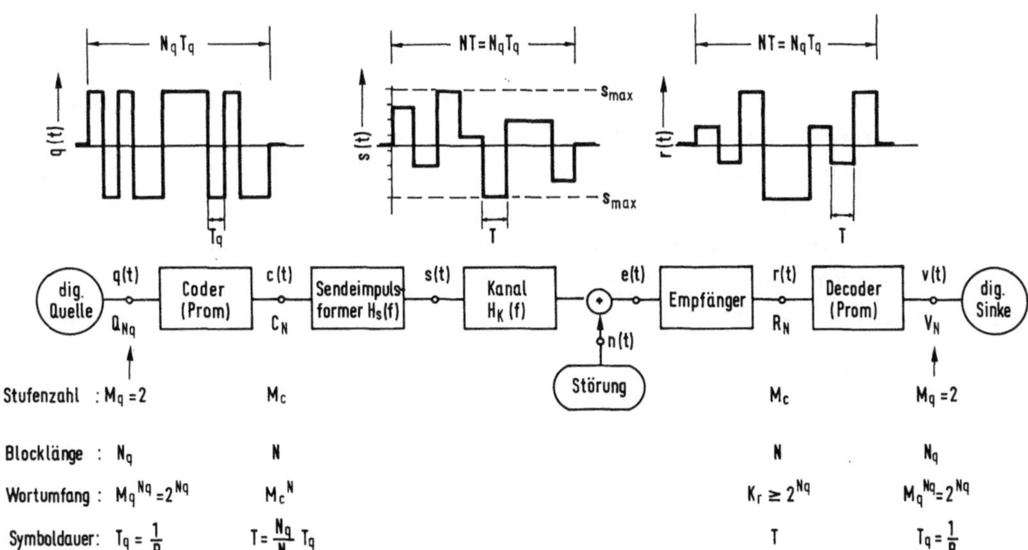

Bild 8.30: Allgemeines Blockschaltbild eines digitalen Basisbandübertragungssystems mit (nichtlinearer) Codierung und dazugehörige Signale [8.34] (Hierfür gilt: M_q=2, M_c=8, M_r=4, T=1,5T_q).

Für den Empfänger sind verschiedene Strukturen möglich, z.B. ein Optimalempfänger (Korrelations- bzw. Viterbi-Empfänger) gemäß Kapitel 6 oder ein herkömmlicher
Empfänger mit Schwellwertentscheider. Es wird lediglich festgelegt, daß der Empfänger innerhalb einer Blocklänge genau K_r verschiedene regenerierte Symbolfolgen $R_N^{(k)}$
($k=1,\ldots,K_r$) unterscheiden kann. M_r ist die Stufenzahl des regenerierten Signals
$r(t)$, die grundsätzlich von der Stufenzahl M_C des Codersignals $c(t)$ abweichen kann.

Durch die große Stufenzahl M_C des Codes und die damit verbundene große Redundanz
können solche Sendesignale erzeugt werden, die vom Empfänger möglichst gut unterscheidbar sind. Beispielsweise können die zulässigen Sendesignale so bestimmt werden, daß die bei herkömmlichen Systemen am Empfänger auftretenden Impulsinterferenzen bereits am Sender kompensiert werden.

Zur Beschreibung des in [8.34] angegebenen Optimierungsverfahrens wird zunächst
vorausgesetzt, daß die weiteren optimierbaren Systemgrößen (z.B. die Sendeimpulsform sowie die "Struktur" des Empfängers) für die Optimierung fest vorgegeben sind.
Aufgabe der Optimierung ist es nun, die Codeparameter (z.B. die Stufenzahl M_C sowie
die Symboldauer T) und insbesondere die Codiervorschrift (d.h. die Zuordnung zwischen den Quellen- und den Codesymbolfolgen) so zu bestimmen, daß die mittlere Bitfehlerwahrscheinlichkeit $p_B=\overline{P(v_\nu \neq q_\nu)}$ des gesamten Übertragungssystems minimal wird.

Bezeichnet man mit p_k die (bedingte) mittlere Bitfehlerwahrscheinlichkeit unter
der Annahme, daß die Symbolfolge $C_N^{(k)}$ gesendet wurde, so erhält man mit Gl. 6-101
als Näherung für die zu minimierende mittlere Bitfehlerwahrscheinlichkeit:

$$p_B = 2^{-N_q} \sum_{k=1}^{2^{N_q}} p_k \, . \tag{8-111}$$

Diese Berechnung entspricht einer Scharmittelung über alle möglichen Quellensymbolfolgen $Q_{Nq}^{(k)}$ bzw. über alle erlaubten Codesymbolfolgen $C_N^{(k)}$.

Der Grundgedanke der hier beschriebenen Codeoptimierung ist, daß aus der Menge
der M_C^N möglichen Codesymbolfolgen $C_N^{(i)}$ diejenigen 2^{N_q} Folgen $C_N^{(k)}$ ausgewählt werden, die unter den vorliegenden Randbedingungen die günstigsten Übertragungseigenschaften besitzen, d.h. die <u>insgesamt</u> zur minimalen Fehlerwahrscheinlichkeit führen. Im einzelnen läßt sich die Codeoptimierung in folgende Punkte unterteilen:

(a) Festlegen geeigneter Startwerte für die Codeparameter, d.h. für die Symboldauer
    T und die Stufenzahl M_C des Coders. (Die Blocklänge N ist durch T bestimmt).

(b) Berechnung des Empfangs-Grundimpulses bzw. des Detektions-Grundimpulses und der
    Störleistung.

(c) Auswahl der günstigsten Codesymbolfolgen, d.h. derjenigen Folgen, die insgesamt
    zur minimalen Fehlerwahrscheinlichkeit führen.

(d) Variation der Codeparameter; Fortsetzung mit (b).

<u>Anmerkung</u>: Werden auch die Kenngrößen des Sende- und des Empfangsfilters variiert,

so stellt dieser Algorithmus das allgemeinste Konzept zur Ermittlung des optimalen Digitalsystems dar. Allerdings kann bei großen Stufenzahlen und großen Blocklängen der Rechenaufwand sehr stark anwachsen.

8.5.1 Optimale Codierung bei einem optimalen Empfänger (Viterbi-Empfänger)

Die Schwierigkeit bei der Auswahl der $2^N q$ günstigsten Folgen $C_N^{(k)}$ liegt darin, daß die (bedingten) Fehlerwahrscheinlichkeiten p_k im allgemeinen auch von den $2^N q-1$ anderen ausgewählten Codesymbolfolgen $C_N^{(j)}$ abhängen $(j \neq k)$. Dies soll das folgende Beispiel deutlich machen.

Bei einem optimalen Digitalempfänger und gaußverteiltem weißem Rauschen mit der Rauschleistungsdichte L_o gilt die im Abschnitt 6.4.2 angegebene Näherung:

$$p_k = \min_{j \neq k} Q\left(\sqrt{\frac{\Delta E_{kj}}{4 L_o}}\right) \qquad \begin{array}{l} k = 1 \dots 2^{N} q \\ j = 1 \dots 2^{N} q, \end{array} \qquad (8\text{-}112)$$

wobei ΔE_{kj} der Energieabstand zwischen dem k-ten und dem j-ten Empfangsnutzsignal ist, vgl. Def. 6-97. Es ist nun zweckmäßig, daraus analog zu Def. 7-4 das effektive Signalstörleistungsverhältnis der k-ten Codesymbolfolge abzuleiten:

$$\rho_k = \left[Q^{-1}(p_k)\right]^2 = \min_{j \neq k}\left(\frac{\Delta E_{kj}}{4 L_o}\right). \qquad (8\text{-}113)$$

$Q^{-1}(x)$ ist hierbei die Umkehrfunktion des komplementären Gauß'schen Fehlerintegrals entsprechend Tabelle A-1 bzw. A-2.

Für die Optimierung müssen nun aus den M_C^N möglichen Codesymbolfolgen $C_N^{(i)}$ die $2^N q$ Folgen $C_N^{(k)}$ mit maximalem ρ_k ausgewählt werden. Dies wird beispielsweise dadurch erreicht, daß alle M_C^{2N} möglichen effektiven Signalstörleistungsverhältnisse

$$\rho_{ij} = \frac{\Delta E_{ij}}{4 L_o} \qquad \begin{array}{l} i = 1 \dots M_C^N \\ j = 1 \dots M_C^N \end{array} \qquad (8\text{-}114)$$

ermittelt werden, vgl. [8.34]. Ordnet man diese ρ_{ij} in einer $M_C^N \times M_C^N$-Matrix an, so kann das Symbolfolgepaar (i^*, j^*) mit dem kleinsten effektiven Signalstörleistungsverhältnis bestimmt werden. Damit dieses minimale S/N-Verhältnis $\rho_{i^* j^*}$ beim nächsten Iterationsschritt nicht mehr auftritt, muß entweder die i^*-te oder die j^*-te Symbolfolge eliminiert werden. Besitzt z.B. die i^*-te Codesymbolfolge zu den übrigbleibenden Folgen $C_N^{(j)}$ $(j \neq i^*, j^*)$ das geringere effektive S/N-Verhältnis, d.h. ist

$$\min_{j \neq i^*, j^*} \rho_{i^* j} < \min_{i \neq i^*, j^*} \rho_{ij^*}, \qquad (8\text{-}115)$$

so muß die i^*-te Folge eliminiert werden, andernfalls die j^*-te. Elimination der i*-ten Codesymbolfolge bedeutet dabei die Streichung der i*-ten Zeile und der i*-ten Spalte aus der Matrix (ρ_{ij}).

Durch Wiederholen dieses Streichalgorithmus' wird die Matrix (ρ_{ij}) sukzessive verkleinert. Beträgt die Anzahl der Zeilen bzw. der Spalten dieser Matrix nur noch 2^{Nq}, so sind damit die günstigsten Codesymbolfolgen $C_N^{(k)}$ ermittelt.

8.5.2 Optimale Codierung bei einem Schwellwertempfänger

Ein M_r-stufiger Schwellwertentscheider kann innerhalb einer Blockdauer $NT=N_qT_q$ genau $K_r=M_r^N$ verschiedene Symbolfolgen unterscheiden. Da innerhalb dieser Blockdauer jedoch bis zu 2^{Nq} verschiedene Quellensymbolfolgen abgegeben werden können und damit auch ebenso viele verschiedene Codesymbolfolgen $C_N^{(k)}$ ($k=1,..,2^{Nq}$) erlaubt sind, muß $K_r \geq 2^{Nq}$ sein.

Ist $M_c > M_r$, so ist auch die Anzahl M_c^N der möglichen (nicht der erlaubten) Codesymbolfolgen größer als die Anzahl M_r^N der am Empfänger unterscheidbaren Folgen. Das bedeutet, daß in der Regel mehrere mögliche Codesymbolfolgen vom Empfänger als die gleiche regenerierte Symbolfolge interpretiert werden.

Bild 8.31 soll diesen Sachverhalt am Beispiel eines quaternären Schwellwertentscheiders ($M_r=4$) mit den 3 Schwellenwerten $\tilde{E}_1$, E_2 und $\tilde{E}_3$ verdeutlichen. Die beiden hier eingezeichneten Detektionsnutzsignale $\tilde{d}_j(t)$ bzw. $\tilde{d}_k(t)$ werden - zumindest bei Abwesenheit von Störungen - vom Detektor als die gleiche regenerierte Folge $\langle r_\nu \rangle =$ "... $\oplus$ - - + $\ominus$ ..." interpretiert, da die Abtastwerte $\tilde{d}_j(\nu T)$ bzw. $\tilde{d}_k(\nu T)$ zu den Detektionszeitpunkten $T,...,5T$ jeweils zwischen den gleichen Schwellenwerten liegen.

Unter den möglichen Codesymbolfolgen $C_N^{(j)}$, die zu einer ganz bestimmten regenerierten Folge $R_N^{(k)}$ führen, muß nun diejenige Folge $C_N^{(k)}$ ausgewählt werden, die die geringste mittlere Bitfehlerwahrscheinlichkeit p_k besitzt:

$$p_k = \min_j p_j. \qquad\qquad\qquad\qquad (8\text{-}116)$$

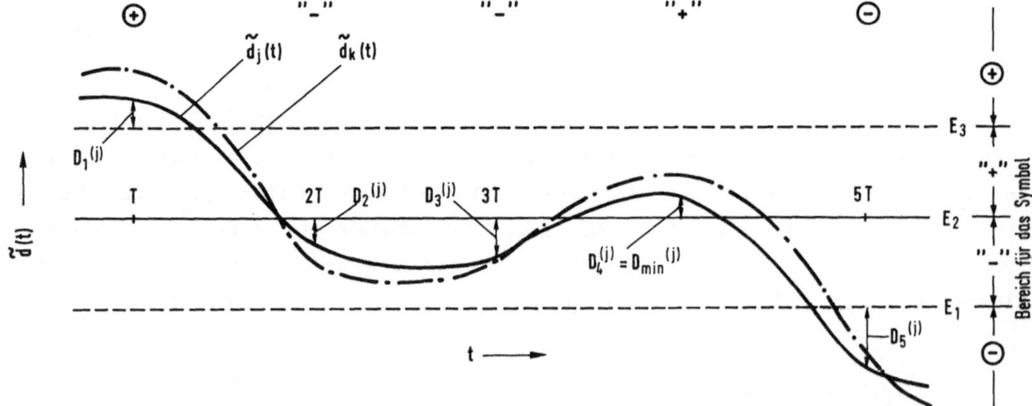

Bild 8.31: Zur Verdeutlichung der Codeoptimierung bei einem Schwellwertentscheider mit $M_r=4$ ($\tilde{d}_j(t)$ bzw. $\tilde{d}_k(t)$ sind mögliche Detektionsnutzsignale).

Die Minimumbildung ist dabei über alle möglichen Codesymbolfolgen $C_N^{(j)}$ durchzuführen, die vom Detektor als die gleiche regenerierte Symbolfolge $R_N^{(k)}$ erkannt werden. Für die Fehlerwahrscheinlichkeit der j-ten Folge gilt dabei mit Gl. 3-9:

$$p_j = \frac{1}{N} \sum_{\nu=1}^{N} Q\left(\frac{D_\nu^{(j)}}{\sqrt{N_d}}\right) . \qquad (8\text{-}117)$$

N_d ist die Detektionsstörleistung. Der Detektionsabstand $D_\nu^{(j)}$ kennzeichnet den Abstand des Detektionsnutzsignals $\tilde{d}_j(t)$ zum Detektionszeitpunkt νT von der am nächsten gelegenen Entscheiderschwelle, vgl. Def. 3-6 und Abschnitt 3.4.3:

$$D_\nu^{(j)} = \min_{\mu=1,\ldots,M-1} |\tilde{d}_j(\nu T) - E_\mu| . \qquad (8\text{-}118)$$

Mit den Ergebnissen von Abschnitt 3.5 gilt näherungsweise:

$$p_j \simeq Q\left(\frac{D_{min}^{(j)}}{\sqrt{N_d}}\right), \text{ wobei } D_{min}^{(j)} = \min_{\nu=1,\ldots,N} D_\nu^{(j)} . \qquad (8\text{-}119)$$

Im Beispiel von Bild 8.31 ist die Fehlerwahrscheinlichkeit p_k der zum Detektionsnutzsignal $\tilde{d}_k(t)$ gehörigen Folge $C_N^{(k)}$ kleiner als p_j, da der minimale Detektionsabstand $D_{min}^{(k)}$ größer als $D_{min}^{(j)}$ ist.

Somit sind von den M_c^N möglichen Codesymbolfolgen $C_N^{(i)}$ insgesamt M_r^N Folgen $C_N^{(k)}$ vorausgewählt, die jeweils einer regenerierten Folge $R_N^{(k)}$ zugeordnet sind. Daraus können nun diejenigen 2^{Nq} Folgen mit den geringsten Fehlerwahrscheinlichkeiten ermittelt werden, die für die Übertragung benutzt werden sollen. Dazu kann man z.B. die M_r^N verschiedenen Fehlerwahrscheinlichkeiten

$$p_k \simeq Q\left(\frac{D_{min}^{(k)}}{\sqrt{N_d}}\right) \qquad (k = 1,\ldots,M_r^N) \qquad (8\text{-}120)$$

so umbenennen, daß p_k mit wachsendem k ansteigt. Die ersten 2^{Nq} Folgen werden sinnvollerweise für die Übertragung ausgewählt. Die mittlere Fehlerwahrscheinlichkeit p_M ist dann näherungsweise gleich der 2^{Nq}-ten Fehlerwahrscheinlichkeit p_k.

Geht man von einem Schwellwertentscheider ohne QR und einem gegebenen Impulsformer-Frequenzgang $H_I(f)$ aus, so führt der hier beschriebene Optimierungsalgorithmus auf einen Code, der empfangsseitig nahezu keine Impulsinterferenzen aufweist. Voraussetzung hierfür ist allerdings, daß $M_c \gg M_r$ ist, vgl. [8.15].

Bild 8.32 zeigt z.B. die Sendesignale und die dazugehörigen Detektionsnutzsignale für zwei ausgewählte Symbolfolgen, wobei ein gaußförmiger Impulsformer mit der Grenzfrequnz $f_I = 0,3$ R und ein binärer Schwellwertempfänger ($M_r = 2$) zugrunde gelegt sind. Die Stufenzahl des Coders bzw. des Sendesignals ist mit $M_c = 256$ sehr groß gewählt, die möglichen Codesymbole c_μ werden mit 1 bis 256 bezeichnet.

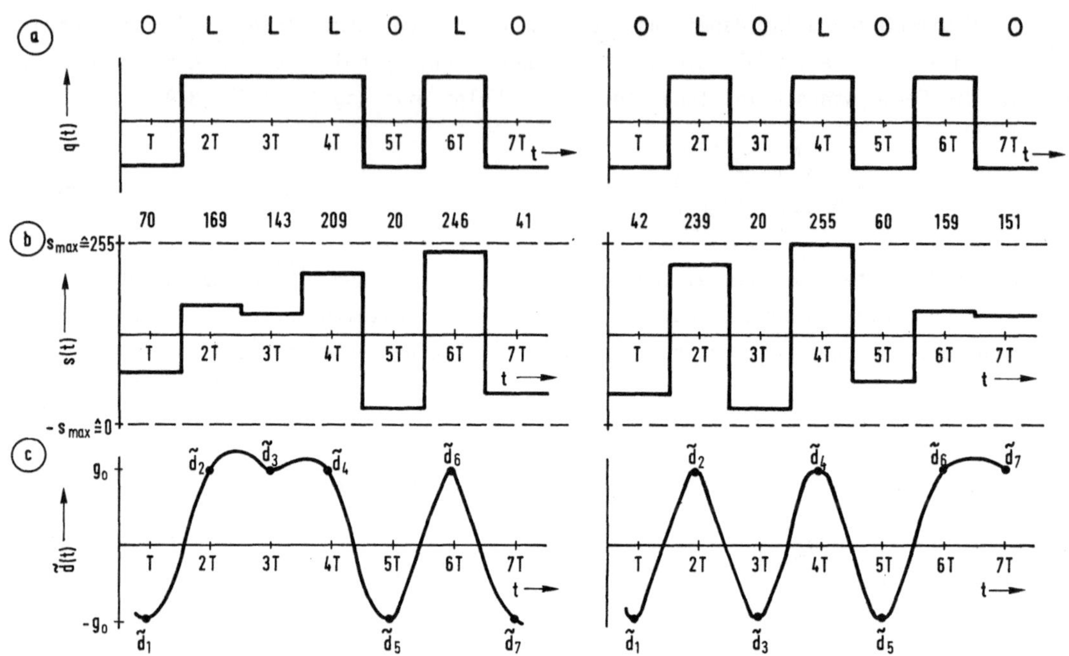

Bild 8.32: Zur Erzeugung von Nyquist-Systemen durch Codierung (Vorverzerrung)
            (a) Quellensignal, (b) Sendesignal, (c) Detektionsnutzsignal.

Obwohl der hier betrachtete Impulsformer-Frequenzgang bei einem redundanzfreien Rechtecksignal zu großen Impulsinterferenzen führen würde (vgl. Bild 8.1a), wird durch die geeignete Auswahl von 2^N Codesymbolfolgen aus allen 256^N möglichen Folgen gewährleistet, daß alle auftretenden Detektionsnutzsignale $\tilde{d}_k(t)$ zu den Detektionszeitpunkten $T_D + \nu T$ mit guter Näherung einen der beiden Werte $\pm \hat{g}_d$ besitzen. Auf diese Weise wird durch die Codierung eine impulsinterferenzfreie Detektion ermöglicht.

Die hier vorgeschlagene Codiermethode kann daher als die "digitale Realisierung" eines Nyquist-Systems aufgefaßt werden, die auch dann zu einer impulsinterferenzfreien Detektion führt, wenn der Gesamtfrequenzgang

$$H_S(f)H_K(f)H_E(f) \neq H_N(f) \tag{8-121}$$

erheblich von einem Nyquist-Frequenzgang (Def. 8-41) abweicht. Diese Methode bietet den Vorteil, daß sie sich durch ein Prom am Sender relativ einfach realisieren läßt und damit unempfindlicher gegenüber Parameterschwankungen ist als die analoge Realisierung eines Nyquist-Systems ("Nyquist-Entzerrer" nach Abschnitt 8.3).

Aus Bild 8.33a in Abschnitt 8.6 ist am Beispiel eines Koaxialkabelsystems mit der charakteristischen Kabeldämpfung $a_* = 80 \text{dB}$ zu ersehen, daß durch diese Codierung ein Störabstandsgewinn erzielt werden kann, der nahe an den Gewinn der (linearen) Nyquist-Entzerrung heranreicht. Der zweite Kurvenzug von oben gilt für ein System mit einem vielstufigen Sendesignal (M_C=256) und einem gaußförmigen Impulsformer mit optimierter Grenzfrequenz. Die Stufenzahl des Schwellwertentscheiders ist auf der Abszisse aufgetragen ($M=M_r$).

Es ist zu erkennen, daß durch diese Art der Codierung bei gleichem Impulsformer (Gauß-Tiefpaß) gegenüber den redundanzfreien Systemen ein beträchtlicher Gewinn zu erzielen ist. Die Kurve liegt jedoch stets um ca. 1 bis 2 dB unter den redundanz-freien Nyquist-Systemen.

8.6 Vergleich der optimierten Systeme

Im folgenden werden die in den vorhergegangenen Abschnitten optimierten Systeme einander vergleichend gegenüber gestellt, wobei als Übertragungskanal ein Normal-koaxialkabel zugrunde gelegt wird. Der Vergleich erfolgt im wesentlichen für redun-danzfreie M-stufige Codes und für rechteckförmige NRZ-Sendeimpulse unter der Neben-bedingung der Spitzenwertbegrenzung (Amplitudenbegrenzung). Für den Fall der Lei-

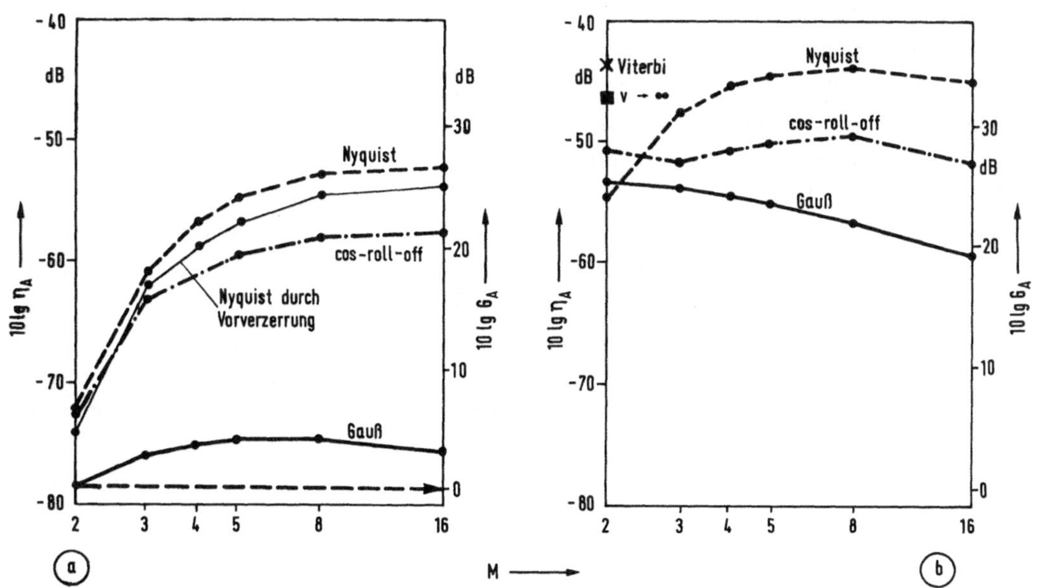

Bild 8.33: Systemwirkungsgrad 10 lg η_A und Störabstandsgewinn 10 lg G_A bei Spitzenwertbegrenzung in Abhängigkeit von der Stufenzahl M (a_*=80 dB): (a) ohne QR, (b) ideale QR. Anmerkung: Die mit "Nyquist durch Vorver-zerrung" gekennzeichnete Kurve gilt für das System gemäß Bild 8.32, wo-bei $M=M_r$ die Stufenzahl des regenerierten Signals darstellt. Die Stu-fenzahl des Sendesignals ist M_C=256. Der Impulsformer ist gaußförmig.

stungsbegrenzung lassen sich ähnliche Kurven ableiten, vgl. [3.12]. Bei der Interpretation von Bild 8.33 und Bild 8.34 sollte allerdings berücksichtigt werden, daß hier Realisierungsgenauigkeiten außer Betracht gelassen werden, so daß die Kurven nur als theoretisch erreichbare Grenzen zu verstehen sind. Der Einfluß von Toleranzen wird in Abschnitt 8.7 untersucht.

Bild 8.33a zeigt den Systemwirkungsgrad in Abhängigkeit von der Stufenzahl M und zwar für Systeme ohne Quantisierte Rückkopplung. Dieses Bild gilt für die charakteristische Kabeldämpfung a_*=80 dB und für weißes Rauschen (F=1). Bei einer größeren Rauschzahl (F>1) ist η_A um den Faktor F kleiner.

Beim Binärsystem (M=2) mit gaußförmigem Impulsformer beträgt der Systemwirkungsgrad etwa -78,6 dB. Der Störabstandsgewinn G_A, der an der rechten Skala von Bild 8.33 abgelesen werden kann, ist für dieses Vergleichssystem definitionsgemäß gleich 0 dB, vgl. Def. 8-19.

Ist die Kabeldämpfung a_* hinreichend groß, so ist bei einem System ohne QR durch eine mehrstufige Übertragung ein merklicher Störabstandsgewinn möglich. Dieser Gewinn ist darauf zurückzuführen, daß durch die Erhöhung der Stufenzahl auf M>2 die Symbolrate um den Faktor ld M verkleinert wird. Dadurch verschiebt sich das Sende-Leistungsspektrum zu tieferen Frequenzen hin, bei denen die Koaxialkabel eine geringere Dämpfung besitzen. So ist z.B. bei einem System mit gaußförmigem Impulsformer durch den Übergang von M=2 auf $\overset{\circ}{M}$=8 ein Störabstandsgewinn von ca. 4 dB zu erzielen, vgl. Abschnitt 8.1.1.

Eine weitere deutliche Störabstandsverbesserung ergibt sich durch einen Impulsformer mit einer größeren Flankensteilheit, als sie der Gauß-Tiefpaß besitzt, z.B. mit dem Cosinus-roll-off-Tiefpaß gemäß Abschnitt 8.1.5. Die Optimierung des roll-off-Faktors führt hier auf relativ kleine Werte, was sich günstig auf die Störleistung auswirkt. Die durch diesen Impulsformer hervorgerufenen Impulsinterferenzen sind relativ gering, was vor allem den Mehrstufensystemen zugute kommt. Ist M≥8, so beträgt hier der Gewinn gegenüber dem Vergleichssystem mehr als 20 dB.

Weiterhin ist aus Bild 8.33a zu erkennen, daß für Empfänger ohne QR ein System mit optimaler Nyquist-Entzerrung zum maximalen Systemwirkungsgrad führt, und zwar für jede Stufenzahl, vgl. Abschnitt 8.3.2. Für a_*=80 dB erhält man für die optimale Stufenzahl $\overset{\circ}{M}$≈16 einen Störabstandsgewinn von ca. 26,5 dB.

Der Vollständigkeit halber ist in dieses Bild auch das im vorherigen Abschnitt 8.5.2 beschriebene System eingetragen, bei dem die Nyquist-Eigenschaften durch die Codierung erzeugt werden. Die Stufenzahl $M=M_r$ gibt die Stufenzahl des Schwellwertentscheiders an, während das Sendesignal eine sehr viel größere Stufenzahl besitzt (M_C=256). Man erkennt aus dieser Darstellung, daß auch mit einem gaußförmigen Impulsformer ein großer Störabstandsgewinn möglich ist, wenn die Codierung mit in die Optimierung einbezogen wird.

Durch den Einsatz einer (idealen) Quantisierten Rückkopplung kann ebenfalls ein ganz entscheidender Gewinn erzielt werden, vgl. Bild 8.33b. Am wirkungsvollsten ist allerdings die QR beim Binärsystem mit gaußförmigem Impulsformer. Hier beträgt der maximale Gewinn durch die ideale QR etwas mehr als 25 dB. Dies führt dazu, daß bei einem Empfänger mit QR und gaußförmigem Impulsformer das Binärsystem den Mehrstufensystemen überlegen ist. Wird dagegen größerer Aufwand bei der linearen Signalentzerrung getrieben, z.B. durch eine optimale Nyquist-Entzerrung gemäß Abschnitt 8.3.3, so führt auch bei einem Empfänger mit QR eine mehrstufige Übertragung zu etwas günstigeren Ergebnissen als die Binärübertragung. Die optimale Stufenzahl $\overset{o}{M}=8$ ist jedoch ebenfalls niedriger als bei einem System ohne QR.

Das optimale Binärsystem mit QR (vgl. Bild 8.24a, $v\to\infty$) ist in Bild 8.33b mit einem Rechteck markiert. Bei diesem System werden die Impulsnachläufer mit Hilfe der QR beseitigt, wohingegen die Vorläufer Impulsinterferenzen hervorrufen. Bei einem Binärsystem mit QR ist bei den hier vorliegenden Voraussetzungen mit diesem extrem schmalbandigen Entzerrer gegenüber der Nyquist-Entzerrung ($v=0$) ein Störabstandsgewinn von etwa 8 dB zu erzielen. Das bedeutet, daß für den Fall der Binärübertragung und QR ein sehr schmalbandiges, impulsinterferenzbehaftetes System optimal ist.

Das Kreuz (x) markiert den binären Viterbi-Empfänger, der in Kapitel 6 beschrieben wurde. Es zeigt sich, daß dieses System, das die Einflüsse aller Vor- und Nachläufer beseitigt, zu einem um ca. 2,5 dB größeren Systemwirkungsgrad führt als das optimale Binärsystem ($v\to\infty$) mit symbolweiser Schwellwertentscheidung und idealer QR.

Mit einem mehrstufigen Viterbi-Empfänger können demgegenüber noch einige dB gewonnen werden, vgl. [6.20]. Diese Systeme liegen bereits sehr nahe an der absoluten oberen Grenze, die sich aus der Kanalkapazität ableiten läßt, vgl. Abschnitt 7.4.

Die maximal übertragbare Bitrate R_{max} (bei gegebener Kabellänge l) bzw. die maximale Regeneratorfeldlänge l_{max} (bei gegebener Bitrate R) können mit den Gleichun-

Empfänger		redundanzfreie Codierung					redundante Codierung			
		M=2	M=3	M=4	M=8	M=16	AMI-Code	Duo-binär	mod. Duob.	4B3T-Codes
gaußförmiger Impulsformer - ohne QR	K_A/dB	9,4	6,5	4,4	-1,3	-6,5	8,7	3,4	3,5	9,9
	K_*	1,10	1,03	0,99	0,91	0,86	1,27	0,98	1,11	1,17
gaußförmiger Impulsformer - ideale QR	K_A/dB	-8,0	-8,1	-10,0	-13,5	-17,6	-16,3	-21,9	-16,2	-10,0
	K_*	0,57	0,57	0,56	0,54	0,52	0,61	0,49	0,62	0,61
optimaler Nyquist-Entz. - ohne QR	K_A/dB	4,5	-0,3	-3,1	-9,3	-15,0	-1,5	-1,5	-1,5	2,2
	K_*	0,96	0,76	0,67	0,54	0,46	0,96	0,96	0,96	0,85
optimaler Nyquist-Entz. - ideale QR	K_A/dB	-0,8	-4,9	-7,4	-13,0	-18,3	-6,8	-6,8	-6,8	-4,7
	K_*	0,67	0,53	0,47	0,39	0,34	0,67	0,67	0,67	0,58

Tab. 8.4: Konstante K_* und K_A für einige Systemvarianten (es gilt Vor. 7-71).

gen 7-72 bis 7-77 ermittelt werden. Dazu werden die Konstanten K_A und K_* benötigt, die den (annähernd linearen) Zusammenhang zwischen dem Systemwirkungsgrad $10\lg \eta_A$ und der charakteristischen Kabeldämpfung a_* beschreiben. In Tabelle 8.4 sind diese Gerade-Konstanten für die oben optimierten Systeme zusammengestellt.

Bild 8.34 zeigt die maximale Regeneratorfeldlänge l_{max} für ein Normalkoaxialkabel 2,6/9,5mm. Würde man l_{max} logarithmisch auftragen, so ergäben sich hier ebenfalls gerade Kurvenverläufe, vgl. Bild 7.7.

Bild 8.34a gilt für binäre Systeme. Es zeigt, daß bei einem Schwellwertempfänger ohne QR die Regeneratorfeldlänge nur etwa halb so groß sein darf wie bei einem optimalen (Viterbi-)Empfänger. Dagegen ist beim optimalen Binärsystem mit QR die maximale Regeneratorfeldlänge nur um 10% bis 15% geringer als beim binären Viterbi-Empfänger, wenn der Fehlerfortpflanzungseffekt außer Betracht gelassen wird.

Für Bild 8.34b ist die jeweils optimale Stufenzahl $M=\mathring{M}$ zugrunde gelegt. Hier ist der Gewinn durch die Quantisierte Rückkopplung geringer als bei einer Binärübertragung. Ein Mehrstufensystem ($\mathring{M}\approx 8$) mit Nyquist-Entzerrung ($v=0$, $n\to\infty$) und idealer QR erlaubt in etwa die gleiche Regeneratorfeldlänge wie der binäre Viterbi-Empfänger.

Die wesentlichen Aussagen von Bild 8.33 und 8.34 können wie folgt zusammengefaßt werden: Will man gegenüber dem einfachen Vergleichssystem (Binärsignal, gaußförmi-

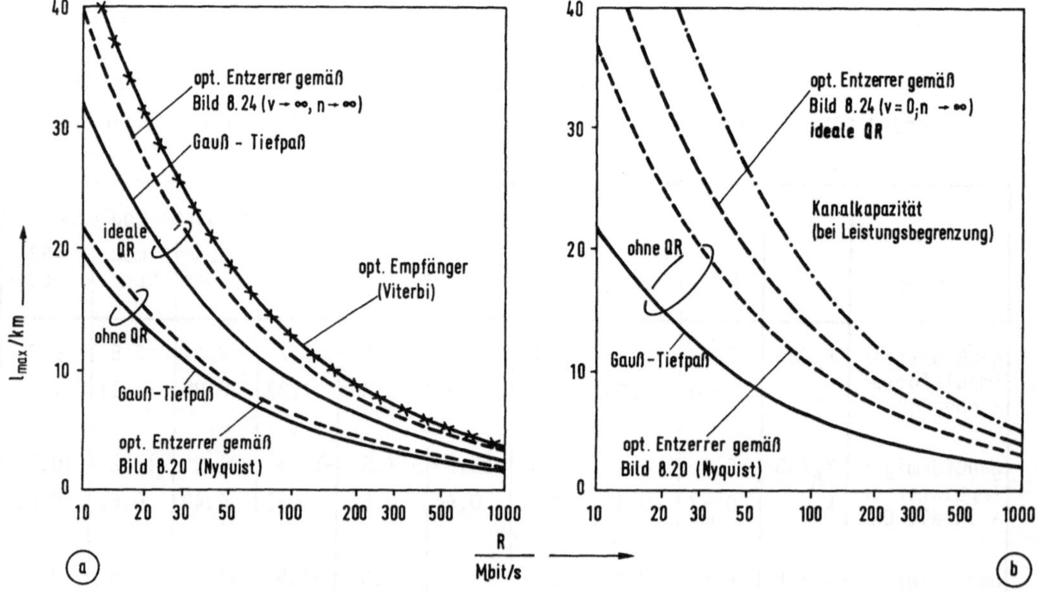

Bild 8.34: Maximale Regeneratorfeldlänge l_{max} in Abhängigkeit der Bitrate R bei (a) Binärsystemen (M=2), (b) optimaler Stufenzahl ($M=\mathring{M}$). Voraussetzung: NRZ-Rechteckimpulse (s_{max}=3V), weißes Rauschen (F=6), Normalkoaxialkabel 2,6/9,5 mm (α_2=2,36 dB/km$\sqrt{MHz}$).

ger Impulsformer, Empfänger ohne QR) eine entscheidende Verbesserung erzielen, so gibt es zwei prinzipiell unterschiedliche Möglichkeiten:

(a) man realisiert ein mehrstufiges System mit sehr guter Signalentzerrung, am besten ein Nyquist-System, oder

(b) man realisiert ein sehr schmalbandiges Binärsystem mit Quantisierter Rückkopplung oder mit einem Viterbi-Empfänger.

Im ersten Fall muß ein großer Aufwand beim (Nyquist-)Entzerrer und beim (mehrstufigen) Detektor betrieben werden. Dagegen ist im zweiten Fall die Quantisierte Rückkopplung bzw. der Viterbi-Detektor mit sehr engen Toleranzen zu realisieren.

8.7 Systemoptimierung bei Berücksichtigung von Toleranzen

Bisher wurden alle Systemkomponenten als ideal vorausgesetzt. Bei der Realsisierung eines solchen Übertragungssystems treten jedoch unvermeidbare Toleranzen auf, so daß von dieser Idealisierung abgegangen werden muß. Berücksichtigt man die Realisierungsungenauigkeiten schon bei der Systemoptimierung, so ergeben sich für die optimalen Systemparameter andere Werte als im toleranzfreien Fall.
Die wichtigsten Toleranzeinflüsse sind z.B. in [8.7] und [8.9] zusammengestellt:

(a) Abweichungen des tatsächlichen vom vorgegebenen Kanal-Frequenzgang, z.B. wegen Abweichungen von der Nennlänge des Übertragungsmediums, oder durch jahreszeitlich bedingte Temperaturschwankungen,

(b) Abweichungen vom optimalen Sende-Grundimpuls, z.B. durch eine endliche Flankensteilheit der Impulse oder durch Unsymmetrien,

(c) Abweichungen vom ermittelten optimalen Entzerrer-Frequenzgang, bedingt durch Reflexionen (Fehlanpassungen), Temperaturschwankungen sowie Toleranzen und Alterung der Bauelemente,

(d) Erhöhung der Störleistungsdichte durch Fehlanpassungen [5.17], Impulsstörungen [2.2], Nah- und Fernnebensprechen [2.26] usw.,

(e) Abweichungen von den optimalen Schwellenwerten ("Schwellendrift"), z.B. wegen Verschiebungen der Arbeitspunkte [8.7],

(f) Abweichungen vom optimalen Detektionszeitpunkt, bedingt durch ein jitterbehaftetes Taktsignal oder eine endliche Breite der Abtastimpulse [2.20],

(g) Ungenauigkeiten im QR-Netzwerk, so daß die störenden Nachläufer der Detektionsimpulse nicht vollständig beseitigt werden können [8.9].

Während im toleranzfreien Fall das ungünstigste S/N-Verhältnis $\rho_U = [\ddot{o}(T_D)/2]^2/N_d$ beträgt (vgl. Gl. 7-49), gilt bei Berücksichtigung der Toleranzen:

$$\rho_{U,Tol} = \frac{\left[\ddot{o}(T_D)/2 - \Delta A\right]^2}{N_d + \Delta N_d} \qquad\qquad (8\text{-}122)$$

ΔA berücksichtigt alle Toleranzeinflüsse, die zu einer Verkleinerung der halben Augenöffnung beitragen ("additive Toleranzen"): (a), (b), (c), (e), (f) und (g). Die Abweichung ΔN_d der Störleistung von ihrem Sollwert ist dagegen nur auf die Einflüsse (c) und (d) zurückzuführen. Daraus ist bereits ersichtlich, daß der Entzerrer-Frequenzgang $H_E(f)$ sowohl ΔA als auch ΔN_d beeinflußt, so daß ΔA und ΔN_d im allgemeinen nicht als vollständig unabhängige Toleranzparameter behandelt werden können.

Die oben angeführten Einflüsse führen zu einem gegenüber dem toleranzfreien System um den **Verlustfaktor (durch Toleranzen)**

$$\text{Def.:}\quad V_{Tol} = \frac{\rho_U}{\rho_{U,Tol}} = \frac{1 + \dfrac{\Delta N_d}{N_d}}{\left[1 - \dfrac{2|A|}{\ddot{o}(T_D)}\right]^2} \qquad\qquad (8\text{-}123)$$

kleineren Signalstörleistungsverhältnis und damit auch zu einem kleineren Systemwirkungsgrad. In dieser Definition für V_{Tol} sind N_d bzw. $\ddot{o}(T_D)$ die Störleistung bzw. die vertikale Augenöffnung im toleranzfreien Fall. In Bild 8.35 ist der Störabstandsverlust $10\lg V_{Tol}$ in Abhängigkeit von den Toleranzparametern ΔA bzw. ΔN_d aufgetragen. Ist $|\Delta A| \ll \ddot{o}(T_D)/2$ und $\Delta N_d \ll N_d$, so gilt näherungsweise:

$$V_{Tol} \simeq 1 + \frac{\Delta N_d}{N_d} + \frac{4|A|}{\ddot{o}(T_D)} . \qquad\qquad (8\text{-}124)$$

Aus dieser Gleichung ist ersichtlich, daß sich die additiven Toleranzen ΔA, die zu einer Verkleinerung der vertikalen Augenöffnung führen, umso stärker bemerkbar machen, je kleiner die Augenöffnung $\ddot{o}(T_D)$ bereits ohne Berücksichtigung dieser Toleranzen ist. Aus diesem Grund ist z. B. der Einfluß einer Schwellenverschiebung bei

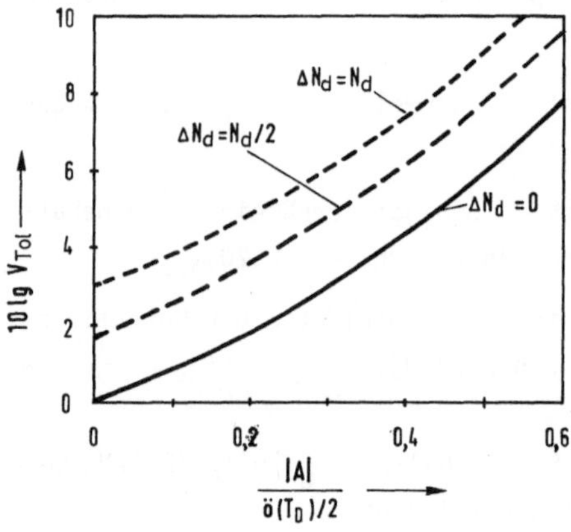

Bild 8.35:
Störabstandsverlust durch additive Toleranzen.

einem System mit gaußförmigem Impulsformer sehr viel größer als bei einem Nyquist-System und bei einem mehrstufigen System größer als beim Binärsystem, vgl. [3.12].

Berücksichtigt man die additiven Toleranzen bereits bei der Systemoptimierung, d.h. wird anstelle von ρ_U das S/N-Verhältnis $\rho_{U,Tol}$ gemäß Def. 8-123 als Optimierungskriterium verwendet, so ergibt sich eine andere optimale Grenzfrequenz $\overset{\circ}{f}_I$. Je größer dabei die additiven Toleranzen ΔA bei der Systemoptimierung angesetzt werden, desto größer wird $\overset{\circ}{f}_I$. Im toleranzfreien Fall ($\Delta A=0$) führt dies zu einem Störabstandsverlust. Treten dagegen die angesetzten Toleranzen tatsächlich auf, so ist das System mit größerer Grenzfrequenz (und damit größerer Augenöffnung) dem für den toleranzfreien Fall optimierten System überlegen.

Die Toleranzen (a), (b) und (c) beeinflussen den Detektions-Grundimpuls, wodurch die Augenöffnung und dadurch der erreichbare Störabstand vermindert werden können. Auch diese Toleranzeinflüsse müssen in der Toleranzgröße ΔA berücksichtigt werden. Kombiniert man die jeweils ungünstigsten Toleranzen, so kann für den Detektions-Grundimpuls $g_d(t)$ ein Toleranzschlauch angegeben werden (siehe Bild 8.36). Bei der Berechnung der vertikalen Augenöffnung gemäß Gl. 3-51 ist nun zu berücksichtigen, daß der "ungünstigste Fall" dann eintritt, wenn der Hauptwert $g_d(T_D)$ den kleinsten Wert annimmt und sich die Vor- und Nachläufer $g_d(T_D+\nu T)$, $\nu \neq 0$ betragsmäßig den größten Werten annähern. Deshalb muß zur Untersuchung der Toleranzeinflüsse mit dem in Bild 8.36 eingezeichneten "ungünstigsten Detektions-Grundimpuls" gerechnet werden.

Durch Toleranzen des Entzerrer-Frequenzgangs $H_E(f)$ ändert sich auch die Detektionsstörleistung N_d entsprechend Gl. 2-70, die gegenüber dem ursprünglichen Wert sowohl vergrößert als auch verkleinert werden kann. Dieser Effekt kann bei worst-case-Betrachtungen, ebenso wie die zusätzlichen Störungen (d), durch eine geeignete Erhöhung der Rauschzahl F(f) berücksichtigt werden.

Abschließend soll noch der Einfluß einer nicht idealen Quantisierten Rückkopplung abgeschätzt werden. Dazu wird das optimale Nyquist-System mit QR betrachtet, das in Abschnitt 8.3 abgeleitet wurde. Die impulsinterferenzbehafteten Systeme mit QR zeigen ähnliches Verhalten.

Bei diesem System besitzt der Detektions-Grundimpuls keine Vorläufer (v=0), jedoch n Nachläufer. Diese werden mit Hilfe der Quantisierten Rückkopplung beseitigt. In Bild 8.37a ist der für den jeweiligen Wert von n optimale Detektions-Grundimpuls

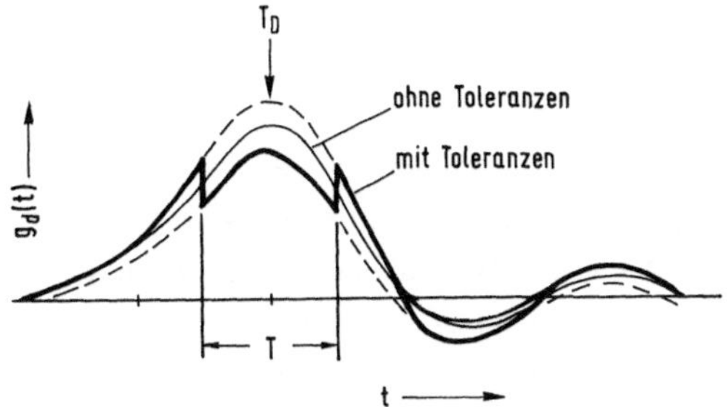

Bild 8.36:
Berücksichtigung der Toleranzen des Detektions-Grundimpulses $g_d(t)$.

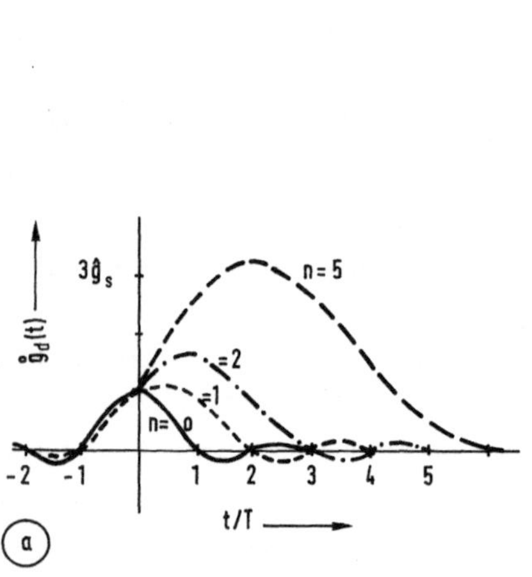
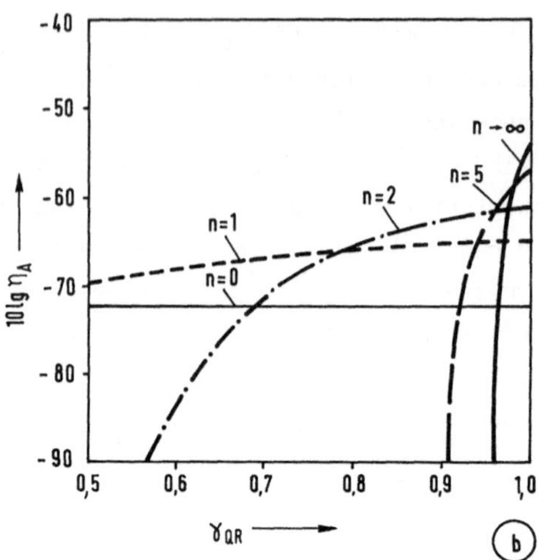

Bild 8.37: Einfluß einer nicht idealen QR bei Nyquist-Systemen (Abschnitt 8.3.3):
            (a) optimaler Grundimpuls   (b) Systemwirkungsgrad abhängig von γ_{QR}.
            Voraussetzungen: binäre NRZ-Rechteckimpulse, Koaxialkabel (a_*=80 dB),
            weißes Rauschen (F=1), keine Vorläufer (v=0).

$\overset{\circ}{g}_d(t)$ dargestellt, wobei ein Binärsystem (M=2) vorausgesetzt ist. Je größer n ist
(d.h. je mehr Nachläufer durch die QR kompensiert werden können), desto niederfrequenter ist der Impuls, und desto größer ist der Störabstandsgewinn gegenüber dem
optimalen System ohne QR (n=0). Dieser Sachverhalt wurde bereits in Bild 8.25a gezeigt, wobei allerdings eine ideale QR vorausgesetzt wurde.

Geht man nun davon aus, daß die Quantisierte Rückkopplung nicht alle n Nachläufer vollständig kompensiert, sondern nur zu einem gewissen Teil, so erhält man anstelle von Gl. 5-12 für die halbe vertikale Augenöffnung eines bipolaren M-stufigen
redundanzfreien Systems:

$$\frac{\ddot{o}(T_D)}{2} = \frac{g_d(T_D)}{M-1} - \sum_{\nu=1}^{\nu} |g_d(T_D-\nu T)| - (1-\gamma_{QR}) \sum_{\nu=1}^{n} |g_d(T_D+\nu T)|. \tag{8-125}$$

Als Maß für die Realisierungsgenauigkeit der Quantisierten Rückkopplung ist hierbei
der Faktor γ_{QR} verwendet. Dieser Faktor gibt an, welcher Anteil der Nachläufer bei
der Übertragung der ungünstigsten Symbolfolgen von der Quantisierten Rückkopplung
tatsächlich kompensiert wird. γ_{QR}=0 entspricht einem System ohne QR, während für
den Fall der idealen QR γ_{QR}=1 ist.

In Bild 8.37b ist der Systemwirkungsgrad η_A (Def. 7-17) über dem Parameter γ_{QR}
aufgetragen. Die mit n=0 gekennzeichnete Kurve gilt für das optimale Nyquist-System
ohne QR (Abschnitt 8.3.2). Da der Detektions-Grundimpuls zu den Zeitpunkten $T_D+\nu T$
keine Nachläufer besitzt, kann hier durch eine Quantisierte Rückkopplung auch keine
Verbesserung erzielt werden. Der Systemwirkungsgrad ist deshalb unabhängig von γ_{QR}.

Dagegen wurde das mit $n=1$ gekennzeichnete System unter der Voraussetzung optimiert, daß der erste Nachläufer durch die QR vollständig beseitigt wird. Bei einer idealen QR ($\gamma_{QR}=1$) ergibt sich gegenüber dem optimalen System ohne QR ($n=0$) ein Gewinn von 8 dB. Arbeitet dagegen die Quantisierte Rückkopplung nicht ideal ($\gamma_{QR}<1$), so vermindert sich dieser Gewinn. Für $\gamma_{QR}=0,5$ (d.h. die QR kompensiert nur 50% der Nachläufer) ist dieses System nur mehr um 2,5 dB besser als das System ohne QR.

Je größer man nun n wählt, desto besser ist das System unter der Voraussetzung einer idealen QR ($\gamma_{QR}=1$). Bild 8.37b macht aber auch deutlich, daß mit wachsendem n die Quantisierte Rückkopplung immer genauer realisiert werden muß. Unter der Annahme, daß fünf Nachläufer mit Hilfe der QR vollständig beseitigt werden ($n=5$, $\gamma_{QR}=1$), beträgt der Störabstandsgewinn gegenüber dem System ohne QR mehr als 15 dB. Werden nur 92% der Nachläufer kompensiert, so führt dieses System zur gleichen Fehlerwahrscheinlichkeit wie das System ohne QR. Bereits für $\gamma_{QR}=0,9$ ist das Auge am Detektor geschlossen, und die Fehlerwahrscheinlichkeit liegt in der Nähe von 0,5.

Dieses Bild sollte nochmals besonders darauf hinweisen, daß die Kurven von Bild 8.33 und Bild 8.34 nur theoretisch erreichbare Grenzwerte angeben und deshalb einer Realisierung nicht zugrunde gelegt werden sollten. Begnügt man sich in diesem Beispiel mit den Parametern $n=2$ und $\gamma_{QR}=0,9$, so beträgt der Störabstandsgewinn gegenüber dem optimalen System ohne QR immerhin noch 10 dB. Gegenüber dem optimalen System mit idealer QR ($n\rightarrow\infty$, $\gamma_{QR}=1$) ist dieses System um ca. 8 dB schlechter.

9 Optische Übertragungssysteme

<u>Inhalt:</u> Das Kapitel 9 behandelt die Besonderheiten der optischen Digitalsysteme. Dabei werden zunächst im Abschnitt 9.1 die einzelnen Komponenten (optischer Sender, optischer Kanal, optischer Empfänger) systemtheoretisch beschrieben und Modelle für ihr Signalübertragungsverhalten angegeben. Anschließend wird die Fehlerwahrscheinlichkeit eines optischen Systems berechnet, vgl. Abschnitt 9.2. In den Abschnitten 9.3 und 9.4 wird gezeigt, inwieweit sich hier die Sender- und Empfängeroptimierung von der in den Kapiteln 7 und 8 beschriebenen Optimierung der elektrischen Systeme unterscheidet.

<u>Voraussetzungen:</u> Obwohl bei einem optischen Digitalsystem eine mehrstufige oder codierte Übertragung prinzipiell ebenfalls möglich ist, beschränken wir uns hier aus Darstellungsgründen auf den Fall der redundanzfreien Binärübertragung mit Schwellwertentscheider. Der wesentliche Unterschied zu den Kapiteln 2 bis 8 ist, daß aufgrund des signalabhängigen (und damit auch zeitabhängigen) Schrotrauschens die Störungen hier nicht mehr als stationär vorausgesetzt werden können. Dies beeinflußt die Berechnung der Fehlerwahrscheinlichkeit und damit auch die Systemoptimierung.

9.1 Systemkomponenten eines optischen Digitalsystems

Bild 9.1 zeigt das Prinzip der Signalübertragung über Lichtwellenleiter (LWL). Ein geeignetes Halbleiterbauelement, z.B. eine Laser- oder eine Lumineszenzdiode, wird durch einen elektrischen Strom zur Emission von Licht angeregt, das längs eines Lichtwellenleiters ("Glasfaser") zum Empfangsort übertragen wird. Im Empfänger wird das ankommende Lichtsignal durch eine Photodiode, z.B. eine Lawinenphotodiode, in einen elektrischen Strom rückgewandelt.

Die Vorteile der Lichtwellenleiter gegenüber den herkömmlichen elektrischen Kabeln sind vielfältig. Hier sollen nur einige aufgeführt werden: große Bandbreite, geringe Dämpfung, kleiner Durchmesser, geringes Gewicht sowie Unempfindlichkeit gegenüber elektrischen Störungen (z.B. Nebensprechstörungen).

Im folgenden soll die Anwendung der Lichtwellenleiter zur Übertragung digitaler Signale behandelt werden. Auf die physikalischen und technologischen Eigenschaften

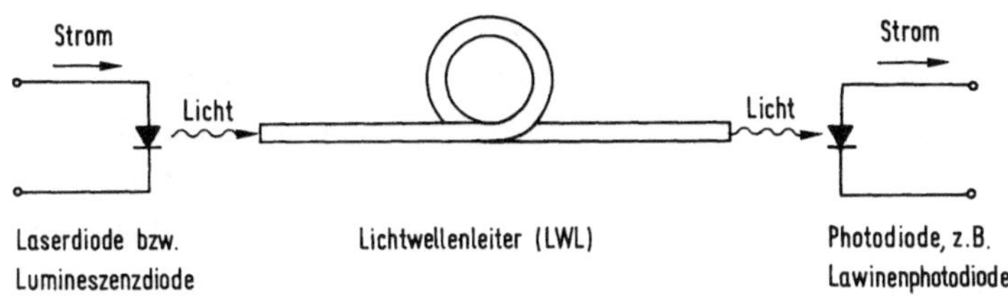

Bild 9.1: Prinzip der Signalübertragung über Lichtwellenleiter.

der optischen Systeme wird dabei nicht näher eingegangen; diese werden unter anderem in [1.9], [1.30], [9.8], [9.10] ausführlich diskutiert.

Optischer Sender

Ein Vergleich der Blockschaltbilder von Bild 2.1 bzw. Bild 9.2 zeigt die Gemein-
samkeiten und die Unterschiede zwischen einem elektrischen und einem optischen Digitalsystem. Beim optischen System erfolgt die Umwandlung des elektrischen Quellensignals q(t) in das optische Sendesignal s(t) mittels einer **Laserdiode** (von: light
amplification by stimulated emission of radiation) oder mit einer **Lumineszenzdiode**,
abgekürzt **LED** (von: light emitting diode). In beiden Fällen kann das Sendesignal in
gleicher Weise wie bei einem elektrischen Digitalsystem dargestellt werden (siehe
Gl. 2-11 und Gl. 9-1 in Bild 9.2), wenn der bei Laserdioden teilweise auftretende
"Pattern-Effekt" [9.8] vernachlässigt wird.

s(t) ist hier jedoch eine (Licht-)Leistung, so daß die Bedingung $s(t) \geq 0$ zu jedem
Zeitpunkt erfüllt sein muß. Deshalb ist es notwendig, die optischen Übertragungssysteme unipolar zu betrachten. Bei einem Binärsystem bedeutet dies, daß die Amplitudenkoeffizienten a_ν entweder 0 oder 1 sind.

Der Sende-Grundimpuls eines optischen Systems ist ein **Lichtleistungsimpuls** und
besitzt die Einheit "mW". Bei Verwendung eines Lasers kann $g_S(t)$ mit guter Näherung
als gaußförmig angenommen werden, vgl. [9.10]. Verwendet man dagegen eine LED, so
besitzt $g_S(t)$ einen ähnlichen Verlauf wie die Rechteckantwort eines Tiefpasses erster Ordnung, siehe Tabelle A-3 im Anhang.

Der **Lichtgrundanteil** s_0 ist speziell bei hochratigen Systemen zur Verkürzung der
Diodenansprechzeit notwendig und entspricht dem Sendesignal bei der Übertragung der
langen "0"-Folge. Im allgemeinen beträgt s_0 etwa 10 bis 30 % der Amplitude $\hat{g}_S$ des
Lichtleistungsimpulses.

Eine weitere wesentliche Kenngröße optischer Sender ist die **Lichtwellenlänge** λ_L,
die vom verwendeten Halbleitermaterial abhängt. Gebräuchlich sind die Wellenlängen
850 nm, 1300 nm, sowie 1500 nm. Da die Lichtwellenleiter bei der Wellenlänge $\lambda_L =$
1300 nm ein Dispersionsminimum aufweisen, ist diese Wellenlänge für eine multimoda-
le Übertragung besonders geeignet. Bei Monomodefasern ist dagegen eine Wellenlänge
von 1500 nm wegen der noch geringeren Dämpfung vorteilhaft.

Bei einer LED wird inkohärentes Licht mit einer typischen Linienbreite von $\Delta\lambda_L =$ 30...40 nm abgestrahlt, wohingegen bei einer Laserdiode durch die kohärente Strahlung die Linienbreite nur einige nm beträgt. Außerdem ist bei einer Laserdiode im Gegensatz zu einer LED das abgestrahlte Licht schärfer gebündelt, so daß der Einkoppelwirkungsgrad von 30 bis 40% sehr viel höher ist als bei einer LED ($\approx$1%). Ein weiterer Vorteil der Laserdiode liegt darin, daß sie sehr viel schneller moduliert werden kann als eine Lumineszenzdiode.

Optischer Übertragungskanal

Das Übertragungsmedium eines optischen Übertragungssystems ist ein **Lichtwellenleiter** (Glasfaser). Dieser besteht aus einem zylindrischen Kern aus Quarzglas, der von einem Mantel mit einem etwas kleineren Brechungsindex umgeben ist. Wird ein Lichtsignal s(t) in die Faser eingekoppelt, so pflanzen sich Lichtstrahlen (Moden) längs des Lichtwellenleiters fort.

Wegen der Absorption durch Fremdstoffe in der Faser und bedingt durch Streuungen an Inhomogenitäten des Glases gibt es Lichtverluste, so daß die Lichtleistung o(t) am Faserende kleiner ist als die eingekoppelte Lichtleistung. Diese Verluste werden durch die **Faserdämpfung** erfaßt, die auch die Verminderung der Lichtleistung durch die Ein- und Auskopplung berücksichtigen soll.

Die Regeneratorfeldlänge l eines optischen Übertragungssystems wird jedoch außer durch die Dämpfung auch durch die Dispersion begrenzt, die zu einer Impulsverbreiterung und damit zu Impulsinterferenzen führt. Hierfür gibt es zwei Gründe:

(a) Im allgemeinen ist der Brechungsindex eines Stoffes von der Wellenlänge λ_L des Lichtes abhängig (**"Materialdispersion"**). Dieser Einfluß ist dann besonders störend, wenn als optischer Sender eine LED eingesetzt wird. Wegen des großen Wellenlängenbereichs ($\Delta\lambda_L \approx$40 nm) entstehen hier Laufzeitunterschiede, die zu einer Verbreiterung der gesendeten Lichtleistungsimpulse führen.

(b) Wird das Licht nicht exakt parallel zur Hauptachse eingekoppelt, so sind aufgrund von Totalreflexionen am Mantel mehrere Lichtwellen (Moden) ausbreitungsfähig. Zwischen einem Modus, der mit dem Winkel φ=0 in die Faser eingekoppelt wird und einem Mode mit $\varphi \neq$0 gibt es Laufzeitunterschiede, die zu einer Impulsverbreiterung führen (**"Modendispersion"**).

Die Modendispersion spielt vor allem bei **Stufenprofilfasern** eine große Rolle, bei denen sich sehr viele Moden ausbreiten können. Sie kann um etwa 3 Größenordnungen vermindert werden, wenn eine **Gradientenfaser** verwendet wird. Bei dieser fällt der Brechungsindex vom Maximalwert in der Fasermitte nahezu parabelförmig bis auf den Brechungsindex des Mantels ab. Wegen dieses kontinuierlichen Brechungsindex' sind die Laufzeitunterschiede zwischen den einzelnen Moden wesentlich geringer. Allerdings gelingt es mit einer Gradientenfaser nicht, die Modendispersion vollständig zu eliminieren.

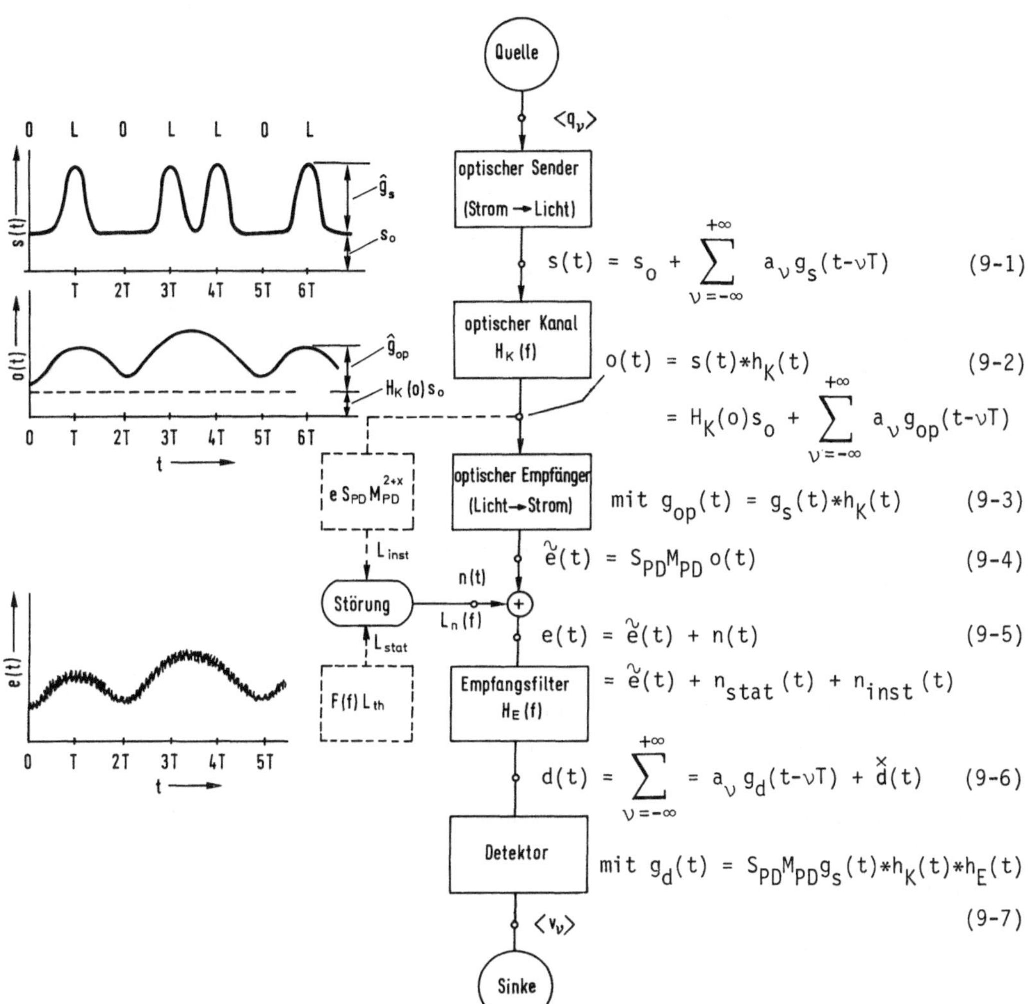

$$s(t) = s_0 + \sum_{\nu=-\infty}^{+\infty} a_\nu g_s(t-\nu T) \qquad (9\text{-}1)$$

$$o(t) = s(t) * h_K(t) \qquad (9\text{-}2)$$

$$= H_K(o)s_0 + \sum_{\nu=-\infty}^{+\infty} a_\nu g_{op}(t-\nu T)$$

$$\text{mit } g_{op}(t) = g_s(t) * h_K(t) \qquad (9\text{-}3)$$

$$\tilde{e}(t) = S_{PD} M_{PD}\, o(t) \qquad (9\text{-}4)$$

$$e(t) = \tilde{e}(t) + n(t) \qquad (9\text{-}5)$$

$$= \tilde{e}(t) + n_{stat}(t) + n_{inst}(t)$$

$$d(t) = \sum_{\nu=-\infty}^{+\infty} = a_\nu g_d(t-\nu T) + \overset{\times}{d}(t) \qquad (9\text{-}6)$$

$$\text{mit } g_d(t) = S_{PD} M_{PD} g_s(t) * h_K(t) * h_E(t)$$

$$(9\text{-}7)$$

Bild 9.2:   Blockschaltbild eines optischen Digitalsystems.

Ist der Kerndurchmesser der Faser genügend klein (ca. 1...4 μm), so ist nur ein einziger Modus ausbreitungsfähig und man spricht von einer **Monomodefaser**. Bei einer solchen Faser verschwindet die Modendispersion, wodurch sehr große Bandbreiten erreicht werden können.

Sowohl die Dämpfung (Impulsverminderung) als auch die Dispersion (Impulsverbreiterung) können systemtheoretisch in Analogie zu den elektrischen Systemen durch den **Kanal-Frequenzgang** H_K(f) ●——○h_K(t) erfaßt werden, so daß das optische Empfangssignal o(t) nach Gl. 2-43 berechnet werden kann. Der erste Anteil von Gl. 9-2 (siehe Bild 9.2) geht auf den Lichtgrundanteil s_0 zurück, während der **optische Empfangs-Grundimpuls** g_{op}(t) vom Sende-Grundimpuls herrührt, vgl. Def. 2-42 und Gl. 9-3.

Mit den Spektren $S(f) \bullet\!\!-\!\!\circ s(t)$ bzw. $O(f) \bullet\!\!-\!\!\circ o(t)$ gilt für das Dämpfungsmaß eines Lichtwellenleiters:

$$\frac{a_K(f)}{N_p} = \frac{1}{2}\ln|H_K(f)| = \ln\sqrt{\frac{|S(f)|}{|O(f)|}} . \tag{9-8}$$

Gegenüber einem elektrischen System unterscheidet sich das Dämpfungsmaß um den Faktor 2, da hier die Signale $s(t)$ bzw. $o(t)$ Leistungen darstellen, vgl. Def. 2-35.

Die exakte Berechnung des Frequenzgangs eines Lichtwellenleiters ist im allgemeinen sehr kompliziert. In [9.10] wird gezeigt, daß sich $H_K(f)$ durch eine Summe von gewichteten Gaußfunktionen darstellen läßt. In vielen Anwendungsfällen kann jedoch der Kanal-Frequenzgang durch einen einzigen Gauß-Tiefpaß ausreichend genau angenähert werden, so daß gilt:

$$H_K(f) \simeq e^{-2a_o}\, e^{-\pi(f\Delta t_K)^2} . \tag{9-9}$$

a_o (mit der Einheit Np) ist die Gleichsignaldämpfung, die sich aus einem konstanten und einem längenabhängigen Anteil zusammensetzt:

$$a_o = a_{const} + \alpha_o\, l . \tag{9-10}$$

Der konstante Anteil a_{const} berücksichtigt die Ein- und Auskoppelverluste sowie die Lichtverluste an Spleißstellen, α_o ist die kilometrische Dämpfungskonstante in der Größenordnung 1 dB/km.

Die **Dispersionskonstante** Δt_K ist der Kehrwert der systemtheoretischen Bandbreite Δf_K nach Def. 2-37. Sie hängt sowohl von der Materialdispersion (Δt_{Ma}) als auch von der Modendispersion (Δt_{Mo}) ab:

$$\Delta t_K^2 = \Delta t_{Ma}^2 + \Delta t_{Mo}^2 . \tag{9-11}$$

Der auf die Materialdispersion zurückgehende Anteil ist proportional zur Länge l, d.h. es ist $\Delta t_{Ma}=K_{Ma}l$. Bei den heute üblichen Fasern liegt die Proportionalitätskonstante K_{Ma} zwischen 0,5 und 10 ns/km (für LED) bzw. zwischen 0,01 und 0,2 ns/km (für Laserdioden), vgl. [9.16]. Dagegen gilt für den Anteil, der auf die Modendispersion zurückgeht:

$$\Delta t_{Mo} = K_{Mo}\sqrt{l \cdot l_K + \frac{l_K^2}{2}\left(e^{-2l/l_K} - 1\right)} . \tag{9-12}$$

Hierbei ist K_{Mo} eine faserspezifische Konstante in der Größenordnung einer ns/km, und l_K die Koppellänge. In der Praxis ermittelte Werte für l_K liegen im Bereich von 2 bis 20 km. Für kleine Faserlängen ($l<l_K$) wächst $\Delta t_{Mo}\simeq K_{Mo}l$ näherungsweise proportional mit l an. Dagegen gilt für $l>l_K$ die Näherung:

$$\Delta t_{Mo} \simeq K_{Mo}\, l_K \sqrt{\frac{l}{l_K} - \frac{1}{2}} . \tag{9-13}$$

Optischer Empfänger

Die Rückwandlung des optischen Empfangssignals o(t) in das elektrische Empfangssignal e(t) erfolgt mit Hilfe einer **Photodiode**. Diese ist ein in Sperrichtung be-
triebenes Halbleiterbauelement, das im Modell als eine gesteuerte Stromquelle mit
dem Nutzausgangsstrom $\tilde{e}(t)$ angesehen werden kann. Der Einfluß des Störsignals wird
zunächst nicht betrachtet.

Da Photodioden im allgemeinen als sehr breitbandig gegenüber dem nachgeschalte-
ten Empfangsfilter $H_E(f)$ angenommen werden können, ist $\tilde{e}(t)$ formgleich mit dem optischen Empfangssignal o(t), vgl. Gl. 9-4 in Bild 9.2. Der **Dunkelstrom** (=Ausgangs-
strom, ohne daß auf die Photodiode Licht einfällt) ist hierbei vernachlässigt. S_{PD}
wird als die **Steilheit** (Empfindlichkeit) der Photodiode bezeichnet, die sich aus
dem **Quantenwirkungsgrad** η_Q und der Wellenlänge λ_L berechnen läßt:

$$S_{PD} = \eta_Q \frac{\lambda_L\, e}{h\, c} = \eta_Q \frac{e}{E_{ph}} \qquad \text{Einheit: A/W.} \qquad (9\text{-}14)$$

In dieser Gleichung ist $e=1{,}6\cdot10^{-19}$ As die Elementarladung, $h=6{,}62\cdot10^{-34}$ Ws^2 das
Planck'sche Wirkungsquantum, und $c=3\cdot10^{8}$ m/s die Lichtgeschwindigkeit im Vakuum.
$E_{ph}= hc/\lambda_L$ ist die Energie eines Photons bei der Lichtwellenlänge λ_L.

Bei einer **Lawinenphotodiode** (englisch: **avalanche-photo-diode**, kurz **APD**) hat jedes durch den Lichteinfall erzeugte Primärelektron aufgrund eines "Lawineneffekts"
eine (statistisch schwankende) Anzahl Z_{PD} von Sekundärelektronen zur Folge, so daß
der Nutzausgangsstrom $\tilde{e}(t)$ gegenüber einer einfachen Photodiode um die **mittlere Lawinenverstärkung** $M_{PD}=\overline{Z_{PD}}$ größer ist. Pin-Dioden besitzen die Verstärkung $M_{PD}=1$.

Alle Störungen sind in Bild 9.2 in dem Rauschstrom n(t) zusammengefaßt, der dem
Nutzstrom $\tilde{e}(t)$ überlagert ist, vgl. Gl. 9-5. Die Gesamtstörung n(t) setzt sich bei
einem optischen System im wesentlichen aus zwei gaußverteilten Anteilen zusammen:

(a) dem thermischen Rauschen (Verstärkerrauschen), $n_{stat}(t)$ und

(b) dem Schrotrauschen der Photodiode, $n_{inst}(t)$.

Die statistischen Kenngrößen (z.B. die WDF und das Leistungsspektrum) des additiven
thermischen Rauschstroms, $n_{stat}(t)$, sind signal- und zeitunabhängig. Dieser Anteil
wird durch das **stationäre Störleistungsspektrum** beschrieben, vgl. Gl. 2-50:

$$L_{stat}(f) = F(f)L_{th} = 2\,F(f)\,k_B\,\theta\,G_{th} \qquad \text{Einheit: } \frac{A^2}{Hz} \qquad (9\text{-}15)$$

$G_{th}=1/R_{th}$ ist der äquivalente Rauschleitwert. Es ist anzumerken, daß hier die thermische Rauschleistungsdichte L_{th} größer ist als die bei einem elektrischen System,
da keine Widerstandsanpassung vorliegt, vgl. Gl. 2-48.

Im Gegensatz zum thermischen Rauschstrom hängt das Schrotrauschen der Photodiode
vom Augenblickswert o(t) der auftreffenden Lichtleistung ab, d.h. $n_{inst}(t)$ ist si-
gnalabhängig. Dadurch sind auch die Momente dieses Rauschanteils zeitabhängig, vgl.
Bild 9.2. Das **Schrotrauschen** entsteht durch die statistisch schwankende Anzahl von

Ladungsträgern, die am Zustandekommen des Diodenstroms e(t) beteiligt sind. Die Anzahl der Ladungsträger pro Zeit läßt sich durch eine Poisson-Statistik beschreiben.

Sind die höchsten Spektralanteile des optischen Empfangssignals o(t) sehr klein
gegenüber der Lichtfrequenz, so kann das im allgemeinen frequenz- und zeitabhängige
Schrotrauschen durch ein zeitabhängiges weißes Rauschen ersetzt werden, für dessen
Störleistungsspektrum gilt, vgl. [9.8]:

$$L_{inst}(f,t) \simeq L_{inst}(0,t) = e\, S_{PD}\, M_{PD}^{2+x}\, o(t).$$
(9-16)

M_{PD}^{x} wird häufig als der **Zusatzrauschfaktor** ("excess-noise-faktor") bezeichnet. Der
Zusatzrauschexponent x beschreibt das überproportionale Ansteigen des Schrotstroms
durch die Lawinenmultiplikation. Für Si-APD's (λ_L=850 nm) liegt x zwischen 0,3 und
0,5. Bei Ge-APD's bzw. InGaAs-APD's für eine Wellenlänge von 1300 nm ist x$\approx$0,5 bzw.
x$\approx$1, vgl. [9.1].

Die Wirkung der betrachteten Störquellen kann im Modell durch <u>einen</u> Rauschgene-
rator (Störung) beschrieben werden, der den Rauschstrom n(t) mit dem zeitabhängigen
Leistungsspektrum L_n=L_{stat}+L_{inst} abgibt. Da $n_{stat}(t)$ und $n_{inst}(t)$ nicht miteinander
korreliert sind, folgt für das Störleistungsspektrum des gesamten Rauschstroms:

$$L_n(f,t) = L_{stat}(f,0) + L_{inst}(0,t).$$
(9-17)

Damit wird auch die Detektionsstörleistung nach Gl. 2-69 zeitabhängig:

$$N_d(t) = \int_{-\infty}^{+\infty} L_n(f,t)\,|H_E(f)|^2\, df.$$
(9-18)

9.2 Fehlerwahrscheinlichkeit bei signalabhängiger Störung

Die Berechnung der Fehlerwahrscheinlichkeit eines optischen Digitalsystems unterscheidet sich gegenüber Kapitel 3 im wesentlichen durch die signalabhängige Störung. Für die mittlere Fehlerwahrscheinlichkeit erhält man hier analog zu Gl. 3-37:

$$\boxed{\; P_M = 2^{-(n+v+1)} \sum_{i=1}^{2^{n+v+1}} Q\left(\frac{|\tilde{d}_i(T_D)-E|}{\sigma_i(T_D)}\right). \;}$$
(9-19)

Diese Beziehung gilt unter der Voraussetzung eines binären redundanzfreien Sendesignals und gaußverteilter Störungen. v bzw. n geben die Anzahl der Vor- und Nachläufer des Detektions-Grundimpulses an, und E den Schwellenwert. $\tilde{d}_i(T_D)$ ist der Detektionsnutzabtastwert für die i-te Augenlinie, $\sigma_i(T_D)$=$\sqrt{N_d(T_D)}$ der dazugehörige Störeffektivwert. Bei signalunabhängigen Störungen sind die Effektivwerte $\sigma_i(T_D)$=const.

für alle Symbolfolgen gleich, d.h. unabhängig von i und auch unabhängig vom Detektionszeitpunkt T_D, siehe Gl. 2-69 und Gl. 3-37. Der optimale Schwellenwert $\overset{o}{E}$ liegt in diesem Fall in der Augenmitte, vgl. Gl. 3-26.

Dagegen sind bei einem optischen Übertragungssystem die Störeffektivwerte $\sigma_i(T_D)$ wegen des signalabhängigen Schrotrauschens für die einzelnen i unterschiedlich. Mit den Gleichungen 9-15 bis 9-18 gilt dabei:

$$\left[\sigma_i(T_D)\right]^2 = N_d(T_D) = \int\limits_{-\infty}^{+\infty} \left[F(f)L_{th} + e\,S_{PD}\,M_{PD}^{2+x}\,o_i(T_D)\right]|H_E(f)|^2 df. \qquad (9\text{-}20)$$

$o_i(t)$ kennzeichnet dasjenige optische Empfangssignal, das zum Detektionsnutzsignal $\tilde{d}_i(t)$ führt. Der Störeffektivwert ist deshalb umso größer, je größer das optische Empfangssignal zum Zeitpunkt T_D ist.

Das bedeutet, daß bei einem optischen Übertragungssystem nicht nur das Nutzsignal, sondern auch die statistischen Kenngrößen des Störsignals von der Symbolfolge und vom Detektionszeitpunkt abhängen. Die "inneren Linien" des Augendiagramms entsprechen in diesem Fall nicht notwendigerweise den ungünstigsten Symbolfolgen, d.h. den Folgen mit der größten Fehlerwahrscheinlichkeit. Außerdem liegt hier der optimale Schwellenwert $\overset{o}{E}$ nicht in der Augenmitte wie bei einem System mit signalunabhängiger Störung.

Der Schwellenwert ist dann optimal, wenn die (mittlere) Fehlerwahrscheinlichkeit nach Gl. 9-19 den minimalen Wert annimmt. Diese Optimierungsaufgabe kann im allgemeinen analytisch nicht gelöst werden, sondern nur mit Hilfe einer Simulation.

Das Problem wird wesentlich vereinfacht, wenn bei der Optimierung anstelle von p_M die ungünstigste Fehlerwahrscheinlichkeit p_U (Def. 3-21) zugrunde gelegt wird. Außerdem wird im folgenden vereinfachend angenommen, daß die "inneren Augenlinien" auch hinsichtlich der Fehlerwahrscheinlichkeit die ungünstigsten Fälle darstellen.

Diese Annahme ist in fast allen praktischen Anwendungsfällen näherungsweise erlaubt. Bezeichnet man wie in Bild 3.4 mit $\tilde{d}_{ob}(T_D)$ bzw. $\tilde{d}_{un}(T_D)$ den oberen bzw. den unteren Augenrand zum Detektionszeitpunkt T_D und mit $\sigma_{ob}(T_D)$ und $\sigma_{un}(T_D)$ die dazugehörigen Störeffektivwerte, so gilt für die Fehlerwahrscheinlichkeiten der beiden ungünstigen Symbolfolgen:

$$(a) \quad P_{ob} = Q\left(\frac{\tilde{d}_{ob}(T_D)-E}{\sigma_{ob}(T_D)}\right) \qquad\qquad (b) \quad P_{un} = Q\left(\frac{E-\tilde{d}_{un}(T_D)}{\sigma_{un}(T_D)}\right). \qquad (9\text{-}21)$$

$\sigma_{ob}(T_D)$ und $\sigma_{un}(T_D)$ können mit Gl. 9-20 berechnet werden, wobei für $o_i(T_D)$ die entsprechenden Signalwerte $o_{ob}(T_D)$ bzw. $o_{un}(T_D)$ einzusetzen sind.

Die ungünstigste Fehlerwahrscheinlichkeit p_U ist gleich dem Maximalwert von P_{ob} bzw. P_{un}. p_U wird minimal, wenn $p_{ob}=p_{un}$ ist. Daraus kann mit Gl. 9-21 der optimale Schwellenwert ermittelt werden:

$$\overset{o}{E} = \frac{\sigma_{un}(T_D)\tilde{d}_{ob}(T_D) + \sigma_{ob}(T_D)\tilde{d}_{un}(T_D)}{\sigma_{un}(T_D) + \sigma_{ob}(T_D)}. \qquad (9\text{-}22)$$

Setzt man diesen Wert in Gl. 9-21 ein, so folgt für die ungünstigste Symbolfehlerwahrscheinlichkeit bei optimalem Schwellenwert:

$$p_U = p_{ob} = p_{un} = Q\!\left(\frac{\tilde{d}_{ob}(T_D) - \tilde{d}_{un}(T_D)}{\sigma_{ob}(T_D) + \sigma_{un}(T_D)}\right). \tag{9-23}$$

Ist die Fehlerwahrscheinlichkeit hinreichend klein, so stellt p_U eine gute Näherung für die mittlere Symbolfehlerwahrscheinlichkeit p_M dar. Da für dieses Kapitel eine redundanzfreie Binärquelle vorausgesetzt wird, ist auch die mittlere Bitfehlerwahrscheinlichkeit $p_B = p_M$. Mit Def. 7-4 erhält man somit für das Sinken-Signalstörleistungsverhältnis eines redundanzfreien optischen Binärsystems:

$$\rho_v = \frac{\left(\tilde{d}_{ob}(T_D) - \tilde{d}_{un}(T_D)\right)^2}{\left(\sigma_{ob}(T_D) + \sigma_{un}(T_D)\right)^2}. \tag{9-24}$$

Für $\sigma_{ob}(T_D) = \sigma_{un}(T_D)$ ist in diesen allgemein gültigen Gleichungen der Sonderfall der signalunabhängigen Störungen mit enthalten. Ein Vergleich von Gl. 7-19 und Gl. 9-24 macht deutlich, daß alle bisherigen Aussagen auch bei signalabhängiger Störung zutreffen, wenn für die Detektionsstörleistung folgender Wert eingesetzt wird:

$$N_d(T_D) = \frac{1}{4}\left(\sigma_{ob}(T_D) + \sigma_{un}(T_D)\right)^2 \tag{9-25}$$

9.3 Optimales optisches Übertragungssystem und Systemwirkungsgrad

Für die Optimierung und den Vergleich der optischen Digitalsysteme werden wieder die in Abschnitt 7.2 definierten Systemwirkungsgrade herangezogen. Dabei wird vorausgesetzt, daß der Spitzenwert des Sendesignals, d.h. die momentane Lichtleistung begrenzt ist ($0 \le s(t) \le s_{max}$), so daß der Systemwirkungsgrad $\eta_A = \rho_v / \rho_A$ entsprechend Gl. 7-45 das geeignete Optimierungskriterium darstellt. Der Fall der Leistungsbegrenzung (wobei bei optischen Systemem gilt: $s(t) \le S_S$) läßt sich mit den Definitionen von Abschnitt 7.2 in ähnlicher Weise ableiten.

ρ_A gibt das maximale Sinken-Signalstörleistungsverhältnis unter der Nebenbedingung der Spitzenwertbegrenzung (Amplitudenbegrenzung) an, für dessen Berechnung ein optimaler Sender, ein idealer Kanal, sowie ein optimaler Empfänger vorauszusetzen ist, vgl. Def. 7-15. Da ρ_A im folgenden lediglich als Normierungsgröße für das tatsächliche Sinken-Signalstörleistungsverhältnis ρ_v verwendet wird, können hier die technologischen Grenzen außer acht gelassen werden. Analog zu Abschnitt 7.2 werden deshalb für die Komponenten des optimalen optischen Übertragungssystems festgelegt:

(a) <u>optischer Sender</u>: Der Sende-Grundimpuls $g_S(t)$ sei ein (NRZ-)Rechteckimpuls mit der Amplitude $\hat{g}_S = s_{max}$. Die Lichtgrundleistung sei verschwindend klein ($s_0 \approx 0$).

(b) <u>idealer Kanal</u>: Der Kanal-Frequenzgang gemäß Gl. 9-9 sei $H_K(f)=1$ ($a_0=0$, $\Delta t_K=0$). Das bedeutet einen dämpfungs- und dispersionsfreien Lichtwellenleiter sowie eine verlustlose Lichtein- und -auskopplung.

(c) <u>optimaler Empfänger</u>: Auch bei einem optischen Übertragungssystem ist es grundsätzlich möglich, einen (optimalen) Viterbi-Empfänger gemäß Kapitel 6 einzusetzen. In Abschnitt 8.3 wurde jedoch gezeigt, daß bei optimalem Sender und idealem Kanal auch ein Schwellwertempfänger zum gleichen (maximalen) Sinken-Signalstörleistungsverhältnis führt, wenn das Empfangsfilter $\overset{\circ}{H}_E(f)=H_S^\star(f)=\mathrm{si}(\pi fT)$ geeignet dimensioniert ist.

Mit den Voraussetzungen (a) und (b) erhält man $o_{un}(T_D)=0$ bzw. $o_{ob}(T_D)=s_{max}$. Mit der Voraussetzung (c) und Gl. 2-62 folgt, daß der Detektions-Grundimpuls ein Dreiecksimpuls mit der Amplitude $g_d(0)=S_{PD}M_{PD}s_{max}$ ist. Für $|t|\geq T$ ist $g_d(t)=0$, d.h. $g_d(t)$ ist ein Nyquist-Impuls. Daraus erhält man für die untere und die obere Begrenzung des Auges zum Zeitpunkt $\overset{\circ}{T}_D=0$:

$$(a) \quad \tilde{d}_{un}(0) = 0 \qquad\qquad (b) \quad \tilde{d}_{ob}(0) = S_{PD}\, M_{PD}\, s_{max}. \qquad (9\text{-}26)$$

Zur Berechnung des maximalen Sinken-Signalstörleistungsverhältnisses ρ_A werden nun noch die entsprechenden Störeffektivwerte $\sigma_{un}(\overset{\circ}{T}_D=0)$ und $\sigma_{ob}(\overset{\circ}{T}_D=0)$ benötigt, siehe Gl. 9-24. Diese beiden Größen können mit Gl. 9-20 bestimmt werden. Sie werden minimal, wenn sowohl die (thermische) Rauschzahl $F(f)=1$ als auch der Schrotrauschexponent $x=0$ den jeweils theoretisch kleinsten Wert besitzt. Mit $o_{un}(\overset{\circ}{T}_D=0)=0$ und $R=1/T$ erhält man für die Störleistung der unteren Augenbegrenzung zum Zeitpunkt $\overset{\circ}{T}_D=0$:

$$\sigma_{un}^2(0) = \int_{-\infty}^{+\infty} L_{th}\,|\overset{\circ}{H}_E(f)|^2 df = L_{th} \int_{-\infty}^{+\infty} \mathrm{si}^2(\pi fT)df = L_{th}\,R. \qquad (9\text{-}27)$$

Analog folgt mit $o_{ob}(\overset{\circ}{T}_D=0)=s_{max}$ aus Gl. 9-20:

$$\sigma_{ob}^2(0) = \left(L_{th} + e\,S_{PD}\,M_{PD}^2\,s_{max} \right) R. \qquad (9\text{-}28)$$

Setzt man diese beiden Beziehungen in Gl. 9-24 ein, so ergibt sich für das Sinken-Signalstörleistungsverhältnis bei den hier getroffenen Voraussetzungen:

$$\rho_V = \frac{S_{PD}^2\, M_{PD}^2\, s_{max}^2}{R\left(\sqrt{L_{th}} + \sqrt{L_{th} + e\,S_{PD}\,M_{PD}^2\,s_{max}} \right)^2}. \qquad (9\text{-}29)$$

Betrachten wir nun die Abhängigkeit von der mittleren Verstärkung M_{PD} der Lawinenphotodiode. Da für das optimale System der Schrotrauschexponent $x=0$ anzusetzen ist, wird ρ_V maximal für $M_{PD}\to\infty$. Damit erhält man für das maximale Sinken-S/N-Verhältnis ρ_A eines optischen Digitalsystems bei Spitzenwertbegrenzung auf s_{max}:

$$\boxed{\rho_A = \lim_{M_{PD}\to\infty} \rho_V = \frac{S_{PD}\, s_{max}}{e\,R}.} \qquad (9\text{-}30)$$

Das bedeutet: Ist der Schrotrauschexponent x=0, so kann durch eine Erhöhung der Lawinenverstärkung der störende Einfluß des thermischen Rauschens (L_{th}) vernachlässigbar klein gemacht werden. Ist dagegen x>0, so ergibt sich für die optimale Lawinenverstärkung $\overset{\circ}{M}_{PD}$ ein endlicher Wert, vgl. Abschnitt 9.4.

Gl. 9-30 zeigt weiterhin, daß das maximale Sinken-Signalstörleistungsverhältnis
ρ_A proportional mit der Steilheit S_{PD} der Photodiode ansteigt. Für eine vorgegebene
Lichtwellenlänge λ_L kann die Steilheit jedoch nicht beliebig erhöht werden. Vielmehr erhält man den Maximalwert $S_{PD,max}=e/E_{ph}$ aus Gl. 9-14 für den Quantenwirkungsgrad $\eta_Q=1$. Setzt man diesen Wert in Gl. 9-30 ein, so folgt für das maximale Sinken-
Signalstörleistungsverhältnis eines optischen Übertragungssystems:

$$\boxed{\rho_A = \frac{s_{max}}{E_{ph}\,R}} \cdot \qquad\qquad\qquad (9\text{-}31)$$

Hierbei wurden ein optimaler Sender, ein idealer Kanal und ein optimaler Empfänger
vorausgesetzt. Weicht der Sender, der Kanal oder der Empfänger vom Idealfall ab, so
ist das Sinken-Signalstörleistungsverhältnis $\rho_V<\rho_A$. Deshalb ist auch bei einem optischen Übertragungssystem der Systemwirkungsgrad $\eta_A=\rho_V/\rho_A$ ein geeignetes Maß für
die Übertragungsqualität, wobei gilt $0\leq\eta_A\leq1$.

Bei einem optimalen optischen Übertragungssystem ist die Nutzleistung gleich dem
Maximalwert s_{max} der abgegebenen Lichtleistung s(t), vgl. Gl.9-31. Die Störleistung
berechnet sich hier zu $E_{ph}R$, wobei E_{ph} die Energie eines Photons ist. Für λ_L=850 nm
(1300 nm) erhält man hierfür den Zahlenwert $E_{ph}=2{,}34\cdot10^{-19}$ Ws ($1{,}53\cdot10^{-19}$ Ws). Das
bedeutet, daß bei einem optischen Übertragungssystem die minimale Störleistung pro
übertragenem Bit der Energie eines Photons entspricht.

Ein Vergleich mit der entsprechenden Gleichung 7-42 macht deutlich, daß bei einem optischen System die Energie E_{ph} eines Photons die gleiche, die Nachrichtenübertragung grundsätzlich begrenzende Wirkung besitzt wie die thermische Rauschleistungsdichte L_{th} bei einem elektrischen (niederfrequenteren) System.

9.4 Optimierung der Kenngrößen von Sender und Empfänger

Im folgenden werden die optimalen Kenngrößen eines optischen Übertragungssystems
ermittelt, wobei von dem Blockschaltbild nach Bild 9.2 ausgegangen wird. Die digitale Quelle sei binär und redundanzfrei. Ist der Schwellenwert E gemäß Gl. 9-22 optimal dimensioniert, was für das Folgende vorausgesetzt wird, so erhält man mit Gl.
9-24 als Näherung für das Sinken-Signalstörleistungsverhältnis:

$$\rho_v = \frac{\left[\ddot{o}(T_D)\right]^2}{4\,N_d(T_D)} = \frac{\left[\ddot{o}(T_D)\right]^2}{\left[\sigma_{ob}(T_D) + \sigma_{un}(T_D)\right]^2} \cdot \qquad\qquad (9\text{-}32)$$

$\ddot{o}(T_D)$ ist hierbei die vertikale Augenöffnung des Detektionsnutzsignals, die mit Gl. 3-32 (System ohne QR) bzw. mit Gl. 5-12 (System mit idealer QR) aus dem Detektions-Grundimpuls $g_d(t)$ berechnet werden kann. Mit der normierten Augenöffnung gemäß Def. 3-25 kann dabei für die absolute Augenöffnung geschrieben werden:

$$\ddot{o}(T_D) = s_{max}\, S_{PD}\, M_{PD}\, H_K(0)\, H_E(0)\, \ddot{o}_{norm}(T_D). \tag{9-33}$$

In dieser Gleichung ist berücksichtigt, daß bei einem optischen Übertragungssystem $H_I(f)=H_K(f)S_{PD}M_{PD}H_E(f)$ ist.

Unter der (meistens erfüllten) Voraussetzung, daß nicht nur das signalabhängige Schrotrauschen $n_{inst}(t)$, sondern auch das signalunabhängige thermische Rauschsignal $n_{stat}(t)$ ein frequenzunabhängiges Leistungsspektrum besitzt, erhält man mit der Gl. 9-20 für die Störleistungen der beiden ungünstigsten Symbolfolgen:

$$\text{(a)} \qquad \sigma^2_{un}(T_D) = \left(F\, L_{th} + e\, S_{PD}\, M_{PD}^{2+x}\, o_{un}(T_D) \right) \int_{-\infty}^{+\infty} |H_E(f)|^2 df$$

$$\text{(b)} \qquad \sigma^2_{ob}(T_D) = \left(F\, L_{th} + e\, S_{PD}\, M_{PD}^{2+x}\, o_{ob}(T_D) \right) \int_{-\infty}^{+\infty} |H_E(f)|^2 df. \tag{9-34}$$

Hierbei ist F die (mittlere) Rauschzahl des thermischen Rauschens, vgl. Def. 2-71. $o_{un}(T_D)$ bzw. $o_{ob}(T_D)$ sind die Augenblickswerte des optischen Empfangssignals $o(t)$ für die beiden ungünstigsten Symbolfolgen, die vom Detektionszeitpunkt T_D abhängen. Zur Vereinfachung der Schreibweise werden diese beiden Größen im weiteren mit o_{un} bzw. o_{ob} abgekürzt.

Setzt man die Gln. 9-33 und 9-34 in Gl. 9-32 ein, so erhält für man das Sinken-Signalstörleistungsverhältnis eines optischen Übertragungssystems nach Bild 9.2:

$$\rho_v = \frac{s^2_{max}\, S^2_{PD}\, M^2_{PD}\, H^2_K(0)\, \ddot{o}^2_{norm}(T_D)}{\Box f_E \left(\sqrt{F\, L_{th} + e\, S_{PD}\, M_{PD}^{2+x}\, o_{un}} + \sqrt{F\, L_{th} + e\, S_{PD}\, M_{PD}^{2+x}\, o_{ob}} \right)^2}. \tag{9-35}$$

Diese Beziehung gilt unter der Voraussetzung eines optimalen Schwellenwertes allgemein. $\Box f_E$ ist die äquivalente Rauschbandbreite des Empfangsfilters gemäß Def. 2-39.

9.4.1 Optimierung der mittleren Lawinenverstärkung

ρ_v hängt unter anderem auch von der mittleren Lawinenverstärkung M_{PD} ab, für die es (abhängig von den weiteren Systemparametern in Gl. 9-35) ein Optimum gibt. Setzt man den Differentialquotienten $d\rho_v/dM_{PD} = 0$, so erhält man eine quadratische Gleichung für die optimale Lawinenverstärkung $\overset{o}{M}_{PD}$ mit der reellen Lösung:

$$\overset{o}{M}_{PD}^{2+x} = \frac{F\, L_{th}(o_{ob}+o_{un})}{2\, e\, S_{PD}\, o_{ob}\, o_{un}} \left[\sqrt{1 + \frac{16(1+x)}{x^2}\, \frac{o_{ob}\, o_{un}}{(o_{ob}+o_{un})^2}} - 1 \right]. \tag{9-36}$$

In Bild 9.3a ist $\overset{\circ}{M}_{PD}$ über dem Quotienten o_{un}/o_{ob} für die beiden Zusatzrauschexponenten $x=0,5$ und $x=1$ aufgetragen. Je kleiner x ist, desto größer ist die optimale mittlere Lawinenverstärkung $\overset{\circ}{M}_{PD}$.

Bild 9.3b zeigt die Abhängigkeit von dem Quotienten $(eS_{PD}o_{ob})/(FL_{th})$, wobei für die durchgezogenen Kurven $o_{un}=o_{ob}/2$ zugrunde gelegt ist. Je kleiner dieser Quotient ist, d.h. je kleiner die auftreffende Lichtleistung ist, desto größer muß die mittlere Lawinenverstärkung M_{PD} gewählt werden.

Für $o_{un}\!\ll\!o_{ob}$ läßt sich aus Gl. 9-36 folgende Näherung ableiten:

$$\overset{\circ}{M}_{PD} \simeq \left[\frac{4(1+x)}{x^2}\ \frac{F\,L_{th}}{e\,S_{PD}\,o_{ob}}\right]^{\frac{1}{2+x}}. \tag{9-37}$$

Die Bedingung $o_{un}\!\ll\!o_{ob}$ ist z.B. dann sehr gut erfüllt, wenn die Lichtgrundleistung s_o vernachlässigbar klein ist und wenn das Auge des optischen Empfangssignals $o(t)$ sehr weit geöffnet ist. Dies trifft beispielsweise bei sehr kurzen Faserlängen und bei Lichtwellenleitern mit geringer Dispersion (Monomodefasern) zu.

Setzt man die optimale Lawinenverstärkung $\overset{\circ}{M}_{PD}$ gemäß Gl. 9-37 in Gl. 9-34 ein, so erhält man für die äquivalente Detektionsstörleistung von Gl. 9-25:

$$N_d(T_D) = \frac{1}{4}\Big(\sigma_{ob}(T_D) + \sigma_{un}(T_D)\Big)^2 \simeq \Box f_E\, F\left(1 + \frac{1}{x}\right)^2 L_{th}. \tag{9-38}$$

Das bedeutet: Ist die Bedingung $o_{un}\!\ll\!o_{ob}$ erfüllt und außerdem die mittlere Lawinenverstärkung gemäß Gl. 9-37 optimal dimensioniert, so kann das signalabhängige - und damit auch zeitabhängige Schrotrauschen - mit ausreichender Genauigkeit durch eine

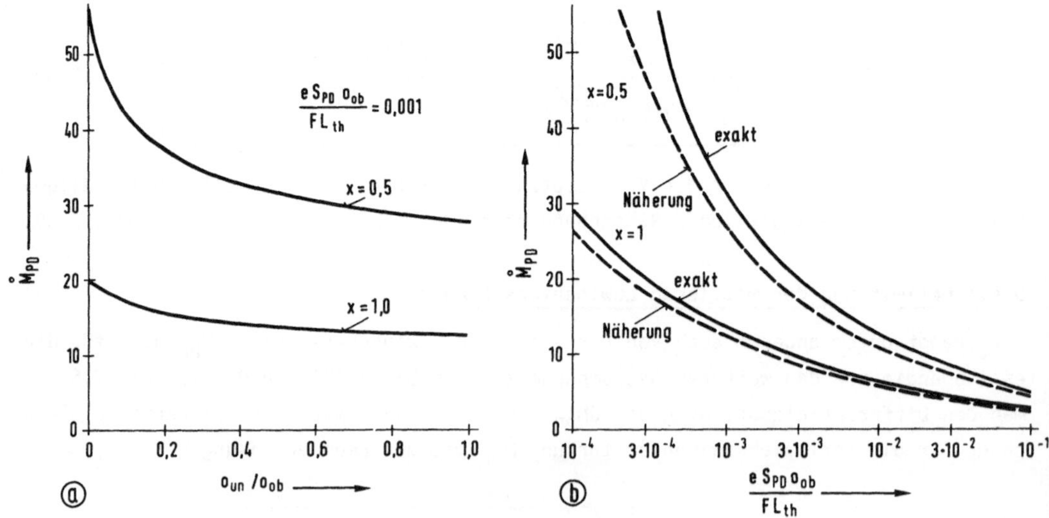

Bild 9.3: Optimale Lawinenverstärkung $\overset{\circ}{M}_{PD}$ in Abhängigkeit von o_{un} und o_{ob}.

zeitunabhängige Rauschquelle ersetzt werden. Der zusätzliche störende Einfluß des Schrotrauschens gegenüber dem thermischen Rauschen wird somit durch eine Erhöhung der mittleren Rauschzahl F um den Faktor $(1+1/x)^2$ beschrieben.

<u>Beispiel:</u> Wir betrachten wie im Abschnitt 9.3 ein optisches Übertragungssytem mit optimalem Sender, idealem (d.h. dämpfungs- und verzerrungsfreiem) Kanal und optimalem Entzerrer. Somit ist $o_{un}=0$ und $o_{ob}=s_{max}$. Für die normierte Augenöffnung ergibt sich $\overset{o}{ö}_{norm}(T_D)=1$, für die äquivalente Rauschbandbreite erhält man $\Box f_E=R$. Im Gegensatz zum Abschnitt 9.3, in dem der Zusatzrauschexponent $x=0$ vorausgesetzt wurde, sei hier $x>0$. Aus den Gleichungen 9-32, 9-33 und 9-38 folgt damit für das Sinken-Signalstörleistungsverhältnis bei optimaler Lawinenverstärkung gemäß Gl. 9-37:

$$\rho_v = \left[\frac{x^{2x}}{2^{2x}(1+x)^{2+2x}} \; \frac{S_{PD}^{2+2x} s_{max}^{2+2x}}{e^2 \, F^x \, L_{th}^x \, R^{2+x}} \right]^{\frac{1}{2+x}} . \tag{9-39}$$

Mit Gl. 9-31 folgt daraus für den Systemwirkungsgrad bei Spitzenwertbegrenzung:

$$\eta_A = \left[\left(\frac{x}{2(1+x)^{1+1/x}} \right)^2 \frac{e^2 \, s_{max}}{E_{ph} \, L_{th}} \right]^{\frac{x}{2+x}} , \tag{9-40}$$

wobei der Quantenwirkungsgrad $\eta_Q=1$ und die Rauschzahl $F=1$ vorausgesetzt sind.

Diese Größe gibt den <u>prinzipiellen</u> Störabstandsverlust an, der auf den Zusatzrauschexponenten $x\geq0$ (bei sonst idealen Voraussetzungen) zurückgeht. Für $x=0$ ist η_A definitionsgemäß gleich 1, mit wachsendem x fällt η_A monoton. Für die Zahlenwerte

$$s_{max} = 1 \text{ mW}; \; E_{ph} = 1,53 \, 10^{-19} \text{ Ws } (\lambda_L = 1300 \text{ nm})$$

Vor.:   (9-41)

$$L_{th} = 1,6 \, 10^{-22} \text{ A}^2/\text{Hz } (G_{th} = 20 \text{ mS}; \; \theta = 290 \text{ K})$$

erhält man $\eta_A=0,35$ (für $x=0,5$) bzw. $\eta_A=0,25$ (für $x=1$).

Die Näherung $o_{un}\ll o_{ob}$ ist nur bei sehr kurzen Faserlängen erlaubt. Bei längenoptimierten Systemen kann dagegen oft davon ausgegangen werden, daß das Auge des optischen Empfangssignals $o(t)$ am Faserende sehr weit geschlossen ist. Ist o_{un} größer als $o_{ob}/2$, so gilt als Näherung für die optimale Lawinenverstärkung, vgl. Gl. 9-36:

$$\overset{o}{M}_{PD} \approx \left[\frac{4 \, F \, L_{th}}{x \, e \, S_{PD}(o_{ob} + o_{un})} \right]^{\frac{1}{2+x}} . \tag{9-42}$$

Setzt man diese Näherung in Gl. 9-34 ein, so erhält man für die Störleistungen der beiden ungünstigsten Symbolfolgen:

(a) $\sigma_{un}^2(T_D) = \Box f_E \, F \, L_{th} \left(1 + \frac{4}{x} \frac{o_{un}}{o_{ob} + o_{un}} \right)$

(b) $\sigma_{ob}^2(T_D) = \Box f_E \, F \, L_{th} \left(1 + \frac{4}{x} \frac{\overset{o}{o}_{ob}}{o_{ob} + o_{un}}\right)$.   (9-43)

Hierbei ist zu berücksichtigen, daß o_{un} bzw. o_{ob} vom Detektionszeitpunkt T_D abhängen. Für die äquivalente Detektionsstörleistung nach Gl. 9-25 erhält man wieder unter der Voraussetzung $o_{un} \geq o_{ob}/2$:

$$N_d(T_D) = \frac{1}{4}\left(\sigma_{ob}(T_D) + \sigma_{un}(T_D)\right)^2 \simeq \left(1 + \frac{2}{x}\right)\Box f_E \, F \, L_{th}.$$ (9-44)

Das bedeutet, daß auch unter diesen, der Realität sehr nahe kommenden Verhältnissen das signalabhängige Schrotrauschen durch eine signalunabhängige Rauschstromquelle mit dem Leistungsspektrum $(2/x)FL_{th}$ dargestellt werden kann. Voraussetzung hierfür ist eine optimale Verstärkung der Lawinenphotodiode gemäß Gl. 9-42.

   Unter dieser Voraussetzung $(M_{PD}=\overset{o}{M}_{PD})$ folgt für das Sinken-Signalstörleistungsverhältnis eines optischen Übertragungssystems, vgl. Gl. 9-35 und Gl. 9-44:

$$\rho_v = \left[\frac{1}{4^x(2+x)^2(1+\frac{2}{x})^x} \frac{\left(S_{PD}\, s_{max}\, H_K(0)\right)^{2+2x}}{\gamma^2 \, e^2 \left(F \, L_{th}\right)^x}\right]^{\frac{1}{2+x}} \frac{\ddot{o}^2_{norm}(T_D)}{\Box f_E} .$$ (9-45)

Hierbei ist zur Abkürzung der Koeffizient

Def.: $\gamma = \dfrac{o_{ob} + o_{un}}{H_K(0) s_{max}}$ (9-46)

verwendet, dessen Bedeutung und Berechnung im folgenden Abschnitt dargestellt sind.

9.4.2 Optisches System mit gaußförmigem Empfangsfilter

   Die obigen Ergebnisse sollen nun an einem Beispiel verdeutlicht werden. Dazu betrachten wir ein optisches Digitalsystem mit gaußförmigem Lichtleistungsimpuls:

$$g_s(t) = \hat{g}_s \exp\left[-\pi\left(\frac{t}{\Delta t_s}\right)\right]^2 .$$ (9-47)

Diese Annahme ist bei hohen Bitraten und bei Verwendung einer Laserdiode sinnvoll. $\hat{g}_s$ ist die Amplitude (Einheit: mW) und Δt_s die äquivalente Dauer des Sende-Grundimpulses. Mit der Impulsantwort $h_K(t) \circ\!\!-\!\!\bullet H_K(f)$ des Lichtwellenleiters gemäß Gl. 9-9 erhält man somit für den optischen Empfangsimpuls:

$$g_{op}(t) = g_s(t) * h_K(t) = \hat{g}_s \frac{\Delta t_s}{\sqrt{\Delta t_s^2 + \Delta t_K^2}} \exp\left[-2a_o - \pi \cdot \frac{t^2}{\Delta t_s^2 + \Delta t_K^2}\right].$$ (9-48)

a_o ist die Gleichsignaldämpfung des Lichtwellenleiters mit der Einheit Np, vgl. Gl. 9-10. Für die äquivalente Dauer des ebenfalls gaußförmigen (optischen) Empfangsimpulses gilt mit der Dispersionskonstanten Δt_K des Lichtwellenleiters nach Gl. 9-11:

$$\Delta t_{op} = \sqrt{\Delta t_s^2 + \Delta t_K^2}. \tag{9-49}$$

Zur Umwandlung der ankommenden Lichtleistung in einen elektrischen Strom wird eine Lawinenphotodiode verwendet. Diese ist durch die in Abschnitt 9.1 definierten Parameter S_{PD}, M_{PD} und x vollständig gekennzeichnet. Das Empfangsfilter $H_E(f)$ sei ein Gauß-Tiefpaß mit der Grenzfrequenz f_E. Dieses Filter, das zur Störleistungsbegrenzung notwendig ist, verbreitert die empfangenen Impulse. Für den Detektions-Grundimpuls gilt somit:

$$g_d(t) = S_{PD} M_{PD} \left[g_{op}(t) * h_E(t) \right] = \hat{g}_s S_{PD} M_{PD} \frac{\Delta t_s}{\Delta t_d} \exp\left[-2a_o - \pi \left(\frac{t}{\Delta t_d} \right)^2 \right]. \tag{9-50}$$

Die äquivalente Dauer dieses Impulses berechnet sich mit $\Delta t_E = 1/(2f_E)$ wie folgt:

$$\Delta t_d = \sqrt{\Delta t_s^2 + \Delta t_K^2 + \Delta t_E^2}. \tag{9-51}$$

Das Sinken-Signalstörleistungsverhältnis ρ_v dieses Übertragungssystems kann mit Gl. 9-35 (für eine beliebige Lawinenverstärkung M_{PD}) bzw. mit Gl. 9-45 (für die optimale Lawinenverstärkung $\overset{\circ}{M}_{PD}$) berechnet werden. Dabei ist $|H_K(0)| = \exp(-2a_o)$. Für die äquivalente Rauschbandbreite des gaußförmigen Empfangsfilters ergibt sich nach Tabelle A-3 im Anhang: $\Box f_E = \sqrt{2}\, f_E$. Wegen der binären und unipolaren Amplitudenkoeffizienten erhält man für die vertikale Augenöffnung eines Systems ohne QR:

$$\ddot{o}(T_D) = g_d(T_D) - \sum_{\nu \neq 0} |g_d(T_D - \nu T)|, \tag{9-52}$$

wobei der Detektions-Grundimpuls von Gl. 9-50 einzusetzen ist. Da $g_d(t)$ symmetrisch ist, ist der optimale Detektionszeitpunkt $\overset{\circ}{T}_D = 0$. Ist die äquivalente Dauer Δt_d des Detektions-Grundimpulses kleiner als die Symboldauer T, so ist das Auge hinreichend weit geöffnet, und die normierte Augenöffnung (Def. 3-25) beträgt näherungsweise:

$$\ddot{o}_{norm}(\overset{\circ}{T}_D = 0) \simeq \frac{\hat{g}_s}{s_{max}} = \frac{\hat{g}_s}{s_o + \hat{g}_s}. \tag{9-53}$$

Ist dagegen $\Delta t_d > T$, so nimmt die Augenöffnung mit wachsendem Δt_d sehr stark ab. Im Bereich $T < \Delta t_d < 2T$ gilt für ein System ohne QR mit guter Näherung, vgl. Bild 9.4:

$$\ddot{o}_{norm}(\overset{\circ}{T}_D = 0) = \frac{\hat{g}_s}{s_o + \hat{g}_s} \left(\frac{2T}{\Delta t_d} - 1 \right). \tag{9-54}$$

Für $\Delta t_d \geq 2T$ ist hier das Auge geschlossen.

Zur Berechnung des Sinken-Signalstörleistungsverhältnisses ρ_v (Gl. 9-35) werden nun noch die Signalwerte $o_{un}(T_D)$ bzw. $o_{ob}(T_D)$ für die beiden ungünstigsten Symbolfolgen benötigt. Da der Detektions-Grundimpuls $g_d(t) \geq 0$ ist, ist die ungünstigste Symbolfolge bezüglich des unteren Augenrandes (Symbol O) die Folge ...L L O L L..., bei der der Abstand des Nutzsignals von der Schwelle am kleinsten und außerdem der

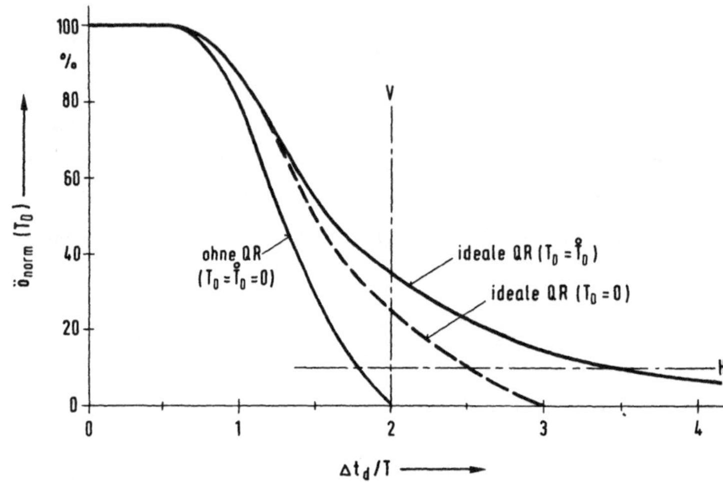

Bild 9.4:   Normierte Augenöffnung bei einem gaußförmigen Detektions-Grundimpuls mit
            der äquivalenten Impulsdauer Δt_d.

störende Einfluß des Schrotrauschens im Vergleich zu allen anderen unteren Augenlinien am größten ist. Dementsprechend erhält man mit Gl. 9-2 und Gl. 9-48:

$$o_{un}(\overset{o}{T}_D = 0) = H_K(0)s_o + \sum_{\nu \neq 0} g_{op}(\nu T)$$

$$\simeq \exp(-2a_o)\left[s_o + \frac{\Delta t_s}{T}\,\hat{g}_s\left(1 - \frac{T}{\Delta t_{op}}\right)\right]. \tag{9-55}$$

Diese Näherung ergibt sich aus der Tatsache, daß die unendliche Summe über alle Abtastwerte $g_{op}(\nu T)$ des optischen Empfangsimpulses gleich $\hat{g}_s\exp(-2a_o)\Delta t_s/T$ ist.

   Bezüglich des oberen Augenrandes (Symbol L) ist die Ermittlung der ungünstigsten
Symbolfolge etwas schwieriger. Die innere Augenlinie stammt hier von der Symbolfolge ...0 0 L 0 0.... Diese Folge ist bezüglich des Schrotrauschens nicht die ungünstigste. Im allgemeinen kann jedoch davon ausgegangen werden, daß der störende Einfluß der Impulsinterferenzen gegenüber dem Schrotrauschen überwiegt, so daß für den
oberen Wert gilt:

$$o_{ob}(\overset{o}{T}_D = 0) = H_K(0)s_o + g_{op}(0) = \exp(-2a_o)\left[s_o + \frac{\Delta t_s}{\Delta t_{op}}\,\hat{g}_s\right]. \tag{9-56}$$

Damit sind alle Größen ermittelt, die zur Berechnung des Signalstörabstands und des
Systemwirkungsgrads benötigt werden. Optimierbare Systemparameter sind die mittlere
Lawinenverstärkung M_{PD}, die äquivalente Sendeimpulsdauer Δt_s sowie die Kenngröße
$\Delta t_E = 1/(2f_E)$ des gaußförmigen Empfangsfilters. Der Schwellenwert E wird entsprechend
Gl. 9-22 als optimal vorausgesetzt.

In Bild 9.5 ist die Abhängigkeit des Systemwirkungsgrades η_A von diesen drei Parametern dargestellt, vgl. [9.11]. Die dabei zugrunde gelegten Zahlenwerte für die weiteren Systemgrößen sind in der Bildunterschrift angegeben. Bild 9.5a zeigt die Abhängigkeit des Systemwirkungsgrades von der Sendeimpulsdauer Δt_s, wobei die Empfängerkenngröße $\Delta t_E = T/2$ ihren optimalen Wert besitzt. Je schmaler die Sendeimpulse gewählt werden, desto kleiner ist die Amplitude des Detektions-Grundimpulses. Andererseits wachsen mit zunehmendem Δt_s sowohl die Impulsinterferenzen als auch das Schrotrauschen an. Deshalb gibt es für Δt_s einen optimalen Wert; für die vorliegenden Zahlenwerte ist $\Delta \overset{o}{t}_s \approx 0{,}6T$. Bild 9.5a zeigt jedoch auch, daß der Störabstandsverlust weniger als 2 dB beträgt, wenn Δt_s zwischen 0,3T und 0,9T variiert.

Betrachten wir nun den Einfluß der Grenzfrequenz f_E des Empfangsfilters, der aus Bild 9.5b zu erkennen ist. Der optimale Wert beträgt etwa $\Delta \overset{o}{t}_E = T/2$, was der optimalen Grenzfrequenz $\overset{o}{f}_E = R$ entspricht. Auch Δt_E kann in einem weiten Bereich variiert werden, ohne daß sich der Systemwirkungsgrad wesentlich verschlechtert.

In Bild 9.5c ist die Abhängigkeit von der mittleren Diodenverstärkung M_{PD} dargestellt. Der optimale Wert $\overset{o}{M}_{PD}$ stimmt exakt mit dem nach Gl. 9-36 berechneten Wert überein. Die Näherungen gemäß Gl. 9-37 (○) bzw. gemäß Gl. 9-42 (×) sind ebenfalls eingezeichnet. Es zeigt sich, daß der Systemwirkungsgrad nahezu unverändert bleibt, wenn M_{PD} in dem durch die beiden Näherungen festgelegten Bereich liegt.

Ist diese Voraussetzung erfüllt, so kann der Systemwirkungsgrad $\eta_A = \rho_V/\rho_A$ mit Gl. 9-31 und Gl. 9-45 ermittelt werden. Die normierte Augenöffnung ist näherungsweise durch Gl. 9-54 gegeben. Für den Faktor γ nach Def. 9-46 erhält man bei einem System (ohne QR) mit gaußförmigem Empfangsfilter, vgl. Gl. 9-55 und Gl. 9-56:

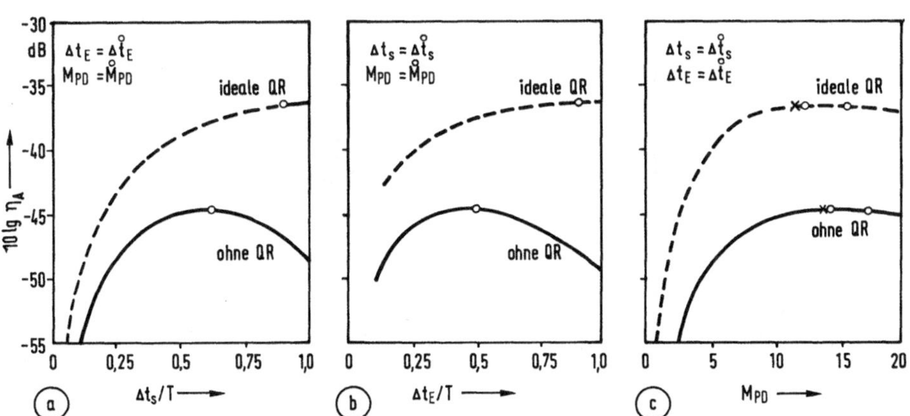

Bild 9.5: Systemwirkungsgrad $10 \lg \eta_A$ in Abhängigkeit von den (normierten) Parametern   (a) Δt_s,   (b) Δt_E,   (c) M_{PD}.
Voraussetzungen: $s_o = 0{,}25$ mW, $\hat{g}_s = 1$ mW, $a_o = 20$ dB, $\Delta t_K = \sqrt{2\,T}$, $x = 1$, $\eta_{Q_o} = 60\%$ ($\hat{=} S_{PD} = 0{,}63$ A/W bei $\lambda_L = 1300$nm), $L_{th} = 1{,}6 \cdot 10^{-22}$ A^2/Hz, $F = 5$, $E = \overset{o}{E}$ gemäß Gl. 9-22, ohne QR bzw. ideale QR.

$$\gamma = \frac{o_{ob} + o_{un}}{s_{max}\exp(-2a_o)} = 2\,\frac{s_o}{s_{max}} + \frac{\Delta t_s}{T}\,\frac{\hat{g}_s}{s_{max}}\,. \tag{9-57}$$

Für $s_o=\hat{g}_s/4$ sowie $\Delta\overset{\circ}{t}_s=0{,}6T$ erhält man beispielsweise $\gamma=0{,}88$.

Bild 9.6 zeigt die optimalen Werte für Δt_s und Δt_E abhängig von der Dispersions-konstanten Δt_K des Lichtwellenleiters. Parameter ist der Lichtgrundanteil s_o. Bei den Systemen ohne QR nimmt der optimale Wert für Δt_s bzw. Δt_E mit wachsendem Δt_K ab, da die äquivalente Dauer Δt_d des gaußförmigen Detektions-Grundimpulses den Wert $2T$ nicht überschreiten kann, vgl. Gl. 9-51 und Bild 9.4.

9.4.3 Optisches Übertragungssystem mit Quantisierter Rückkopplung

Während bei einem System ohne Quantisierte Rückkopplung das Auge für $\Delta t_d \geq 2T$ geschlossen ist, ergibt sich bei einem System mit (idealer) QR noch eine hinreichend große Augenöffnung, vgl. Bild 9.4. Beispielsweise beträgt für $\Delta t_d=2T$ die normierte Augenöffnung ca. 25%, wenn der Detektionszeitpunkt $T_D=0$ nicht optimal gewählt ist. Durch eine zusätzliche Optimierung von T_D kann das Auge bis auf 34% geöffnet werden (Vergleich längs der vertikalen Gerade V). Ein Vergleich der Systeme längs der horizontalen Gerade H zeigt, daß bei einem System ohne QR die normierte Augenöffnung nur noch 10% beträgt, wenn die Impulsdauer $\Delta t_d=1{,}8T$ ist. Bei einem System mit idealer QR kann dagegen Δt_d fast doppelt so groß sein, damit sich am Entscheider die gleiche Augenöffnung von 10% einstellen würde, vgl. [9.4].

Als weiterer Unterschied gegenüber dem letzten Abschnitt ist zu berücksichtigen, daß sich bei einem System mit (idealer) QR andere ungünstigste Symbolfolgen ergeben als bei einem System ohne QR: Die ungünstigste Symbolfolge bezüglich des unteren

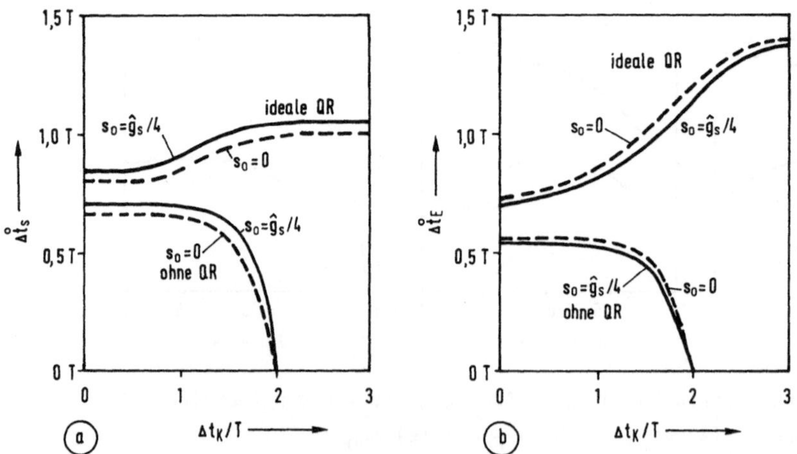

Bild 9.6: Optimale Werte für die Sendeimpulsdauer (a) und für die Empfangsfilter-Zeitkonstante (b) in Abhängigkeit von Δt_K. (Es gelten die gleichen Voraussetzungen wie für Bild 9.5).

Augenrandes (Symbol 0) ist wie bei einem System ohne QR die Folge ...L L O L L...,
so daß der Signalwert $o_{un}(\overset{o}{T}_D)$ ebenfalls nach Gl. 9-55 berechnet werden kann. Zu beachten ist jedoch, daß bei einem System mit QR im allgemeinen $\overset{o}{T}_D \neq 0$ ist.

Betrachten wir aber nun die ungünstigste Symbolfolge bezüglich des oberen Augenrandes (Symbol L), die bei einem System ohne QR und dem Detektions-Grundimpuls entsprechend Gl. 9-50 durch die Symbolfolge ...O O L O O... gegeben war. Da bei einem System mit QR die Impulsnachläufer kompensiert werden, ist das Nutzsignal für die Symbolfolge ...L L L O O... genauso groß. Diese Folge liefert jedoch einen größeren Beitrag zum Schrotrauschen als die Folge ...O O L O O ..., so daß an Stelle von Gl. 9-56 für ein System mit QR gilt:

$$o_{ob}(\overset{o}{T}_D) = H_K(0)s_0 + \sum_{\nu=0}^{+\infty} g_{op}(\overset{o}{T}_D + \nu T).\qquad(9\text{-}58)$$

Für die Größe γ gemäß Def. 9-46, die ein Maß für das Schrotrauschen ist, erhält man somit einen etwas größeren Wert als bei einem System ohne QR. Mit den für das betrachtete Beispiel zugrunde gelegten Zahlenwerten erhält man $\gamma \approx 1,5$.

Bild 9.5 zeigt, daß bei der hier betrachteten Faserdispersion $\Delta t_K = \sqrt{2}T$ der Störabstandsgewinn durch die QR etwa 8 dB beträgt. Die optimalen Werte für Δt_s und Δt_E sind etwas größer, da sich die Impulsinterferenzen weniger störend bemerkbar machen als bei einem System ohne QR, vgl. Bild 9.6. Da das Schrotrauschen hier einen etwas größeren Einfluß besitzt, ergibt sich für M_{PD} ein kleinerer Wert als ohne QR.

Anmerkung: In [9.9] und [9.11] werden auch optische Übertragungssysteme mit optimaler Nyquistentzerrung behandelt, siehe Abschnitt 8.3. Das Signalstörleistungsverhältnis kann ebenfalls mit Gl. 9-45 berechnet werden, wobei $\ddot{o}_{norm}(\overset{o}{T}_D)=1$ einzusetzen ist. Die beiden ungünstigsten Symbolfolgen ..L L O L L.. und ..L L L L L.. werden hier ausschließlich durch das Schrotrauschen bestimmt. Der Faktor γ kann somit in analoger Weise zu Gl. 9-57 ermittelt werden, vgl. [9.11].

10 Literaturverzeichnis

10.1 Bücher

1.1   Abramowitz, M.; Stegun, A.: Handbook of Mathematical Functions. Dover Publ., New York, 1970.

1.2   Bennett, W.; Davey, J.: Data Transmission. Mc Graw Hill, New York, 1965.

1.3   Bocker, P.: Datenübertragung I und II. Springer-Verlag, Berlin-Heidelberg-New York, 1976.

1.4   Bronstein, I.; Semendjajew, K.: Taschenbuch der Mathematik. Verlag Harri, Frankfurt,1980.

1.5   Doetsch, G.: Anleitung zum praktischen Gebrauch der Laplace-Transformation. Oldenbourg-Verlag, München-Wien, 1961.

1.6   Fano, R.M.: Informationsübertragung. Oldenbourg-Verlag, München-Wien, 1966.

1.7   Fetzer, V.: Einschwingvorgänge in der Nachrichtentechnik. Porta-Verlag, München, 1958.

1.8   Gallager, R.G.: Information Theory and Reliable Communication. John Wiley, New York, 1968.

1.9   Grau, G.: Optische Nachrichtentechnik. Springer-Verlag, Berlin-Heidelberg-New York, 1981.

1.10   Herter, E.; Röcker, W.; Lörcher, W.: Nachrichtentechnik: Übertragung, Vermittlung und Verarbeitung. Hauser-Verlag, München, 2. Auflage, 1981.

1.11   Hölzler, E.; Holzwarth, H.: Pulstechnik I und II. Springer-Verlag, Berlin-Heidelberg-New York, 1975 und 1976.

1.12   Kaden, H.: Theoretische Grundlagen der Datenübertragung. Oldenbourg-Verlag, München-Wien, 1968.

1.13   Kress, D.: Theoretische Grundlagen der Übertragung digitaler Signale. Akademie-Verlag, Berlin/DDR, 1979.

1.14   Küpfmüller, K.: Einführung in die theoretische Elektrotechnik. Springer-Verlag, Berlin-Heidelberg-New York, 1973.

1.15   Lucky, R.; Saltz, J.; Weldon, E.: Principles of Data Communications. McGraw Hill, New York, 1968.

1.16   Lüke, H.D.: Signalübertragung. Springer-Verlag, Berlin-Heidelberg-New York, 1975.

1.17   Marko, H.: Methoden der Systemtheorie. Springer-Verlag, Berlin-Heidelberg-New York, 1. und 2. Auflage, 1977 und 1982.

1.18   McElice, R.J.: Theory of Information and Coding. Addison-Wesley Publ. Company, London, 1977.

1.19   Müller, R.: Rauschen. Springer-Verlag, Berlin-Heidelberg-New York, 1979.

1.20   Oberhettinger, F.: Tabellen zur Fourier-Transformation. Springer-Verlag, Berlin-Heidelberg-New York, 1957.

1.21   Papoulis, A.: Probability, Random Variables, and Stochastic Processes. McGraw Hill, New York, 1965.

1.22   Ryshik, I.M.; Gradstein, I.S.: Summen-, Produkt- und Integral-Tafeln. VEB Deutscher Verlag der Wissenschaften, Berlin/DDR, 1963.

1.23   Schüssler, H.W.: Netzwerke, Signale und Systeme, Band I: Systemtheorie linearer elektrischer Netzwerke. Springer-Verlag, Berlin-Heidelberg-New York, 1981.

1.24   Stein, S.; Jones, J.: Modern Communication Principles. McGraw Hill, New York, 1967.

1.25   Steinbuch, K.; Rupprecht, W.: Nachrichtentechnik. Springer-Verlag, Berlin-Heidelberg-New York, 2. Auflage, 1973.

1.26   Thomas, J.B.: An Introduction to Statistical Communication Theory. John Wiley, New York, 1969.

1.27   Tröndle, K.: Nachrichtentechnische Systeme. Skriptum zur Vorlesung.

1.28   Tröndle, K.; Weiß, R.: Einführung in die Puls-Code-Modulation. Oldenbourg-Verlag, München-Wien, 1974.

1.29   Unbehauen, R.: Systemtheorie. Oldenbourg-Verlag, München-Wien, 2. Auflage, 1980.
1.30   Unger, H.G.: Optische Nachrichtentechnik. Elitera-Verlag, Berlin, 1976.
1.31   Van Trees, H.L.: Detection, Estimation, and Modulation Theory. John Wiley, New York, 1968.
1.32   Wozencraft, J.M.; Jacobs, I.M.: Principles of Communication Engineering. John Wiley, New
          York, 1965.

10.2 Literatur zu Kapitel 2

2.1   Abrahamsen, B.; Holte, N.; Röste, T.: A 560 Mbit/s Digital Transmission System over Coaxial
          Cable. Proc. of the Int. Zürich Seminar (1976), A4.
2.2   Appel, U.; Tröndle, K.; Weiß, R.: Messung und Simulation von Impulsstörungen bei PCM-Über-
          tragung. NTZ 26 (1973), S. 15-17.
2.3   Bauch, H.; Jungmeister, H.G.; Möhrmann, K.H.: Übertragung von 565 Mbit/s-Signalen über
          Koaxialkabel. NTZ 32 (1979), S. 608-611.
2.4   Bennett, W.R.: Statistics for Regenerative Digital Transmission. BSTJ 37 (1958), S. 1501-
          1542.
2.5   Byrne, C.J.; Karafin, B.J.; Robinson, D.B.: Systematic Jitter in a Chain of Digital Regene-
          rators. BSTJ 42 (1963), S. 2679-2714.
2.6   Catchpole, R.J.; Norman, P.; Waters, D.B.: Digitale Übertragung mit 565 Mbit/s auf Koaxial-
          kabeln. Elektrisches Nachrichtenwesen 54 (1979), S. 39-47.
2.7   CCITT-Recommandation G. 742, G. 744, and G. 751. Orange Book, Vol. III-2; ITU Geneva, 1977.
2.8   Dirndorfer, H.; Warkotsch, A.: Simulation und Aufbau eines experimentellen 140 Mbit/s-
          Binärsystems für Koaxialkabel. AEÜ 38 (1984), S. 79-84.
2.9   Helm, G.; Plontke, J.: Einfluß der Längs- und Querverluste auf das Übertragungsverhalten
          des Koaxialkabels. Nachrichtentechnik-Elektronik 25 (1976), S. 82-84.
2.10   Huber, J.; Tröndle, K.; Lutz, E.: Einfluß unsymmetrischer Empfangsimpulsformen auf die
          Phasenjitterakkumulation. NTZ-Archiv 1 (1979), S. 187-192.
2.11   Irmer, T.: PCM-Übertragungssysteme bei der Deutschen Bundespost. Der Fernmelde-Ingenieur
          27 (1973), H. 10 und H. 12.
2.12   Irmer, T.; Kersten, R.; Schweizer, L.: Begriffe der Digital-Übertragungstechnik. Frequenz
          32 (1978), H. 8-10.
2.13   Jessop, A.; Norman, P.; Wahters, D.B.: 120 Megabit per Second Coaxial System Demonstrated
          in the Laboratory. Electrical Communication, Vol 48 (1973), S. 79-92.
2.14   Kaufhold, B.: Empfangsfilteroptimierung bei PCM-Übertragung für ausgewählte Leitungscodes.
          Nachrichtentechnik-Elektronik 32 (1982), S. 161-166.
2.15   Kersten, R.: Signalarten und Signalformen bei der Übertragung von PCM-Signalen auf symme-
          trischen Fernsprechkabeln. AEÜ 22 (1968), S. 461-471.
2.16   Kreß, D.: Zur Übertragung digitaler Signale auf Kabeln. Habilitation, TH Ilmenau/DDR, 1975.
2.17   Kohlschmidt, R.: Jitterstörungen bei der Übertragung von PCM-Signalen über Kabel. Habilita-
          tion, TH Ilmenau/DDR, 1976.
2.18   De Lange, O.E.: The Timing of High-Speed Regenerative Repeaters. BSTJ (1958), S. 1455-1485.
2.19   Lutz, E.; Tröndle, K.: Einfluß von Schwellendrift und Verstimmung auf die Taktrückgewinnung
          mit PLL-Schaltungen. Frequenz 34 (1980), S. 164-169.
2.20   Lutz, E.; Tröndle, K.: Mittelwert, Effektivwert und Wahrscheinlichkeitsdichte des Takt-
          jitters in digitalen Übertragungssystemen. AEÜ 34 (1980), S. 104-110.
2.21   Lutz, E.; Huber, J.; Söder, G.; Tröndle, K.: Einfluß des Impulsformers und der Taktrückgewin-
          nung auf die Akkumulation des Phasenjitters. NTG-Fachbericht Band 65 (1978), S. 382-387.
2.22   Marko, H.: Eine allgemeine Spektraltransformation, die Fourier-Transformation and Laplace-
          Transformation gleichzeitig umfaßt. AEÜ 31 (1977), S. 363-370.
2.23   Marko, H.: Planungsprinzipien digitaler Weitverkehrssysteme. NTZ 27 (1974), S. 2-8.
2.24   Morgenstern, G.: Zur Berechnung der spektralen Leistungsdichte von digitalen Basisband-
          Signalen. Der Fernmelde-Ingenieur 33 (1979), H. 12.
2.25   Peters, U.; Tröndle, K.; Wellhausen, H.W.: Zur Untersuchung der Übertragungseigenschaften
          und Störungen bei Ortskabeln hinsichtlich einer Digitalübertragung oberhalb von
          2,048 Mbit/s. NTZ-Archiv Band 2 (1980), S. 111-116.
2.26   Röste, T.; Holte, N.; Knapskog, S.J.: A 140 Mbit/s Digital Transmission System for Co-
          axial Cable Using Partial Response Class 1 Line Code with Quantized Feedback. IEEE Trans.
          on Comm. COM-28 (1980), S. 1425-1430.
2.27   Sperlich, J.: PCM-Systeme und ihr hierarchischer Aufbau. NTZ 27 (1974), S. 182-186.
2.28   Sunde, E.D.: Self-Timing Regenerative Repeaters. BSTJ (1957), S. 891-936.

2.29   Thomas, R.: Einschwingverhalten der Taktphase und des Entscheidungsvorgangs bei regenerati-
         ven digitalen Übertragungssystemen. Dissert., Hochschule der Bundeswehr München, 1981.
2.30   Tröndle, K.; Söder, G.; Lutz, E.: Entstehung des Phasenjitters in regenerativen digitalen
         Übertragungssystemen und seine statistischen Kenngrößen. NTZ 31 (1978), S. 613-614.
2.31   Tröndle, K.; Söder, G.; Lutz, E.: Akkumulation des Phasenjitters in regenerativen digitalen
         Übertragungssystemen. AEÜ 32 (1978), S. 341-349.
2.32   Tufts, D.; Berger, T.: Optimum Pulse Amplitude Modulation. Part II: Inclusion of Timing
         Jitter. IEEE Trans. on Information Theory IT-13 (1967), S. 209-216.
2.33   Wellhausen, H.W.: Beitrag zur Übertragung digitaler Basisband-Signale über Koaxialkabel.
         Der Fernmelde-Ingenieur 26 (1972), H. 1.
2.34   Wellhausen, H.W.: Dämpfungsverhalten von Koaxialpaaren 1,2/4,4 und 2,6/9,5 mm oberhalb
         60 MHz. Technischer Bericht FI der DBP, 454 TBr 25, April 1975.
2.35   Wellhausen, H.W.: Dämpfung, Phase und Laufzeiten bei Weitverkehrs-Koaxialpaaren. Frequenz
         31 (1977), S. 23-28.
2.36   Wellhausen, H.W.: Digitale Übertragung großer Informationsflüsse über Kabel des Fernlinien-
         netzes. Mitteilungen aus dem Forschungsinstitut der Deutschen Bundespost (1980), H. 3.
2.37   Wellhausen, H.W.: Entwicklungstendenzen der Digitalübertragung über metallische Leiter-
         paare. Frequenz 35 (1981), S. 128-137.
2.38   Zapf, H.: Über den Einfluß der Taktrückgewinnung mittels Resonanzkreisen auf das Jitterver-
         halten von Regeneratoren - eine zusammengefaßte Darstellung. Technischer Bericht FI der
         DBP, 4444 TBr 7, November 1978.

10.3 Literatur zu Kapitel 3

3.1   Aaron, M.R.: PCM-Transmission in the Exchange Plant. BSTJ 41 (1962), S. 99-141.
3.2   Antreich, K.; Hauk, W.; Welzenbach, M.: Zur Auslegung der Entzerrernetzwerke für die Über-
         tragung von PCM-Signalen auf Kabeln. AEÜ 25 (1971), S. 109-116.
3.3   Cariolaro, G.L.: Error Proability in Digital Fibre Communication Systems. IEEE Trans. on
         Inform. Theory. Vol. IT-24 (1978), S. 213-221.
3.4   Glave, F.E.: An Upper Bound on the Probability of Error Due to Intersymbol Interference for
         Correlated Digital Signals. IEEE Trans. on Inform. Theory. Vol. IT-18 (1972), S. 356-363.
3.5   Jeng, Y.C.; Liu, B.; Thomas, J.B.: Probability of Error in PAM-Systems with Intersymbol
         Interference and Additive Noise. IEEE Trans. on Inform. Theory. Vol. IT-23 (1977),
         S. 575-582.
3.6   Larsen, G.: Näherung der Verteilungsfunktion der Nachbarimpulsstörungen. AEÜ 33 (1979),
         S. 403-406.
3.7   Lugananni, R.: Intersymbol Interferences and Probability of Error in Digital Systems. IEEE
         Trans. on Information Theory. Vol. IT-15 (1969), S. 682-688.
3.8   Mathews, J.W.: Sharp Error Bounds for Intersymbol Interference. IEEE Trans. on Information
         Theory. Vol. IT-18 (1972), S. 440-447.
3.9   Saltzberg, B.R.: Error Probabilities for a Binary Signal Pertubed by Intersymbol Inter-
         ference and Gaussian Noise. IEEE Trans. on Communication Systems. Vol. COM-12 (1964),
         S. 117-120.
3.10   Saltzberg, B.R.: Intersymbol Interference Error Bounds with Application to Ideal Band-
         limited Signaling. IEEE Trans. on Information Theory. Vol. IT-14 (1968), S. 563-568.
3.11   Shimbo, O.; Celebiler, M.: The Probability of Error Due to Intersymbol Interference and
         Gaussian Noise in Digital Communication Systems. IEEE Trans. on Communication Systems.
         Vol. COM-19 (1971), S. 113-119.
3.12   Söder, G.: Optimierung und Vergleich binärer und mehrstufiger digitaler Übertragungssysteme
         mit und ohne quantisierte Rückkopplung. Dissertation, Techn. Universität München, 1981.

10.4 Literatur zu Kapitel 4

4.1   Appel, U.: Vergleich von Codes für die Übertragung digitaler Signale in regenerativen
         Kanälen. Dissertation, Technische Universität München, 1971.
4.2   Appel, U.; Tröndle, K.: Zusammenstellung und Gruppierung verschiedener Codes für die Über-
         tragung digitaler Signale. NTZ 23 (1970), S. 11-16.

4.3   Appel, U.; Tröndle, K.: Vergleich verschiedener Codes für die Übertragung digitaler Si-
          gnale. NTZ 23 (1970), S. 189-196.
4.4   Bertelsmeier, M.: Blockcodes für digitale Basisbandübertragung - Vergleich einiger 4B3T-
          Blockcodes. NTG-Fachbericht 64, April 1978.
4.5   Bertelsmeier, M.: Digitale Signalübertragung mit einem 4B3T-Code - Untersuchungen an einem
          Codec für 139, 264 Mbit/s. Technischer Bericht 44 TBr 65, Sept. 1978.
4.6   Buchner, J.B.: Ternary Line Codes. Philips Telecomm. Review, Vol. 34 (1976), S. 72-86.
4.7   Calfish, M.; Müller, K.H.: Leistungsspektrum von Blockcodes. NTZ 27 (1974), S. 219-224.
4.8   Cariolaro, G.L.; Tronca, G.P.: Correlation and Spectral Properties of Multilevel (M,N)
          Coded Digital Signals with Aplications to Pseudoternary (4,3) Codes. Alta Frequenza 18
          (1974), S. 2-15.
4.9   Catchpole, R.J.: Digital Line Codes and their Effect on Repeater Spacing. Telecomm. Trans.,
          London 1975, S. 91-94.
4.10   Huber, J.: Codierung für gedächtnisbehaftete Kanäle. Dissertation, Hochschule der Bundeswehr
          München, 1982.
4.11   Jessop, A.; Waters, D.B.: 4B3T, an Efficient Code for PCM Coaxial Line Systems. Proceeding
          of 17th International Scientific Congress on Electronics. Rome 1970, S. 275-283.
4.12   Krick, W.; Baack, C.: Vergleich von "Nyquist-" und "Partial-Response-" Übertragungsverfah-
          ren für digitale Lichtwellenleitersysteme. AEÜ 35 (1981), S. 265-274.
4.13   Marko, H.: Das optimale Sendesignal (Leitungscode) für digitale Übertragungssysteme. NTZ
          28 (1975), S. 7-12.
4.14   Morgenstern, G.: Calculation of the Power Density of Rectangular Multilevel and AMI Coded
          Signals. NTZ 31 (1978), S. 210-211.
4.15   Morgenstern, G.: Vergleich der Leistungsdichtespektren verschiedener binärer Basisbandsi-
          gnale. Technischer Bericht, 44 TBr 71, Juli 1978.
4.16   Peterson, W.W.: Prüfbare und korrigierbare Codes. Oldenbourg-Verlag, München-Wien, 1967.
4.17   Rocks, M.: Calculation of Duobinary Transmission Systems with Optical Waveguides. IEEE
          Trans. on Communications, Vol. COM-30, S. 2464-2470.
4.18   Roth, D.: Wahrscheinlichkeitstheoretische Eigenschaften und Spektralverhalten des duobi-
          nären Codes im Basisband. Frequenz 27 (1973), S. 98-103.
4.19   Ruopp, G.: Entwurf und Eigenschaften von 4B3T-Codes, AEÜ 31 (1977), S. 481-488.
4.20   Sauer, K.: Untersuchung des Phasenjitters in digitalen Übertragungssystemen unter Berück-
          sichtigung des Übertragungscodes. Diplomarbeit, Lehrstuhl für Nachrichtentechnik, TU
          München, 1979.
4.21   Tröndle, K.: Die Verbesserung der Geräuschschwelle pulscodemodulierter Signale durch An-
          wendung fehlererkennender und fehlerkorrigierender Codes. Dissertation, TU München, 1970.
4.22   Tröndle, K.: Codier- und Decodiermethoden zur Fehlerkorrektur digitaler Signale.
          Habilitation, TU München, 1974.
4.23   A new Code of the 4B-3T Type: The FOMOT Code. CCITT, GM/CNC No. 50-E, Jan. 1975.

10.5 Literatur zu Kapitel 5

5.1   Andexser, W.: Untersuchung von Datenübertragungssystemen mit adaptiver Quantisierter Rück-
          kopplung. Dissertation, Universität Stuttgart, 1977.
5.2   Belfiore, C.A.; Park, J.H.: Decision Feedback Equalization. Proceedings of the IEEE, Vol.
          67 No. 8 (1979), S. 1143-1156.
5.3   Bennett, W.R.: Synthesis of Active Networks. Proc. Polytech. Inst. Brooklyn Symp. Series.
          Vol. 5 (1955), S. 45-61.
5.4   Gibson, B.: Equalization Design for a 600 MBd Quantized Feedback PCM Repeater. IEEE Trans.
          on Comm. Vol. COM-27 (1979), S. 134-142.
5.5   Hauser, W.; Heidner, D.: Ein neuer Impulsregenerator mit quantisierter Rückkopplung für
          das PCM-Digitalverstärker-Hybridsystem für 560 Mbit/s. NTZ 30 (1977), S. 712-717.
5.6   Höge, H.: Berechnung der Fehlerwahrscheinlichkeit in regenerativen Systemen mit Quan-
          tisierter Rückkopplung. AEÜ 30 (1976), S. 130-135.
5.7   Marko, H.: Kann man über die Nyquistrate übertragen? (Grenzen und Möglichkeiten der
          Quantisierten Rückkopplung). AEÜ 36 (1982), S. 238-244.
5.8   Marko, H.; Warkotsch, A.; Dirndorfer, H.: The Maximum Achievable Repeater Spacing for High
          Speed Digital Coaxial Systems. Int. Conf. on Commun., Denver, 1981.
5.9   Mc Coll, L.A.: United States Patent 2 056 284, (1936).
5.10   Milnor, J.W.: United States Patent 1 717 116, (1929).

5.11   Monsen, P.: Feedback Equalization for Fading Dispersive Channels. IEEE Trans. on Information
         Theory. Vol. IT-17 (1971) S. 56-64.
5.12   Roza, E.: A Practical Design Approach to Decision Feedback Receivers with Conventional Fil-
         ters. IEEE Trans. on Comm. COM-26 (1978), S. 679-689.
5.13   Tamburelli, G.: Decision Feedback and Feedforward Receiver (for Rates Faster than
         Nyquist's). Alta Frequenza, Vol. XLV (1976), S.224-231.
5.14   Thaller, F.X.: Realisierungsformen und Fehlerfortpflanzung der Quantisierten Rückkopplung.
         Diplomarbeit am Lehrstuhl für Nachrichtentechnik, TU München, 1981.
5.15   Waldhauer, F.: Quantized Feedback in an Experimental 280 Mb/s Digital Repeater for Coaxial
         Transmission. IEEE Trans. on Communications. Vol. COM-22 (1974), S. 1-5.
5.16   Warkotsch, A.; Goßlau, A.: Pilottonzusatz bei digitaler Basisbandübertagung über Koaxial-
         kabel. AEÜ 38 (1984), S. 79-84.
5.17   Warkotsch, A.: Ein experimentelles 140 Mbit/s Binärsystem mit Quantisierter Rückkopplung
         und Pilottonzusatz für Koaxialkabel mit sehr hoher Streckendämpfung. Dissertation,
         Technische Universität München, 1983.
5.18   Wellhausen, H.W.: Redundanzfreie Codes für digitale Basisbandübertragung. NTG-Fachberichte
         Band 65 (1978), S. 185-189.
5.19   Wellhausen, H.W.; Fahrendholz, J.: Über die Verwendung binärer, redundanzfreier Basisband-
         signale für die Digitalübertragung. Techn. Bericht, 442 TBr 59, Jan. 1978.
5.20   Zador, P.L.: Error Probabilities in Data System Pulse Regenerators with dc Restoration.
         BSTJ 45 (1966), S. 979.

10.6 Literatur zu Kapitel 6

6.1   Beare, C.: The Choice of the Desired Impulse Response in Combined Linear-Viterbi Algorithm
         Equalizers. IEEE Trans. on Communications Vol. COM-26, (1978), S. 1301-1307.
6.2   Burkhardt, H.; Barbosa, L.C.: Contributions to the Application of the Viterbi-Algorithm.
         Research Report RJ 3377 (40413) 1/22/82 Communications IBM Research Laboratory, San Jose.
6.3   Cantoni, A.; Kwong, K.: Further Results on the Viterbi Algorithm Equalizer. IEEE Trans. on
         Information Theory Vol. IT-20 (1974), S. 764-767.
6.4   Desblache, A.: Optimal Short Desired Impulse Response for Maximum Likelihood Sequence Esti-
         mation. IEEE Trans. on Communications Vol. COM-25, (1977), S. 735-738.
6.5   Falconer, D.; Magee, F.: Adaptive Channel Memory Truncation for Maximum Likelihood Se-
         quence Estimation. BSTJ 52 (1973), S. 1541-1562.
6.6   Forney, G.D.: Lower Bounds on Error Probability in the Presence of Large Intersymbol Inter-
         ference. IEEE Trans. on Communications Vol.COM-20, (1972), S. 76-77.
6.7   Forney, G.D.: Maximum Likelihood Sequence Estimation of Digital Sequences in the Presence of
         Intersymbol Interference. IEEE Trans. on Inform. Theory. Vol. IT-18, (1972), S. 363-378.
6.8   Forney, G.D.: The Viterbi Algorithm. Proceedings of the IEEE, Vol. 61 (1973), S. 268-278.
6.9   Foschini, G.: A Reduced State Variant of Maximum Likelihood Sequence Detection Attaining
         Optimum Performance for High Signal-to-Noise Ratios. IEEE Trans. on Information Theory.
         Vol. IT-23 (1977), S. 605-609.
6.10   Fredricsson, S.: Optimum Transmitting Filter in Digital PAM Systems with a Viterbi Detec-
         tor. IEEE Trans. on Information Theory. Vol. IT-20, (1974), S. 834-838.
6.11   Gitlin, R.; Ho, E.: A Null-Zone Decision Feedback Equalizer Incorporating Maximum Likeli-
         hood Bit Detection. IEEE Trans. on Communication. Vol. COM-23, (1975), S. 1243-1250.
6.12   Heller, J.; Jacobs, I.M.: Viterbi Decoding for Satellite and Space Communication. IEEE
         Trans. on Communications. Vol. COM-19, (1971), S. 835-848.
6.13   Helstrom, C.W.: Statistical Theory of Signal Detection. Pergamon Press, London, 1968.
6.14   Kaltenbacher, H.: Der Viterbi Algorithmus. Ein Verfahren zur Decodierung rekurrenter Codes
         und zur Entzerrung digitaler Signale. Diplomarbeit, TU München, Institut für Nachrich-
         tentechnik, 1976.
6.15   Kawas-Kaleh, G.: Double Decision Feedback Equalizer. Frequenz 33 (1979), S. 146-149.
6.16   Lee, W.U.; Hill, F.S.: A Maximum-Likelihood Sequence Estimator with Decision-Feedback Equa-
         lization. IEEE Trans. on Communications. Vol. COM-25 (1977), S. 971-979.
6.17   Magee, F.; Proakis, J.: Adaptive Maximum-Likelihood-Sequence Estimation for Digital Signa-
         ling in the Presence of Intersymbol Interference. IEEE Trans. on Information Theory.
         Vol. IT-19, (1973), S. 1128-1154.
6.18   McLane, P.J.: A Residual Intersymbol Interference Error Bound for Truncated-State Viterbi
         Detectors. IEEE Trans. on Information Theory, Vol. IT-26. (1980), S. 548-553.

6.19   Peters, U.: Detection with Prediction and Decision Feedback. Signal Processing II, EUSIPCO (Erlangen 1983), S. 543-546.

6.20   Peters, U.: Empfangsstrategien für Digitalsignalübertragung im Basisband. Dissertation, Hochschule der Bundeswehr, München, 1983.

6.21   Qureshi, S.; Newhall, E.: An Adaptive Receiver for Data Transmission over Time-Dispersive Channels. IEEE Trans. on Information Theory. Vol. IT-19 (1973), S. 448-457.

6.22   Schwartz, M.: Abstract Vector Spaces Applied to Problems in Detection and Estimation Theory. IEEE Trans. on Information Theory. Vol. IT-12 (1966), S. 327-336.

6.23   Tröndle, K.: Optimierung digitaler Übertragunssysteme. NTG-Fachtagung "Neue Aspekte der Informations- und Systemtheorie" (1983), NTG Fachberichte 84, S. 61-71.

6.24   Tröndle, K.; Peters, U.: Prädiktionsdetektion mit Quantisierter Rückkopplung, NTZ-Archiv 5 (1983), S. 63-75.

6.25   Ungerboeck, G.: Nonlinear Equalization of Binary Signals in Gaussian Noise. IEEE Trans. on Communication. COM-19 (1971), S.1128-1137.

6.26   Ungerboeck, G.: Adaptive Maximum-Likelihood Receiver for Carier-Modulated Data-Transmission System. IEEE Trans. on Communication. Vol. COM-29 (1981), S. 886-890.

6.27   Vachula, G.M.; Hill, F.S.: On Optimal Detection of Band-Limited PAM Signals with Excess Bandwidth. IEEE Trans. on Communication. Vol. COM-29 (1981), S. 886-890.

6.28   Vermeulen, F.L.; Hellman, M.E.: Reduced State Viterbi Decoders for Channels with Intersymbol Interference. Proc. 10. Intern. Conf. on Communication (1974), S. 37B1 - 37B4.

6.29   Viterbi, A.: Error Bounds for Convolutional Codes and an Asymptotically Optimum Decoding Algorithm. IEEE Trans. on Information Theory IT-13 (1976), S. 260-269.

10.7 Literatur zu Kapitel 7

7.1   Ballweg, A.: Ein Beitrag zur Kanalkapazität bei Leistungs- und Amplitudenbegrenzung. Diplomarbeit am Lehrstuhl für Nachrichtentechnik, Techn. Universität München, 1984.

7.2   Benzel, R.: The Capacity Region of a Class of Discrete Additive Degraded Interference Channels. IEEE Trans. on Inform. Theory, Vol. IT-25 (1979), S. 228-231.

7.3   Färber, G.: Die Kanalkapazität allgemeiner Übertragungskanäle bei begrenztem Signalwertbereich, beliebiger Signalübertragungszeit sowie beliebiger Störung. AEÜ 21 (1976), S. 565-574 und S. 653-660.

7.4   Färber, G.; Appel, U.: Bestimmung der Kanalkapazität signalwertbegrenzter Analogkanäle durch nichtlineare Programmierung, NTZ 21 (1968), S. 341-348.

7.5   Pierce, J.R.: Information Rate of a Coaxial Cable with Various Modulation Systems. BSTJ 45 (1966), S. 1197-1207.

7.6   Raisback, S.: Optimal Distribution of Signal Power in an Transmission Link whose Attenuation is a Function of Frequency. IRE PGIT Trans., IT-4 (1958), S. 129-130.

7.7   Shannon, C.E.: A Mathematical Theory of Communication. BSTJ 27 (1948), S. 379-423 und S. 623-656.

7.8   Shannon, C.E.; Weaver, W.: The Mathematical Theory of Communication. University of Illinois Press, Urbana, 1949.

7.9   Söder, G; Ballweg, A.: Die Kanalkapazität als Grenze für die Digitalsignalübertragung. (Erscheint in Frequenz 39 (1985) H. 2).

10.8 Literatur zu Kapitel 8

8.1   Aaron, M.R.; Tufts, D.W.: Intersymbol Interference and Error Probability. IEEE Trans. on Information Theory, Vol. IT-12 (1966), S. 26-34.

8.2   Achilles, D.: Impulsformung für die Datenübertragung. AEÜ 24 (1970), S. 186-193.

8.3   Aein, J.M.; Haucock, J.C.: Reducing the Effects of Intersymbol Interference with Correlation Receivers. IEEE Trans. on Information Theory, Vol. IT-9 (1963), S. 167-175.

8.4   Berger, T; Tufts, D.W.: Optimum Pulse Amplitude Modulation. Part I: Transmitter-Receiver Design and Bounds from Information Theory, IEEE Trans. on Information Theory. Vol. IT-13 (1966), S. 196-208.

8.5   Berghaus, T.: Equalization of a Coaxial Cable for Digital Transmission. TH-Report 78-E-80, University Eindhoven.

8.6   Bitzer, E.: Optimierung digitaler Übertragungssysteme mit Partial-Response-Codes. NTG Fach-
          berichte 65 (1978), S. 276-281.

8.7   Brandes, M.: Untersuchungen zur Optimierung von Parametern der PCM-Übertragung auf Leitungen
          für verschiedene Kodes bei praxisnahen Bedingungen und Toleranzen. Dissertation, TH
          Ilmenau/DDR, 1979.

8.8   Dippold, M.; Dirndorfer,H.: Reduktion des Impulsnebensprechens durch quantisierte Rückkopp-
          lung bei optimiertem Phasenverlauf des Detektionssignals. NTG-Fachberichte 84 (1983),
          S. 99-106.

8.9   Dirndorfer, H.: Simulation und Analyse hochratiger, digitaler Übertragungssysteme unter
          Berücksichtigung der Quantisierten Rückkopplung. Dissertation, TU München, 1983.

8.10   Franks, L.E.: A Method for Optimizing Performance of Pulse Transmission Systems. IEEE
          Internat. Convention Record, Part 5 (1964), S. 279-290.

8.11   Gerst, I.; Diamond, J.: The Elimination of Intersymbol Interference by Input Signal Shapping.
          Proc. of IRE, Vol 49 (1961), S. 1195-1203.

8.12   Gibby, R.; Smith, J.W.: Some Extensions of Nyquist's Telegraph Transmission Theory. BSTJ 44
          (1965), S. 1487-1510.

8.13   Graf, K.: Theoretische Untersuchungen für Digitalsignalübertragung über symmetrische Kabel.
          Diplomarbeit am Lehrstuhl für Nachrichtentechnik, TU München, 1984.

8.14   Hänsler, E.: Entwurf optimaler Impulse für Puls-Amplituden-Modulationssysteme mit statis-
          tisch schwankendem Abtastzeitpunkt. AEÜ 31 (1977), S. 349-354.

8.15   Irber, A.; Tröndle, K.: Codierung zur vollständigen Beseitigung der empfangsseitigen Impuls-
          interferenz bei Digitalsignalübertragung. AEÜ 38 (1984), S. 153-156.

8.16   Kaufhold, B.: Zur Optimierung des Empfangsfilters in PCM-Regeneratoren. Nachrichtentechnik-
          Elektronik 28 (1978), S. 235-238.

8.17   Kaufhold, B.: Varianten zur Optimierung des Empfangsfilters in PCM-Regeneratoren mit hoher
          Bitrate. Nachrichtentechnik-Elektronik 30 (1980), S. 48-53.

8.18   Kreß, D.: Zur optimalen Sendeimpulsform bei digitaler Übertragung. Nachrichtentechnik-Elek-
          tronik 25 (1975), S. 292-293.

8.19   Kreß, D.; Irmer, R.: Optimierungsprinzipien bei der Entzerrung von PCM-Signalen. Nachrich-
          tentechnik-Elektronik 20 (1970), S.185-188.

8.20   Kreß, D.; Krieghoff, M.: Elementare Approximation und Entzerrung bei der Übertragung von
          PCM-Signalen über Koaxialkabel. Nachrichtentechnik-Elektronik 23 (1973), S. 225-227.

8.21   Marko, H.: Comparison of Binary and Multilevel Digital Transmission Systems in the Presence
          of Intersymbol Interference and Thermal Noise. NTZ 27 (1974), S. 239-242.

8.22   Marko, H.: Optimale und fast optimale binäre und mehrstufige digitale Übertragungssysteme.
          AEÜ 28 (1974), S. 402-414.

8.23   Marko, H.; Tröndle, K.: Der Grenzverstärkerabstand digitaler Übertragungssysteme für koa-
          xiale Kabel bei gaußförmigem Übertragungsfaktor. NTZ 28 (1975), S. 160-165.

8.24   Marko, H.; Tröndle, K.; Söder, G.: Vergleich binärer und mehrstufiger Regenerativverstär-
          kersysteme für koaxiale Kabel bei symmetrischer Impulsform unter Berücksichtigung der
          Toleranzen. NTZ 29, (1976), S. 601-608.

8.25   Marko, H.; Tröndle, K.; Söder, G.: Vergleich optimaler, binärer und mehrstufiger Regenera-
          tivverstärkersysteme mit quantisierter Rückkopplung und unsymmetrischer Impulsform. NTZ
          30, (1977), S. 316-323.

8.26   Marko, H.; Tröndle, K.; Söder, G.: Comparison of Optimized Digital Transmission Systems for
          Coaxial Cables. Proc. Eurocon, (1977), S. 2.7.3.1-2.7.3.6.

8.27   Nyquist, H.: Certain Factors Affecting Telegraph Speed. BSTJ 3 (1924), S.324.

8.28   Nyquist, H.: Certain Topics in Telegraph Transmission Theory. Trans. AIEE (Commun. and Elec-
          tronics). Vol 47 (1928), S. 617-644.

8.29   Peters, U.: Vergleich verschiedener Empfangsstrategien bei Digitalsignalübertragung. (In
          Vorbereitung)

8.30   Smith, J.W.: The Joint Optimization of Tranmitted Signal and Receiving Filter for Data
          Transmission Systems. BSTJ Vol 44. (1965), S. 2363-2392.

8.31   Söder, G.: Optimierung und Vergleich digitaler Koaxialkabelsysteme. AEÜ 36, (1982),
          S. 451-464.

8.32   Stojanovic, V.S.; Dirndorfer, H.: Über den Entwurf eines hochratigen digitalen Übertragungs-
          systems mit Hilfe der Pol-Nullstellenverteilung. Frequenz 37 (1983), S. 155-161.

8.33   Stoll, R.: Untersuchung der optimalen Sendeimpulsform bei regenerativen digitalen Übertra-
          gungssystemen. Diplomarbeit, Lehrstuhl für Nachrichtentechnik, TU München, 1978.

8.34   Tröndle K.; Irber A.: Codeoptimierung für digitale Übertragunssysteme. (Erscheint in Fre-
          quenz 39 (1985) H.2).

8.35   Tröndle K.; Krstic D.; Dirndorfer H.: Methoden zur Bestimmung breitbandiger Funktionsersatz-
          schaltungen für Transistoren. AEÜ 31 (1977), S. 436-438.

8.36   Tröndle, K; Peters, U.: Optimierungskriterien und Grenzen digitaler Übertragungssysteme.
            (Erscheint in Frequenz 39 (1985) H.2).
8.37   Tufts, D.W. Nyquist's Problem – The Joint Optimization of Transmitter and Receiver in Pulse
            Amplitude Modulation. Proc. of IEEE. Vol. 53 (1965), S. 248–259.
8.38   van Etten, W.: The Joint Optimization for Transmitter and Receiver in Single Pulse Tranmis-
            sion. AEÜ 31 (1977), S. 93–97.

10.9 Literatur zu Kapitel 9

9.1   Asatani, K.; Sato, K.; Maki, K.: Fibre Optic Analogue Transmission Experiment for High-
            Definition Television Signals Using Semiconductor Laser Diodes. Electron. Lett. 16
            (1980), S. 536–538.
9.2   Baack, C.: Grenzrepeaterabstand digitaler, optischer Übertragungssysteme hoher Bitrate. NTZ
            30 (1977), S. 65 und NTZ-Forschungsdienst 1–77.
9.3   Baack, C.: Optimierung eines optischen, digitalen Übertragunssystems für 1,12 Gbit/s. Fre-
            quenz 32, (1978), S. 16–21.
9.4   Dippold, M.: Empfänger für schnelle digitale Glasfaserübertragung mit quantisierter Rück-
            kopplung. AEÜ 37, (1983), S. 15–24.
9.5   Geckeler, S.: Übertragungseigenschaften von Glasfasern. Siemens Forschungs- und Entwick-
            lungs- Bericht Bd. 2 (1973), Nr. 4.
9.6   Geckeler, S.: Berechnungsverfahren für die Lichtausbreitung in Glasfasern. Siemens For-
            schungs- und Entwicklungs-Bericht Bd.6 (1977), Nr. 3.
9.7   Gloge, D.; Marcatili, E.A.J.: Multimode Theory of Graded-Core Fibers. BSTJ 52, (1973),
            S. 1563–1578.
9.8   Kersten, R.Th.: Einführung in die optische Nachrichtentechnik. Springer-Verlag, Berlin-
            Heidelberg-New York, 1983.
9.9   Klein, M.V.: Optics. John Wiley Verlag, New York, 1970.
9.10   Lutz, E.; Tröndle, K.: Systemtheorie der optischen Nachrichtentechnik. Oldenbourg-Verlag,
            München-Wien, 1983.
9.11   Marko, H.; Söder, G.: Die Vergrößerung des Regeneratorabstandes bei Glasfasersystemen durch
            quantisierte Rückkopplung. Proc. der Professorenkonferenz 1981 im FTZ, S. 163–192.
9.12   Personick, S.D.: Receiver Design for Digital Fibre Optic Communication Systems. BSTJ 52
            (1973), S. 843–886.
9.13   Personick, S.D.: Baseband Linearity and Equalization in Fibre Optic Digital Communication
            Systems. BSTJ 52 (1973), S. 1175–1194.
9.14   Rugemalira, R.M.A.: Optimum Linear Equalization of a Digital Fibre Optic Communication
            System. Optical and Quantum Electronics 13 (1981), S. 153–163.
9.15   Schnepf, L.: Untersuchung und Optimierung von digitalen Übertragungssystemen mit Lichtwel-
            lenleitern. Diplomarbeit, Lehrstuhl für Nachrichtentechnik, TU München, 1980.
9.16   Telcom report 6 (1983) Beiheft "Nachrichtenübertragung mit Licht".

Anhang

Zeile	Definition	Skizze	Bemerkungen
1	**Sprung‑Funktion** $$\int(x) = \begin{cases} 1 & \text{für } x > 0 \\ 1/2 & \text{für } x = 0 \\ 0 & \text{für } x < 0 \end{cases}$$	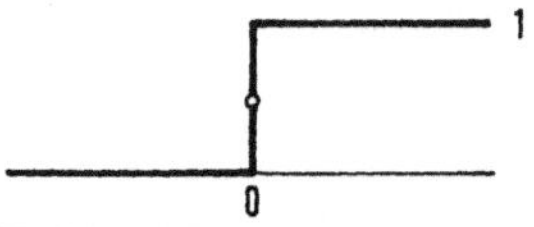	$\int(0) = \dfrac{1}{2}$
2	**Rechteck‑Funktion:** $$\mathrm{rec}(x) = \begin{cases} 1 & \text{für } |x| < 1/2 \\ 1/2 & \text{für } |x| = 1/2 \\ 0 & \text{für } |x| > 1/2 \end{cases}$$	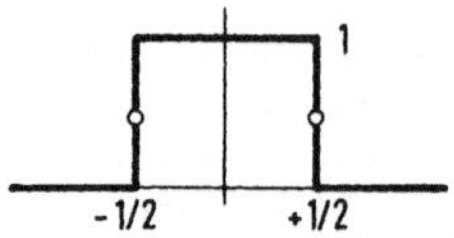	$\mathrm{rec}(x) =$ $\int(x+\tfrac{1}{2}) - \int(x-\tfrac{1}{2})$
3	**Dreieck‑Funktion:** $$\wedge(x) = \begin{cases} 1-|x| & \text{für } |x| \le 1 \\ 0 & \text{für } |x| \ge 1 \end{cases}$$	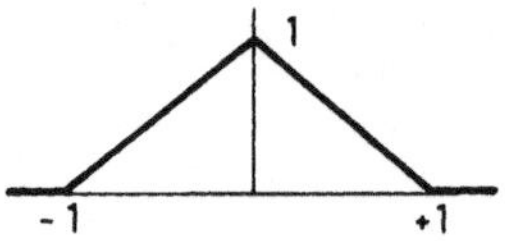	$\wedge(x) =$ $= \mathrm{rec}(x) * \mathrm{rec}(x)$
4	**Dirac‑Funktion** $$\delta(x) = \begin{cases} +\infty & \text{für } x = 0 \\ 0 & \text{für } x \neq 0 \end{cases}$$	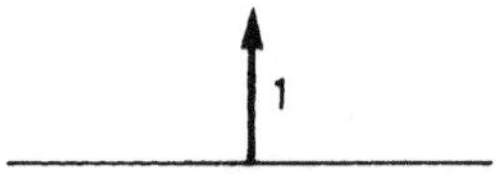	$\displaystyle\lim_{\varepsilon \to 0} \int_{-\varepsilon}^{+\varepsilon} \delta(x)\,dx = 1$
5	**Spalt‑Funktion** $$\mathrm{si}(x) = \frac{\sin x}{x}$$	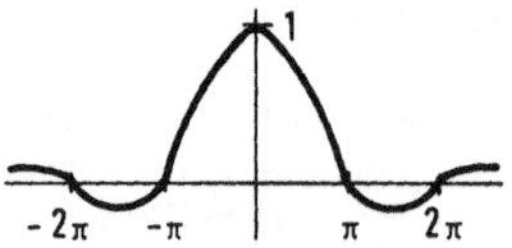	$\mathrm{si}(x) \approx 1 - \dfrac{x^2}{3!} + \dfrac{x^4}{5!} - \cdots$
6	**Integral‑si‑Funktion** $$\mathrm{Si}(x) = \int_0^x \mathrm{si}(u)\,du$$	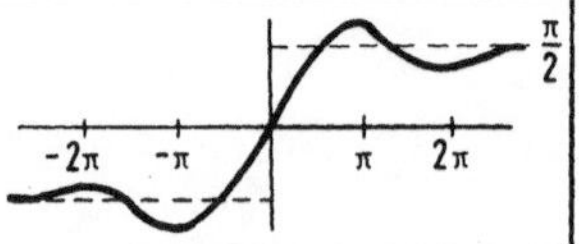	$\mathrm{Si}(-x) = -\,\mathrm{Si}(x)$ $\mathrm{Si}(0) = 0$ $\mathrm{Si}(+\infty) = \dfrac{\pi}{2}$
7	**Gauß'sches Fehlerintegral** $$\phi(x) = \frac{1}{\sqrt{2\pi}} \int_{-\infty}^{x} e^{-u^2/2}\,du$$	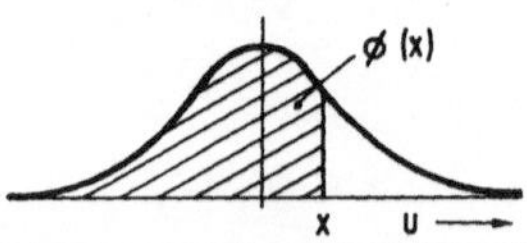	$\phi(x) = 1 - Q(x)$ $\phi(-x) = Q(x)$
8	**Komplementäres Gauß'sches Fehlerintegral** $$Q(x) = \frac{1}{\sqrt{2\pi}} \int_{x}^{+\infty} e^{-u^2/2}\,du$$	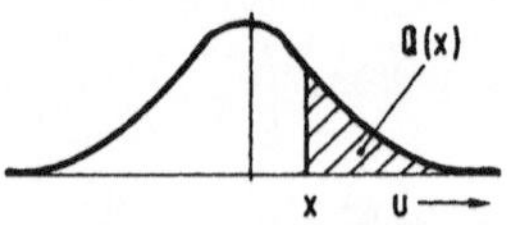	$Q(x) = 1 - \phi(x)$ für $x \geqq 1$ gilt: $Q(x) \approx \dfrac{e^{-x^2/2}}{\sqrt{2\pi}\,x}$

Tab. A-1: Mathematische Funktionen.

x	$20\lg x$	$\varphi(x)$	$\Phi(x)=1-Q(x)$	$Q(x)=1-\Phi(x)$ exakt	Näherung
0.0	0.0	0.39894E+00	0.50000E+00	0.50000E+00	0.00000E+00
0.1	-20.0	0.39695E+00	0.53983E+00	0.46017E+00	0.39695E+01
0.2	-14.0	0.39104E+00	0.57926E+00	0.42074E+00	0.19552E+01
0.3	-10.5	0.38139E+00	0.61791E+00	0.38209E+00	0.12713E+01
0.4	-8.0	0.36827E+00	0.65542E+00	0.34458E+00	0.92068E+00
0.5	-6.0	0.35207E+00	0.69146E+00	0.30854E+00	0.70413E+00
0.6	-4.4	0.33322E+00	0.72575E+00	0.27425E+00	0.55537E+00
0.7	-3.1	0.31225E+00	0.75804E+00	0.24196E+00	0.44608E+00
0.8	-1.9	0.28969E+00	0.78814E+00	0.21186E+00	0.36211E+00
0.9	-0.9	0.26609E+00	0.81594E+00	0.18406E+00	0.29565E+00
1.0	0.0	0.24197E+00	0.84134E+00	0.15866E+00	0.24197E+00
1.1	0.8	0.21785E+00	0.86433E+00	0.13567E+00	0.19805E+00
1.2	1.6	0.19419E+00	0.88493E+00	0.11507E+00	0.16182E+00
1.3	2.3	0.17137E+00	0.90320E+00	0.96801E-01	0.13182E+00
1.4	2.9	0.14973E+00	0.91924E+00	0.80757E-01	0.10695E+00
1.5	3.5	0.12952E+00	0.93319E+00	0.66807E-01	0.86345E-01
1.6	4.1	0.11092E+00	0.94520E+00	0.54799E-01	0.69326E-01
1.7	4.6	0.94049E-01	0.95543E+00	0.44565E-01	0.55323E-01
1.8	5.1	0.78950E-01	0.96407E+00	0.35930E-01	0.43861E-01
1.9	5.6	0.65616E-01	0.97128E+00	0.28717E-01	0.34535E-01
2.0	6.0	0.53991E-01	0.97725E+00	0.22750E-01	0.26995E-01
2.2	6.8	0.35475E-01	0.98610E+00	0.13903E-01	0.16125E-01
2.4	7.6	0.22395E-01	0.99180E+00	0.81975E-02	0.93311E-02
2.6	8.3	0.13583E-01	0.99534E+00	0.46612E-02	0.52242E-02
2.8	8.9	0.79155E-02	0.99744E+00	0.25552E-02	0.28269E-02
3.0	9.5	0.44318E-02	0.99865E+00	0.13500E-02	0.14773E-02
3.2	10.1	0.23841E-02	0.99931E+00	0.68720E-03	0.74503E-03
3.4	10.6	0.12322E-02	0.99966E+00	0.33698E-03	0.36242E-03
3.6	11.1	0.61190E-03	0.99984E+00	0.15915E-03	0.16997E-03
3.8	11.6	0.29195E-03	0.99993E+00	0.72372E-04	0.76828E-04
4.0	12.0	0.13383E-03	0.99997E+00	0.31686E-04	0.33458E-04
4.2	12.5	0.58943E-04	0.99999E+00	0.13354E-04	0.14034E-04
4.4	12.9	0.24942E-04	0.99999E+00	0.54170E-05	0.56687E-05
4.6	13.3	0.10141E-04	0.10000E+01	0.21146E-05	0.22045E-05
4.8	13.6	0.39613E-05	0.10000E+01	0.79435E-06	0.82527E-06
5.0	14.0	0.14867E-05	0.10000E+01	0.28710E-06	0.29734E-06
5.2	14.3	0.53610E-06	0.10000E+01	0.10310E-06	0.10310E-06
5.4	14.6	0.18574E-06	0.10000E+01	0.34396E-07	0.34396E-07
5.6	15.0	0.61826E-07	0.10000E+01	0.11040E-07	0.11040E-07
5.8	15.3	0.19773E-07	0.10000E+01	0.34092E-08	0.34092E-08
6.0	15.6	0.60759E-08	0.10000E+01	0.10126E-08	0.10126E-08
6.2	15.8	0.17938E-08	0.10000E+01	0.28932E-09	0.28932E-09
6.4	16.1	0.50881E-09	0.10000E+01	0.79502E-10	0.79502E-10
6.6	16.4	0.13867E-09	0.10000E+01	0.21010E-10	0.21010E-10
6.8	16.7	0.36310E-10	0.10000E+01	0.53396E-11	0.53396E-11
7.0	16.9	0.91347E-11	0.10000E+01	0.13050E-11	0.13050E-11
7.5	17.5	0.24343E-12	0.10000E+01	0.32458E-13	0.32458E-13
8.0	18.1	0.50523E-14	0.10000E+01	0.63153E-15	0.63153E-15
8.5	18.6	0.81662E-16	0.10000E+01	0.96073E-17	0.96073E-17
9.0	19.1	0.10280E-17	0.10000E+01	0.11422E-18	0.11422E-18
9.5	19.6	0.10078E-19	0.10000E+01	0.10608E-20	0.10608E-20
10.0	20.0	0.76946E-22	0.10000E+01	0.76946E-23	0.76946E-23

Tab. A-2: Wertetabelle für das (komplementäre) Gauß'sche Fehlerintegral:

$$\varphi(x)=\frac{1}{\sqrt{2\pi}}\exp(-x^2/2); \qquad \Phi(x)=\int_{-\infty}^{x}\varphi(u)\,du; \qquad Q(x)=\int_{x}^{+\infty}\varphi(u)\,du$$

Zeile	Bezeichnung / Skizze	Frequenzgang $H_I(f)$	Impulsantwort $h_I(t)\;\circ\!\!-\!\!\bullet\;H_I(f)$	Sprungantwort $c_I(t)=\int_{-\infty}^{t}h_I(x)\,dx$	Grenzfrequenz f_I / Rauschbandbreite Δf_I / roll-off-Faktor r_I
1	Tiefpaß 1.Ordnung (TP1) — Betrag, $1/\sqrt{2}$, $-f_1$ f_1	$\dfrac{1}{1+jf/f_1}$ (komplex !)	$2\pi f_1 e^{-2\pi f_1 t}\,\sigma(t)$	$(1-e^{-2\pi f_1 t})\,\sigma(t)$ $\sigma(t)$: Sprungfunktion	$f_I=\dfrac{\pi}{2}f_1$ $\Delta f_I=\pi f_1=2f_I$
2	Tiefpaß 2.Ordnung (TP2) — Betrag, $-1/2$, $-f_1$ f_1	$\dfrac{1}{(1+jf/f_1)^2}$ (komplex !)	$4\pi^2 f_1^2 t\, e^{-2\pi f_1 t}\,\sigma(t)$	$\big[1-(1+2\pi f_1 t)e^{-2\pi f_1 t}\big]\sigma(t)$ $\sigma(t)$ Sprungfunktion	$f_I=0$ $\Delta f_I=\dfrac{\pi}{2}f_1$
3	Küpfmüller-Tiefpaß (KTP) — $-f_1$ f_1	1 für $|f|<f_1$; $1/2$ für $|f|=f_1$; 0 für $|f|>f_1$	$2f_1\,\mathrm{si}(2\pi f_1 t)$ $\mathrm{si}(x)=\dfrac{\sin x}{x}$	$\dfrac{1}{2}+\dfrac{1}{\pi}\,\mathrm{Si}(2\pi f_1 t)$ $\mathrm{Si}(x)=\int_{0}^{x}\mathrm{si}(u)\,du$	$f_I=f_1$ $\Delta f_I=2f_1=2f_I$
4	Spalt-Tiefpaß (STP) — $-f_1$ f_1	$\mathrm{si}\!\left(\pi\dfrac{f}{f_1}\right)$ $\mathrm{si}(x)=\dfrac{\sin x}{x}$	f_1 für $|t|<1/2f_1$; $f_1/2$ für $|t|=1/2f_1$; 0 für $|t|>1/2f_1$	0 für $t\le -1/2f_1$; $\dfrac{1}{2}+f_1 t$ sonst; 1 für $t\ge 1/2f_1$	$f_I=f_1/2$ $\Delta f_I=f_1=2f_I$
5	si^2-Tiefpaß — $-f_1$ f_1	$\mathrm{si}^2\!\left(\pi\dfrac{f}{f_1}\right)$ $\mathrm{si}(x)=\dfrac{\sin x}{x}$	$f_1(1-f_1|t|)$ für $|t|\le 1/f_1$; 0 für $|t|\ge 1/f_1$	0 für $t\le -1/f_1$; $\dfrac{1}{2}+\dfrac{1}{2}f_1^2 t|t|$ sonst; 1 für $t\ge 1/f_1$	$f_I=f_1/2$ $\Delta f_I=\dfrac{2}{3}f_1=\dfrac{4}{3}f_I$
6	Dreieck-Tiefpaß (DTP) — $-f_1$ f_1	$1-\dfrac{|f|}{f_1}$ für $|f|\le f_1$; 0 sonst	$f_1\,\mathrm{si}^2(\pi f_1 t)$ $\mathrm{si}(x)=\dfrac{\sin x}{x}$	$\dfrac{1}{2}+\dfrac{1}{\pi}\mathrm{Si}(2\pi f_1 t)-\dfrac{1}{\pi}\mathrm{si}(\pi f_1 t)\sin(\pi f_1 t)$ $\mathrm{Si}(x)=\int_{0}^{x}\mathrm{si}(u)\,du$	$f_I=f_1/2$ $\Delta f_I=\dfrac{2}{3}f_1$
7	Gauß-Tiefpaß (GTP) — $0{,}455$, $-f_1$ f_1	$\exp\!\left[-\pi\left(\dfrac{f}{2f_1}\right)^2\right]$	$2f_1\exp\!\left[-\pi(2f_1 t)^2\right]$	$\Phi(2\sqrt{2\pi}\,f_1 t)$ $\Phi(x)=1-Q(x)=\dfrac{1}{\sqrt{2\pi}}\int_{-\infty}^{x}e^{-u^2/2}\,du$	$f_I=f_1$ $\Delta f_I=\sqrt{2}\,f_1$
8	Cosinus-Tiefpaß (CTP) — $-f_1$ f_1	$\cos\!\left(\dfrac{\pi}{2}\dfrac{f}{f_1}\right)$ für $|f|\le f_1$; 0 sonst	$\dfrac{4f_1\cos(2\pi f_1 t)}{\pi(1-16f_1^2 t^2)}$	numerische Integration über $h_I(t)$	$f_I=\dfrac{2f_1}{\pi}$ $\Delta f_I=f_1=\dfrac{\pi}{2}f_I$
9	Trapez-Tiefpaß (TTP) — $-f_2$ $-f_1$ f_1 f_2	1 für $|f|\le f_1$; $\dfrac{f_2-|f|}{f_2-f_1}$ sonst; 0 für $|f|\ge f_2$	$2f_I\,\mathrm{si}(2\pi f_I t)\,\mathrm{si}(2\pi f_I r_I t)$	$\dfrac{1}{2}+\dfrac{1+r_I}{2\pi r_I}\mathrm{Si}(2\pi f_I(1+r_I)t)-\dfrac{1-r_I}{2\pi r_I}\mathrm{Si}(2\pi f_I(1-r_I)t)-\dfrac{1}{\pi}\mathrm{si}(2\pi f_I r_I t)\sin(2\pi f_I t)$	$f_I=\dfrac{f_1+f_2}{2}$ $\Delta f_I=\dfrac{4}{3}f_1+\dfrac{2}{3}f_2$ $r_I=\dfrac{f_2-f_1}{f_2+f_1}$
10	cos-roll-off-Tiefpaß — $-f_2$ $-f_1$ f_1 f_2	1 für $|f|\le f_1$; $\cos^2\!\left(\dfrac{|f|-f_1}{f_2-f_1}\dfrac{\pi}{2}\right)$ sonst; 0 für $|f|\ge f_2$	$\dfrac{2f_I}{1-(4r_I f_I t)^2}\,\mathrm{si}(2\pi f_I t)\cdot\cos(2\pi r_I f_I t)$	numerische Integration über $h_I(t)$	$f_I=\dfrac{f_1+f_2}{2}$ $\Delta f_I=\dfrac{5}{4}f_1+\dfrac{3}{4}f_2$ $r_I=\dfrac{f_2-f_1}{f_2+f_1}$

Tab. A-3: Frequenzgang, Impulsantwort und Sprungantwort einiger Tiefpässe.

Sachregister

Nachrichtentechnik

Herausgeber: **H. Marko**

Neue Bände

Band 12
K. Fellbaum

Sprachverarbeitung und Sprachübertragung

1984. 145 Abbildungen. IX, 274 Seiten
Broschiert DM 52,–. ISBN 3-540-13306-2

Inhaltsübersicht: Grundzüge der Elektroakustik. – Erzeugung und Klassifikation von Sprache. – Hörphysiologie und Hörpsychologie. – Sprachgütemessungen. – Verfahren der digitalen Sprachsignalübertragung. – Spracheingabe. – Sprachausgabe. – Literaturverzeichnis. – Sachverzeichnis.

Das Buch befaßt sich mit der wichtigsten Kommunikationsform des Menschen: Der Sprache. Die Übertragung von Sprache mit guter Qualität und zugleich mit geringem Aufwand an Bandbreite bzw. Bitrate ist nur dann möglich, wenn man die menschliche Spracherzeugung und den Hörvorgang mitberücksichtigt. Gleiches gilt auch für die Erkennung und die Synthese von Sprache durch Maschinen. Die Sprachverarbeitung und - übertragung ist daher keineswegs nur eine nachrichtentechnische Aufgabe. Sie enthält auch physiologische, elektroakustische und linguistische Aspekte sowie Fragen der Sprachgütemessung.

Band 13
F. Wahl

Digitale Bildsignalverarbeitung

Grundlagen, Verfahren, Beispiele

1984. 85 Abbildungen. X, 191 Seiten
Broschiert DM 68,–. ISBN 3-540-13586-3

Inhaltsübersicht: Einführung. – Grundlagen zweidimensionaler Signale und Systeme. – Bildverbesserungsverfahren. – Bildrestaurationsverfahren. – Segmentierung. – Signalorientierte Bildanalyse. – Anhang. – Literaturverzeichnis. – Sachverzeichnis.

Das Buch führt in die signalorientierten Aspekte der digitalen Bildverarbeitung ein. Neben signal- und systemtheoretischen Grundlagen werden Verfahren der Bildverbesserung, Bildrestauration, Segmentierung und Bildanalyse behandelt. Das Buch ist so abgefaßt, daß dem Leser ein Basiswissen auf diesem jungen, an Bedeutung stark zunehmenden Fachgebiet geboten wird. Angesprochen sind damit Studierende der Ingenieurwissenschaften, praktizierende Ingenieure und interdisziplinär arbeitende Wissenschaftler.

Springer-Verlag
Berlin
Heidelberg
New York
Tokyo